单片机技术及 C51程序设计

◎ 李永建 潘 翔 李春燕 著

中国科学技术出版社
·北京·

图书在版编目（CIP）数据

单片机技术及C51程序设计／李永建等著．－－北京：中国科学技术出版社, 2025.6. －－ ISBN 978-7-5236-1422-8

Ⅰ．TP368.1

中国国家版本馆CIP数据核字第20258FS094号

策划编辑	王晓义
责任编辑	杨　洋
封面设计	孙雪骊
正文设计	中文天地
责任校对	邓雪梅
责任印制	徐　飞

出　　版	中国科学技术出版社
发　　行	中国科学技术出版社有限公司
地　　址	北京市海淀区中关村南大街16号
邮　　编	100081
发行电话	010-62173865
传　　真	010-62173081
网　　址	http://www.cspbooks.com.cn

开　　本	787mm×1092mm　1/16
字　　数	486千字
印　　张	20.5
版　　次	2025年6月第1版
印　　次	2025年6月第1次印刷
印　　刷	北京荣泰印刷有限公司
书　　号	ISBN 978-7-5236-1422-8
定　　价	59.00元

（凡购买本社图书，如有缺页、倒页、脱页者，本社销售中心负责调换）

前　言

单片机实践是贯通理论知识与工程能力的核心桥梁，重要性不仅在于验证电路原理与编程逻辑，更在于通过真实场景体现设计缺陷、培养系统思维。针对传统教学的不足，我们精心设计了能充分练习单片机知识和技能的平台，同时设计了从简单到复杂的各种案例引导学生及相关读者运用所学知识和技能，通过"所见即所得"的训练方式，突破"知道原理却不会应用"的学习瓶颈，提升单片机开发与应用能力，从而解决复杂的工程问题。

在嵌入式系统人才培养体系中，普遍将 C51 单片机简单归类为"低端过渡平台"。这实质上是对嵌入式技术发展规律的误解。作为中国工程教育专业认证中明确规定的嵌入式基础教学载体，C51 单片机在硬件抽象层设计、实时响应机制、资源约束型编程等方面具有不可替代的训练价值。根据 10 年来全国大学生电子设计竞赛的数据分析，基于 C51 平台的创新方案在智能感知类（占比 38%）、测控类（占比 45%）项目中持续保持技术优势，其 8 位微控制器架构在低功耗物联网终端、工业现场总线设备等工程场景中仍具重要应用价值。此外，C51 单片机虽然是低端芯片，但要精通并不容易，而一旦学会便能一通百通，应用高端单片机时就会非常容易。

本书的目标是让学生及相关读者全面理解单片机知识，由浅入深、层层递进地解析不同难度的单片机应用，确保能够顺利地从基础应用过渡到高级应用，熟练掌握单片机的应用技能。

本书第一章是概述，初步介绍了单片机的定义、应用场合、课程内容以及开发流程等，通过简洁的讲解建立对单片机整体架构的感性认知，明确学习目标和发展方向。

本书第二章是 C51 语言基础，介绍 C51 语言在单片机中的应用，涵盖数据类型、运算符、控制语句、函数等内容，并结合 Keil 平台的使用，建立基于嵌入式系统的 C51 语言编程思维。通过实用的示例代码和解析，帮助巩固语法并理解 C51 语言在嵌入式环境中的特殊用法。

本书第三章是单片机内部资源及应用，深入讲解 C51 单片机的定时器 / 计数器、中断系统和串行口这三个内部最常用且重要的资源，以便快速了解单片机的应用环境。

本书第四章是基础案例，围绕单片机常用的外围部件与基本功能进行讲解与程序设计，包括指示灯、数码管、键盘输入、步进电机、OLED 液晶屏、DS18B20 测温、EEPROM 数据存储、超声波测距和 GPS 定位。每个案例都包含工作原理、程序实现及实验现象。通过学习本章的实操案例，可以初步掌握单片机的设计应用，也为下一章的进阶案例打好基础。

本书第五章是进阶案例，通过融合新兴技术，结合基础外围部件实现进阶案例编程，包括 WiFi 技术、触摸屏技术、语音识别技术与播报技术和 4G 通信技术，进一步提高综合应用能力。

本书第六章是单片机技术及 C51 程序设计的综合案例，用曾获十七届"挑战杯"省赛特等奖和国赛二等奖的项目举例。一是因为此案例属于单片机设计应用领域，二是因为此案例应用于企业真实场景，使单片机发挥了真实的使用价值，且综合性强，能代表未来单片机应用的方向。

建议使用配套的硬件平台学习本书内容。本书为学生及相关读者提供了一套硬件仿真电路，可以使用硬件仿真电路运行单片机程序实现流水灯、串口通信、独立按键、步进电机、多位数码管等功能。若本书被用于高校教材，可联系出版社申请免费的硬件试用平台。

本书作者从事单片机实践和教学工作近 20 年，深刻理解实践对掌握单片机知识的重要性，曾指导大学生挑战杯获得过国一和国二，以及省二及省特等奖项，也指导全国机械创新大赛获得国一的成绩。这些项目多是采用 C51 单片机设计的，参与竞赛的大学生通过实践，更好地掌握了单片机的应用。同时，为了让学生及相关读者学会和学懂单片机知识，作者开发了远程自动烧写和自动评分的单片机实验平台。作者现从事全自动单片机实验平台研发工作。随着科研的深入，深感自己在该领域的许多不足，恳请广大单片机爱好者和同行能不吝交流和赐教！

本书的编撰还得益于和潘翔的合作。潘翔的单片机基础知识非常扎实，编写代码质量高，毕业后从事单片机领域工作。我们合著本书，共同进行了单片机实验平台设计。希望通过高校教师和企业工程师的强强联合，促进单片机应用教学和实践领域的发展。

目　　录 CONTENTS

第一章　概述	1
一、单片机简介	1
二、单片机的应用	2
三、单片机硬件基础	3
四、单片机项目开发流程	4
五、本书特色	5
六、本书内容框架	6
七、本书配套开发平台	6
八、课程学习方法	8
第二章　C51语言基础	10
一、数据类型	11
（一）基本数据类型	11
（二）C51构造数据类型	14
（三）C51数据存储操作	21
二、运算符与表达式	24
常用运算符举例	25
三、C51语句	28
（一）选择语句	28
（二）循环语句	31
（三）跳转语句	33
四、C51函数	35
（一）函数的定义	35
（二）函数的调用与声明	36
（三）C51中断函数	37
（四）C51库函数	38
五、预处理	41
六、核心知识归纳	42
第三章　单片机内部资源及应用	47
一、定时器/计数器	48
（一）定时器/计数器的结构与原理	48
（二）定时器/计数器相关寄存器	50
（三）定时器/计数器常用工作方式	51
（四）定时器/计数器初始化	53
（五）实例应用	53
（六）定时器/计数器核心知识归纳	54
二、中断系统	55
（一）中断系统简介	55
（二）中断系统结构与控制	56
（三）中断初始化	59
（四）实例应用	60
（五）中断核心知识归纳	61
三、串行口	63
（一）通信接口基础	63
（二）串行口基础	65
（三）串行口相关寄存器	66
（四）串行口通信配置	68
（五）实例应用	72
（六）串行口核心知识归纳	79
第四章　基础案例	82
一、案例一　指示灯	83
（一）指示灯简介	83
（二）硬件电路设计	83
（三）软件设计	84
二、案例二　数码管	93
（一）数码管介绍	93
（二）硬件电路设计	96
（三）软件设计	98
三、案例三　矩阵键盘	101
（一）键盘介绍	102
（二）独立键盘设计	103

（三）矩阵键盘设计　　　　　　　105
四、案例四　步进电机　　　　　　　113
　　（一）步进电机简介　　　　　　　113
　　（二）28BYJ-48 步进电机　　　　114
　　（三）硬件电路设计　　　　　　　118
　　（四）软件设计　　　　　　　　　119
五、案例五　OLED 液晶屏　　　　　128
　　（一）OLED 液晶屏介绍　　　　　128
　　（二）SPI 通信协议　　　　　　　129
　　（三）SSD1306 驱动芯片　　　　130
　　（四）硬件电路设计　　　　　　　135
　　（五）OLED 库函数　　　　　　　135
　　（六）取模软件　　　　　　　　　145
　　（七）软件设计　　　　　　　　　146
六、案例六　DS18B20 温度传感器　146
　　（一）DS18B20 温度传感器介绍　147
　　（二）DS18B20 内部结构与功能　147
　　（三）单总线协议　　　　　　　　150
　　（四）DS18B20 控制指令　　　　152
　　（五）DS18B20 温度获取步骤　　153
　　（六）硬件电路设计　　　　　　　154
　　（七）软件设计　　　　　　　　　154
七、案例七　EEPROM 数据存储　　159
　　（一）内部 DataFlash 介绍　　　159
　　（二）内部 DataFlash 相关寄存器　159
　　（三）内部 DataFlash 软件设计　161
　　（四）K24C08 外部存储器介绍　168
　　（五）IIC 总线协议　　　　　　　169
　　（六）IIC 通信流程　　　　　　　172
　　（七）K24C08 硬件电路设计　　175
　　（八）K24C08 软件设计　　　　175
八、案例八　超声波测距　　　　　　184
　　（一）超声波模块介绍　　　　　　184
　　（二）硬件电路设计　　　　　　　186
　　（三）软件设计　　　　　　　　　186
九、案例九　GPS 定位　　　　　　　191
　　（一）GPS 模块简介　　　　　　　191

　　（二）NMEA-0183 协议解析　　　192
　　（三）GPS 启动模式　　　　　　　195
　　（四）GPS 模块参数配置　　　　　196
　　（五）硬件电路设计　　　　　　　197
　　（六）软件设计　　　　　　　　　198

第五章　进阶案例　　　　　　　　　209
一、WiFi 指示灯控制系统　　　　　　209
　　（一）ESP8266——WiFi 模块简介 209
　　（二）AT 控制指令　　　　　　　212
　　（三）基本调试步骤　　　　　　　215
　　（四）硬件电路设计　　　　　　　218
　　（五）软件设计　　　　　　　　　219
二、触摸屏综合应用系统　　　　　　226
　　（一）迪文触摸屏高效入门　　　　226
　　（二）硬件电路设计　　　　　　　242
　　（三）软件设计　　　　　　　　　242
三、语音识别与播报系统　　　　　　258
　　（一）语音模块简介　　　　　　　258
　　（二）SU-03T 模组配置流程　　260
　　（三）硬件电路设计　　　　　　　266
　　（四）软件设计　　　　　　　　　266
四、4G 通信综合应用系统　　　　　277
　　（一）4G 模块简介　　　　　　　277
　　（二）AT 控制指令　　　　　　　279
　　（三）基本调试步骤　　　　　　　282
　　（四）硬件电路设计　　　　　　　283
　　（五）软件设计　　　　　　　　　283

第六章　综合案例　　　　　　　　　299
竞赛项目　全自动磁粉探伤机　　　　299
　　（一）需求分析　　　　　　　　　301
　　（二）总体结构模块设计　　　　　302
　　（三）整机架构方案设计　　　　　304
　　（四）硬件选型与设计　　　　　　306
　　（五）软件设计与实现　　　　　　312
　　（六）远程服务系统　　　　　　　321

第一章 概述

【学习指南】

本书是一本关于单片机技术应用和C51程序设计应用的教材，学生通过学习基础理论知识，能够具有基础水平的单片机编程能力；通过学习外设的应用，能够具有基本外设应用的硬件设计和软件编程能力；通过学习综合案例，能够理解复杂控制系统的系统组成、硬件设计原理、功能模块应用，具有一定的综合应用能力；通过学科竞赛案例的学习，能够理解单片机技术应用应该掌握的水平，并能将单片机知识应用到学科竞赛中，增强单片机系统的综合开发能力。

一、单片机简介

单片机全称是单片微控制器，是在一块半导体芯片上，集成了微处理器、存储器、输入/输出接口、定时器/计数器以及中断系统等功能部件，构成一台完整的微型计算机系统。通俗地讲，单片机就是一块集成电路芯片。

自20世纪80年代以来，单片机的发展非常迅速，其中英特尔（Intel）公司推出的MCS-51系列单片机是一款设计成功、易于掌握并在世界范围得到广泛普及应用的机型。

MCS是Intel公司生产单片机的系列符号。MCS-51系列单片机是在MCS-48系列基础上发展起来的，是最早进入中国，并在中国得到广泛应用的机型。

该系列主要包括8031、8051、8751（对应的CMOS工艺的低功耗型为80C31、80C51、87C51）基本型产品和8032、8052、8752增强型产品。

1. 基本型

MCS-51系列基本型涵盖了8031、8051、8751等经典产品，它们在单片机发展史上具有重要地位，广泛应用于各类控制系统与电子设备中。

8031内部包括1个8位CPU、128B RAM、21个特殊功能寄存器（SFR）、4个8位并行I/O口、1个全双工串行口、2个16位定时器/计数器、5个中断源，但片内无程序存储器，需外部扩展程序存储器芯片。

8051是在8031的基础上，片内又集成了4kB ROM作为程序存储器。所以8051是一个程序不超过4kB的小系统。ROM内的程序是芯片厂商在制作芯片时，专为用户烧制的，主要用在程序已定且批量大的单片机产品中。

8751与8051相比，片内4kB的EPROM取代了8051的4kB ROM，构成了一个程序不超过4kB的小系统。用户可以将程序固化在EPROM中，EPROM中的内容可反复擦写修改。

8031外扩一片4kB的EPROM就相当于一片8751。

2. 增强型

Intel公司在MCS-51系列基本型产品的基础上，又推出了增强型系列产品，即52子系列，典型产品为8032、8052、8752。它们内部的RAM由128B增至256B，8052、8752的片内程序存储器由4kB增至8kB，16位定时器/计数器由2个增至3个。

表1-1列出了基本型和增强型的MCS-51系列单片机片内的基本硬件资源。

表1-1 MCS-51系列单片机的内部硬件资源

类型	型号	片内程序存储器	片内数据存储器	I/O口线（位）	定时器/计数器（个）	中断源（个）
基本型	8031	无	128B	32	2	5
	8051	4kB ROM	128B	32	2	5
	8751	4kB EPROM	128B	32	2	5
增强型	8032	无	256B	32	3	6
	8052	8kB ROM	256B	32	3	6
	8752	8kB EPROM	256B	32	3	6

人们常用8051系列单片机来称呼所有具有8051内核，且使用8051指令系统的单片机，简称51单片机。

STC系列单片机采用8051内核并使用8051指令系统，是中国具有自主知识产权，功能和抗干扰性强的51单片机。STC系列单片机有多个系列、几百个品种，以满足不同应用需要。STC系列单片机是学习单片机最值得推荐的芯片，其中STC89C52单片机软件和硬件均与8051系列单片机兼容，而且价格便宜、下载程序方便，是初学者的首选单片机。

二、单片机的应用

1. 单片机的特点

（1）体积小，成本低，使用灵活，性价比高，易产品化：研制周期短，能方便地组成各种智能化的控制设备和仪器。

（2）可靠性和抗干扰性强：BUS大多在内部，易于电磁屏蔽；适用温度范围广，在各种恶劣的环境下都能可靠地工作。

（3）实时控制功能强：实时响应速度快，可直接操作I/O口。

（4）可方便地实现多机和分布式控制，以提高整个控制系统的效率和可靠性。

2. 单片机的主要应用领域

单片机具有功能强、体积小、成本低、功耗小、配置灵活等特点，其在工业测控、智能设备、自动化装置、通信系统、信号处理等领域，以及家用电器、高级玩具、办公自动化设备等方面均得到了广泛的应用。

（1）工业测控。对工业设备（如机床、汽车、高档中西餐厨具、锅炉、供水系统、生产自动化、自动报警系统、卫星信号接收等）进行智能测控，大大地降低了劳动强度和生产成本，提高了产品质量的稳定性。

（2）智能设备。用单片机改造普通仪器、仪表、读卡机等，使其集测量、处理、控制功能于一体，形成智能化、微型化，如智能仪器、医疗器械、数字示波器等。

（3）家用电器。如高档洗衣机、空调、冰箱、微波炉、彩色电视机、DVD、音响、手机、高档电子玩具等。

（4）商用产品。如自动售货机、电子收款机、电子秤等。

（5）网络与通信的智能接口。在大型计算机控制的网络或通信电路与外围设备的接口电路中，用单片机来控制或管理，可大大提高系统的运行速度和接口的管理水平。

三、单片机硬件基础

本书中的实验开发平台为 STC89C52RC 单片机，采用 LQFP-44 封装，如图 1-1 所示。

图 1-1　STC89C52RC 单片机

STC89C52RC 单片机的引脚说明如下：

1）电源引脚

VCC：接 +5V 电源，为正极。

GND：接数字地，为负极。

2）时钟引脚

XTAL1：内部时钟电路反相放大器输入端，接外部晶振的一个引脚。当直接使用外部时钟源时，此引脚是外部时钟源的输入端。

XTAL2：内部时钟电路反向放大器输出端，接晶振的另一端。当直接使用外部时钟源时，此引脚可浮空，此时 XTAL2 实际将 XTAL1 输入的时钟进行输出。

3）控制引脚

RST：复位引脚，高电平有效。将此引脚拉高并维持至少 24 个时钟加 10μs 后，单片机会复位，并将此引脚拉回低电平。

$\overline{EA}$/P4.6：内外存储器选择引脚，也可作为普通 I/O 口使用。

—3—

ALE/P4.5：地址锁存允许信号输出引脚/编程脉冲输入引脚，也可作为普通 I/O 口使用。

PSEN/P4.4：外部程序存储器选通信号输出引脚，也可作为普通 I/O 口使用。

4）并行 I/O 口

P0 口：P0.0 ~ P0.7，P0 口既可以作为输入/输出口，也可作为地址/数据复用总线使用，当 P0 口作为输入/输出口时，P0 口是一个 8 位准双向口，上电复位后处于开漏模式。P0 口内部无上拉电阻，所以作为 I/O 口使用时需要接外部上拉电阻。当 P0 作为地址/数据复用总线使用时，是低 8 位地址线 [A0 ~ A7]，数据线的 [D0 ~ D7]，此时无须接外部上拉。

P1 口：P1.0 ~ P1.7，除 P1.0 复用为定时器/计数器 2 的外部输入，P1.1 复用为定时器/计数器 2 捕捉/重装方式的触发控制外，这 8 个引脚都可作为通用 I/O 口使用。

P2 口：P2.0 ~ P2.7，P2 口内部有上拉电阻，因此既可以作为输入/输出口，也可作为高 8 位地址总线使用（A8 ~ A15）。当 P2 口作为输入/输出口时，P2 是一个 8 位准双向口。

P3 口：P3.0 ~ P3.7，均为通用 I/O 口。

  P3.0 还复用为 RXD（串口数据接收端）。

  P3.1 还复用为 TXD（串口数据发送端）。

  P3.2 还复用为 INT0（外部中断 0，下降沿中断或低电平中断）。

  P3.3 还复用为 INT1（外部中断 1，下降沿中断或低电平中断）。

四、单片机项目开发流程

单片机应用系统的开发过程主要包括 4 个部分：硬件系统的设计与调试、单片机应用程序开发、应用程序的仿真调试、系统调试。

1. 硬件系统的设计与调试

硬件系统的设计包括系统硬件电路原理图的设计、印制电路板（PCB）的设计与制作、元器件的安装与焊接。完成硬件系统设计后，应采用适当的手段对硬件系统进行测试，测试合格后，硬件系统的设计与调试完毕。所获得的硬件系统一般称为单片机目标板。

2. 单片机应用程序设计

单片机应用程序按系统软件功能可划分为不同的子功能模块和子程序。无论是子功能模块还是子程序，都要在单片机应用系统开发环境的编辑软件支持下，先编写源程序，并且在编译器的支持下，检查源程序中的语法错误；只有通过编译后，才能进入应用程序的仿真调试。对于 51 单片机来说，Keil C51 开发系统具有编辑、编译、模拟单片机 C 语言程序的功能，也能编辑、编译、模拟汇编语言程序。对于初学者来说，开始编写的程序难免出现语法错误或其他不规范的语句，由于 Keil C51 编译时对错误语句有明确的提示，因此，十分便于对程序进行修改和调试。

3. 应用程序的仿真调试

应用程序仿真调试的目的是：检查应用程序是否有逻辑错误，是否符合软件功能要求，纠正错误并完善应用程序。应用程序的仿真调试一般分为硬件仿真和软件仿真两种。

硬件仿真是通过仿真芯片或仿真器与目标样机进行实时在线仿真。一块单片机应用电路板包括单片机以及为达到使用目的而设计的应用电路。硬件仿真用仿真芯片（或仿真器）代替应用电路板的单片机，由仿真芯片（或仿真器）向调试电路板的应用电路部分提供各种信号、数据，进行测试、调试的方法，这种仿真可以通过单步执行、连续执行等多种方式来运行程序，并能观察到单片机内部的变化便于修改程序中的错误。将仿真芯片（或仿真器）插到电路板上的单片机插座上，此时可将仿真芯片（或仿真器）看作是一个独立的单片机，通过运行 PC 上的仿真软件（如 Keil C51 软件），使目标机处于一个真实的工作环境之中，模拟开发单片机的各种功能。

软件仿真是指在 PC 上运行仿真软件来实现对单片机的硬件模拟、指令模拟和运行状态模拟，故这种仿真方法又称为软件模拟调试。它不需要硬件，简单易行，可采用 Keil、MedWin 或 8051DEBUG 等软件进行模拟调试。软件仿真的缺点是不适用于实时性很强的应用系统的调试，在实时性要求不高的场合，软件仿真被广泛应用。

4. 系统调试

仿真通过的应用程序，通过编程器将目标程序下载到单片机应用系统的程序存储器中，并通过人机交互通道接口，在给定不同的运行条件下，观测系统的具体功能实现与否。若系统运行结果正确，则系统的某项功能实现得到确认；若运行结果不正确，应根据不正确的具体现象，修改应用程序设计，甚至修改系统硬件电路，最终满足系统的所有功能要求。

由于单片机的实际运行环境一般是工业生产现场，即使硬件仿真调试通过的单片机应用系统在脱机运行于工况现场时，也可能出现错误，这时应特别注意单片机应用系统的防电磁干扰措施，应对所设计的单片机应用系统进行全面检查，针对可能出现的问题，修改应用程序、硬件电路、总体设计方案，直至达到应用要求。

五、本书特色

在前期理论教学的基础上，本书以项目案例为讲解中心，成功实现把理论和实践结合，通过基础案例、进阶案例以及综合学科竞赛的综合应用，重点发展学生的应用能力。本书讲解知识时特别注重关键问题的引导，及时提示学生需要掌握和理解的重点内容。在讲解案例过程中，知识和能力的贯穿步步深入，并把难易知识互相结合，更加注重培养学生的综合应用能力。

本书的特色如下：

（1）本书对单片机相关的理论基础进行提炼归纳，可帮助学生快速搭建个人的单片机知识体系，为后续实践应用打好基础。

（2）针对单片机实践性强的特点，本书提供了多个案例，从外部模块的基础讲解，到单片机应用电路的设计，再到单片机的软件开发，循序渐进，帮助读者熟悉实际应用开发的流程以及对单片机应用的深入理解。

（3）对比市面已有教材中讲解的软件算法，本书中提供的软件算法更具有实用价值，与实际应用接轨，可培养学生良好的软件设计风格与思维。

（4）本书中的案例，由基础、进阶、综合 3 类案例组成，基础案例帮助学生熟悉单片机的基础开发应用；进阶案例由实际出发，与生活接轨，综合性较强，实用意义明显，可个人自行复现，提高单片机应用能力，获取小型项目的经验；综合案例则是编者亲身参与并获奖的国家级比赛项目，综合性强，难度高，可以为学生提供大型项目的开发经验，为后续单片机开发深入研究提供指导。

六、本书内容框架

本书内容框架如图 1-2 所示。

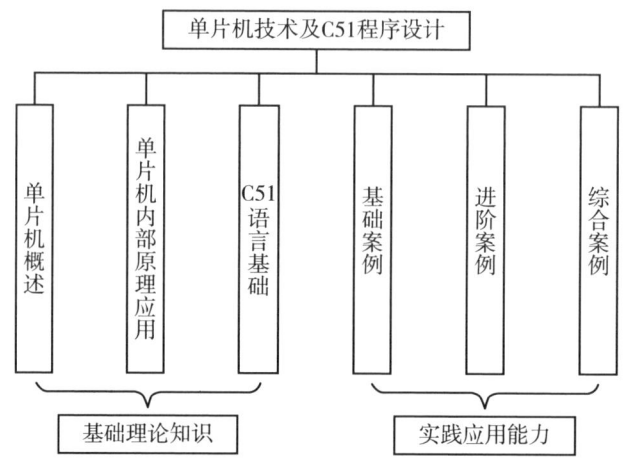

图 1-2　本书内容框架

七、本书配套开发平台

本书配套了一块单片机实验系统，方便读者对本书中的项目进行实时的学习验证，扫码试用仿真电路。实验系统开发平台的外观及实验系统元件布局如图 1-3、图 1-4 所示。实验系统元件与单片机引脚的关系见表 1-2，在这里仅对实验系统开发平台中包含的模块以及可实现的功能进行简单介绍，以便对所要学习完成的实验有基本的了解。

实验系统

（1）数码管显示：用于动静态显示，以及其他功能的数字显示；

（2）八彩指示灯：8 个四色指示灯，可用作流水灯实验；

（3）蜂鸣器：可用于报警提示功能；

（4）OLED 显示：可以显示图片、汉字、数字、字母等符号，常作为不同项目的显示界面；

（5）开关：自动烧写开 / 关；

（6）单片机：STC89C52RC 增强型 51 单片机；

（7）键盘模块：由 2 行 4 列的按键组成，借助跳帽可便捷切换矩阵键盘与独立键盘模式；

图 1-3 实验系统实物图

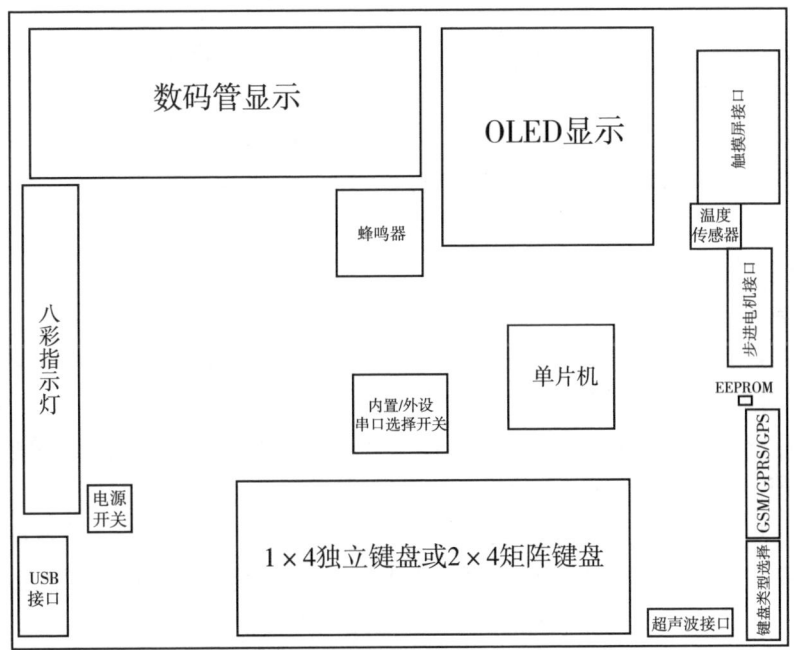

图 1-4 实验系统元件布局图

(8) 键盘类型选择(跳帽): 切换独立按键与矩阵键盘功能;

(9) USB 接口: Micro-B 数据线,供电以及与上位机串口通信;

(10) 串口选择开关(拨码开关): 切换内置串口或外设串口开关,切换到左侧为与 MCU 通信或烧写 MCU,切换到右侧为 MCU 与串口外设通信;

表 1-2 实验系统元件与单片机引脚的关系

元件名称	外设接口	对应单片机引脚
八彩指示灯	LED1 ~ LED8	P1.0 ~ P1.7
OLED 显示	D0 D1 RES DC	P4.3 P4.0 P3.6 P3.7
温度传感器	DQ	P4.6
蜂鸣器		P4.2
数码管显示	A ~ DP DIG1 ~ DIG4	P0 P2.0 ~ P2.3
步进电机接口	A B C D	P4.6 P4.1 P4.5 P4.4
超声波接口	TRIG ECHO	P3.4 P3.5
键盘	SW1 ~ SW8	行：P3.2 ~ P3.3 列：P2.4 ~ P2.7
串口选择开关	RXD TXD	P3.0 P3.1

（11）温度传感器：可检测周围的温度；

（12）GSM/GPRS 模块接口：借助 GSM/GPRS/GPS 模块实现与手机 SIM 卡的通信，实现远程控制功能；

（13）GPS 模块接口：借助 GPS 模块，实现实时定位，读取相应的经纬度海拔以及时间；

（14）触摸屏接口：借助迪文触摸屏，实现智能化绚丽的操作；

（15）超声波接口：通过超声波模块实现测距功能；

（16）步进电机接口：控制 4 相 5 线步进电机 28YBJ-48；

（17）EEPROM 存储器：采用 IIC 通信的 K24C08。

八、课程学习方法

单片机更新迭代速度很快，性能上的改进越来越大，但始终因为体积受限，需要结合外部电路或应用模块才能发挥它强大的应用价值。

学习单片机的过程，更多的是学习使用单片机驱动外部设备的过程，学会了如何驱动外部设备，便可以进一步尝试用单片机去解决实际问题。

想要学好单片机，需要学会查阅单片机、相关芯片以及驱动模块的数据手册，从中提取有效信息并付诸实践，学会根据理论做实践，用实践验证理论，便能加深对单片机应用的理解与掌握。本书从实际案例入手，帮助学生快速入门，将单片机的理论拆分并穿插于各个案例的教学中，细化知识点，再通过结合相应模块的使用，强化理论知识的吸收消化。

（1）对相关知识点进行适当的记忆。许多知识点会在单片机的应用中反复出现，比如 define 应用、sbit 应用、TMOD 设置、SCON 设置等，虽然现在网络非常发达，上网查找资料比较方便，但记忆某些知识点会使应用更方便，理解更深刻，编程效率也会大大提高。

（2）对知识点的理解非常重要。学好应用类课程的关键是对知识的真正掌握，也就是明白知识点的含义，明白知识点应用在什么场合以及怎么用，这是学好单片机非常重要的一点。

（3）进行足够的应用练习。单片机课程是一门应用类课程，需要在理解单片机工作原理的基础上，进行大量的实践，通过实践，加深对理论知识的理解，积累开发经验。

习题与思考

1. 什么是单片机？单片机与通用微机相比有何特点？
2. 下面哪款单片机没有程序存储器？（　　）
   A. 8031　　　　　　B. 8051
   C. 8751　　　　　　D. STC89C51
3. MCS-51 单片机是下列哪家公司的产品？（　　）
   A. INTEL 公司　　　B. ATMEL 公司
   C. TI 公司　　　　　D. 高通公司
4. 单片机有哪些应用特点？主要应用在哪些领域？
5. 简述单片机系统的开发流程。

第二章　C51 语言基础

【学习指南】

单片机应用开发分为软件开发与硬件开发，除了搭建单片机硬件电路，还需要软件系统提供控制逻辑。MCS-51 单片机的开发语言，有汇编语言与 C51 语言两种，其中，汇编语言对硬件的可操控性强、效率高，但可读性和可移植性较差，编程难度也较大。而 C51 语言由 C 语言继承而来，不但具备高级语言易读写移植的特性，也可以操控硬件底层，所以相较于汇编语言，C51 语言更广泛应用于单片机开发。

本章主要讲解 C51 语言基础，从简单的数据类型，到常用的语句表达式、再到模块化的函数结构，从局部到整体，层层递进。C51 语言是在标准 C 语言基础上对 8051 内核单片机扩展而来的一门语言，与标准 C 语言的相同点较多，所以本节将有选择性地对标准 C 语言中常用的基础知识以及 C51 语言中独有的特性作出详细讲解，并举例应用。

【学习框架】

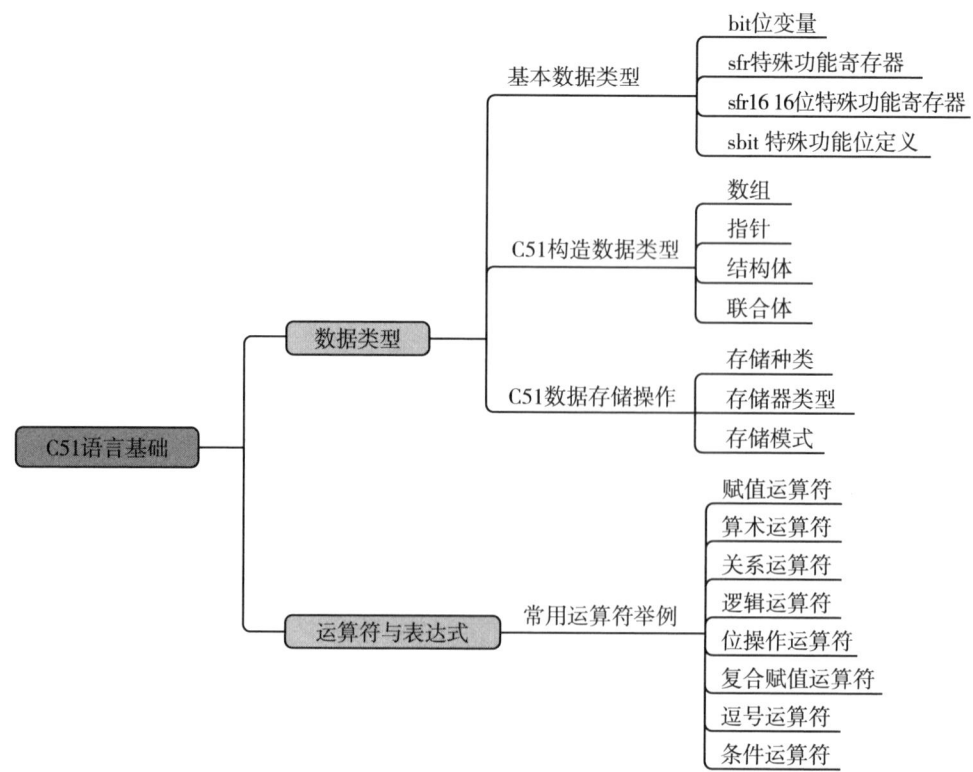

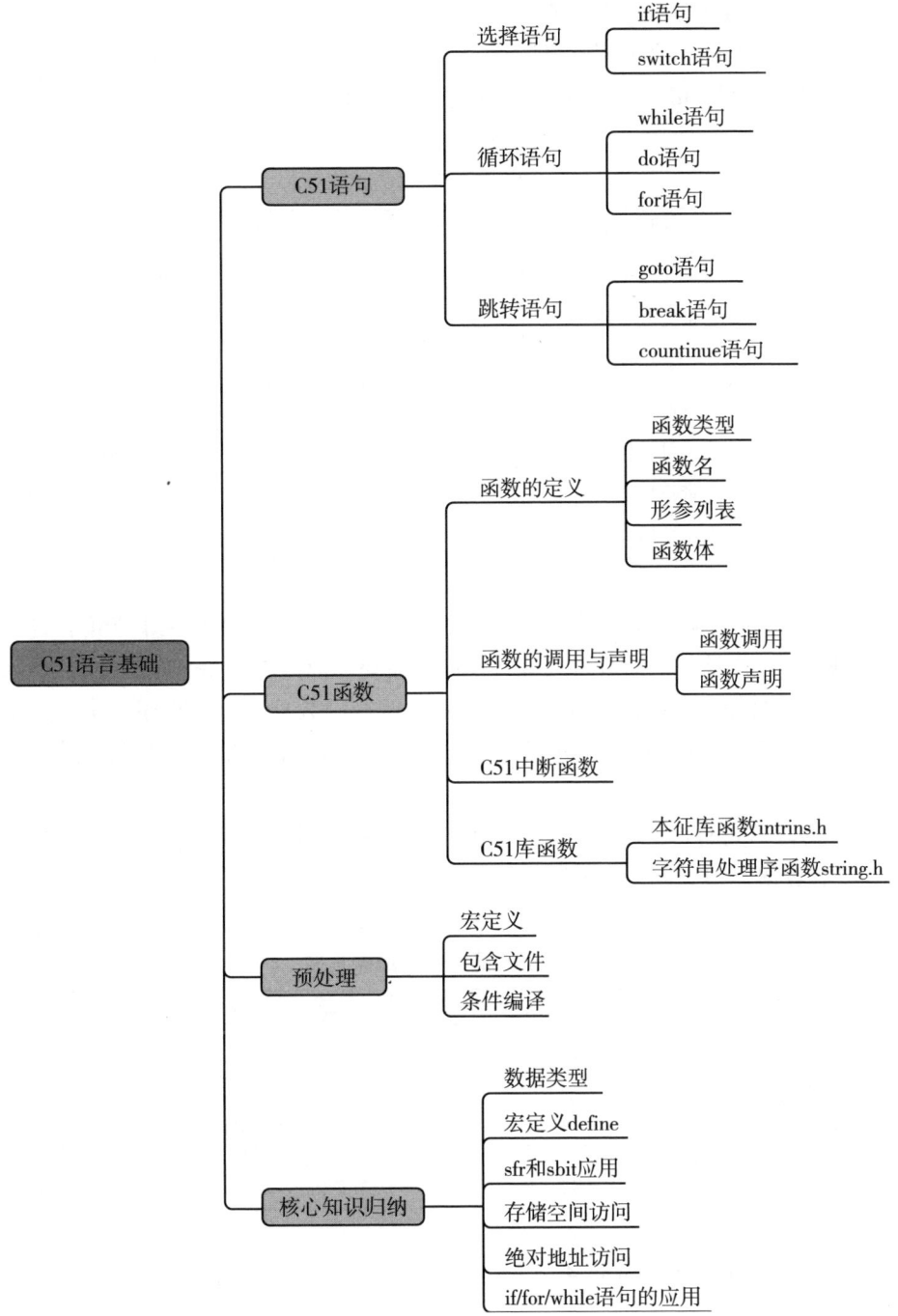

一、数据类型

（一）基本数据类型

单片机在运行过程中必不可少的是对数据的处理，一个程序能够正常运行离不开各类数据。标准的 C 语言的基本数据类型有字符型（char）、短整型（short）、整型（int）、长整型（long）、浮点型（float）和双精度型（double）。对于 C51 编译器来说，short 类型与 int 类型相同，double 类型与 float 类型相同。其简要情况如表 2-1 所示。

表 2-1　C51 语言基本数据类型

数据类型	说　明	长　度	值　域
unsigned char	无符号字符型	单字节	0 ~ 255
signed char	带符号字符型	单字节	−128 ~ +127
unsigned int	无符号整型	双字节	0 ~ 65535
signed int	带符号整型	双字节	−32768 ~ +32767
unsigned long	无符号长整型	四字节	0 ~ 4294967295
signed long	带符号长整型	四字节	−2147483648 ~ +2147483647
float	单精度型	四字节	± 1.175494E−38 ~ ± 3.402823E+38

在表 2-1 中，signed 数据类型均是有符号型数据，由于 8051 单片机不支持有符号型数据的操作，如需对有符号型数据进行处理，编译器需要生成额外的指令来处理有符号数据，所以实际的单片机编程中，可以多采用 unsigned 无符号型数据来提高程序的执行速度，如上表中的无符号字符型（unsigned char）与无符号整型（unsigned int）会在后续的实验中经常使用。

与标准 C 语言不同的是，C51 语言提供了针对 8051 单片机的特殊功能寄存器和位的数据类型，其特有数据类型如表 2-2 所示。

表 2-2　C51 语言特有数据类型

特有数据类型	长度	取值范围
位变量定义	bit	1 位	0 或 1
特殊功能位定义	sbit	1 字节	0 或 1
特殊功能寄存器定义	sfr	1 字节	0 ~ 255
16 位特殊功能寄存器定义	sfr16	2 字节	0 ~ 65536

下面对 bit、sfr、sfr16 和 sbit 这 4 个 C51 中特殊的变量类型进行详细介绍。

1. bit 位变量

bit 位变量是 C51 编译器的一种扩充数据类型。利用它可定义位变量，但不能定义位指针，也不能定义位数组。它的值是一个二进制数：0 或 1，应用在单片机存储器的 0x20 ~ 0x2F 区域，其定义格式如下所示：

　　　　　　　　　　bit 位变量名 = 0 或 1;

由于 bit 型数据的"非真即假"的特殊性，在单片机应用中，可作为单片机动作的条件判断，用法如下：

  bit InitFLag=0;

  if（InitFLag） { ...... }

上述语句表示定义一个 InitFlag 位变量并初始化为 0，当其值为 1 时，程序初始化成功并往下执行。

2. sfr 特殊功能寄存器

sfr 是定义 8 位的特殊功能寄存器，占用一个内存单元地址，位于 51 单片机 RAM 的 0x80～0xFF 地址空间中。sfr 是 C51 非常重要的数据类型，通过 sfr 可直接访问 MCS-51 单片机内部的所有特殊功能寄存器，比如常用的 P0 口、P1 口等端口，均是用 sfr 特殊功能寄存器定义在 <reg51.h> 头文件中，其定义格式如下所示：

    sfr 特殊功能寄存器名 = 特殊功能寄存器地址常数；

如 P1 口在 <reg51.h> 中的定义如下：

sfr P1 = 0x90;

该语句是将 51 单片机的地址 90H 定义为 P1 口。对 P1 口赋值，就会直接改变 0x90 地址中的值，并改变 P1 口引脚的电平状态。如：

P1=0xFF;

该语句便是把 0xFF（二进制 11111111b）送入 P1 口，将 P1 的所有引脚置高电平。

3. sfr16 16 位特殊功能寄存器

sfr16 则是用来定义 16 位特殊功能寄存器，占用两个字节。

其定义格式如下所示：

    sfr16 特殊功能寄存器名 = 特殊功能寄存器地址常数；

如 8052 的 T2 定时器，可以定义为：

sfr16 T2 = 0xCC; /* 定义 8052 定时器 2，地址为 T2L = CCH，T2H = CDH*/。

用 sfr16 定义 16 位特殊功能寄存器时，等号后面是它的低位地址，高位地址一定要位于物理低位地址之上。

4. sbit 特殊功能位定义

sbit 是一个非常重要且常用的特殊数据类型，主要用于对特殊功能寄存器的某位进行定义，方便对其直接操作。

其定义格式有 3 种：

（1）sbit 位变量名 = 位地址。

例如：sbit P01 = 0x81。

（2）sbit 位变量名 = 特殊功能寄存器名^位序号。

例如：sfr P0 = 0x80;

   sbit P01 = P0^1; /*P01 为 P0 口的 P0.1 引脚 */。

（3）sbit 位变量名 = 字节地址^位序号。

例如：sbit P01 = 0x80^1。

以上 3 种对 P0.1 引脚的特殊功能位定义为 P01 之后，便可以直接通过对 P01 变量名的赋值来改变 P0.1 引脚的电平状态，而无须对整个 P0 口赋值。

（二）C51 构造数据类型

除了以上介绍的基础数据类型，C51 中还提供指针类型和基础数据类型构造的组合数据类型，主要有数组、指针、结构体以及联合体。

1. 数组

数组是含有多个数据值的数据结构，并且每个数据值有相同的数据类型。这些数据值被称为元素，可以通过索引来访问数组内任意位置的元素，索引是指数组元素的位置。数组根据其维度可分为一维数组和多维数组。

1）一维数组

一维数组的定义格式如下：

数据类型　数组名 [数组长度]（={ 数组初始化数据 }）;

数据类型：字符型、整型、浮点型、指针等。

数组名：数组的名称，也是数组的首地址。

数组长度：必须为常量。

数组初始化数据：初始化或不初始化都可以，如需初始化，括号中的内容需要加上，反之则不需要。

一维数组模型如图 2-1 所示，对于初始化的一维数组元素个数即为数组的长度，而数组索引的最大标号比数组长度少 1，是从 0 开始的。

元素1	元素2	元素3	…	元素*n*
0	1	2	…	*n*-1

图 2-1　一维数组模型图

初始化示例如下，结构如图 2-2 所示。

```
unsigned int a[5];                /* 声明数组时不初始化 */
unsigned int b[5]={0,1};          /* 只给部分元素赋值，其余元素则默认为 0*/
unsigned int c[]={5,6,7,10,15};   /* 对全部元素赋值时可以不指定数组长度 */
```

元素1	元素2	元素3	元素4	元素5
5	6	7	10	15
索引0	索引1	索引2	索引3	索引4

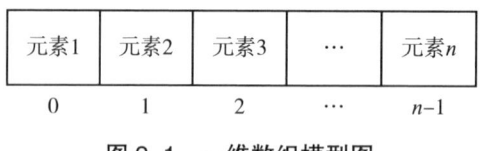

图 2-2　一维数组初始化示例结构图

2）多维数组

数组可以有任意的维数，二维数组是维数最小的多维数组，其结构和数学中的矩阵相同。这里以二维数组为例讲解，更高维的数组可以根据二维数组类推。

二维数组的定义格式如下：

　　　　数据类型　数组名 [行长度] [列长度]（= { 数组初始化数据 }）;

数据类型：字符型、整型、浮点型、指针等。

数组名：数组的名称，也是数组的首地址。

行长度、列长度：必须为常量。

数组初始化数据：初始化或不初始化都可以，如需初始化，括号中的内容需要加上，反之则不需要。

定义一个 n 行 n 列的二维数组 array[n][n]，其模型如图 2-3 所示。从图中可以看出，二维数组 array 是按行进行存放的，先存放第 1 行，再存放第 2 行，最后存放第 n 行，并且每行有 n 个元素，也是依次存放的。在第 1 行中，所有元素的行索引都是 array[0]，在第 2 行的行索引都是 array[1]，第 n 行的行索引都是 array[n-1]。二维数组写成行和列的排列形式，有助于形象化的理解二维数组的逻辑结构，由行列组成的二维数组通常也被称为矩阵。

	0	1	2	…	n−1
0	array[0][0]	array[0][1]	array[0][2]	array[0][…]	array[0][n−1]
1	array[1][0]	array[1][1]	array[1][2]	array[1][…]	array[1][n−1]
2	array[2][0]	array[2][1]	array[2][2]	array[2][…]	array[2][n−1]
…	array[…][0]	array[…][1]	array[…][2]	array[…][…]	array[…][n−1]
n−1	array[n−1][0]	array[n−1][1]	array[n−1][2]	array[n−1][…]	array[n−1][n−1]

图 2-3　二维数组模型图

初始化示例如下，结构如图 2-4 所示。

unsigned int a[2][3]; /* 声明数组时不初始化 */

unsigned int b[2][3]={{1,2,3},{4,5,6}}; /* 第 1 个大括号赋值给第 1 行元素，第 2 个大括号数据赋值给第 2 行数据 */

unsigned int c[2][3]={1,2,3,4,5,6}; /* 根据列数划分前 3 个元素为第一行，后 3 个元素为第二行 */

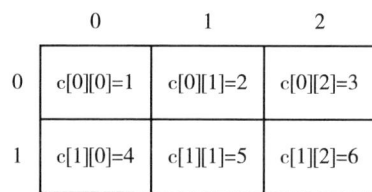

图 2-4 二维数组初始化示例结构图

3）字符串变量

将字符串变量放在数组中来介绍，是因为在 C 语言中，任何一维的字符数组都可以用来存储字符串，但要保证字符串是以空字符结尾的。在 51 单片机的应用中，外部模块如 GPS 模块、GSM 模块等与单片机之间的通信数据均以字符串格式进行的，后续章节会有实际应用讲解如何解析字符串数据。

字符串变量的定义格式如下所示：

    字符型　数组名 [字符串长度]= 字符串初始化数据；

字符型：有符号字符型、无符号字符型。

数组名：数组的名称，也是数组的首地址。

字符串长度：必须为常量。

字符串初始化数据：必须初始化，至少包含一个空字符（'\0'）。

初始化示例如下，结构如图 2-5 所示。

char b[6]={ 'C', 'h', 'i', 'n', 'a', '\0' }; /* 等效于上面的初始化 */

char a[6]=""; /* 初始化 string 数组首元素即为空字符 */

char b[]= "China"; /* 数组末尾存储了空字符，因此字符串长度比单词 China 的字符数多一个空字符 '\0' */

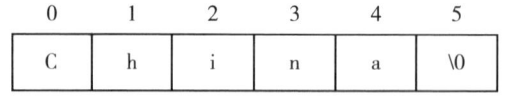

图 2-5 字符串初始化示例结构图

2. 指针

指针是 C 语言中最重要的数据类型，是 C 语言的灵魂所在，它赋予了 C 程序直接访问和修改内存中数据的能力。

1）指针变量

通俗地讲，指针就是一种保存变量地址的变量。对指针变量的声明与对普通变量的声明基本一样，唯一不同的是必须在指针变量名字前放置星号。

指针变量的定义格式如下：

    数据类型 * 指针变量名；

数据类型：字符型、整型、浮点型、结构体、空类型。

'*'：间接寻址运算符，与之相对的是取地址运算符 '&'。

指针变量名：指针变量的名称。

初始化示例：

unsigned int i=5,a;

unsigned int *p=&i; // 定义一个指向无符号型指针 p，指针 p 指向 i 变量的地址

a=p; // 将变量 i 的地址赋值给变量 a

以上示例中，变量 a 与 p 中存放的都是变量 i 的地址。

💡 提示：

定义指针之后，如果没有初始化或赋值，此时指针为野指针，不可以对其进行操作，否则会引发很严重的后果。如果暂时不赋值，可以将指针初始化为 NULL。NULL 指针作为一个特殊的指针变量，表示不指向任何东西（NULL 定义在 C 语言标准库 stdio.h 中）。

2）内存与地址

在介绍完指针变量之后，我们通过了解内存和地址加强对指针的理解。在我们每次定义完某一个变量后，系统都会自动为其分配内存，而内存常由两个部分组成：内存的地址以及内存所包含的值。

（1）定义一个变量 a，系统分配内存，示意图如图 2-6 所示。

unsigned char a=5;

内存地址	内存值
0x55	5
0x54	

图 2-6 变量 a 的值与地址示意图

由此可见的是，变量 a 的地址即为 0x55，内存值即为变量 a 的值。

&a = 0x55

a = 5

（2）定义一个指针 P，系统分配内存，示意图如图 2-7 所示。

unsigned char *p = NULL;

内存地址	内存值
0x45	NULL
0x44	

图 2-7 指针 P 的值与地址示意图

由此可见，即便指针 P 是 NULL 值，系统依旧会为其分配内存，不过其不指向任何内容。

&p=0x45

p=NULL

（3）将指针 p 指向变量 a。

p=&a;

则 p=0x55，*p=a=5，&p=0x45

3）数组和指针

（1）数组名与数组下标。

在 C 语言中，数组与指针的关系是非常紧密的。数组作为一些值的集合，其数组名和下标是一起使用的，用于表示该集合中某个特定的值。例如，b[0] 表示数组 b 中的第一个值。若给定数组 b 是整型的，且数组长度为 4，则 b 表示的是什么？是整个数组 b 吗？其实不然，在 C 语言中，在几乎所有使用数组名的表达式中，数组名的值是一个指针常量，即数组第 1 个元素的地址。这里的 b 就是"指向整型的常量指针"，若是其他类型的数组，则数组名的类型就是"指向其他类型的指针"。

但数组和指针并不是相同的，数组具有一些和指针完全不同的特征。例如，数组具有确定数量的元素，而指针只是一个标量值。注意数组名是指针常量而不是指针变量，不可以修改常量的值。

示例：　　int a[10];　　　int *c;
　　　　　c=&a[0];

表达式 &a[0] 是一个指向数组第 1 个元素的指针，但这正是数组名本身的值，因此该语句又等价于 c = a；但是反之 a = c; 不成立，因为 c 被声明为一个指针变量，所以把 c 的值赋给 a 是非法的，因为 a 的值是个常量，不能被修改。

同样还是整型数组 b，长度为 4，那表达式 *（b+3）是什么意思？首先，b 的值是一个指向整型的指针，所以 3 这个值根据整型值得长度进行调整。加法运算的结果是另一个指向整型的指针，它所指向的是数组第 1 个元素向后移 3 个整数长度的位置。然后间接操作访问这个新位置，取得其中的值。整个执行过程与数组下标引用执行过程完全相同。

示例：

array[Num] 与 *（array+（Num））

这两个表达式是等同的。

（2）指针用于数组运算。

当指针指向数组元素时，C 语言允许对指针进行算术运算，即加法和减法，这种运算引出了一种对数组进行处理的替换方法，它可以使指针代替数组下标进行操作。C 语言支持 3 种格式的指针算数运算：指针加上整数、指针减去整数、两个指针相减。

示例：

int a[10]; int *p; int *q;;

p = &a[2]; q = p+3; p += 6;

经过以上运算，q 等于 a[5] 的地址，p 等于 a[8] 的地址。

💡 提示：

只有在 p 指向数组元素时，指针 p 上的算术运算才会获得有意义的结果。此外，只有在两个指针指向同一个数组时，指针相减才有意义。

*运算符和 ++ 运算符在数组中也常常结合起来使用，如表 2-3 所示。

表 2-3　*运算符与 ++ 运算符结合

表达式	含义
*p++ 或 *（p++）	自增前表达式的值是 *p，然后自增 p
（*p)++	自增前表达式的值是 *p，然后自增 *p
*++p 或 *（++p）	先自增 p，自增后表达式的值是 *p
++*p 或 ++（*p）	先自增 *p，自增后表达式的值是 *p

3. 结构体

结构体是一组相同或不同数据类型构成的新的数据类型，其中的数据类型可以是字符型、整型、浮点型以及指针等，当需要存储相关数据项的集合时，结构体是一种合理的选择。

1）结构体的声明

结构体需要先声明类型，再定义变量，然后才能使用，在定义时尽量初始化。在声明结构时，必须列出它所包含的所有成员，这个列表包括每个成员的类型和名字，结构体的声明格式如下：

struct 结构名 { 结构元素表 } 结构变量；

结构名：结构体的名称。

结构元素表：该结构体内部的各个成员，可以由不同的数据类型组成。比如 int i;、float f, 或者函数等和其他有效的类型定义。

结构变量：此为实例化的结构体名称，结构名是声明该结构体，而结构变量则是将该结构体实例化。

结构声明的语法不是固定的，在一般情况下，结构名、结构元素表 t、结构变量这 3 部分至少要出现 2 个。以下为示例：

示例① struct {
　　　　　unsigned int　a;
　　　　　unsigned char　b;
　　　　　float　c;
　　　}x;

此声明拥有 3 个成员的结构体，分别为无符号整型的 a，无符号字符型的 b 和浮点型的 c，同时又定义了结构体变量 x。这个结构体没有标明其结构名。

示例② struct Branch{

```
            unsigned int a;
            unsigned char b;
            float c;
        };
        struct Branch t1,t2[20],*t3;
```
此声明拥有 3 个成员的结构体,分别为整型的 a,字符型的 b 和浮点型的 c,同时结构体被命名为 Branch,且用 Branch 结构名定义了结构变量 t1、t2。

示例③ typedef struct{
```
            int a;
            char b;
            float c;
        }Branch;
        Branch    u1, *u2;
```
此结构体使用 typedef 创建了新类型,这个技巧和声明一个结构名的效果几乎相同,区别在于 Branch 现在是一个类型名而不是结构名,所以后续声明直接使用 Branch 定义了两个新的变量 u1、u2。

注:示例①和示例②这两个声明被编译器当作两种截然不同的类型,即使它们的成员列表完全相同,因此,变量 t1 的类型和 x 的类型不同,所以语句 t3=&x;是非法的。

2)结构体成员的访问

(1)直接访问。

结构体变量的成员是通过点操作符(.)访问的。点操作符接收两个操作数,左操作数就是结构变量的名字,右操作数就是需要访问的成员的名字,这个表达式的结果就是指定的成员。

示例:
```
        struct date{        // 日期
            unsigned int year;   // 年
            unsigned char month; // 月
            unsigned char day;   // 日
        };
        struct student{     // 学生
            unsigned long Num;   // 学号
            unsigned char Age;   // 年龄
            struct date birthday; // 出生日期
        }LiHua,Wangming;    // 姓名
        LiHua.Num=201842393; // 李华的学号
        Wangming.birthday.year=1998; // 王明的出生日期
```

（2）间接访问。

在访问一个结构体指针变量的内部成员时，由于点操作符（.）的优先级高于间接寻址操作符（*），所以在表达式中必须使用括号，确保间接寻址是首先执行的。

示例： struct date *p;

（*p).year=1998;

由于先对指针执行间接寻址，再使用点操作符来访问成员，有点不方便，所以 C 语言提供了一个更为方便的操作符来完成这项工作——箭头操作符（->）。和点操作符一样，箭头操作符也接收两个操作数，但左操作数必须是一个指向结构的指针，右操作数则是一个指定的结构体成员。

示例：

struct date *p;

p -> =1998;

4. 联合体

联合体的声明和结构很相似，只需将 struct 关键字改成 union 即可。联合体与结构体之间仅有一处不同：结构体的成员都是存储在不同的内存地址中，而联合体的成员都是从同一地址开始存放的，内部成员在这个内存空间中彼此覆盖，所以，给联合体中的一个成员赋予新值便会改变其他所有成员的值。

定义一个联合体与结构体，这两者占用内存对比如图 2-8 所示。

应用示例：

union DS18B20{// 自定义联合体标签 DS18B20

    unsigned char Temp[2];

    unsigned int RecData;

};

    union DS18B20 Read_DS18B20;

此声明拥有 2 个成员的联合体，分别为无符号字符型的变量 Temp，无符号整型的变量 RecData 和，同时联合体的标签被命名为 DS18B20，且用 DS18B20 标签声明了变量 Read_DS18B20。该联合体的作用是，在单片机应用中，将两次读取到的温度传感器 DS18B20 的 8 位数据值存放到数组 Temp 中，而后再通过 RecData 变量将完整的 16 位数据回传给单片机做进一步操作。

（三）C51 数据存储操作

变量是一种在程序执行过程中其值能不断变化的量。在使用一个变量之前，必须先进行定义，用一个标志符作为变量名，并指出其数据类型和存储模式，以便编译系统分配相应的存储空间。在项目二中仅介绍了变量常见的数据类型，而定义一个 C51 变量，其格式严格来讲如下所示：

        [存储种类]　　数据类型　　[存储器类型]　　变量名；

在定义格式中，"存储种类"与"存储器类型"是可选项。

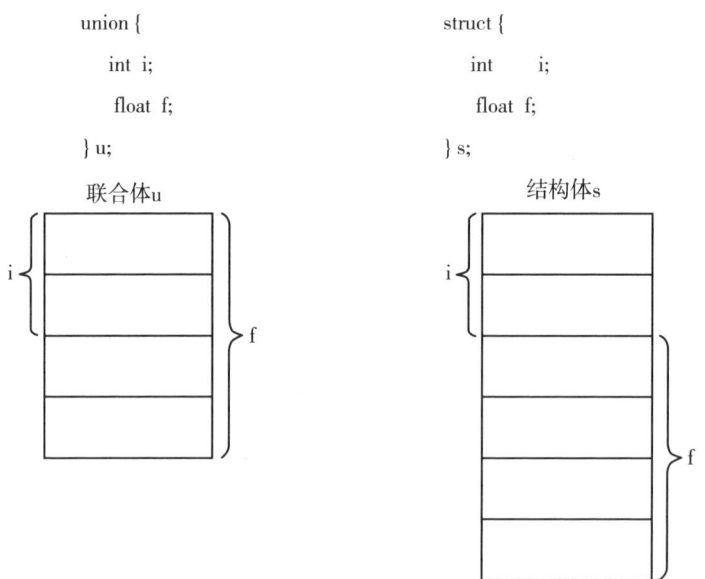

图 2-8　结构体与联合体内存对比

1. 存储种类

C51 变量的存储种类有四种，分别是自动（auto），外部（extern）、静态（static）和寄存器（register）。

（1）auto：使用 auto 定义的变量称为自动变量，其作用范围为定义它的函数体或复合语句内部。当定义它的函数体或复合语句执行时，C51 才为该变量分配内存空间，结束时占用的内存空间释放。自动变量一般分配在内存的堆栈空间中。定义变量时，如果省略存储种类，则该变量默认为自动变量。

（2）extern：使用 extern 定义的变量称为外部变量。在各函数体内，要使用一个已在该函数体外或别的程序中定义过的外部变量时，该变量在该函数体内要用 extern 说明。外部变量被定义后可分配固定的内存空间，在程序整个执行时间内都有效，直到程序结束才释放。

（3）static：使用 static 定义的变量称为静态变量。它又分为内部静态变量和外部静态变量。在函数体内部定义的静态变量为内部静态变量，它在对应的函数体内有效，一直存在，但在函数体外不可见。这样不仅使变量在定义它的函数体外被保护，还可以实现当离开函数时值不被改变。外部静态变量是在函数外部定义的静态变量，它在程序中一直存在，但在定义的范围之外是不可见的。例如，在多文件或多模块处理时，外部静态变量只在文件内部或模块内部有效。

（4）register：使用 register 定义的变量称为寄存器变量。它定义的变量存放在 CPU 内部的寄存器中，处理速度快，但数目少。C51 编译器编译时能自动识别程序中使用频率最高的变量，并自动将其作为寄存器变量，用户可以无须专门声明。

💡 提示：存储种类中的 extern 与 static 在单片机模块化编程中经常使用，好好理解，并熟记。

2. 存储器类型

C51 提供几个特有的关键字来说明变量的存储器类型，对于每个变量可以准确地赋予存储器类型，使其可以在单片机系统内被准确定位。表 2-4 为 C51 编译器的几个特有的存储器类型。

表 2-4 C51 编译器存储器类型

存储器类型	说　　明	地　　址
data	内部数据存储器（128 字节），访问速度最快	0x00 — 0x7F
bdata	位 / 字节寻址内部数据存储器（16 字节）	0x20 — 0x2F
idata	内部数据存储器（256 字节）	0x00 — 0xFF
pdata	外部数据存储器（256 字节）	0x00 — 0xFF
xdata	外部数据存储器（64kB）	0x0000 — 0xFFFF
code	程序存储器（64kB）	0x000 — 0xFFFFH

表 2-4 所列的存储器类型和存储器的应用息息相关，特别是单片机的内存相对较小，需要合理分配存储空间、提高运行速度时，必须透彻理解存储器类型的应用场合。下面详细介绍各种存储器类型的特点。

1）data 区

data 区寻址最快，应该把使用频率高的变量放在 data 区，由于空间有限（128B），注意节约使用。

data 区的声明如下：

unsigned char data ar1;

unsigned int data bar[2];

2）bdata 区

位寻址的数据存储区，位于 0x20 ~ 0x2F，可将要求位寻址的数据定义为 bdata。

如：unsigned char bdata ibr; /* 在位寻址区定义 unsigned char 类型的变量 ibr*/

　　　int bdata ab[2]; /* 在位寻址区定义数组 ab[2]，这些也称为可寻址位对象 */

如：bit ibr7=ibr^7; /* 访问位寻址对象其中一位 */

　　　bit ab12=ab[1]^12; /* 操作符 "^" 后面的位置最大值取决于指定的基址类型，比如：char（0-7），int（0-15），long（0-31）*/。

3）idata 区

idata 区也可以存放使用比较频繁的变量。和外部存储器寻址比较，它的指令执行周期和代码都比较短。

unsigned char idata st=0;

char idata su;

4）pdata 和 xdata 区

pdata 和 xdata 都是定义在外部存储器区域，pdata 区只有 256 个字节，而 xdata 可达

65536 个字节，例如：

unsigned char pdata pd;

unsigned int xdata px;

pdata 区的寻址要比 xdata 区寻址快，因为 pdata 区寻址只需要装入 8 位地址，而 xdata 区需要装入 16 位地址。

5）code 区

code 定义在单片机的程序存储器区，数据不可以改变。code 区可以存放数据表、跳转向量或状态表，code 区在编译时要初始化。由于 MCS-51 单片机的数据存储器空间有限，而程序存储器空间比较充裕，可以把一些不发生变化的数据放在 code 区。

如：unsigned char code data[8]={0x01,0x02,0x04,0x00,0x06,0x21,0x54,0x32};

💡 提示：变量存储类型关系到变量在存储器中的地址分配，在 C51 语言中占有重要位置，要好好理解，熟练使用 data、xdata 以及 code 这 3 个存储器类型。

3. 存储模式

C51 编译器允许采用 3 种存储模式：小编译模式（SMALL）、紧凑编译模式（COMPACT）、大编译模式（LARGE）。存储模式用来决定未标明存储器类型变量的默认存储器类型。3 种存储模式如表 2-5 所示。

表 2-5　3 种存储模式

存储模式	说　　明
SMALL	默认的存储类型是 data，参数及局部变量放入可直接寻址片内 RAM 的用户区中（最大 128B）。另外所有对象（包括堆栈），都必须嵌入片内 RAM。栈长很关键，因为实际栈长依赖于函数嵌套调用层数
COMPACT	默认的存储类型是 pdata，参数及局部变量放入片外 RAM 的低 256B 空间，栈空间位于片内数据存储区中
LARGE	默认的存储类型是 xdata，参数及局部变量直接放入片外 RAM 的 64B 空间。用此数据指针进行访问效率较低，尤其对两个或多个字节的变量，这种数据类型的访问机制直接影响代码的长度

二、运算符与表达式

C51 继承了 C 语言的绝大部分特性，因此具有十分丰富的运算符。在单片机程序中，熟练使用各种运算符可以起到优化程序的作用，提高程序的可读性与精简性。在 C 语言中，运算符按其所在表达式所起的作用，可分为赋值运算符、算术运算符、关系运算符、逻辑运算符、位操作运算符、复合赋值运算符、逗号运算符、条件运算符、指针和地址运算符和强制类型转换运算符等。另外，运算符按其在表达式中与运算对象的关系，又可以分为单目运算符、双目运算符和三目运算符等。顾名思义，单目、双目、三目运算符均是根据运算对象的个数来定义的，单目运算符只需要有一个运算对象，以此类推，双目、三目分别需要两个和三个运算对象。

表达式是由运算符和运算对象所组成的具有特定含义的式子。运算符和表达式可以组成 C 语言程序的各种语句。

常用运算符举例

1. 赋值运算符

赋值运算符"="，其作用是将一个数据的值赋给一个变量。利用复制运算符将一个变量和表达式连接在一起的式子称为赋值表达式，在赋值表达式后加上分号"；"就构成了赋值语句。赋值语句格式如下：

变量 = 表达式；

示例： x = 10; /* 将常数 10 赋给变量 x*/
x = y = 3; /* 将常数 3 同时赋给变量 x 和 y*/

一般会在变量初始化时，将变量赋予初始值。赋值语句的顺序自右向左。

2. 算术运算符

C51 中支持的算术运算符有：

1）加减乘除法

+   加或取正值运算符   *   乘运算符
–   减或取负值运算符   /   除运算符

对于以上的加、减、乘运算符合一般的算术运算规则。除法运算则略有不同，若两个整数相除，则结果也为整数，例如5/2的结果为2；若两个浮点数相除，则结果也为浮点数，如 5.0/2.0 的结果为 2.5。加减乘除表达式格式如下：

变量 = 加减乘除相关表达式；

例如： a = 1 + 8;   a = 8 – 1;
a = 1 * 8;   a = 8 / 3;

2）取余

%   取余运算符

取余运算是将右边的各项相除后的余数赋给左边，且进行取余运算的两个数必须是整数。其表达式格式如下：

变量 = 取余相关表达式；

例如： a = 8 % 3;

取余与除法运算符的配合使用可以便于我们在实践中提取与转换数据，如数据57，提取十位与个位，57/10=5，57%10=7，将其转换为 16 进制，57=0x（57/16）（57%16）=0x39。

3）自增和自减运算符

++   自增运算符   – –   自减运算符

这两个运算符作用分别是对运算对象做加 1 和减 1 的运算，不过运算符在变量前后的意义有所不同，++i 与 i++ 都是使变量 i 加 1，但是 ++i 是先执行 i+1 操作，再使用 i 的值，而 i++ 则是先使用 i 的值，再执行 i+1 的操作，无论在前后，执行完动作后，i 值最终都是一样的。自减运算符同理。

运算符在变量前后的主要区别是在判断语句中，例如：

i = 1;

if (i--){ }; //{ } 内的语句会执行

if (--i){ }; //{ } 内的语句不会执行

3. 关系运算符

C51 中有 6 种关系运算符：

>	大于	>=	大于或等于
<	小于	<=	小于或等于
==	等于	!=	不等于

其中 >, >=, <, <= 这 4 种关系运算符具有相同的优先级，== 和 != 这两种关系运算符有相同的优先级，但前 4 种的优先级高于后两种。这里要注意 == 与 = 的区别，前者是关系运算符，而后者是赋值运算符。用关系运算符将两个表达式连接起来形成的式子称为关系表达式。其格式如下：

表达式1　关系运算符　表达式2

关系表达式的运算结果为逻辑量，成立则为真（1），不成立则为假（0），关系表达式常作为一段程序的判断条件来使用。

例如：if (5>3){ }，括号内的判断结果为 1，5<3 其结果为 0，执行 { } 内的语句。

4. 逻辑运算符

C51 中有 3 种逻辑运算符：

|| 　　逻辑或

&& 　　逻辑与

! 　　逻辑非

其运算结果与关系运算符相同，均为逻辑量，成立为真（1），反之为假（0）。逻辑运算表达式的一般格式为：

逻辑与　　　条件式1 && 条件式2

逻辑或　　　条件式1 || 条件式2

逻辑非　　　! 条件式

逻辑与运算语句需要对两边的条件都进行判断，有一个为假，则全假。

逻辑或运算语句只要有一边条件为真，则全真。

逻辑非运算语句则是将结果取反，条件为真，则结果为假；条件为假，则结果为真。

例如：x=1,y=2,z=0，则 !z 为真，x&&y 为真，x&&z 为假。

5. 位操作运算符

C51 能将对象进行按位操作，位运算对变量进行位运算时，不改变参与运算的变量的值。若要改变变量的值，则要加上赋值语句。C51 中位操作运算符有以下 6 种：

~	按位取反	&	按位与
<<	左移	^	按位异或
>>	右移	|	按位或

位运算符的操作均是基于二进制的，所以对八进制、十进制、十六进制进行位运算时，一般先转换为二进制后，再进行相应的运算。

示例：　　x=10=00001010B,y=0x68=01101000B，则

　　　　　x&y = 00001000B = 0x08

　　　　　x|y = 01101010B = 0x6a

　　　　　x ∧ y = 01100010B = 0x62

　　　　　~ x = 11110101B = 0xf5

　　　　　x<<2 = 00101000B = 0x28

　　　　　x>>2 = 00000010B = 0x02

6. 复合赋值运算符

在赋值运算符"="的前面加上其他运算符，就构成了复合赋值运算符：

+=	加法赋值	&=	逻辑与赋值
-=	减法赋值	>>=	右移位赋值
*=	乘法赋值	|=	逻辑或赋值
/=	除法赋值	∧=	逻辑异或赋值
%=	取模赋值	~=	逻辑非赋值
<<=	左移位赋值		

复合赋值运算首先对变量进行某种运算，然后将运算的结果再赋给该变量。复合运算的一般形式为：

　　　　　　　变量　　复合赋值运算符　　表达式

示例：　x += 2　等价于 x = x+2,

x *= 3　等价于 x = x*3。其余复合赋值运算符同理。

7. 逗号运算符

C51 中的逗号","是一个特殊的运算符，可以用它将两个或多个表达式连接起来，称为逗号表达式。逗号表达式的一般形式为

　　　　　　　表达式1，表达式2，…，表达式17

程序运行时对于逗号表达式的处理，是从左至右依次计算出各个表达式的值，而整个逗号表达式的值是最右边表达式的值。

例如：x=（y=3,（3*y）),结果 x 的值为 9。

8. 条件运算符

条件运算符"？："是 C 语言中唯一的一个三目运算符，它要求有 3 个运算对象，用它可以将 3 个表达式连接构成一个条件表达式。条件表达式的一般形式如下：

逻辑表达式? 表达式1: 表达式2

其功能是首先计算逻辑表达式，当值为真（非 0 值）时，将表达式1 的值作为整个条件表达式的值；当逻辑表达式的值为假（0 值）时，将表达式2 的值作为整个条件表达式的值。另外，条件表达式中逻辑表达式的类型可以与表达式1 和表达式2 的类型不一样。

示例：条件表达式 max=（a>b）? a:b 的执行结果是将 a 和 b 中较大者赋值给变量 max。

三、C51 语句

在单片机应用中，C51 语句最常用的便是控制语句，分别是选择语句、循环语句以及跳转语句，每个语句都是以";"结尾的，如上面提到的表达式后加上";"，便是表达式语句。

（一）选择语句

1. if 语句

if 语句允许程序通过测试表达式的值从 2 种选项中选择 1 种，是一个基本条件选择语句。if 语句的形式有 3 种：

1）if 语句

格式：if（表达式）{ 语句序列; }

功能：如果表达式的值为真，则执行语句，否则不执行语句，如图 2-9 所示。

示例：

    if（a==b） { printf（"a=b\r\n"）; }

执行上面的语句时，如果 a 等于 b，则打印出"a=b"信息。

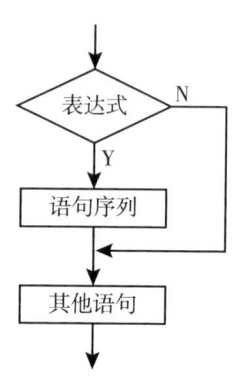

图 2-9　if 语句示意图

2）if-else 语句

格式：if（表达式） { 语句序列 1; } else { 语句序列 2; }

功能：如果表达式的值为真，则执行语句序列 1，否则执行语句序列 2，如图 2-10 所示。

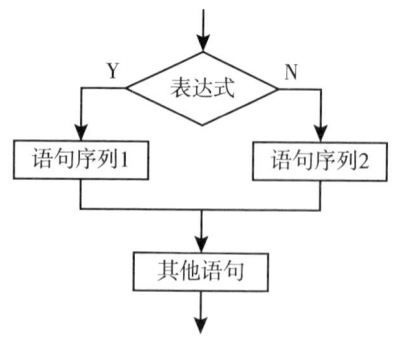

图 2-10　if-else 语句示意图

示例：

    if（a>b） max=a; else max=b;

执行上面的语句，会将变量 a、b 之间较大的数赋给变量 max。

3）级联式 if 语句

编程时常常需要判定一系列的条件，一旦其中某一条件为真就立刻停止，级联式 if 语句常常是编写这类系列判定的最好方法，其格式如下，结构如图 2-11 所示。

if（表达式1）{语句序列1；}
else if（表达式2）{语句序列2；}
else if（表达式3）{语句序列3；}
……
else if（表达式n）{语句序列n；}
else｛语句序列 n+1；｝
示例：
    if（num<0）   printf（"num is less than 0\n"）;
    else if（num==0） printf（"num is equal to 0\n"）;
    else   printf（"num is greater than 0\n"）;

执行上面的语句时，会根据变量 num 与 0 的大小比较，输出对应的语句。

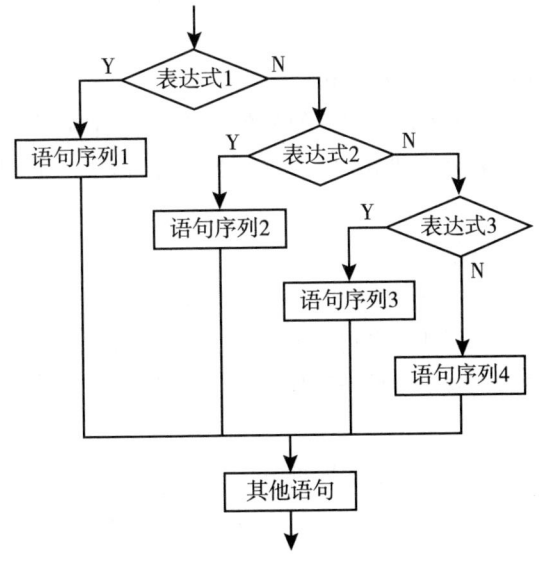

图 2-11 if-else if 语句示意图

2. switch 语句

switch 语句又可以称为"开关语句"，是一种多分支选择的语句，常应用于状态机编程中。switch 语句格式如下：

    switch（表达式）
    {
    case 常量表达式 1：语句序列 1；
    case 常量表达式 2：语句序列 2；
    ……
    case 常量表达式 n：语句序列 n；
    default：语句序列 n+1；
    }

整个语句的执行过程为：将 switch 括号中的表达式与后面各个常量表达式逐个进行比较，若相等，则执行相应 case 后面的语句（包括后面的 case 与 default 分支语句）；若全部不相等，则执行 default 后面的语句。

示例：
  a=2;b=0;
  switch（a）
  {
  case 0：b=1;
  case 1：b=2;
  case 2：b+=1;
  case 3：b+=2;
  default：b+=3;
  }

执行完上面的语句后，其结果为 b=6。

看得出来，仅仅只使用 switch 语句的效果似乎并不符合预期，这是因为 switch 语句常以 break 语句结合使用，case 分支语句以 break 语句为结尾时，就可以确保每次只会执行一次分支。其格式如下：

  switch（表达式）
  {
  case 常量表达式 1：语句序列 1; break;
  case 常量表达式 2：语句序列 2; break;
  ……
  case 常量表达式 n：语句序列 n; break;
  default：语句序列 n+1; break;
  }

同样的例子加上 break 语句，结果是不一样的。

示例：
  a=2;b=0;
  switch（a）
  {
  case 0：b=1;break;
  case 1：b=2;break;
  case 2：b+=1;break;
  case 3：b+=2;break;
  default：b+=3;break;
  }

执行完上面的语句后，其结果为 b=1，如图 2-12 所示。

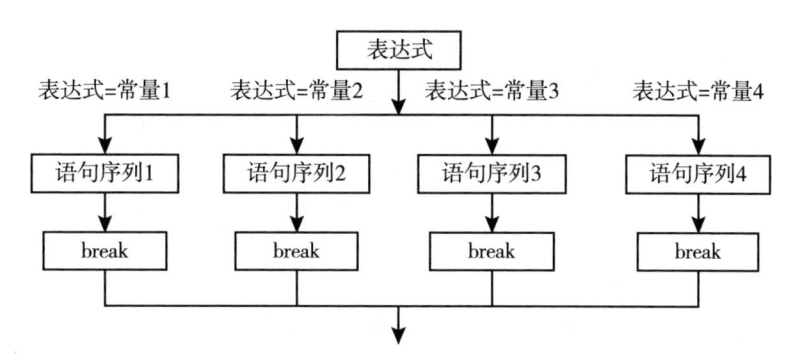

图 2-12　switch-break 语句示意图

（二）循环语句

1. while 语句

在 C 语言中，while 语句是最简单的设置循环的方法。while 语句格式如下：

while（条件表达式）{ 语句序列；}

while 语句的执行过程是：反复判断表达式是否为真，若表达式判断结果为真，则一直执行语句；若表达式判断结果为假，则跳出 while 循环往下执行，如图 2-13 所示。

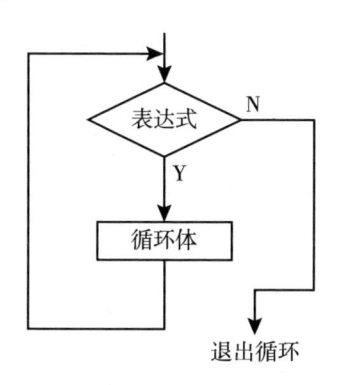

图 2-13　while 语句示意图

示例：

　　　　i=5;

　　　　while（i>0）i--;

执行上面的 while 语句 5 次后跳出，再执行后续内容。

2. do 语句

do 语句与 while 语句紧密相关，事实上，do 语句本质上就是 while 语句，只不过 do 语句是在每次执行完循环体之后对条件表达式进行判定的。do 语句格式如下：

do { 语句序列；} while（条件表达式）；

do 语句的执行过程是：先执行语句，再反复判断表达式是否为真，若表达式判断结果为真，则继续执行语句；若表达式判断结果为假，则跳出循环往下执行，如图 2-14 所示。

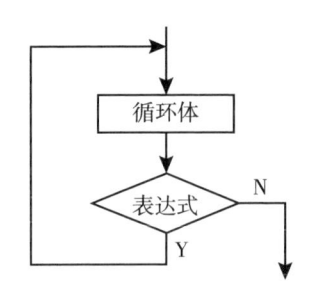

图 2-14 do-while 语句示意图

示例：
    do{ 语句序列; } while (0);
上述示例中的 do 语句仍然会执行一次，才跳出循环往下执行。

3. for 语句

for 语句是 C 语言中功能最强大的一种循环，也是编写许多循环的最佳方法，常用于"计数"变量的循环中。for 语句格式如下：
    for (初值设定表达式 ; 循环条件表达式 ; 更新表达式) { 语句序列 ; }

初值设定表达式用来确定循环结构中控制循环次数的变量的初始值，实现循环控制变量的初始化。

循环条件表达式通常为关系表达式或逻辑表达式，用来判断循环是否继续进行。

更新表达式用来描述循环控制变量的变化，最常见的是自增或自减表达式，实现对循环控制变量的修改，当循环条件满足时就执行循环体内的语句序列。

语句序列可以是简单语句，也可以是复合语句。若只有一条语句，则可以省略 { }。

for 语句的执行过程如图 2-15 所示。

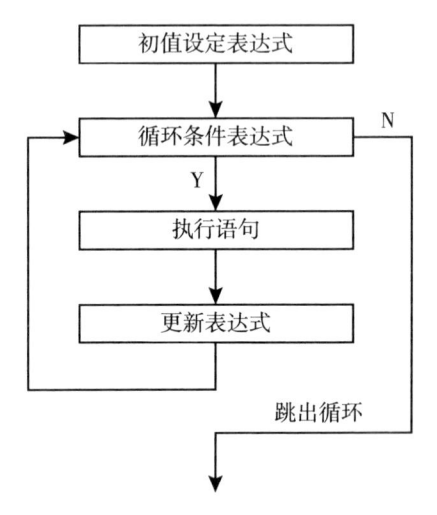

图 2-15 for 语句示意图

特殊的 for 语句：for（;;）{ 语句 }，该语句省略了 for 中的 3 条语句，其效果是构成一个死循环（无限循环）过程。

示例：

    计算 1 到 100 的和。
    unsigned char i=0;   unsigned int sum=0;
      for（i=1;i<=100;i++） sum += i;
    或 for（i=1;i<=100;）{sum += i; i++; }

（三）跳转语句

1. goto 语句

goto 语句是无条件跳转语句，跳转到函数中任何有标识符的语句中，其格式为：

        goto 标识符；
        ……
        标识符 : 语句

示例：

```
while（1）
{
  switch（ ）{
  ……
   goto loop_done; // 此处 break 语句不会跳出 while 死循环
  ……
  }
}
loop_done: ……
```

此处 goto 语句可以跳出到 loop_done 标识符处执行后面的语句。

2. break 语句

C 语言中 break 语句有以下两种功能：

（1）终止 switch 语句的一个 case 分支。

（2）当在一个循环内出现 break 语句时，循环会立即终止，程序从将紧接着循环的下一条语句继续执行。

如果使用的是嵌套循环（即一个循环内有另一个循环），break 语句会使程序停止执行其所在的循环，然后开始执行紧接着已跳出循环的下一条语句，如图 2-16 所示。

3. continue 语句

C 语言中 continue 语句会跳过当前循环中的代码，强迫开始下一次循环。对于 for 循环而言，特殊之处在于，for 循环中的更新语句仍会执行，而对于 while 和 do…while 循环，continue 语句会重新执行条件判断语句，如图 2-17 所示。

假定表达式1和表达式2结果均为真

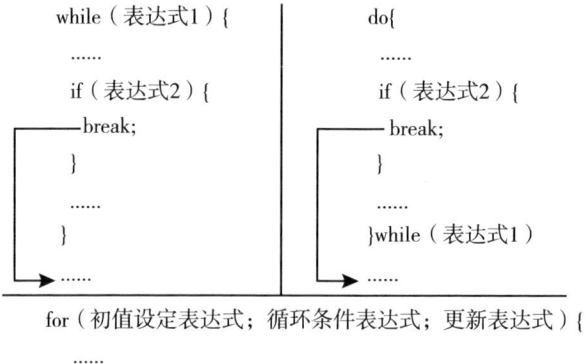

```
while（表达式1）{              do{
  ......                        ......
  if（表达式2）{                 if（表达式2）{
    break;                        break;
  }                             }
  ......                        ......
}                             }while（表达式1）
......                        ......
```

```
for（初值设定表达式；循环条件表达式；更新表达式）{
  ......
  if（表达式2）{
    break;
  }
  ......
}
......
```

图 2-16　break 语句示意图

假定表达式1和表达式2结果均为真

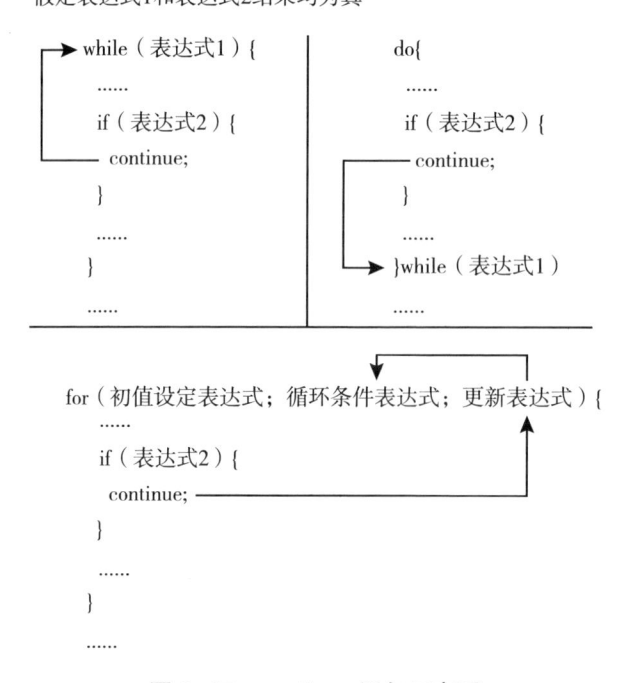

```
while（表达式1）{              do{
  ......                        ......
  if（表达式2）{                 if（表达式2）{
    continue;                     continue;
  }                             }
  ......                        ......
}                             }while（表达式1）
......                        ......
```

```
for（初值设定表达式；循环条件表达式；更新表达式）{
  ......
  if（表达式2）{
    continue;
  }
  ......
}
......
```

图 2-17　continue 语句示意图

四、C51 函数

函数是C语言程序的构件块，一个完整的C语言程序是由一个或多个函数块组成的。由于函数的功能性，也使得日常编程不再重复化，因为某一个功能的对应函数可以重复使用。

（一）函数的定义

函数定义的一般格式为：

$$\text{函数类型 函数名（形参列表）}$$
$$\{$$
$$\text{函数体}$$
$$\}$$

根据函数定义的一般格式，完整的函数由4部分构成：函数类型、函数名、形参列表和函数体。

1. 函数类型

函数类型是指函数的返回值类型，一共有两类，无返回值和有返回值。

void：空类型，无返回值

unsigned char/int/long：返回无符号字符型/整型/长整型

char/int/long：返回字符型/整型/长整型

float：返回浮点型

以上带有返回值的函数类型也可以与指针结合，返回指向对应类型的指针，如unsigned int* 为返回指向无符号整型的指针。

2. 函数名

函数名的命名并没有特别的要求，但在单片机编程中需要根据具体的函数功能规范命名，要做到清晰直接。如：LED_ON，Delay_ms，System_Init 等。

3. 形参列表

在函数名后有一串形式参数列表，需要在每个形式参数前面说明其类型，且各个形式参数之间用逗号隔开。一个函数可以有一个或多个形式参数，也可以没有形式参数。

示例：

  void Sum（）; 无形参

  void Sum（unsigned char Length, float Num）; 2个形参

  void Sum（unsigned char* P）;指针形参

对于上面示例中的有形参的函数，在调用时传入的实际数据，会被函数内部代码所使用或返回的，成为实际参数，简称实参。实参与形参相比，形参类似给定数据类型的占位符，等到同类型的实际参数传入，便将该参数替换为实参代入运行。

4. 函数体

函数体的一般形式如下：

>{
>   局部变量定义；
>   语句序列；
>   return 返回值；
>}

在函数内部定义的变量为局部变量，只在函数内部生效，而全局变量的作用范围为整个 C 文件，一般定义在文件开头，函数外部。函数体内容也可以为空，具体看实际应用需要。

示例：

① void Delay100ms（）
>{
>   unsigned char i, j;
>   i = 180;
>   j = 73;
>   do
>   {
>   while（--j）；
>   } while（--i）；
>}

上述函数为延时 100ms 的函数，其类型为 void 型，无返回值，函数名为 Delay100ms，无输入形参。

② unsigned int Sum（unsigned int StartNum,unsigned int EndNum）
>{
>   unsigned int i,j=0;
>   for（i=StartNum;i<=EndNum;i++）   j+=i;
>   return j;
>}

上述函数为求和函数，其类型为无符号整型，有返回值，函数名为 Sum，输入形参为 StartNum、EndNum，此函数功能为求起始数字到结尾数字之间全部数字的和，并返回总和。

（二）函数的调用与声明

1. 函数调用

函数调用由函数名和跟随其后的实际参数列表组成，其中实际参数列表用圆括号括起来，根据函数类型可分为两种基本的调用格式。

无返回值的函数，其调用格式如下：

函数名（实际参数表）；

示例：
　　　　Delay100ms（ ）;// 延时 100ms，无返回值，无输入参数
　　　　Delayms（100）;// 延时 100ms，无返回值，有输入参数
有返回值的函数，其调用格式如下：

V= 函数名（实际参数表）；

示例：
　　　　n=Sum（1,100）;// 计算数字 1 到 100 之间的数字和，有返回值，有输入参数
　　　　Temp=Get_DS18B20（ ）;// 获取 DS18B20 的温度值，有返回值，无输入参数
有无返回值的函数在调用时的区别在于是否要将返回值传递出来。

2. 函数声明

定义好一个函数之后，需要在别处调用该函数，按照实际情况决定是否需要声明该函数。函数声明的格式如下：

函数类型　函数名（形参列表）；

函数的声明必须与函数的定义一致，但是函数定义结尾不能有分号，而函数声明必须要有分号。在单片机 C51 编程中，需要有函数声明的一般有两种情况：
（1）被调用的函数位于调用函数的后面。
（2）被调用的函数位于其他 C 文件（此类函数声明需要在其头部加上 extern 关键字）。

示例：
　　　　void LED_ON（void）;// 声明打开 LED 功能函数
　　　　extern void Delay_ms（unsigned int i）;// 声明延时 ms 级函数为外部函数

（三）C51 中断函数

C51 语言还提供了一种特殊函数——中断函数，其结构与其他函数类似，但中断函数不带任何参数，且使用之前也无须声明。

中断函数的定义格式如下：

void 函数名（ ）interrupt 中断号 n(using 工作寄存器组 m)

在中断函数中，为了避免数据的冲突可指定一个寄存器组，若不需要指定，则该项可以省略。MCS-51 单片机中断源与入口地址如表 2-6 所示。

表 2-6　MCS-51 单片机中断源与入口地址

中断号 n	中断源	入口地址 $8n+3$
0	外部中断 0	0003H
1	定时器 / 计数器 0	000BH
2	外部中断 1	0013H

续表

中断号 n	中断源	入口地址 8n+3
3	定时器/计数器1	001BH
4	串行口	0023H

示例:

void	INT0 ( )	interrupt 0	{	语句序列;	}// 外部中断 0 中断函数
void	Timer0 ( )	interrupt 1	{	语句序列;	}// 定时器 0 中断函数
void	INT1 ( )	interrupt 2	{	语句序列;	}// 外部中断 1 中断函数
void	Timer1 ( )	interrupt 3	{	语句序列;	}// 定时器 1 中断函数
void	Uart ( )	interrupt 4	{	语句序列;	}// 串行口中断函数

(四) C51 库函数

C51 具有丰富的可供直接调用的库函数,使用库函数可使程序代码简单,结构清晰,易于调试和维护。每个函数都在相应的头文件(.h)中有原型声明。如果使用库函数,必须在源程序中用预处理命令 "#include" 将与该函数相关的头文件(即包含了该函数的原型声明文件)包含进来,否则将无法正确调用其中的函数。

下面介绍一下 51 单片机中比较常用的库函数。

1. 本征库函数 intrins.h

本征库函数中使用最多的便是空操作指令函数,其原型如下:

extern void _nop_ (void);

在单片机应用中,_nop_ ( ) 函数主要用于精确延时,相当于8051单片机汇编中的NOP指令,对于采用晶振12MHz的单片机来说,1 个 _nop_ ( ) 函数的运行时间为 $1\mu s$。

示例:

系统频率 12MHz 的单片机延时 $100\mu s$,其延时函数如下:

```
void Delay100μs ( )
{
unsigned char i;
_nop_ ( );
i = 47;
while ( --i );
}
```

2. 字符串处理库函数 string.h

以下选取字符串处理库函数中较为常用的列出讲解。

1) strlen 函数

原型:extern size_t strlen (const char *str)。

形参:str,输入字符串的起始地址。

返回类型：size_t，size_t 是 unsigned int 的类型重定义，是无符号整型。

功能：计算输入字符串 str 的长度。

说明：字符串以 '\0' 作为结束标志，strlen 函数返回的是在字符串中 '\0' 前面出现的字符个数（不包含 '\0'），且输入参数指向的字符串必须要以 '\0' 结束。

💡 提示：strlen 函数与 sizeof 操作符之间容易混淆，sizeof 是运算符，计算的是分配空间的实际字节数，可以以数据类型、函数等作为参数，而 strlen 是函数，计算的是空间中字符的个数（不包含 '\0'），且只能以 char *（字符串）作为参数。

使用示例：

```
void main（）
{
    char a[20]="";
    char b[]="abcdefg";
    printf（"%u\n", strlen（a））;// 结果为 0
    printf（"%u\n", sizeof（a））;// 结果为 20
    printf（"%u\n", strlen（b））;// 结果为 7
    printf（"%u\n", sizeof（b））;// 结果为 8
}
```

2）strcat 函数

原型：extern char *strcat（char *s1, const char *s2）。

形参：

s1，指向目标数组，该数组包含了一个 C 字符串，且足够容纳追加后的字符串；

s2，指向要追加的字符串，该字符串不会覆盖目标字符串。

返回类型：char *，返回一个指向最终目标字符串的指针。

功能：将字符串 s2 追加到字符串 s1 之后。

说明：目标数组 s1 与追加的字符串 s2 必须以 '\0' 结束，以此确定追加的起始位置，且目标数组 s1 的空间足够大，能容纳追加的字符串 s2。

使用示例：

```
void main（）
{
    char s1[50]="This is s1 ";
    char s2[50]="This is s2 ";
    strcat（s1,s2）;
    printf（"%s\n",s1）;// 输出 This is s1 This is s2
}
```

3）memset 函数

原型：extern void *memset（void *s, char val, size_t n）。

形参：

　　s，输入数组的首地址；

　　val,设定的值；

　　n,需要设定 val 值的字符量。

返回类型：返回指向存储区 s 的指针。

功能：复制字符 val 到参数 s 所指向的字符串的前 *n* 个字符。

说明：常用于初始化数组。

使用示例：

```
void main（）
{
        char a[50];
        memset（a,0,sizeof（a））;// 将数组 a 中全部元素初始化为 0
}
```

4）memcpy 函数

原型：extern void *memcpy（void *s1, const void *s2, size_t n）。

形参：

　　　s1,表示内存拷贝的目的位置，类型强制转换为 void* 指针；

　　　s2,表示内存拷贝的起始位置，类型强制转换为 void* 指针；

　　　n,表示拷贝内存字节的个数。

返回类型：返回目的数组 s1 的起始位置。

功能：从存储区 s2 复制 *n* 个字节到存储区 s1。

说明：可用于缓存串口接收到的数据。

使用示例：

```
void main（）
{
        char s1[50] = "Received message";
        char Temp[50];
        memcpy（Temp, s1, strlen（s1）+1）;
        printf（"%s\n", Temp）;// 输出 Received message
}
```

5）strstr 函数

原型：extern char *strstr（const char *s, const char *sub）。

形参：

　　s,表示要被检索的 C 字符串；

　　sub,表示在 s 字符串内要搜索的小字符串。

返回类型：返回在字符串 s 中第一次出现 sub 字符串的位置，如果未找到则返回 null。

功能：在字符串 s 中查找第一次出现字符串 sub 的位置，不包含终止 "\0"。

说明：常用于解析串口收到的外部模块发来的指令定位。

使用示例：

```
void main（）
{
    char s1[30] = "Command1,Stop,Command2,Start";
    char *s2=NULL,*s3=NULL;
    char CMD1[10],CMD2[10];
    s2=strstr（s1,","）;
    s2++;
    s3=strstr（s2,","）;
    memcpy（CMD1,s2,s3-s2）;
    s2=strstr（s1,"Command2"）;
    s3=strstr（s2,","）;
    s3++;
    memcpy（CMD2,s3,strlen（s3））;
    printf（"%s\n",CMD1）; // 输出 Stop
    printf（"%s\n",CMD2）; // 输出 Start
}
```

五、预处理

预处理功能包括宏定义、文件包含和条件编译 3 个主要部分。预处理命令不同于 C 语言语句，具有以下特点：

（1）预处理命令以"#"开头，后面不加分号；

（2）预处理命令在编译前执行；

（3）多数预处理命令习惯放在文件的开头。

1. 宏定义

宏定义的一般格式为：

#define 宏名 字符串

使用实例：

1）不带参数的宏

#define pi 3.1415926

这是将 3.1415926 常量用宏名 pi 来代替，使用中会直接将常量值代入计算。

2）带参数的宏

#define f(x)x+x，假设有变量 a 和 b，其中 a=2，b=f(a)+2，宏展开为 a+a+2=4+2=6，结果正确。但如果使用 b=f(a)/2，宏展开后变成 a+a/2=2+1=3，与预期想要的结果 2 不同，这说

明 #define 宏只是做简单的文本替换，没有运算优先级的概念，因此在定义带参数的宏时，需要用括号将参数和整个表达式括起来，避免优先级问题带来的错误，如 #define f(x)(x+x)，此时 b=f(a)/2，宏展开变成 (a+a)/2=2，符合预期结果。

2. 包含文件

包含文件的含义是在一个程序文件中包含其他文件的内容。用文件包含命令可以实现文件包含功能，命令格式为：

$$\#include< 文件名 > 或 \#include "文件名"$$

例如，在文件中第一句经常为：# include <reg51.h>，在编译预处理时，对 #include 命令进行文件包含处理。实际上就是将文件 reg51.h 中的全部内容复制插入 #include <reg51.h> 的命令处。

3. 条件编译

提供一种在编译过程中根据所求条件的值有选择地包含不同代码的手段，实现对程序源代码的各部分有选择地进行编译，称为条件编译。

#if 语句中包含一个常量表达式，若该表达式求值的结果不等于 0 时，则执行其后的各行，直到遇到 #endif、#elif 或 #else 语句为止（预处理 elif 相当于 else if）。在 #if 语句中可以使用一个特殊的表达式 define（标识符），当标识符已经定义时，其值为 1；否则，其值为 0。

例如，为了防止 LED.h 文件的内容被多次包含而报错，可用条件语句把该文件的内容包含起来，如下：

#ifndef   __LED_h_
#define   __LED_h_
......
#endif

六、核心知识归纳

1. 数据类型

C51 基本数据类型见表 2-1。

表中的无符号字符型（unsigned char）和无符号整型（unsigned int）的定义和值域经常用到，要记住！

2. 宏定义 define

不带参数宏 define 定义的格式为：

#define   新名称   原内容

如：#define uchar unsigned char

该指令的作用是用 #define 后面的第一个字母组合代替该字母后面的所有内容。

如：#define PI 3.14，以后在程序中用 PI 代替 3.14。

3. sfr 和 sbit 应用

1）sfr 特殊功能寄存器

sfr 是定义 8 位的特殊功能寄存器，占用一个内存单元地址，值域为 0x80 ～ 0xFF，sfr 是 C51 非常重要的关键字，通过 sfr 可直接访问 MCS-51 单片机内部的所有特殊功能寄存器。

其用法：

sfr 特殊功能寄存器名 = 特殊功能寄存器地址常数；

如 sfr P1 = 0x90；/* 定义 P1 口，其地址 90H*/。

如：P1 = 0xFF；/* 把 FFH 送入 P1 中（对 P1 口的所有引脚置高电平）*/。

2）sbit 可寻址位

sbit 是一个非常重要且常用的特殊数据类型。sbit 定义位寻址对象，访问特殊功能寄存器的某位。

sbit 的用法有 3 种：

（1）sbit 位变量名 = 位地址；

例如：sbit P1_1 = 0x91;

（2）sbit 位变量名 = 特殊功能寄存器名^位序号；

例如：sfr P1 = 0x90;

sbit P1_1 = P1^1;/*P1_1 为 P1 口的 P1.1 引脚 */

（3）sbit 位变量名 = 字节地址^位序号；

例如：sbit P1_1 = 0x90^1;

4. 存储空间访问

C51 编译器的几个特有存储器类型见表 2-4。

1）data 区

data 声明如下：

unsigned char data ar1;

unsigned int data bar[2];

2）bdata 区

bdata 声明如下：

unsigned char bdata ibr; /* 在位寻址区定义 unsigned char 类型的变量 ibr*/

int bdata ab[2]; /* 在位寻址区定义数组 ab[2]，这些也称为可寻址位对象 */

如 :bit ibr7=ibr^7; /* 访问位寻址对象其中一位 */

bit ab12=ab[1]^12;/* 操作符 "^" 后面的位置最大值取决于指定的基址类型，比如：

char（0-7），int（0-15），long（0-31）*/。

3）idata 区

idata 声明如下：

unsigned char idata st=0;

char idata su;

4) pdata 和 xdata 区

pdata 和 xdata 声明如下：

unsigned char pdata pd;

unsigned int xdata px;

5) code 区

code 声明如下：

unsigned char code data[8]={0x01,0x02,0x04,0x00,0x06,0x21,0x54,0x32};

5. 绝对地址访问

1) 绝对宏

C51 编译器提供了一组宏定义来对单片机的 data 区、pdata 区、xdata 区、code 区等不同的存储区域进行绝对地址的访问。在程序中，用"#include <absacc.h>"即可使用声明的宏来访问绝对地址，包括 CBYTE、DBYTE、PBYTE、XBYTE 等。

CBYTE 以字节方式寻址 code 区；

DBYTE 以字节方式寻址 data 区；

PBYTE 以字节方式寻址 pdata 区；

XBYTE 以字节方式寻址 xdata 区；

如：包含头文件 #include <absacc.h> 后，通过 DBYTE、XBYTE、CBYTE 等可访问绝对地址：

xvar=XBYTE[0x2000]; // 把外部数据存储器 0x2000 单元的一个字节数据送变量 xvar 中；

XBYTE[0x1F00]=0xf0; // 向外部数据存储器 0x1F00 单元写入数据 0xf0；

2) _at_ 关键字

采用 _at_ 关键字可以指定变量在存储空间中的绝对地址，一般格式如下：

数据类型 [存储器类型] 标识符 _at_ 地址常数

_at_ 关键字用法比较简单，但需注意以下几点：

（1）不能初始化。

（2）bit 型变量不能被 _at_ 指定。

（3）_at_ 定义的变量必须是全局变量，不能放在主程序或函数中，否则编译出错。

如：unsigned char data ur _at_ 0x20; //ur 变量的地址为内部数据存储区 0x20

3) 指针

用指针进行绝对地址的访问，更加灵活、简单。定义一个指针变量，把地址赋予绝对地址，就可以访问该变量了。

如：

unsigned char data *p; // 定义一个指针，指定在 data 区

p=0x20;   // 赋地址给指定指针

*p=0x38;   // 把 0x38 送给内部数据存储器 0x20 单元

6. if / for/while 语句的应用

1）if 分支结构

　　if（表达式）
　　{
　　　　　语句序列；
　　}

if 语句流程图见图 2-9。

2）while 语句

while 语句用于实现"当型"循环的语句，格式为：

while（条件表达式）
{
　　语句序列；　// 循环体
}

while 语句流程图见图 2-13。

3）for 语句

for 格式如下：

　　　　for（表达式 1；表达式 2；表达式 3）
{语句序列；}　// 循环体，可为空

表达式 1 通常为赋值表达式，用来确定循环结构中控制循环次数的变量的初始值，实现循环控制变量的初始化。

表达式 2 通常为关系表达式或逻辑表达式，用来判断循环是否继续进行。

表达式 3 通常为表达式语句，用来描述循环控制变量的变化，最常见的是自增或自减表达式，实现对循环控制变量的修改，当循环条件满足时就执行循环体内的语句序列。

for 语句流程图见图 2-15。

习题与思考

1. C51 有哪些关键字？
2. 判断 bit 型变量定义的正误。
　　（1）bit data a1；　　　（　　）
　　（2）bit bdata a2；　　　（　　）
　　（3）bit pdata a3；　　　（　　）
　　（4）bit xdata a4；　　　（　　）
3. 在 C51 程序里，一般函数和中断函数有什么不同？
4. 按给定存储器类型和数据类型，写出下列变量的说明形式。
　　（1）在 data 区定义字符变量 val1。
　　（2）在 idata 区定义整型变量 val2。

（3）在 xdata 区定义无符号字符数组 val3[9]。
（4）定义位寻址变量 flag。
（5）定义特殊功能寄存器 P3。
（6）定义特殊功能寄存器 TCON。
（7）定义 16 位特殊功能寄存器 T0。

5. 用 3 种不同的循环结构实现 1 到 100 的求和。
6. 用指令实现下列功能：
（1）用绝对宏实现：读出外部数据存储器 0x40 内容，送到内部存储器 0x30 单元。
（2）用指针实现：读出外部数据存储器 0x20 内容，送到内部存储器 0x20 单元。
（3）用 _at_ 关键字实现：读出外部数据存储器 0x20 内容，送到内部存储器 0x20 单元。
（4）用 _at_ 关键字实现：读出程序存储器 0x20 内容，送到外部数据存储器 0x20 单元。
7. 写出下列代码的 while 和 do ... while 的算法。

unsigned char i;
unsigned int s=0;
void main（）
{
for（i=0;i<250;i++）{s=s+i;}
}

第三章　单片机内部资源及应用

【学习指南】

单片机最基础且常用的内部资源主要有定时器/计数器、中断系统以及串行口。在实际应用开发中，许多功能的实现均建立在这3个部分的基础上，而对于一些具备特殊功能的应用，则只需在此基础上添加对应的模块，再通过建立软硬件接口实现单片机内部资源与外接模块的联调整合，便可以实现功能的更新。

本章的目的是帮助读者高效入门单片机，对定时器/计数器、中断系统以及串行口这3个内部资源，将从基础的结构原理，到相关寄存器的配置使用，再到实例展示的方式，以最简洁的步骤结合重难点提示，辅助读者快速掌握单片机基础的应用开发。

【学习框架】

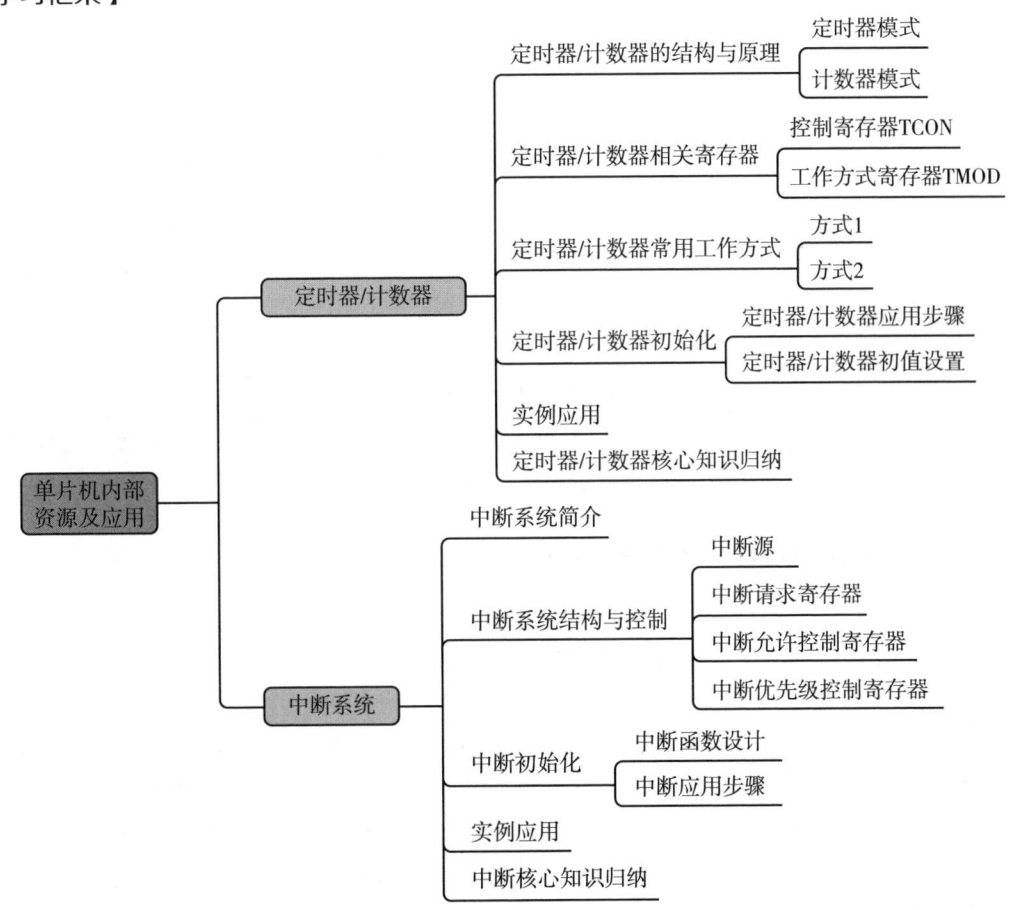

- 单片机内部资源及应用
  - 定时器/计数器
    - 定时器/计数器的结构与原理
      - 定时器模式
      - 计数器模式
    - 定时器/计数器相关寄存器
      - 控制寄存器TCON
      - 工作方式寄存器TMOD
    - 定时器/计数器常用工作方式
      - 方式1
      - 方式2
    - 定时器/计数器初始化
      - 定时器/计数器应用步骤
      - 定时器/计数器初值设置
    - 实例应用
    - 定时器/计数器核心知识归纳
  - 中断系统
    - 中断系统简介
    - 中断系统结构与控制
      - 中断源
      - 中断请求寄存器
      - 中断允许控制寄存器
      - 中断优先级控制寄存器
    - 中断初始化
      - 中断函数设计
      - 中断应用步骤
    - 实例应用
    - 中断核心知识归纳

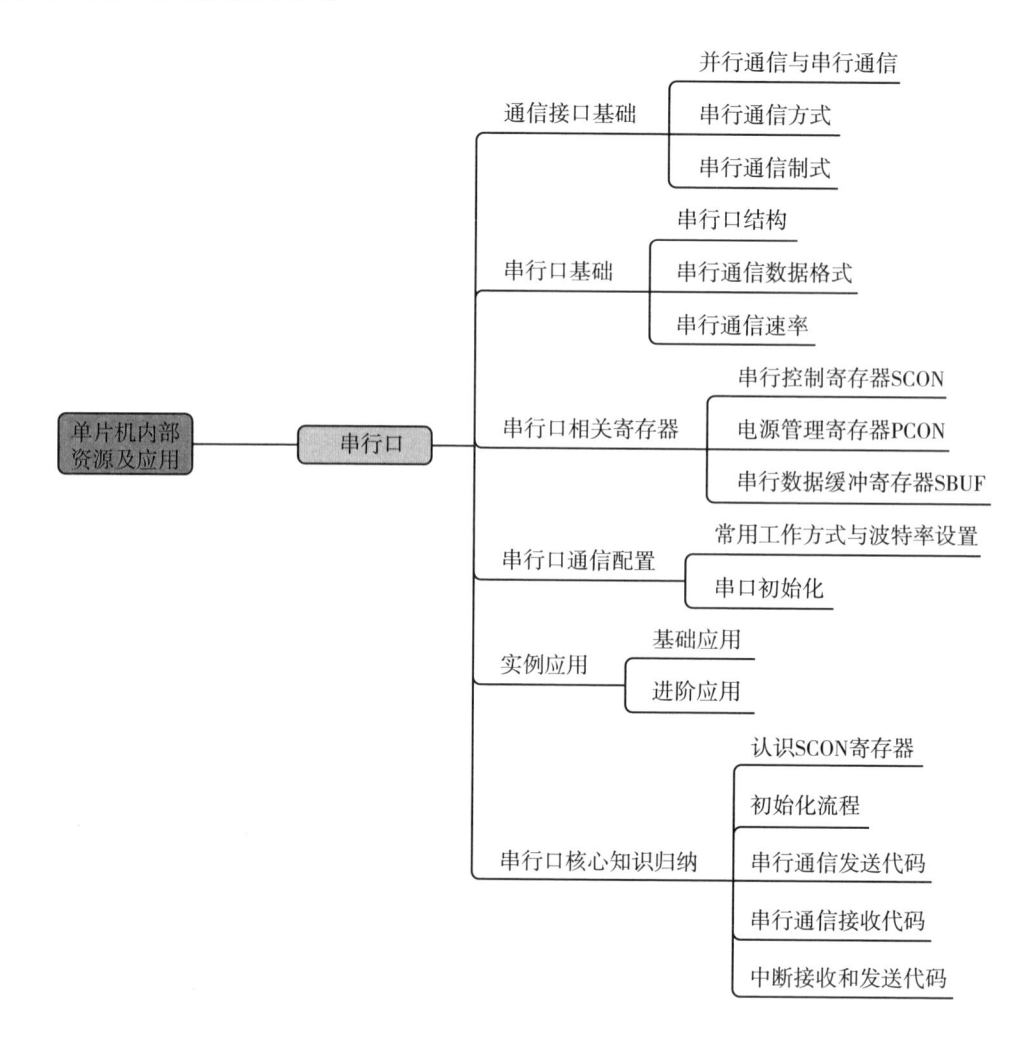

```
                                                          并行通信与串行通信
                                          通信接口基础 ── 串行通信方式
                                                          串行通信制式

                                                          串口结构
                                          串行口基础 ──── 串行通信数据格式
                                                          串行通信速率

                                                          串行控制寄存器SCON
        单片机内部                          串行口相关寄存器 ── 电源管理寄存器PCON
        资源及应用 ──── 串行口             串行数据缓冲寄存器SBUF

                                                          常用工作方式与波特率设置
                                          串行口通信配置 ── 串口初始化

                                          实例应用 ────── 基础应用
                                                          进阶应用

                                                          认识SCON寄存器
                                                          初始化流程
                                          串行口核心知识归纳 ── 串行通信发送代码
                                                          串行通信接收代码
                                                          中断接收和发送代码
```

一、定时器/计数器

定时器/计数器作为单片机内部最常用的资源之一，经常应用在工业产品的计数和精确计时等方面，虽然学习难度不大，但是非常重要。本节将对定时器/计数器的内部结构组成、相关寄存器以及使用方法等展开讲解。

（一）定时器/计数器的结构与原理

MCS–51单片机内部具有两个16位可编程定时器/计数器，分别是定时器/计数器0(T0)和定时器/计数器1(T1)，其内部结构如图3–1所示。

定时器/计数器T0、T1核心组成部分是一个加1计数器，由高8位特殊功能寄存器THx(x=0,1)与低8位特殊功能寄存器TLx(x=0,1)组成，其中T0、T1的计时/计数来源分别由内部系统时钟(fosc)和外部引脚脉冲(P3.4、P3.5)提供，寄存器TMOD配置T0、T1的工作方式，寄存器TCON配置T0、T1的开启关闭，T0/T1定时/计数溢出时再通过硬件改变TCON寄存器中的标志位，向CPU发出申请中断的请求。

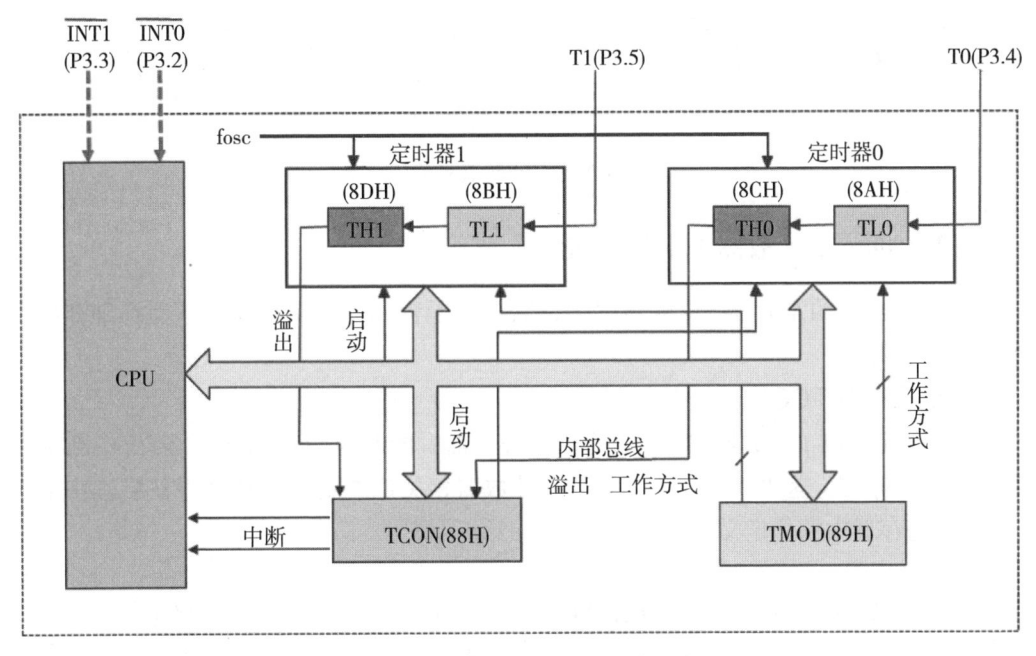

图 3-1　定时器 / 计数器内部结构

定时器 / 计数器有两个脉冲输入源，设定 T0/T1 是处于定时器还是计数器模式，本质上就是选择对应的脉冲输入源，不同的脉冲输入源，其工作原理也有所区别。

1. 定时器模式

当 T0/T1 处于定时器模式下，其脉冲输入来源是单片机内部的系统时钟信号，加 1 计数器对内部机器周期进行计数，每经过 1 个机器周期，加 1 计数器便加 1，直到定时器溢出，如图 3-2 所示。对于 MCS-51 单片机而言，每 12 个时钟周期等于 1 个机器周期（$fosc/12$），若采用 12MHz 的晶振来提供时钟，1 机器周期为 $1/fosc*12=1\mu s$，则 16 位定时器最大的定时时长为 $2^{16}*1=65536\mu s$。

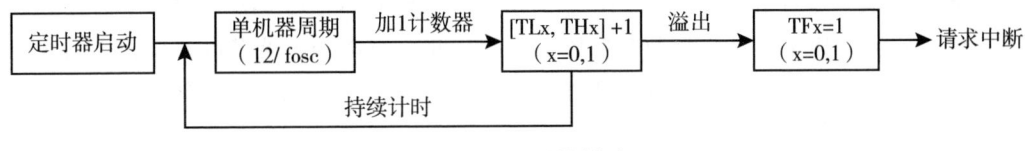

图 3-2　定时器模式

2. 计数器模式

当 T0/T1 处于计数器模式下，其脉冲输入来源是单片机引脚 T0（P3.4）和 T1（P3.5）的外部输入脉冲，加 1 计数器对外部脉冲的下降沿进行计数，每检测到一个下降沿，加 1 计数器便加 1，直到计数器溢出，如图 3-3 所示。对于 MCS-51 单片机而言，有效脉冲输入需要两个状态，即输入引脚由高电平状态跳变为低电平状态，因此检测一次有效的脉冲输入至少需要两个机器周期。

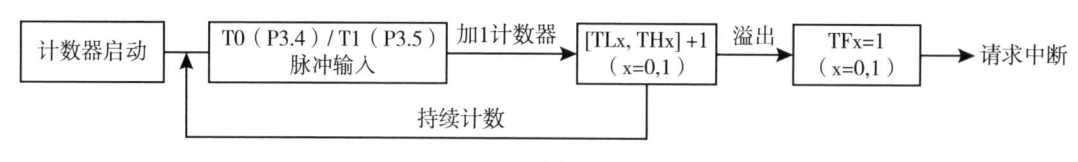

计数器启动 → T0（P3.4）/T1（P3.5）脉冲输入 → 加1计数器 → [TLx, THx]+1（x=0,1）→ 溢出 → TFx=1（x=0,1）→ 请求中断
持续计数

图 3-3 计数器模式

（二）定时器/计数器相关寄存器

在使用单片机的定时器/计数器之前，需要先配置相关的寄存器，下面详细介绍一下各寄存器的功能。

1. 控制寄存器 TCON

TCON 是定时器/计数器 T0、T1 的控制寄存器，同时也锁存 T0、T1 溢出中断标志和外部中断请求标志，这里仅介绍与定时器/计数器相关位的定义，其余将在后续小节再介绍。TCON 寄存器中的位定义如表 3-1 所示。

表 3-1 定时器/计数器控制寄存器 TCON 中的位定义（可位寻址）

位	D7	D6	D5	D4	D3	D2	D1	D0
位名称	TF1	TR1	TF0	TR0	IE1	IT1	IE0	IT0
字节分段	定时器/计数器控制字段				外部中断控制字段			

（1）TF1：T1 溢出标志位。当计数器计数溢出时，该位自动置 1。若使用中断，则会在 CPU 响应中断后，由硬件自动清 0；若没有使用中断，则需要使用查询法由软件清 0。

（2）TF0：T0 溢出标志位，功能与 TF1 类似。

（3）TR1：T1 运行控制位，该位由软件置位和清零，置 1 启动 T1，清 0 关闭 T1。

（4）TR0：T0 运行控制位，该位由软件置位和清零，置 1 启动 T0，清 0 关闭 T0。

💡 提示：查询法即在 while（1）{...}; 中循环检测所需的标志位，并做出动作。此处为检测定时器的溢出标志，以此来判断定时器是否溢出。中断法则是定时器溢出之后会产生一个中断信号，进入中断处理函数来处理事件，相较于中断法，查询法使用简单，但实时性较差，会占用较多的单片机资源。

2. 工作方式寄存器 TMOD

TMOD 的作用是设置 T0、T1 的工作方式。低四位用于控制 T0，高四位用于控制 T1。TMOD 寄存器不能进行位操作，只能通过字节赋值。TMOD 寄存器中的位定义如表 3-2 所示。

表 3-2 定时器/计数器工作方式寄存器 TMOD 中的位定义

位	D7	D6	D5	D4	D3	D2	D1	D0
位名称	GATE	C/$\overline{T}$	M1	M0	GATE	C/$\overline{T}$	M1	M0
字节分段	T1 方式字段				T0 方式字段			

（1）GATE：门控位，决定是否由外部引脚来控制定时器/计数器的启动。

GATE＝0时，仅由TCON寄存器中的运行控制位TR0/TR1来控制定时器/计数器运行，当TRx（x=0,1）置1时，定时器T0、T1开始工作。

GATE=1时，由外部中断引脚 $\overline{\text{INTx}}$（x＝0,1）上的电平状态与运行控制位TRx（x＝0,1）共同来控制定时器/计数器的运行。当外部中断引脚输入高电平且TRx（x＝0,1）置1时，定时器T0、T1开始工作。

💡 提示：在实际应用中，一般不需要外部控制，GATE位直接设为0即可，不需改动。

（2）C/$\overline{\text{T}}$：模式选择位。

C/$\overline{\text{T}}$=0时，为定时器模式；C/$\overline{\text{T}}$＝1时，为计数器模式。

（3）M1、M0：工作方式选择位。

M1与M0共有4种编码，对应4种工作方式的选择，如表3-3所示。

表3-3　T0/T1工作方式选择

M1	M0	工作方式	功能描述
0	0	方式0	13位不可重载的定时器/计数器（不常用）
0	1	方式1	16位不可重载的定时器/计数器
1	0	方式2	8位自动重载的定时器/计数器
1	1	方式3	T0分为两个8位定时器/计数器（T1不能工作在方式3，不常用）

💡 提示：①"不可重装载"指每一次定时器/计数器溢出后，需要重新对THx/TLx（x=0,1）寄存器赋初值。"自动重载"指每一次定时器/计数器溢出后，硬件会自动装载上次设定的值。②表3-2中寄存器TCON和TMOD的每一位含义都要熟练掌握，这是定时器/计数器的应用基础。

（三）定时器/计数器常用工作方式

MCS-51单片机的定时器/计数器有四种工作方式，其中常用的是方式1和方式2两种。此处仅对方式1和方式2的工作原理进行讲解，后续实验中，定时器/计数器的应用多是采用这两种工作方式。

1. 方式1

当M1、M0设置为"01"时，定时器/计数器工作于方式1，构成一个16位不可重装载的定时器/计数器，T0的逻辑电路结构如图3-4所示，T1的逻辑电路结构与其完全一致。

如图3-4所示，T0方式1下的工作逻辑可分为3个部分，分别是运行模式选择、启动方式选择以及T0启动后的运行流程。

1）运行模式选择

单片机根据C/$\overline{\text{T}}$模式选择位设定T0的运行模式（计数或定时）。当C/$\overline{\text{T}}$=0时，T0为定时器模式，此时T0内部加1，计数器会以MCS-51单片机的单机器周期（等于12个时钟周期）为计数基准来加1计数；当C/$\overline{\text{T}}$=1时，T0为计数器模式，此时T0内部加1，计数器会

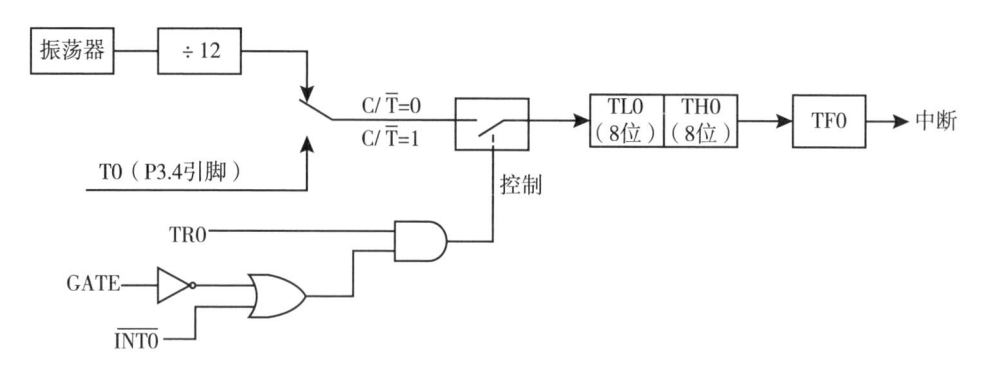

图 3-4 T0 方式 1 逻辑电路结构图

以 MCS-51 单片机的 T0（P3.4）引脚的下降沿脉冲输入信号为计数基准来加 1 计数。

2）启动方式选择

根据 GATE 位的选择来决定是否需要将 $\overline{INT0}$ 的电平状态作为控制 T0 启动的条件之一。在图 3-4 中，当 GATE=0 时，由非门取反为 1，再经或门固定输出为 1，此时仅需考虑与门中和 TR0 有关的一条输入支路即可；当 GATE=1 时，由非门取反为 0，或门的输出改由 $\overline{INT0}$ 的电平状态而定，此时与门的输出状态由 $\overline{INT0}$ 的电平状态输入支路和 TR0 输入支路共同决定。

3）T0 启动后的运行流程

T0 正常启动后，16 位定时器 / 计数器 [TL0,TH0] 开始加 1 计数（定时器模式单个机器周期计数器加 1/ 计数器模式单个下降沿脉冲输入计数器加 1），直到 16 位寄存器溢出（TL0=0xFF,TH0=0xFF 后再次加 1），此时会将 TF0 溢出标志位置 1。根据 T0 是否开启中断做进一步的动作，若 T0 中断打开，则此时单片机会跳转至中断服务函数并自动将 TF0 清 0；若 T0 没有开启中断，则需在软件代码中添加 TF0 清 0 语句。

💡 提示：由于方式 1 是 16 位不可自动重装载的定时器 / 计数器，在定时器 / 计数器溢出后，需要重新赋初值，否则下次定时 / 计数初值将从 0 开始。

2. 方式 2

当 M1、M0 设置为"10"时，定时器 / 计数器工作于方式 2（8 位自动重装载），T0 的逻辑电路结构如图 3-5 所示，T1 的逻辑电路结构与其完全一致。

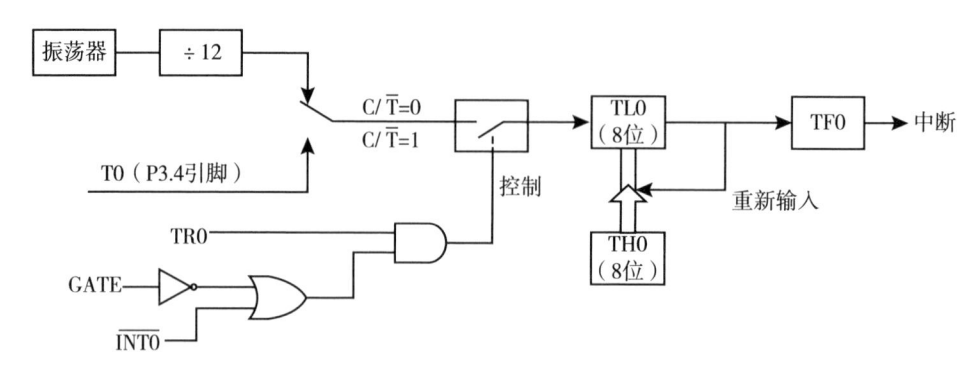

图 3-5 T0 方式 2 逻辑电路结构图

如图 3-5 所示，T0 方式 2 与方式 1 的逻辑基本相同，唯一不同的是，特殊寄存器 TL0、TH0 不再作为一个整体使用，寄存器 TL0 作为计数器使用，而寄存器 TH0 则是作为重置初值的缓冲器。在设置初值时，TL0 和 TH0 由软件赋予相同的初值，当 TL0 计数器溢出后，则将 TH0 缓冲器中的初值重新赋予 TL0，这也是定时器/计数器方式 2 可自动重装载初值的原理。

（四）定时器/计数器初始化

1. 定时器/计数器应用步骤

定时器/计数器是一种可编程部件，在使用前，需要对其进行初始化，以确定其特定的功能。此处定时器/计数器采用查询法，整体执行步骤如下：

（1）确定定时器/计数器的工作方式，即配置定时器 T0/T1 的 TMOD 寄存器。

（2）确定定时器或计数器初值：根据定时时间或计数次数，计算定时初值或计数初值，并写入 TH0、TL0（或 TH1、TL1）。

（3）启动定时器/计数器，即 T0、T1 配置 TCON 寄存器。

（4）在程序中扫描定时器/计数器溢出标志位 TF0（TF1），其为 1 时，表示定时/计数时间到，执行相关动作函数并由软件将溢出标志清零，并重新对定时器/计数器赋初值。

2. 定时器/计数器初值设置

定时器/计数器最常用的方式有方式 1 和方式 2，此处便以这两种方式为准，如表 3-4 所示。

表 3-4 定时器/计数器初值设置

模式选择	工作方式	初值设置
计数器	方式 1	THx=（65536− X_c）/256 TLx=（65536− X_c）% 256
计数器	方式 2	THx=（256− X_c） TLx=（256− X_c）
定时器	方式 1	THx=（65536− T_d/T_{cf}）/256 TLx=（65536− T_d/T_{cf}）% 256
定时器	方式 2	THx=（256− T_d/T_{cf}） TLx=（256− T_d/T_{cf}）

注：表中 x=0 或 1，T_{cy} 为机器周期，T_d 为定时时间，X_c 为计数值。

（五）实例应用

使用 MCS-51 单片机的 P1.5 引脚产生周期为 400μs 的方波，已知晶振频率 12MHz。

解题过程：使用查询法，采用方式 1 或方式 2 定时 200μs，将 P1.5 电平取反，再定时 200μs，将 P1.5 电平再次取反，反复循环。

方式 1

```c
#include "reg51.h"
sbit P15=P1^5;
void main( )
{
    TMOD=0x01;                    // 设置定时器 T0,方式 1
    TH0=(65536-200/1)/256;        // 设置定时初值
    TL0=(65536-200/1)%256;        // 设置定时初值
    TR0=1;                        // 启动定时器 T0
    for( ; ; )
    {
        while(!TF0);              // 等待定时时间到
        TF0=0;                    //TF0 需由软件清 0
        P15=~P15;                 // 取反
        TH0=(65536-200/1)/256;    // 重载初值
        TL0=(65536-200/1)%256;    // 重载初值
    }
}
```

方式 2

```c
#include "reg51.h"
sbit  P15=P1^5;
void main( )
{
    TMOD=0x02;                    // 设置定时器 T0,方式 2
    TH0=256-200/1;
    TL0=256-200/1;
    TR0=1;
    for( ; ; )
    {
        while(!TF0);              // 等待定时时间到
        TF0=0;                    //TF0 需手动清 0
        P15=~P15;                 // 取反
    }
}
```

(六) 定时器/计数器核心知识归纳

MCS-51 单片机有两个 16 位增量计数器,当计数器输入一个脉冲时,相应的计数寄存器加1，当寄存器溢出后，开始向CPU发出中断申请，如果脉冲的频率是固定的，比如计数器与单片机内部时钟相连接，每一个脉冲的时间是一个机器周期，计数器就变成了定时器，这就是定时器的原理。

学习定时器需要掌握几个寄存器，如表3-1所示。

MCS-51单片机的定时器/计数器具有定时和计数功能，并有4种工作方式，见表3-2、表3-3。表3-3中，方式1和方式2较为常用，方式1可以是16位定时，方式2是8位定时，但计数值可重载。在使用定时器/计数器前必须对其进行初始化，初始化内容包括以下几个步骤。

（1）设置工作方式，即设置TMOD中的各位：GATE、C/T、M1、M0。

（2）常见的定时器/计数器值的计算，其中T_{cf}为机器周期，T_d为定时值，X_c为计数值。

方式1：定时器初值 THx=（65536-T_d/T_{cf}）/256

TLx=（65536-T_d/T_{cf}）% 256

计数器初值 THx=（65536-X_c）/256

TLx=（65536-X_c）% 256

方式2：定时器初值 THx=（256-T_d/T_{cf}）

TLx=（256-T_d/T_{cf}）

计数器初值 THx=（256-X_c）

TLx=（256-X_c）

（3）启动计数器工作，即将TRx置1。

（4）若采用中断方式则将对应的定时器/计数器（ETx）及总中断（EA）打开。

二、中断系统

中断系统是为了CPU具有对突发事件的实时处理能力而设置的。在后续单片机的应用中，中断系统的使用非常频繁，不但可以提高程序运行效率，也可以增强事务处理的实时性。本节将对中断系统的基础概念、内部结构组成、相关寄存器以及使用方法等展开讲解。

（一）中断系统简介

当单片机在执行主程序时，突然出现另一个更为重要的事件需要处理，此时单片机可以暂停当前的工作，转而去处理这个重要事件，处理完以后，再回到暂停程序处继续执行后续的代码，以上的过程便称为中断。

完整的中断流程如图3-6所示，其中比较重要的概念这里作出介绍，实现中断功能的部件称为中断系统，向单片机发出中断请求的来源称为中断源，单片机响应中断之

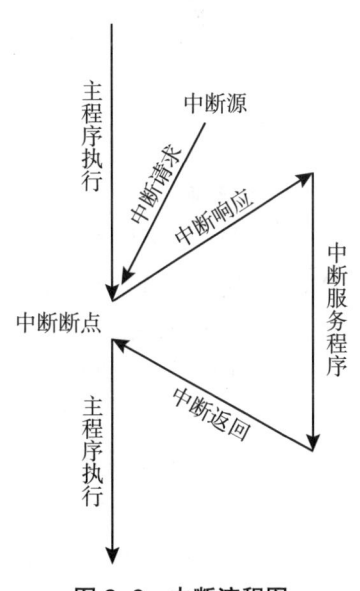

图3-6 中断流程图

后去执行的程序称为中断服务程序。

（二）中断系统结构与控制

MCS-51 单片机的中断系统是软硬件结合实现的，其整体结构如图 3-7 所示。

MCS-51 单片机拥有 5 个中断源，每个中断源在使用前都要先对相应寄存器进行配置。与中断相关的寄存器有 4 个，分别为中断请求寄存器（TCON、SCON）、中断允许控制寄存器（IE）以及中断优先级控制寄存器（IP），下面我们将对中断源和与中断控制有关的寄存器进行讲解。

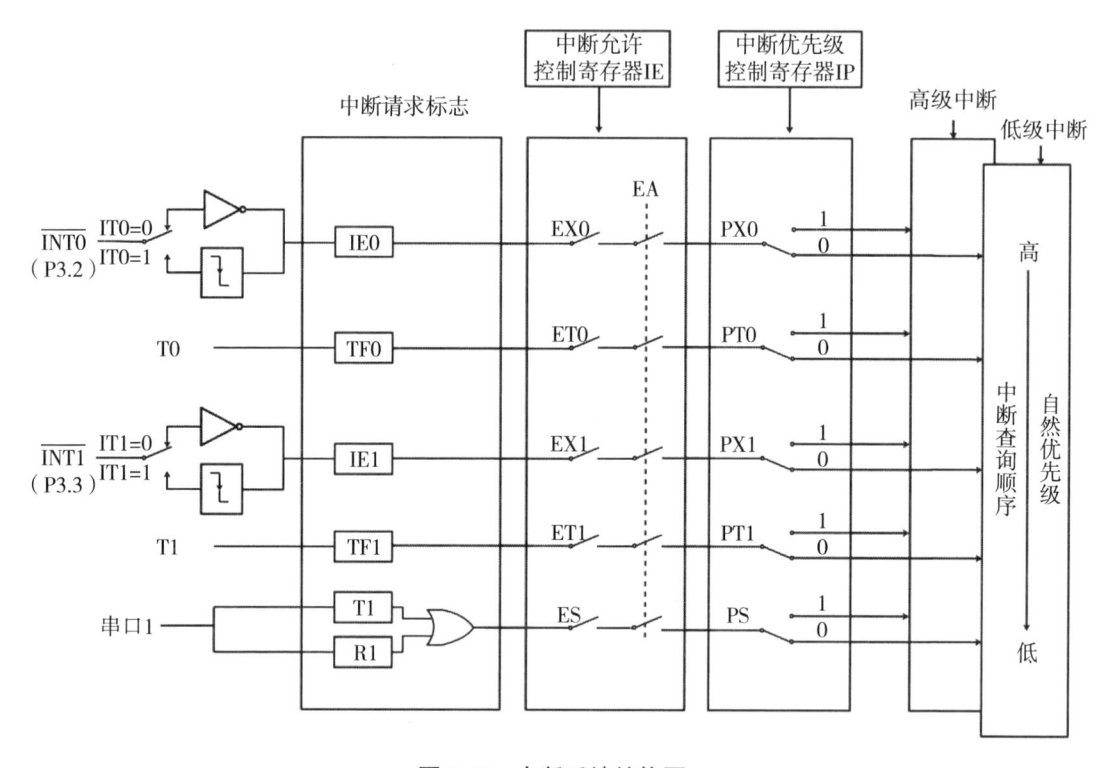

图 3-7 中断系统结构图

1. 中断源

MCS-51 单片机提供了 5 个可以产生中断请求的中断源，它们分别是：外部中断 0（$\overline{INT0}$）、定时器 0 中断（T0）、外部中断 1（$\overline{INT1}$）、定时器 1 中断（T1）、串行口中断。

1）外部中断源

外部中断源有两个，包括外部中断 0（$\overline{INT0}$）和外部中断 1（$\overline{INT1}$），分别对应着 MCS-51 单片机的 P3.2 引脚和 P3.3 引脚。外部中断顾名思义是由外部信号触发的中断，触发外部中断的方式有两种，分别是低电平触发和下降沿触发。低电平触发方式，是指只要外部中断对应的引脚检测到低电平，便会触发中断；而下降沿触发方式，是指只有在外部中断对应引脚由高电平变为低电平时，才会触发中断。

2）定时器/计数器中断源

定时器/计数器中断源有两个，定时器0中断（T0）和定时器1中断（T1）。T0、T1中断产生的条件是定时/计数值溢出，T0/T1的中断请求标志位TF0/TF1被置位，此时CPU便会触发中断。

3）串行口中断源

串行口中断源只有一个，但串行口的中断请求标志有两个，分别是SCON寄存器中的TI（发送中断请求标志位）和RI（接收中断请求标志位）。串行中断的触发条件是，串行口发送/接收完一帧数据后，TI/RI被置位，便会产生中断请求。

2. 中断请求寄存器

单片机响应中断的前提之一是中断源要发出中断请求，与中断请求相关的寄存器分别是TCON和SCON寄存器。

1）TCON寄存器

TCON寄存器与外部中断和定时器中断有关，内部各位如表3-5所示。

表3-5 定时器/计数器控制寄存器TCON（可位寻址）

位	D7	D6	D5	D4	D3	D2	D1	D0
位名称	TF1	TR1	TF0	TR0	IE1	IT1	IE0	IT0
字节分段	定时器/计数器控制字段				外部中断控制字段			

（1）TF0（TF1）：T0（T1）溢出中断请求标志位。

在T0（T1）定时/计数溢出后，该位由硬件自动置位。在T0（T1）中断开启的前提下，CPU响应中断请求，该位由硬件自动清0。在T0（T1）中断未开启的前提下，须由软件查询清0。

（2）TR0（TR1）：T0（T1）运行控制位。

该位由软件控制，置位后T1/T0开始定时/计数，清0则T1/T0停止定时/计数。

（3）IE0（IE1）：$\overline{INT0}$（$\overline{INT1}$）中断请求标志位。

当单片机检测到P3.2（P3.3）引脚上有中断请求时，该位由硬件自动置位。在CPU响应中断请求后，该位由硬件自动清0。

（4）IT0（IT1）：$\overline{INT0}$（$\overline{INT1}$）触发方式控制位。

IT0（IT1）被设置为0时，则选择$\overline{INT0}$（$\overline{INT1}$）为低电平触发方式。IT0（IT1）被设置为1时，则选择$\overline{INT0}$（$\overline{INT1}$）为下降沿触发方式。

💡 提示：在单片机开发应用中，会有各种自定义与预先设定的标志位，这些标志位可以理解为某个事件或动作是否满足的条件，作为后续动作执行的判断依据。示例如下：

① TF0=1；TF0为TCON寄存器中的第5位状态位，作为T0溢出中断请求的标志位，当该位被置位时，代表满足T0溢出，此时T0中断源向单片机发出中断请求。

② bit Cnt_10ms=0；自定义一个位变量Cnt_10ms，作为定时器10ms达成的标志位。通过单片机查询该标志位可知定时器是否定时达到10ms，依此来判断是否做出后续动作。

2）SCON 寄存器

SCON 寄存器与串行口中断有关，SCON 寄存器中的位定义如表 3-6 所示。

表 3-6　串口控制寄存器 SCON（可位寻址）

位	D7	D6	D5	D4	D3	D2	D1	D0
位名称	SM0	SM1	SM2	REN	TB8	RB8	TI	RI

与其他中断源不同的是，串行口中断源的请求标志有 2 个，分别是 SCON 寄存器的第 0 位 "RI" 和第 1 位 "TI"。

RI：串行接收中断标志位。当串行口接收完一帧数据后，该位由硬件自动置位。

TI：串行发送中断标志位。当串行口发送完一帧数据后，该位由硬件自动置位。

💡 提示：TI、RI 与其他中断请求标志不同的是必须由软件清零，否则会一直进入中断，陷入死循环。全部中断请求标志位的详细操作如表 3-7 所示。

表 3-7　中断请求标志位比对

中断源	中断使能状态	中断请求标志位置位	中断请求标志位清零
$\overline{INT0}$（$\overline{INT1}$）	使能	硬件自动置位	硬件自动清 0
T0（T1）	使能		硬件自动清 0
	禁止		软件手动清 0
串行口	使能		软件手动清 0

3. 中断允许控制寄存器

单片机响应中断的前提之一是中断源发出中断请求，另一个前提则是中断源被允许中断。中断源的中断使能或禁止是由中断允许寄存器 IE 控制的，IE 寄存器中的位定义如表 3-8 所示。

表 3-8　中断允许控制寄存器 IE（可位寻址）

位	D7	D6	D5	D4	D3	D2	D1	D0
位名称	EA	—	—	ES	ET1	EX1	ET0	EX0

（1）EA：总中断允许控制位。EA=1，允许所有中断，各中断源的允许和禁止仍可通过对应的中断允许位进行单独控制；EA=0，禁止所有中断。

（2）EX0：$\overline{INT0}$ 中断允许控制位。EX0=1，允许 $\overline{INT0}$ 中断；EX0=0，禁止 $\overline{INT0}$ 中断。

（3）EX1：$\overline{INT1}$ 中断允许控制位。EX1=1，允许 $\overline{INT1}$ 中断；EX1=0，禁止 $\overline{INT1}$ 中断。

（4）ET0：T0 中断允许控制位。ET0=1，允许 T0 中断；ET0=0，禁止 T0 中断。

（5）ET1：T1 中断允许控制位。ET1=1，允许 T1 中断；ET1=0，禁止 T1 中断。

（6）ES：串行口中断允许控制位。ES=1，允许串行口中断；ES=0，禁止串行口中断。

4. 中断优先级控制寄存器

MCS-51 单片机的中断系统有两个中断优先级，每个中断源均可通过软件设置为高优先级中断或低优先级中断。中断源优先级的设置由特殊功能寄存器 IP 控制，其内部位定义如表 3-9 所示。

表 3-9　中断优先级控制寄存器 IP（可位寻址）

位	D7	D6	D5	D4	D3	D2	D1	D0
位名称	—	—	—	PS	PT1	PX1	PT0	PX0

（1）PX0：外部中断 0 中断优先级控制位。

（2）PT0：定时器 / 计数器 0 中断优先级控制位。

（3）PX1：外部中断 1 中断优先级控制位。

（4）PT1：定时器 / 计数器 1 中断优先级控制位。

（5）PS：串行口中断优先级控制位。

将上述优先级控制位置 1 即设置为高优先级中断，清 0 则是设置为低优先级中断。

所谓中断优先级，就是单片机接收到中断源中断请求后的响应顺序，对于 MCS-51 单片机而言，中断优先级遵从以下两条规定：

（1）多个中断源同时发出中断请求，首先响应优先级最高的中断请求，若中断源优先级均为同级，则按照图 3-7 中内部自然优先级的高低顺序响应中断请求。

（2）正在进行的低优先级中断过程仅能被高优先级中断请求所中断，而高优先级中断过程不能被低优先级或同优先级中断请求所中断。

💡 提示：对于正在进行的中断过程，不考虑自然优先级，仅考虑 IP 寄存器中所设置的高低优先级。

对于 MCS-51 单片机的中断系统而言，优先级只有高低两种状态，因此最多实现两级中断嵌套，如图 3-8 所示。

（三）中断初始化

1. 中断函数设计

C51 的中断服务程序是一种特殊的函数，其结构与一般函数类似，但中断函数不带任何参数，且使用之前也无须声明，满足中断条件后自动执行。中断函数的定义格式如下：

void 函数名 ( ) interrupt 中断号 n (using 工作寄存器组 m)

{ 函数体语句; }

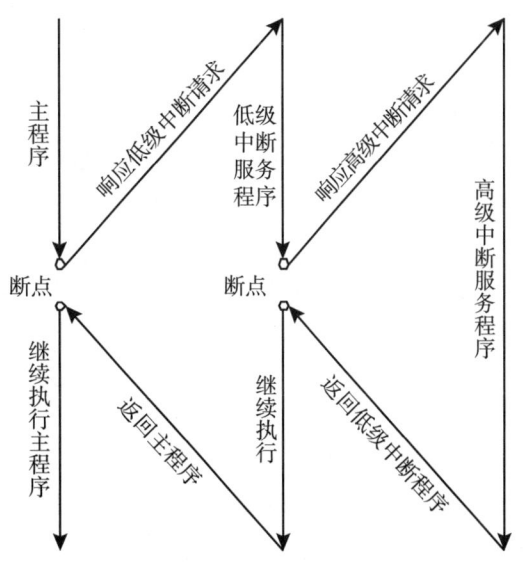

图 3-8　中断嵌套示意图

interrupt：表明该函数是中断服务程序，响应中断后自动跳入本函数；

n：中断源编号 0 ~ 4，对应具体的中断源，见表 2-6；

using m：用于指定该中断服务程序要使用的工作寄存器组编号（m = 0 ~ 3），通常略去工作寄存器组的设定，而由编译器自动选择，避免产生不必要的错误。

MCS-51 单片机全部中断请求源对应的中断服务函数参考编写格式如下：

void INT0_Isr(void)	interrupt 0{	语句序列；	};
void Timer0_Isr(void)	interrupt 1{	语句序列；	};
void INT1_Isr(void)	interrupt 2{	语句序列；	};
void Timer1_Isr(void)	interrupt 3{	语句序列；	};
void UART1_Isr(void)	interrupt 4{	语句序列；	};

💡 使用中断函数时应注意以下事项：

（1）只要单片机系统中有中断被打开，就必须编写相应的中断服务函数，其内容可以为空，但必须有，否则程序的运行会出错。

（2）中断服务函数不可被调用，也无须声明。

（3）不能由硬件自动清 0 的中断请求标志位，需要在对应中断源的中断服务函数中添加将中断请求标志位清 0 的语句，否则单片机会重复响应中断而出错。

2. 中断应用步骤

（1）打开中断总开关和有关中断源对应的中断开关，即配置 IE 寄存器。

（2）根据需要确定各中断源的优先级别，即配置 IP 寄存器。

（3）单片机响应中断后，不会自动关闭中断系统，如果该中断非常重要，必须执行完毕，不允许被其他中断嵌套，则可以在中断服务程序的开始处关闭总中断，结束处再打开总中断（以实际情况为准，是否需要此步骤）。

（4）中断源请求标志的清除，如果中断请求标志位不可以被硬件自动清 0，则需要添加相应的软件代码来清除请求标志，防止重复进入中断引起错误。

（四）实例应用

使用 MCS-51 单片机的 P1.5 引脚产生周期为 400μs 的方波，已知晶振频率 12MHz（将第一节"定时器/计数器"中实例应用通过定时器中断方式实现）。

● **方式 1**
```
#include "reg51.h"
sbit P15=P1^5;
void main（）
{
    TMOD=0x01;              // 设置定时器 T0，方式 1
    TH0=(65536-200/1)/256;  // 设置定时初值
    TL0=(65536-200/1)%256;  // 设置定时初值
```

```
        ET0=1;                        // 开定时器 T0 中断
        EA=1;                         // 开总中断
        TR0=1;                        // 启动定时器 T0
        while（1）;                    // 死循环
}
void Timer0（ ）interrupt 1
{
        TH0=(65536-200/1)/256;        // 重新赋初值
        TL0=(65536-200/1)%256;        // 重新赋初值
        P15=~P15;                     // 取反
}
```

● **方式 2**

```
#include "reg51.h"
sbit  P15=P1^5;
void main（ ）
{
        TMOD=0x02;                    // 设置定时器 T0，方式 2
        TH0=256-200/1;                // 设置定时器初值
        TL0=256-200/1;
        ET0=1;                        // 开定时器 T0 中断
        EA=1;                         // 开总中断
        TR0=1;                        // 启动定时器 T0
        while（1）;                    // 等待定时时间到
}
void Timer0_Isr（ ）interrupt 1
{
        P15=~P15;                     // 取反
}
```

（五）中断核心知识归纳

中断是指 CPU 正在执行正常程序（主程序或子程序），发生紧急事件时（中断源发出申请），转而去执行紧急任务（中断服务程序），执行完毕后，再返回执行正常程序。中断执行流程如图 3-9 所示。

MCS-51 单片机有五个紧急任务中断源，按优先级从高到低顺序分别是：外部中断 $\overline{INT0}$、定时器 T0、外部中断 $\overline{INT1}$、定时器 T1 和串行口中断，见表 3-10。

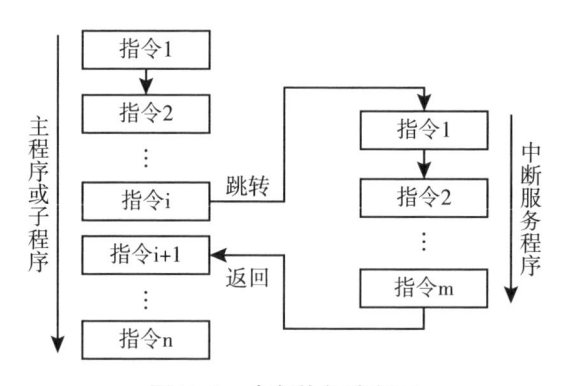

图 3-9 中断执行流程图

表 3-10 中断源及中断号

中断源	C51 中断号
外部中断源 $\overline{INT0}$	0
定时/计数 T0 溢出中断	1
外部中断源 $\overline{INT1}$	2
定时/计数 T1 溢出中断	3
串行口中断源	4

中断要执行，即中断响应，要有以下步骤：
（1）中断源发出申请；
（2）中断总允许 EA=1；
（3）中断源允许打开，比如相应 EX0、EX1、ET0、ET1 或 ES 为 1；
（4）没有更高级别的中断在执行。

要学好中断，需要掌握两个寄存器 IE 和 TCON，见表 3-11、表 3-12。

表 3-11 IE 的位名称、位地址和功能

IE 位地址	D7	D6	D5	D4	D3	D2	D1	D0
位名称	EA	—	—	ES	ET1	EX1	ET0	EX0
功能	总开关	—	—	串行口	T1	$\overline{INT1}$	T0	$\overline{INT0}$

表 3-12 TCON 的位名称、位地址和功能

TCON 位地址	D7	D6	D5	D4	D3	D2	D1	D0
位名称	TF1	TR1	TF0	TR0	IE1	IT1	IE0	IT0
功能	T1 中断申请标志位	T1 启动位	T0 中断申请标志位	T0 启动位	$\overline{INT1}$ 中断申请标志位	$\overline{INT1}$ 触发方式	$\overline{INT0}$ 中断申请标志位	$\overline{INT0}$ 触发方式

C51 的中断服务程序是一种特殊的，会自动执行的程序，其定义如下：

void　函数名（void）interrupt n using m
　　{函数体语句；}

这里的 interrupt 和 using 是为编写 C51 中断服务程序而引入的关键字，interrupt 表示该函数是中断服务程序，n 是指中断服务程序对应的中断源；using 指中断服务程序使用的工作寄存器组编号，m 取值范围为 0～3。满足中断条件后，中断服务程序会自动执行，用户程序中不允许任何程序调用中断服务程序。

三、串行口

单片机与外部设备进行数据交换与传输的过程称为通信，串口通信则是单片机与外界进行通信的方式之一，其实际应用很广泛，常见于工业自动化、智能终端、通信管理等领域。本节将对单片机串行口的基础概念、寄存器配置、工作方式以及使用方法等展开讲解。

（一）通信接口基础

1. 并行通信与串行通信

设备与设备之间的通信方式常分为两种：并行通信与串行通信，如图 3-10 所示。

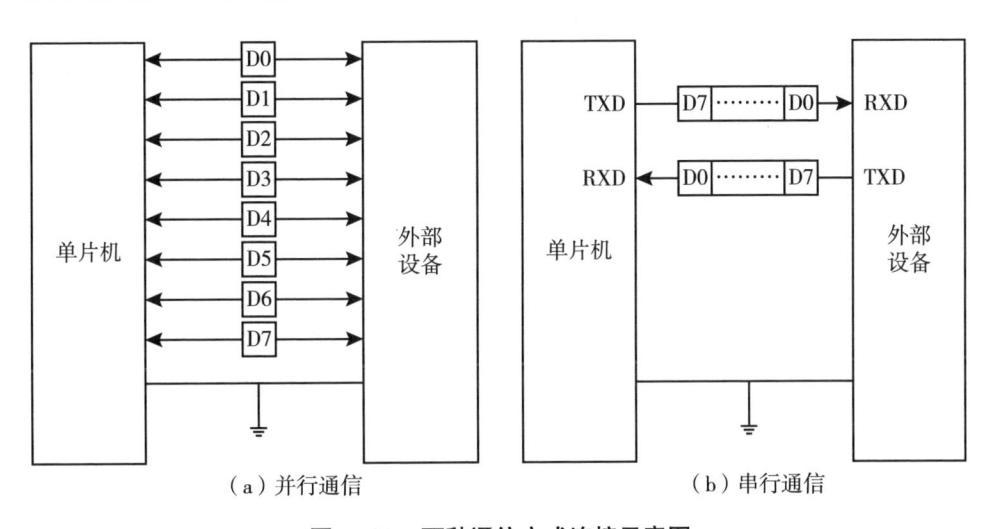

（a）并行通信　　　　　　　　（b）串行通信

图 3-10　两种通信方式连接示意图

并行通信是对数据的多位（bit）同时通过多根线进行传输，通常是 8 位、16 位、32 位等数据一起传输。并行通信的优点是控制简单、传输速度快，其缺点是由于传输线较多，远距离传送的成本较高，且接收方同时接收存在困难。

串行通信是指使用一根线按位（bit）对数据进行传输，每位数据占据固定的时间长度，使用少数几条通信线路就可以完成设备间的信息交换。串行通信的优点是传输线少，远距离传送时成本低。串行通信的缺点是控制复杂，速度相对于并行通信而言较慢。

传输一个字节，串行通信一次传输 1 位，最少需要传输 8 次，而对于拥有 8 根信号线的并行通信而言，每根线传输 1 位，则只需传输 1 次。

2. 串行通信方式

串行通信按照其数据的时钟控制方式，可以分为同步通信与异步通信，如图 3-11 所示。

同步通信是一种连续串行传送数据的通信方式，要求发收双方具有同频同相的时钟信号，在传送报文的最前面附加特定的同步字符，使发收双方建立同步，此后便在同步时钟的控制下逐位发送/接收。优点是可以实现高速度、大容量的数据传送；缺点是要求发生时钟和接收时钟保持严格同步，同时硬件复杂。SPI 和 IIC 总线即为同步通信。

异步通信是按字符传输的，每个字符可以随机出现在数据流中。每传输一个字符就用起始位和停止位建立发送和接收双方的同步，不会因收发双方之间小的时钟频率偏差导致错误。优点是对硬件要求较低，数据传送的可靠性较高，能及时发现错误；缺点是通信效率比较低。单片机 UART 即为异步通信。

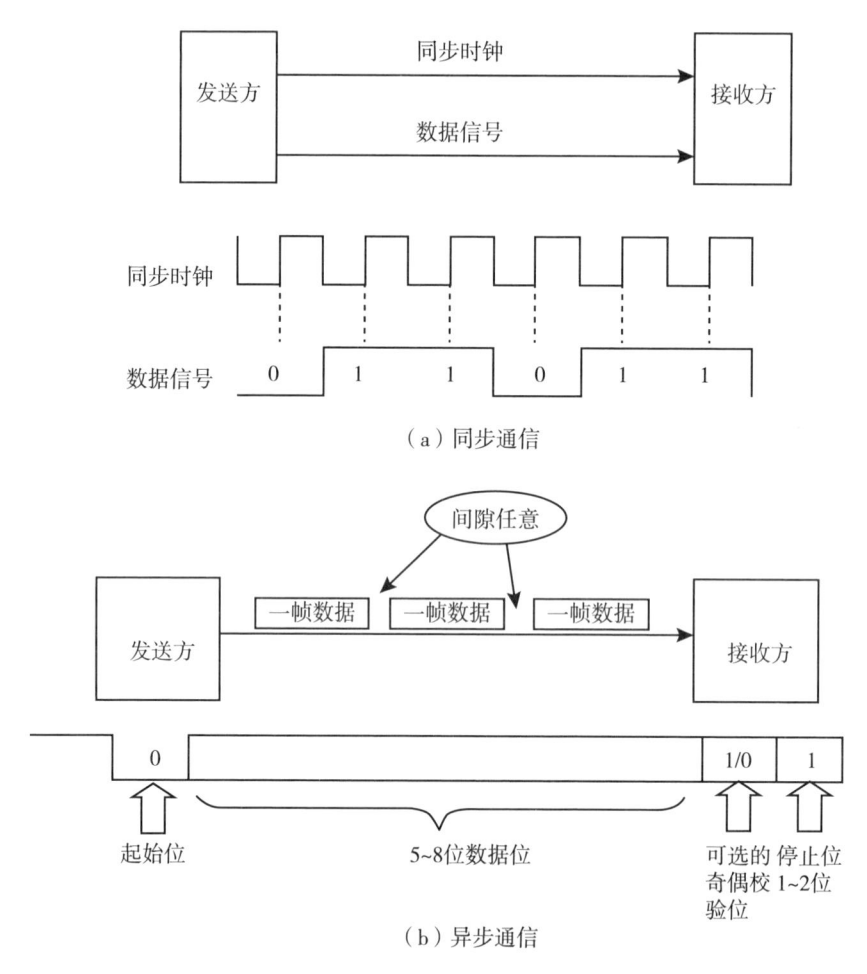

（a）同步通信

（b）异步通信

图 3-11 串行通信方式示意图

3. 串行通信制式

串行通信按照数据传输的方向及时间关系可分为单工、半双工和全双工 3 种制式，如图 3-12 所示。

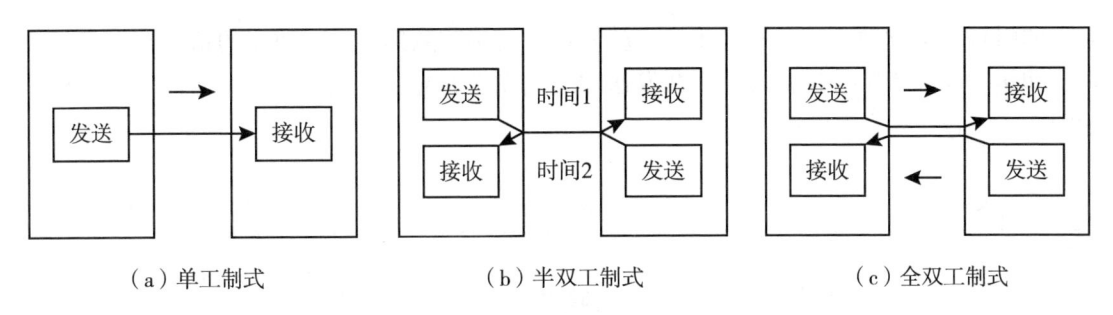

（a）单工制式　　　　　　（b）半双工制式　　　　　　（c）全双工制式

图 3-12　串行通信制式示意图

在单工制式下，通信线的两端分别接发送装置与接收装置，数据传输仅能由发送端传送到接收端，不能实现反向传输，为单向通信。

在半双工制式下，系统的每个通信设备都由一个发送装置与接收装置组成，数据传输可以沿两个方向，但是需要分时进行。RS-485 总线便是采用的半双工通信制式。

在全双工方式下，系统的每端都有发送装置与接收装置，可以同时进行数据发送与数据接收。RS-232 和 RS-422 总线便是采用的全双工通信制式。

（二）串行口基础

1. 串行口结构

MCS-51 单片机片内有一个全双工的串行通信接口，它既可以实现串行异步通信，也可以作为同步移位寄存器来扩充 I/O 口，其结构如图 3-13 所示。

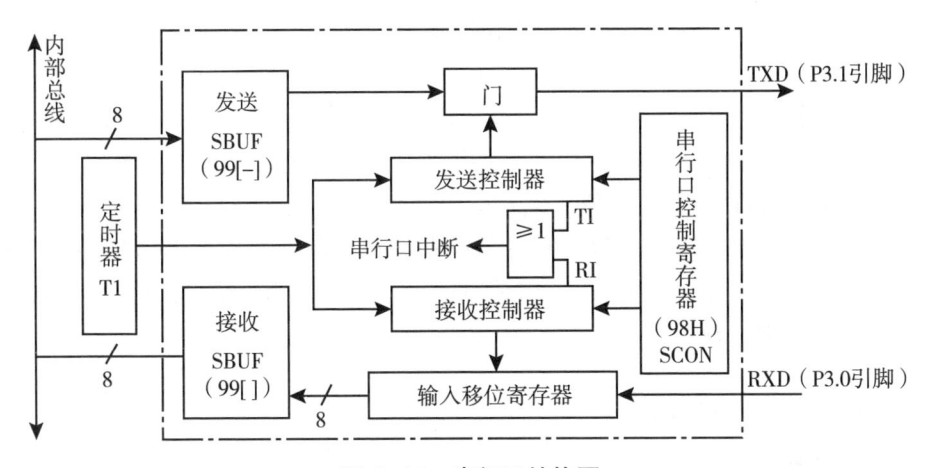

图 3-13　串行口结构图

MCS-51 单片机串行口主要由发送数据寄存器、发送控制器、输出控制门、接收数据寄存器、接收控制器、输入移位寄存器等组成。在实际使用中，用户需要着重掌握的是串行口数据缓冲寄存器 SBUF、串行口控制寄存器 SCON 和电源控制寄存器 PCON。

2. 串行通信数据格式

在异步通信中，数据通常是以字符为单位组成字符帧传送的。字符帧由发送端一帧一帧的发送，每一帧数据低位在前，高位在后，通过传输线被接收端一帧一帧地接收。双方各自的时钟是彼此独立，互不同步，这就使在发送接收数据时，对数据的格式有一定的要求，即接收端依靠字符帧格式来判断发送端数据发送的起始与结束。串行通信字符帧格式如图 3-14 所示。

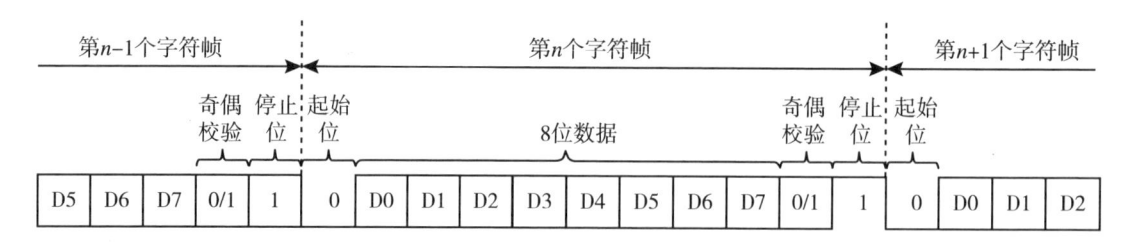

图 3-14 串行通信字符帧格式

字符帧又称数据帧，一帧字符由起始位、数据位、奇偶校验位和停止位 4 部分组成。每部分的定义如下：

起始位：位于字符帧的开头，只占一位，为逻辑 0 低电平，是接收端设备判断发送端开始发送一帧数据的标志。

数据位：紧接起始位之后的 8 位数据位（51 单片机数据位格式固定为 8 位），发送时从数据的最低位开始，顺序发送 / 接收。

奇偶校验位：紧接数据位之后的是 1 位奇偶校验位，用于表征串行通信中是采用奇校验还是偶校验，也可以取消该检验位。

停止位：位于字符帧的最后，为逻辑 1 高电平，用于表示一帧数据的结束，通常可取 1 位、1.5 位、2 位（MCS-51 单片机的停止位固定为 1 位）。

3. 串行通信速率

波特率表征串行通信速率的快慢，是衡量串口通信性能的指标。由于异步通信无时钟线，因此发送设备与接收设备数据传输的速率要一致，即通信双方波特率相同。波特率，是每秒钟传送的二进制的位数，单位是位 / 秒（bps,bit per second）或波特（baud）。

波特率不等于字符速率，字符实际的传输速率由其格式决定。若波特率为 9600bps，而字符帧由 1 个起始位、8 个数据位、0 个奇偶校验位、1 个停止位四部分组成，则字符速率为 9600/10=960 字符 / 秒。

（三）串行口相关寄存器

1. 串行控制寄存器 SCON

串行控制寄存器 SCON 用于选择串行通信的工作方式和某些控制功能，SCON 寄存器中的位定义如表 3-13 所示。

表 3-13 串行控制寄存器 SCON（可位寻址）

位	D7	D6	D5	D4	D3	D2	D1	D0
位名称	SM0	SM1	SM2	REN	TB8	RB8	TI	RI

（1）SM0、SM1：串行口工作方式选择位，其定义如表3-14所示。

表3-14 串行口工作方式

SM0	SM1	工作方式	功能描述	波特率
0	0	方式0	8位移位寄存器	$fosc/12$
0	1	方式1	10位UART	可变
1	0	方式2	11位UART	$fosc/64$ 或 $fosc/32$
1	1	方式3	11位UART	可变

其中，$fosc$ 为晶振频率。

（2）SM2：多机通信控制位。

在方式2或方式3时，如果SM2位为1且REN位为1，则接收机处于地址帧筛选状态。此时可以利用接收到的第9位（即RB8）来筛选地址帧。若RB8=1，说明该帧是地址帧，中断请求标志位RI被置1，并向主机请求中断处理；若RB8=0，说明该帧不是地址帧，应丢掉且保持RI为0。

在方式2或方式3中，如果SM2位为0且REN位为1，接收机处于地址帧筛选被禁止状态。不论收到的RB8为0或1，均可将接收到的前8位数据送入SBUF，并置位RI，此时RB8位为奇偶校验位。

方式0和方式1是非多机通信方式，在这两种方式时，要设置SM2为0。

（3）REN：串行接收控制位（由软件置位或复位）。

当REN=1时，允许串行口接收数据。

当REN=0时，禁止串行口接收数据。

（4）TB8：在方式2或方式3，是要发送的第9位数据，按需要由软件置位或清0。

在多机通信使能的情况下，该位表示传输的这一帧信息是地址还是数据，TB8=0时为数据，TB8=1时为地址。在多机通信禁止的情况下，TB8作为奇偶校验位使用。

在方式0和方式1中，该位不用。

（5）RB8：方式2和方式3中，是要接收的第9位数据。在方式2和方式3中，RB8存放接收到的第9位数据，用以识别接收到的数据特征。

在方式0和方式1中，该位不用。

（6）TI：中断发送请求标志位。方式0时，发送完第8位数据后，该位由硬件置位；其他方式下，在发送停止位之前由硬件置位。因此，TI=1表示一帧数据发送结束，可由软件查询TI位标志，也可以请求中断。TI必须由软件清0。

（7）RI：中断接收请求标志位。方式0时，接收完第8位数据后，该位由硬件置位；在其他工作方式下，当接收到停止位时，该位由硬件置位，RI=1表示一帧数据接收完成，可由软件查询RI位标志，也可以请求中断。RI必须由软件清0。

💡提示：理解SCON的每一位意义；在双机通信中，一般设置SCON=0x50，可收可发串口数据；如果只是发送数据，不需要接收数据，设置SCON=0x40亦可，即SCON中的REN=0。

2. 电源管理寄存器 PCON

电源管理寄存器 PCON 主要用于控制串口波特率是否加倍，其位定义如表 3-15 所示。

表 3-15 串行控制寄存器 PCON（可位寻址）

位	D7	D6	D5	D4	D3	D2	D1	D0
位名称	SMOD	—	—	—	GF1	GF0	PD	IDL

PCON 寄存器中 SMOD 位是串行口波特率选择位，其余位均与串口通信无关。当用软件置位 SMOD，即 SMOD=1，则使串行通信方式 1、2、3 的波特率加倍；SMOD=0，则各工作方式的波特率不加倍。复位时 SMOD=0。

3. 串行数据缓冲寄存器 SBUF

MCS-51 单片机的串行口缓冲寄存器 SBUF 实际上是 2 个缓冲器，分别为发送缓冲寄存器和接收缓冲寄存器，它们共用相同的名称和地址，但硬件层面上是不同的寄存器。写 SBUF 的操作完成待发送数据的加载，对应发送缓冲寄存器；读 SBUF 的操作则获得已接收到的数据，对应接收缓冲寄存器。

由图 3-13 可知，接收通道内设有输入移位寄存器和 SBUF 缓冲器，从而能使一帧接收完将数据由移位寄存器装入 SBUF 后，可立即开始接收下一帧信息，主机应在该帧接收结束前从 SBUF 缓冲器中将数据取走，否则前一帧数据将丢失。

（四）串行口通信配置

1. 常用工作方式与波特率设置

MCS-51 单片机的串行口有四种工作方式，可通过软件编程对 SCON 寄存器中的 SM0、SM1 的设置进行选择，其中最常用的是方式 1 和方式 3，此处仅对方式 1 和方式 3 的工作原理进行讲解，后续实验中串口多采用这两种工作方式。

1）方式 1

当软件设置 SCON 的 SM0、SM1 为 "01" 时，串行口 1 则以方式 1 工作。此模式为 10 位串口通信格式，一帧信息为 10 位：1 位起始位，8 位数据位（低位在先）和 1 位停止位。波特率可变，根据需要进行设置。TxD/P3.1 为发送端，RxD/P3.0 为接收端，串行口为全双工接收/发送串行口。串行口工作方式 1 的发送/接收时序如图 3-15 所示。

（1）方式 1 的发送过程：串行通信模式发送时，数据由串行发送端 TxD 输出。当主机执行一条 "写 SBUF" 的指令就启动串行通信的发送，"写 SBUF" 信号还把 "1" 装入发送移位寄存器的第 9 位，并通知 TX 控制单元开始发送。移位寄存器将数据不断右移送 TxD 端口发送，在数据的左边不断移入 "0" 作补充。当数据的最高位移到移位寄存器的输出位置，紧跟其后的是第 9 位 "1"，在它的左边各位全为 "0"，这个状态条件，使 TX 控制单元作最后一次移位输出，然后使允许发送信号 $\overline{SEND}$ 失效，完成一帧信息的发送，并置位中断发送请求位 TI，即 TI=1，向单片机请求中断处理。

（2）方式 1 的接收过程：当软件置位接收允许标志位 REN，即 REN=1 时，接收器便

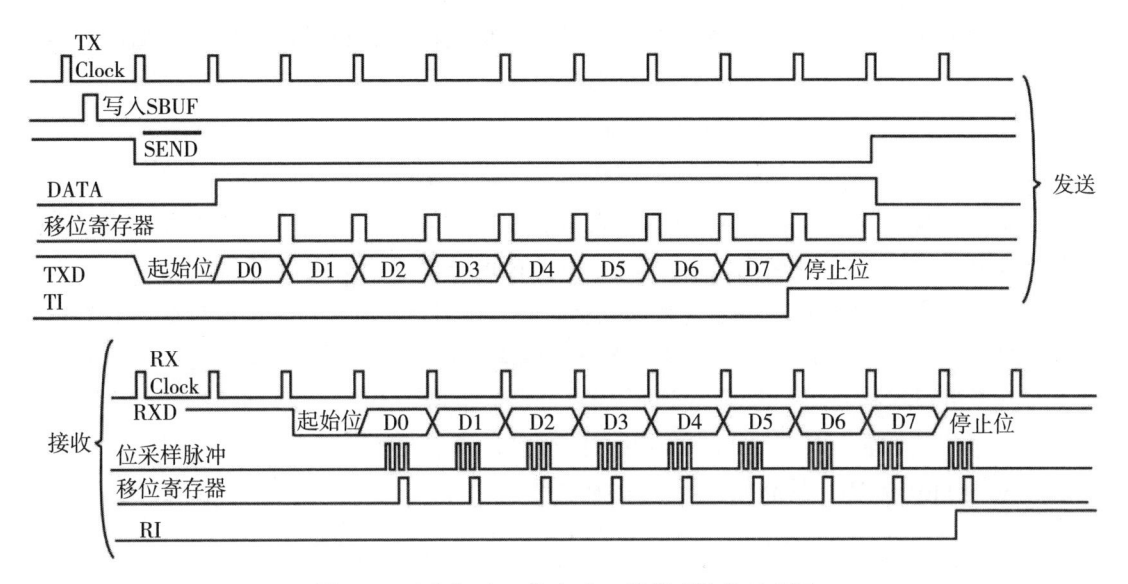

图 3-15　串行口工作方式 1 发送 / 接收时序图

以设定的波特率 16 分频的速率采样串行接收端口 RxD，当检测到 RxD 端口从 "1" → "0" 的负跳变时就启动接收器准备接收数据。接收的数据从接收移位寄存器的右边移入，已装入的 1FFH 向左边移出，当起始位 "0" 移到移位寄存器的最左边时，使 RX 控制器做最后一次移位，完成一帧的接收。若同时满足以下两个条件：RI=0 和停止位为 1 或 SM2=0，此时接收到数据有效，装载入 SBUF，停止位进入 RB8，置位 RI，即 RI=1，向单片机请求中断处理。若上述两个条件不能同时满足，则接收到的数据作废并丢失。无论条件是否满足，接收器会再次检测 RxD 端口的由 1 到 0 的负跳变，继续下一帧数据的接收。接收有效，在响应中断后，RI 标志位必须由软件清 0。通常情况下，串行通信工作于方式 1 时，SM2 需设置为 0。

串行通信工作方式 1 的波特率是可变的，可变的波特率由定时器 / 计数器 1 产生，计算公式如下：

$$波特率 = \frac{2^{SMOD} \times (定时器/计数器 T1 的溢出率)}{32} \quad （3-1）$$

式（3-1）中，SMOD 是控制寄存器 PCON 中的一位控制位，其取值有 0 和 1 两种状态。当 SMOD=0 时，波特率 =（定时器 / 计数器 T1 的溢出率）/32；当 SMOD=1 时，波特率 =（定时器 / 计数器 T1 的溢出率）/16。溢出率是指定时器 / 计数器 T1 1s 内的溢出次数。

2）方式 2

当 T1 用作波特率发生器时，通常选用定时初值可自动重载的工作方式 2，从而避免反复装入计数初值引起定时误差，使波特率更加稳定。由于 T1 的溢出率是指在 1s 内 T1 的溢出次数，那么只要算出 T1 每溢出一次所需要的时间 T，则 1/T 就是它的溢出率。若时钟频率为 f_{osc}，定时器 T1 工作方式 2 的情况下，定时计数初值为 T1 初值，则波特率的计算公式为：

$$波特率 = \frac{2^{SMOD}}{32} \times \frac{f_{OSC}}{12 \times (256 - T1_{初值})} \quad （3-2）$$

在实际应用中，通常是先确定波特率，然后根据波特率求 T1 定时初值，因此式（3-2）又可写为：

$$T1_{初值} = 256 - \frac{2^{SMOD}}{32} \times \frac{f_{OSC}}{12 \times 波特率} \qquad (3-3)$$

💡 提示：在实际应用中，串口波特率按规范取为 9600,115200,⋯，所以在设计单片机控制系统时，常采用 11.0592MHz 的晶振，因为此时计算得出的定时器初值是一个较为精准的整数，若采用 12MHz 这样看起来比较整的晶振，则计算得出的定时器初值将不是一个整数，这样单片机串口通信时就会不断地产生误差累积，进而影响串口的波特率，干扰串口通信，示例如下：

假设单片机 SMOD 位为 1，需要使用 T1 产生 4800bps 的波特率：

① 采用 11.0592MHz 的晶振，则 T1 的初值为：

$$T1_{初值} = 256 - \frac{2^{SMOD}}{32} \times \frac{f_{OSC}}{12 \times 波特率} = 256 - \frac{2^1}{32} \times \frac{11.0592 \times 10^6}{12 \times 4800} = 244 = 0xF4H$$

② 采用 12Hz 的晶振，则 T1 的初值为：

$$T1_{初值} = 256 - \frac{2^{SMOD}}{32} \times \frac{f_{OSC}}{12 \times 波特率} = 256 - \frac{2^1}{32} \times \frac{12 \times 10^6}{12 \times 4800} \approx 242.979166 \approx 0xF3H$$

3）方式 3

当软件设置 SCON 的 SM0、SM1 为 "11" 时，串行口 1 则以方式 3 工作。此模式为 11 位串口通信格式，一帧信息为 11 位：1 位起始位、8 位数据位（低位在先）、1 位可编程位（第 9 位数据）和 1 位停止位。波特率可变，根据需要进行设置。TxD/P3.1 为发送端，RxD/P3.0 为接收端，串行口为全双工接收/发送串行口。串行口工作方式 3 的发送/接收时序如图 3-16 所示。

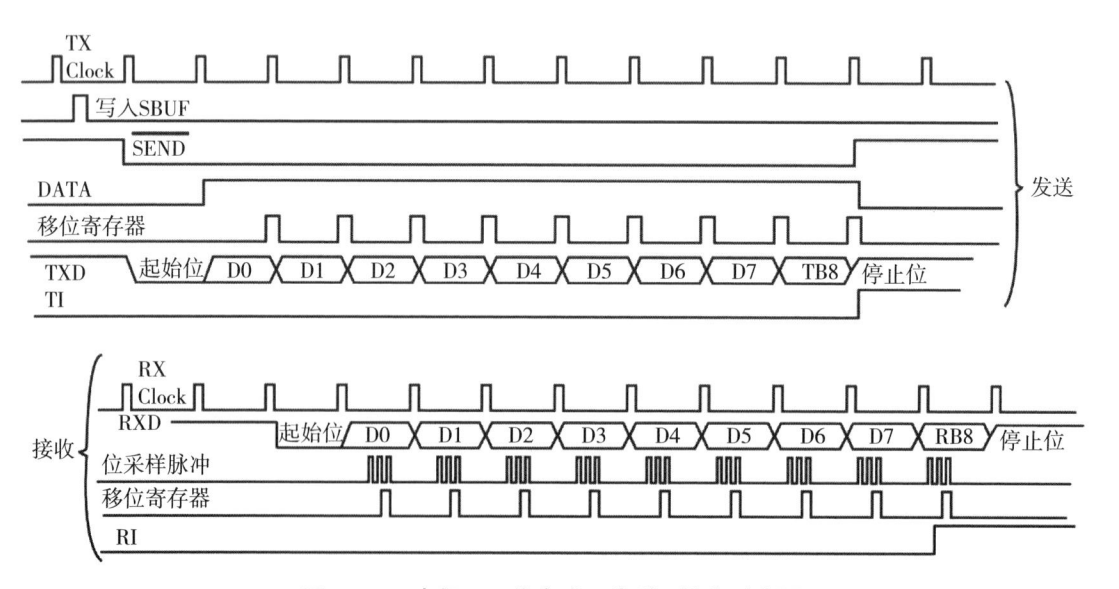

图 3-16 串行口工作方式 3 发送/接收时序图

串行口发送时可编程位（第 9 位数据）由 SCON 中的 TB8 提供，可软件设置为 1 或 0，或者可将 PSW 中的奇 / 偶校验位 P 值装入 TB8（TB8 既可作为多机通信中的地址 / 数据标志位，又可作为数据的奇偶校验位）。接收时第 9 位数据装入 SCON 的 RB8。在方式 3 中，接收到的停止位与 SBUF、RB8 和 RI 均无关。

由图 3-16 可知，方式 3 和方式 1 相比，除发送时由 TB8 提供给移位寄存器第 9 数据位不同外，其余步骤基本相同，且方式 3 的波特率计算与方式 1 完全一致，可参考方式 1 自行理解。

在采用串口方式 3 通信时，常将第 9 位数据作为奇偶校验位来使用，此时便需要使用 PSW 程序状态字寄存器（可位寻址）中的最低位 D0 位——P，其定义如下。

P：奇偶标志位。该标志位始终体现累加器 ACC 中 1 的个数的奇偶性。如果累加器 ACC 中 1 的个数为奇数，则 P 置 1；当累加器 ACC 中的个数为偶数（包括 0 个）时，P 位为 0。

在使用串口方式 3 发送数据时，需要将发送数据送入 ACC 累加器中，然后读取 P 的值，再根据采用奇校验后偶校验的具体方式，对 TB8 赋"0"或"1"。

💡 拓展：在实际应用中，单片机串口通信字符帧常有 3 种形式：N81（无校验 None parity，8 位数据位，1 位停止位）、E81（偶校验 Even parity，8 位数据位，1 位停止位）、O81（奇校验 Odd parity，8 位数据位，1 位停止位）。N81 对应串行口通信方式 1，E81 和 O81 对应串行口通信方式 3。

奇偶校验，即发送和接收的每个字节有 8 位，而奇偶校验就是在每一字节（8 位）之外又增加了一位作为错误检测位。奇校验即所有传送的位中，1 的个数应为奇数。偶校验即所有传送的位中，1 的个数应为偶数。串口方式 3 奇偶校验位判断如下：

奇校验模式决定 1bit 校验位 +8bit 数据位中所有"1"的个数必须是奇数，将数据送入 ACC 累加器，此时 P=1，则 TB8 校验位应清 0，反之置 1。

偶校验模式决定 1bit 校验位 +8bit 数据位中所有"1"的个数必须是偶数，将数据送入 ACC 累加器，此时 P=1，则 TB8 校验位应置 1，反之清 0。

假设单片机采用方式 3，偶校验的方式，发送一个字节 0x01，则第 9 位 TB8 的计算过程如下：

unsigned char SendDat=0x01;//0x01=00000001b,
ACC=SendDat;// 将数据送入 ACC 累加器
if(P) TB8=1；// 若获取的 p 为 1，则 TB8 置 1，即第 9 位数据补"1"，满足偶校验 9 个数据中偶数个"1"的要求
else TB8=0；// 若获取的 p 为 0，则代表已经满足偶校验偶数个"1"的要求，此时 TB8 应置 0，即第 9 位数据补"0"，
// 很明显 SendDat 变量中"1"的个数为奇数位，此时 TB8 应置 1。

2. 串口初始化

①确定串口波特率是否加倍，即配置 PCON 寄存器。
②确定选用串口的工作方式，即配置 SCON 寄存器。

③确定串口通信的优先级，即配置IP寄存器中的PS位。
④确定定时器的工作方式，即配置TMOD寄存器。
⑤确定串口的波特率，即配置定时器的初值。
⑥启动定时器，配置TR1位。
⑦如使用串口中断，则开启串口中断的有关位，并编写串口中断服务函数。

（五）实例应用

1. 基础应用

单片机分别通过串口方式1和方式2发送数据0xFF和0xAD到计算机串口，f_{osc}=11.0592，波特率9600。

- **方式1——无校验，8个数据位，1个停止位（查询法）**

```c
#include <reg51.h>
#include <intrins.h>
void Delay1000ms()              // 使用STC-ISP软件延时计算器生成
{
    unsigned char i, j, k;
    _nop_();
    i = 8;
    j = 1;
    k = 243;
    do
    {
        do
        {
            while (--k);
        } while (--j);
    } while (--i);
}
void UART_SendByte(unsigned char S_Data)
{
    SBUF=S_Data;
    while(!TI);
    TI=0;
}
void main()
{
    SCON = 0x50;                // 设置串口处于方式1
    PCON &= 0x7F;               // 波特率不倍速
```

```c
    TMOD = 0x20;            // 设置 T1 方式 2
    TL1 = 0xFD;             // 设置定时初始值
    TH1 = 0xFD;             // 设置定时重载值
    TR1 = 1;                // 定时器 1 开始计时
    while（1）{
        UART_SendByte(0xFF);        //0xFF=11111111b, 偶数个 1
        UART_SendByte(0xAD);        //0xAD=10101101b, 奇数个 1
        Delay1000ms（）;
    }
}
```

方式 2（查询法）

1）E81——偶校验，8 个数据位，1 个停止位

```c
#include <reg51.h>
#include <intrins.h>
void Delay1000ms（）            // 使用 STC-ISP 软件延时计算器生成
{……}
void UART_SendByte(unsigned char S_Data)
{
    ACC = S_Data;           // 将数据送给累加器
    if(P)  TB8 = 1;         // "1" 个数为奇数位, TB8 补 "1", 凑成偶数位
    else   TB8 = 0;         // "1" 个数为偶数位, TB8 无须补 "1"
    SBUF= ACC;
    while(!TI);
    TI=0;
}
void main（）
{
    SCON = 0xDA;            // 设置串口处于方式 3
    PCON &= 0x7F;           // 波特率不倍速
    TMOD = 0x20;            // 设置 T1 方式 2
    TL1 = 0xFD;             // 设置定时初始值
    TH1 = 0xFD;             // 设置定时重载值
    TR1 = 1;                // 定时器 1 开始计时
    while（1）{
        UART_SendByte(0xFF);
        UART_SendByte(0xAD);
        Delay1000ms（）;
    }
```

}

2) O81——奇校验，8个数据位，1个停止位

```c
#include <reg51.h>
#include <intrins.h>
void Delay1000ms( )              // 使用STC-ISP软件延时计算器生成
{......}
void UART_SendByte(unsigned char S_Data)
{
    ACC = S_Data;                // 将数据送给累加器
    if(P)    TB8 = 0;            // "1"个数为偶数位，TB8补"1"，凑成奇数位
    else     TB8 = 1;            // "1"个数为奇数位，TB8无须补"1"
    SBUF= ACC;
    while(!TI);
    TI=0;
}
void main ( )
{
    SCON = 0xDA;                 // 设置串口处于方式3
    PCON &= 0x7F;                // 波特率不倍速
    TMOD = 0x20;                 // 设置T1方式2
    TL1 = 0xFD;                  // 设置定时初始值
    TH1 = 0xFD;                  // 设置定时重载值
    TR1 = 1;                     // 定时器1开始计时
    while（1）{
        UART_SendByte(0xFF);
        UART_SendByte(0xAD);
        Delay1000ms（ ）;
    }
}
```

汇总——中断法

```c
#include <reg51.h>
#include <intrins.h>
#define FOSC 11059200L           // 晶振频率
#define BAUD 9600                // 串口波特率

#define NONE_PARITY    0         // 无校验
#define ODD_PARITY     1         // 奇校验
#define EVEN_PARITY    2         // 偶校验
```

```c
#define PARITYBIT    NONE_PARITY   //设定校验位，不同的校验方式修改此处即可
bit TxBusy_Flag=0;                 //发送忙碌标志，位变量
void Delay1000ms（）               //使用STC-ISP软件延时计算器生成
{......}
void UART_Init（）
{
    #if (PARITYBIT == NONE_PARITY)
        SCON = 0x50;     //串口方式1
    #elif ((PARITYBIT == ODD_PARITY) || (PARITYBIT == EVEN_PARITY))
        SCON = 0xda;     //串口方式3
    #endif
    PCON &= 0x7F;              //波特率不倍速
    TMOD = 0x20;               //设置T1方式2
    TH1 = TL1 = 256-(FOSC/12/32/BAUD);  //设定定时器初值
    TR1 = 1;        //定时器1开始计时
    ES = 1;         //开串口中断
    EA = 1;         //开总中断
}
void UART_SendByte(unsigned char S_Byte)
{
    while(TxBusy_Flag);                //等待前一个数据发送完成
    ACC = S_Byte;                      //将数据送给累加器
    #if (PARITYBIT == ODD_PARITY)      //奇校验
        if(P)   TB8 = 0;
        else    TB8 = 1;
    #elif (PARITYBIT == EVEN_PARITY)   //偶校验
        if(P)   TB8 = 1;
        else    TB8 = 0;
    #elif (PARITYBIT == NONE_PARITY)
    #endif
    TxBusy_Flag=1;                     //置位发送忙碌标志
    SBUF = ACC;                        //将数据送给缓冲器
}
void main（）
{
    UART_Init（）;
    while（1）{
        UART_SendByte(0xFF);
        UART_SendByte(0xAD);
```

```
                Delay1000ms( );
        }
}
void Uart_Isr( ) interrupt 4
{
    if (RI)
    {
        RI = 0;             // 清串口接收中断请求标志位
    }
    if (TI)
    {
        TI = 0;             // 清串口发送中断请求标志位
        TxBusy_Flag = 0;    // 清发送忙碌标志位
    }
}
```

以上分别采用两种方式来实现题目的要求，前两个思路分别是串口方式 1 和方式 3 采用查询法的方式完成数据的发送，未使用到中断，所以中断未使能。第三个思路采用预处理命令和 define 宏定义的方式，将串口通信中无校验、奇校验和偶校验 3 种方式涵盖在内，无论使用哪种校验方式，程序均会在预处理阶段跳转到设定的代码，方便移植和修改。对于初学者，优先掌握前两个思路，等到熟练本章全部内容后，以第三个思路的方式为准。

💡 提示：TI 和 RI 是以"或逻辑"关系向单片机请求中断的，所以单片机响应中断时，事先并不知道是 TI 还是 RI 请求的中断，必须在中断服务程序中查询 TI 和 RI 进行判别，然后分别处理。

2. 进阶应用

单片机接收计算机串口发来的一帧数据（最多 100B），并回传给计算机串口，帧间超时时间为 50ms，单片机 f_{osc}=11.0592MHz，波特率 9600bps。

```
#include <reg51.h>
#include <intrins.h>
#include <string.h>


#define FOSC 11059200L        // 晶振频率
#define BAUD 9600             // 串口波特率


#define NONE_PARITY 0         // 无校验
#define ODD_PARITY  1         // 奇校验
```

```c
#define EVEN_PARITY  2              // 偶校验
#define PARITYBIT              NONE_PARITY    // 设定校验位，不同的校验方式修改此处即可
#define MaxLength              100             // 接收到数据的最大长度
void Timer0_Init（）;          // 定时器0初始化函数
void UART_Init（）;            // 串口初始化函数
void UART_SendBuff(unsigned char *S_Byte,unsigned char S_Byte_Length);// 多字节发送函数
unsigned char      Uart_RBuff[MaxLength];   // 接收缓冲数组，存放接收到的数据
unsigned char Uart_RData_Num=0;             // 接收到的数据数目
unsigned char      FrameTime=0;             // 数据帧间隔时间
bit TxBusy_Flag=0;                          // 发送忙碌标志，位变量
bit RxBusy_Flag=0;                          // 接收忙碌标志，位变量
void main（）
{
    Timer0_Init（）;
    UART_Init（）;
    while（1）{
            if(FrameTime>=10){ // 满足帧间隔50ms,判定该帧数据接收结束
                FrameTime=0;        // 清字符间隔时长
                RxBusy_Flag=0;      // 清起始标志位
                UART_SendBuff(Uart_RBuff,Uart_RData_Num);// 将接收到的数据发给计算机串口
                Uart_RData_Num = 0;  // 清0接收数据个数
                memset(Uart_RBuff,0, sizeof(Uart_RBuff));// 初始化接收缓冲数组
            }
        }
}
void Timer0_Isr（） interrupt 1
{
    TL0 = 0x00;                 // 设置定时初始值
    TH0 = 0xEE;                 // 设置定时初始值5ms
    if(RxBusy_Flag)             FrameTime++;// 接收到数据后，帧间隔超时记录位开始记录
}
void Uart_Isr（） interrupt 4
{
    if (RI)
    {
        RI = 0;                         // 清串口接收中断请求标志位
        RxBusy_Flag = 1;                // 串口接收忙碌标志位
```

```
                FrameTime = 0;                      // 接收数据期间帧间隔始终清 0
                if(Uart_RData_Num<MaxLength)        // 如果接收到数据小于给定的最大值
                    Uart_RBuff[Uart_RData_Num++]=SBUF; // 将计算机发来的数据存储下来
        }
        if (TI)
        {
            TI = 0;                     // 清串口发送中断请求标志位
            TxBusy_Flag = 0;            // 清发送忙碌标志位
        }
}
void Timer0_Init(void)              //5 毫秒 @11.0592MHz
{
    TMOD &= 0xF0;           // 设置定时器模式
    TMOD |= 0x01;           // 设置定时器模式
    TL0 = 0x00;             // 设置定时初始值
    TH0 = 0xEE;             // 设置定时初始值 5ms
    TF0 = 0;                // 清除 TF0 标志
    TR0 = 1;                // 定时器 0 开始计时
    ET0 = 1;                // 开定时器 0 中断
    EA = 1;                 // 开总中断
}
void UART_Init（）
{
    #if (PARITYBIT == NONE_PARITY)
        SCON = 0x50;        // 串口方式 1
    #elif ((PARITYBIT == ODD_PARITY) || (PARITYBIT == EVEN_PARITY))
        SCON = 0xda;        // 串口方式 3
    #endif
    PCON &= 0x7F;           // 波特率不倍速
    PS = 1;
    TMOD &= 0x0F;           // 屏蔽 T0 功能位
    TMOD |= 0x20;           // 设置 T1 方式 2
    TH1 = TL1 = 256−(FOSC/12/32/BAUD); // 设定定时器初值
    TR1 = 1;                // 定时器 1 开始计时
    ES = 1;                 // 开串口中断
    EA = 1;                 // 开总中断
}
void UART_SendByte(unsigned char S_Byte)
{
```

```
        while(TxBusy_Flag);                    // 等待前一个数据发送完成
        ACC = S_Byte;                          // 将数据送给累加器
    #if (PARITYBIT == ODD_PARITY)              // 奇校验
        if(P)   TB8 = 0;
        else    TB8 = 1;
    #elif (PARITYBIT == EVEN_PARITY)// 偶校验
        if(P)   TB8 = 1;
        else    TB8 = 0;
    #elif (PARITYBIT == NONE_PARITY)
    #endif
        TxBusy_Flag=1;                         // 置位发送忙碌标志
        SBUF = ACC;                            // 将数据送给缓冲器
}
/* 发有限字节 */
void UART_SendBuff(unsigned char *S_Byte,unsigned char S_Byte_Length)
{
    unsigned char i;
    for(i=0;i<S_Byte_Length;i++)
        UART_SendByte(S_Byte[i]);
}
```

该例为进阶应用，使用到了定时 0 和串行口中断。由例题要求可知，有两个关键点需要去处理，一个是一帧数据最大 200B，另一个则是帧间隔超时时间为 50ms。关键点一是在串行口中断中添加接收数据记录位，当接收到一帧数据时，该帧数据字节超过 200 位后的字节便丢弃，不保存到缓冲数组。关键点二是使用了定时器 T0 中断，设定 T0 中断为 5ms，当串行口开始接收数据时，置位接收忙碌标志位，此时定时器 T0 开始记录帧间隔时长，当记录的帧间隔时长达到 50ms 时，单片机便将该帧数据回传给计算机串行口。

（六）串行口核心知识归纳

1. 认识 SCON 寄存器

首先要熟悉 SCON 寄存器，常用的参数是 0x50，可收发串行口配置，见表 3-13。

2. 初始化流程

（1）设置串行口通信模式 SCON；
（2）设置定时器/计数器 T1 工作模式和定时器/计数器初值，并启动；
（3）设置 PCON 寄存器，是否进行波特率加倍；
（4）打开串口中断 ES 和总中断 EA。

初始化代码如下：
SCON=0x50;   // 工作方式 1，可接收串口数据

```
TMOD=0x20;          // 定时器/计数器 T1 工作方式 2
TH1=0xFD            // 波特率 9600 对应的初值
TL1=0xFD;           // 波特率 9600 对应的初值
TR1=1;              // 动定时器/计数器 T1
ES=1;               // 打开串行口中断
EA=1;               // 打开总中断
```

3. 串行通信发送代码

```
SBUF=0x30;          // 把字符"0"送串行口
while(!TI);         // 等待发送结束
TI=0;               // 发送标志位清 0
```

4. 串行通信接收代码

```
while（!RI）;        // 等待接收到数据
S_Data=SBUF;        // 把串行口接收数据送变量 S_Data
RI=0;               // 接收标志位清 0
```

5. 中断接收和发送代码

```
void Uart_Int（ ）interrupt 4 using 0
{
    RI=0;               // 接收标志位清 0
    TI=0;               // 发送标志位清 0
    S_Data=SBUF;        // 把字符"0"送串行口
    SBUF=0x30;          // 把字符"0"送串行口
}
```

习题与思考

1. MCS-51 单片机定时器/计数器 T0 作定时用时，其内部启动信号是_____。
2. MCS-51 单片机定时器/计数器 T0 的 $C/\bar{T}$=1 代表_____（定时模式、计数模式）。
3. MCS-51 单片机的定时器/计数器 T0 的方式 2 与其他方式相比（   ）。
   A. 有 13 位计数值   B. 计数值可重载   C. 计数值不可重载   D. 有 16 位计数值
4. MCS-51 单片机的定时器/计数器 T1 的方式 1 与其他方式相比（   ）。
   A. 有 13 位计数值   B. 计数值可重载   C. 有 6 位计数值   D. 有 16 位计数值
5. 请叙述 TMOD=0xA6 所表示的含义。
6. 如果采用晶振的频率为 3MHz，定时器/计数器工作在方式 0、方式 1、方式 2 下，其最大定时时间各为多少？
7. 定时器/计数器的工作方式 2 有什么特点？应用在哪些场合？
8. 编写程序。要求用 T1，采用方式 2 定时，在 P1.0 输出周期为 400μs，占空比为 9∶1 的矩形脉冲。

9. 利用定时器/计数器 T0 编写一个延时 5ms 的程序。

10. 什么是中断？中断与查询程序以及子程序有什么区别？

11. 什么是中断优先级？MCS-51 有几个优先级？顺序怎么排列？

12. 中断响应的条件是什么？

13. 外部触发中断的触发方式有哪几种？有什么区别？分别如何清除中断标志？

14. 在串行通信中，数据传输速率越快，则波特率越_____（大、小）。

15. 在串行通信中，RS232 传输方式比 TTL 电平传输距离_____（远、近）。

16. MCS-51 单片机的串行口属于下列哪种通信模式？（   ）
    A. 同步通信   B. 异步通信   C. 单工   D. 单向传输

17. 并行通信和串行通信的区别是什么？

18. 同步通信和异步通信的区别是什么？

19. 异步通信中，接收方是如何知道发送方开始发送数据的？

20. 若晶振频率为 11.0592MHz，串行口工作于方式 1，波特率为 9600bit/s，编程实现发送数据 0x30、0x31 到计算机的串口端，只编写单片机端程序。

第四章　基础案例

【学习指南】

通过前3章对单片机学习的框架介绍、开发语言的回顾以及片内资源的讲解，我们已经具备了初步应用单片机的能力，接下来便开始进行单片机的实际应用讲解。

本章将本书配套开发板上的各个模块划分为单个实验小节进行讲解，并提供对应硬件电路设计，帮助学生更好地理解模块的控制原理，也为学生独立设计电路提供参考，方便学生掌握单片机软硬件开发能力。学习每一章节实验时，学生可将提供的参考例程下载到配套实验系统中，观看实际效果，加深对单片机的理解和应用。

各小节会提供拓展训练，深入检验每一小节的学习成果。学生在实现拓展训练时依靠独立思考并完成，然后与书中例程对比，从而能更快地提高单片机的应用能力。

【学习框架】

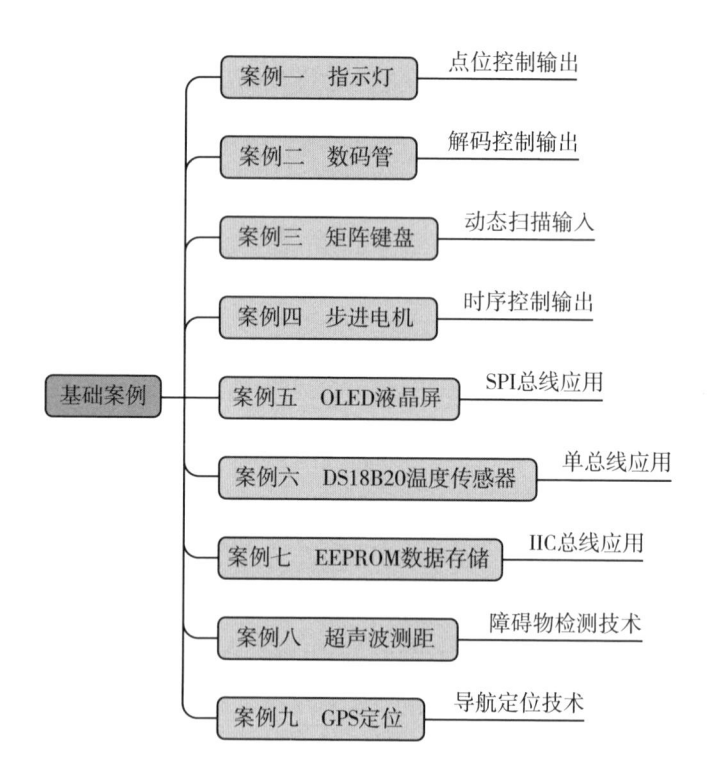

```
                ┌── 案例一　指示灯 ───────────── 点位控制输出
                │
                ├── 案例二　数码管 ───────────── 解码控制输出
                │
                ├── 案例三　矩阵键盘 ─────────── 动态扫描输入
                │
                ├── 案例四　步进电机 ─────────── 时序控制输出
                │
  基础案例 ─────┼── 案例五　OLED液晶屏 ───────── SPI总线应用
                │
                ├── 案例六　DS18B20温度传感器 ── 单总线应用
                │
                ├── 案例七　EEPROM数据存储 ───── IIC总线应用
                │
                ├── 案例八　超声波测距 ───────── 障碍物检测技术
                │
                └── 案例九　GPS定位 ──────────── 导航定位技术
```

一、案例一　指示灯

【学习指南】

灯在日常生活中随处可见，一般作为照明光源，而 LED 节能、体积小等特点使其应用更加多样。通过本章的学习，学生能够了解单片机 GPIO 的基本使用，掌握 LED 硬件电路的设计原理，以及控制 LED 实现不同的现象。本章程序较多，实现方法多样，需多加实践验证，以此掌握处理问题的良好思维方式。

（一）指示灯简介

发光二极管，简称 LED，有照明、指示等用途，可用来制作指示灯。LED 常有直插式和贴片式两种封装形式，如图 4-1 所示。在应用时，我们不需要了解 LED 内部的详细构造，只要学会辨别其正负极即可。本书配套开发平台中采用的发光二极管均为贴片式，其中带绿色标记的一端即为负极，另一端则为正极。对于直插式的 LED 而言，长管脚为正极，短管脚为负极。

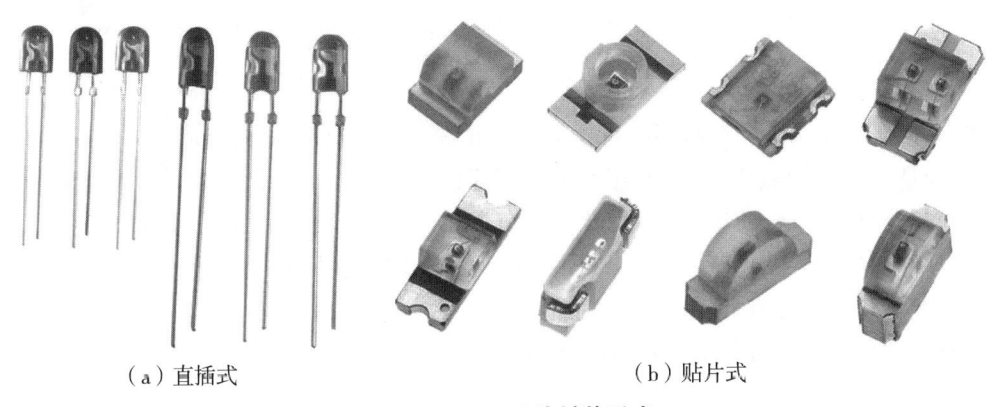

(a) 直插式　　　　　　　　(b) 贴片式

图 4-1　LED 两种封装形式

（二）硬件电路设计

开发平台上的 LED 硬件电路如图 4-2 所示。

发光二极管的发光强度是与电流成正比例变化，所以电流的控制方式很重要。发光二极管的压降约为 1.5 ~ 2.0V，其工作电流通常取 10 ~ 20mA 为宜。但是单片机管脚的输出电流只有几百 μA，相比之下，LED 的工作电流远大于单片机管脚输出的电流，所以单片机无法直接驱动 LED。这种情况该如何解决呢？

首先，我们引入两个概念——拉电流和灌电流。拉电流和灌电流是衡量电路驱动能的参数，这种说法一般应用在数字电路中。"拉"即拉高，拉电流指从内部输出口主动输出电流，为电路提供驱动能力。"灌"即灌入，灌电流指从内部输出口被动输入电流，由外部给电路提供驱动能力。因为单片机输出口输出的电流不够点亮一个 LED，也就是说，拉电流

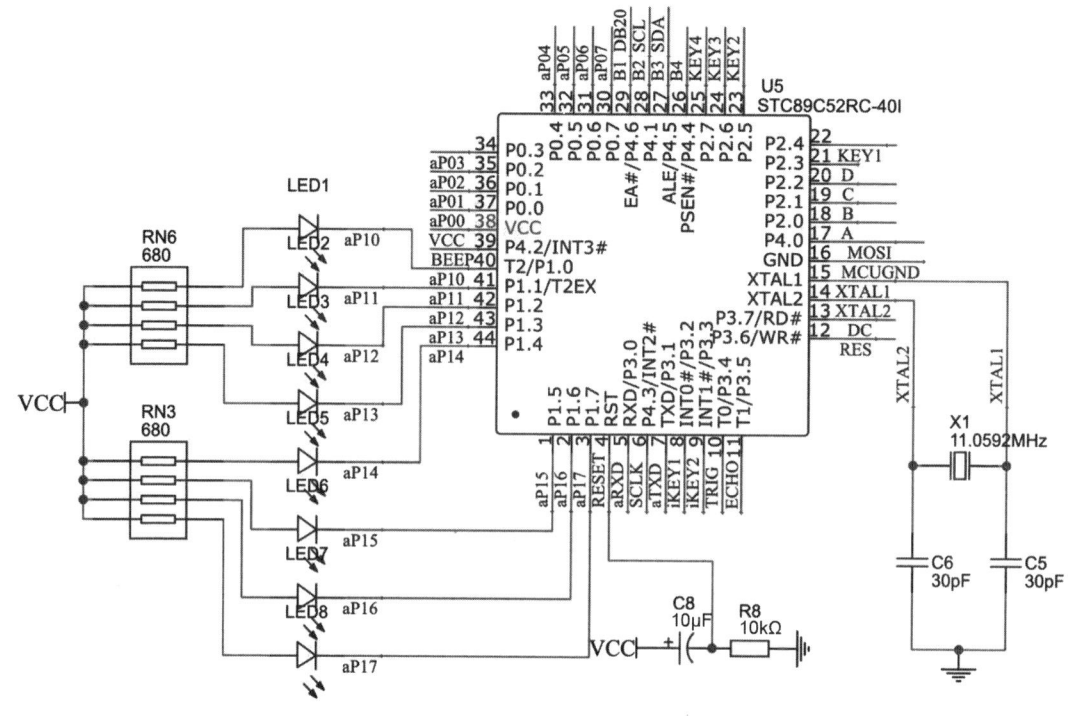

图 4-2 LED 硬件电路图

的方式行不通。所以，本书采用灌电流的方式来驱动 LED。详细电路请参见图 4-2，我们将所有 LED 的正极通过 1kΩ 的上拉电阻直接连接至电源 VCC，此时单片机对应的管脚只要输出低电平便可点亮 LED。那么为什么要在 VCC 与单片机管脚之间加上 1kΩ 的电阻呢？我们以单片机的工作电压 5V 为例，给压降为 2V 的 LED 提供 10mA 电流的话，要加一个限流电阻（5-2）V/10mA=0.3K 即 300 欧的电阻，一般场合下，用 750Ω ~ 1kΩ 的上拉电阻比较合适。由此可见，此处的上拉电阻起到了限流的作用，防止电流过大烧坏二极管。

（三）软件设计

本章通过 LED 实验，帮助学生熟练操作单片机的 I/O 口。本章实验要实现的功能是流水灯，可以将实现流水灯分为 3 个步骤，从点亮一个 LED，到让 LED 闪烁，最后再使闪烁的 LED 移位即可实现流水灯的功能。

1. 点亮一个 LED

点亮一个 LED 灯的主程序如下所示：

```c
#include <STC89C5xRC.h>    // 声明包含了 STC89C5xRC.h 这个头文件
                           // 此文件中定义了单片机的一些特殊功能寄存器
sbit LED1=P1^0;            // 将 P1.0 端口定义为 LED1
void main（）
{
```

```
    LED1=0;              //P1.0 这个端口设为低电平，即点亮这个 LED
    while（1）;
}
```

★ 前述知识点融合 ★

1）#include <STC89C5xRC.h>

include 后面的单书名号 <> 表示让编译器先到 Keil\C51\INC 目录下查找包含的文件，若没找到，则到当前 C 文件所在目录中查找被包含的文件。与之相似的还有一种包含方式——#include " "，这两者之间的区别就是查找相应文件的先后顺序，这种方式是先到当前 C 文件所在目录中查找被包含的文件，若没找到，再到 Keil\C51\INC 目录下查找包含的文件。如使用 Keil 自带的库函数对应的头文件时，则应该用尖括号 <>，而自己编写的头文件一般用双引号 " "，为了培养良好的编程规范，且可以减少程序编译时搜索文件的时间，这里推荐大家按照规范操作。

在 Keil 软件中的 STC89C5xRC.h 文件，可以发现其中有一大段的配置代码，以下截取其中的一部分做简单介绍。

```
sfr P0  = 0x80; // 声明单片机 P0 口所在地址 0x80
sfr P1  = 0x90; // 声明单片机 P0 口所在地址 0x90
sfr P2  = 0xA0; // 声明单片机 P0 口所在地址 0xA0
sfr P3  = 0xB0; // 声明单片机 P0 口所在地址 0xB0
sfr P4  = 0xE8; // 声明单片机 P0 口所在地址 0xE8
```

P0 ～ P3 是单片机的 4 组 I/O 口，P4 口比较特殊，因此头文件中也将其定义了出来。在标准 C 语言中，P0 ～ P4 只被当作一般符号，而想要让这几个符号与单片机的硬件产生联系，就要使用到 C51 中的 sfr（特殊功能寄存器定义）数据类型，将单片机的端口符号与单片机的内部硬件地址关联起来。<STC89C5xRC.h> 中包含了许多类似的声明，主要是给单片机硬件提供一个接口定义，让我们在后续使用时调用方便，无须再次声明。

2）sbit LED1=P1^0;

在 C51 语言基础章节中提到 sbit 用特殊功能位的定义。与 sfr 关键字的功能类似，sbit 位定义是将 LED1 这个定义的位变量与单片机的 P1.0 端口建立对应关系，对 LED1 这个变量进行操作，就相当于直接对单片机 P1.0 端口进行操作。如果对完整的 P1 口进行操作，只需使用 sfr P1 = 0x90; 这条声明语句，而如果想对 P1 口的具体某一个管脚进行控制，则需要使用 sbit 特殊功能位定义。

3）LED1=0;

sbit LED1=P1^0; 语句是将单片机 P1.0 端口电平拉低，在数字电路中，一般由数字 1 代表逻辑高，即高电平；数字 0 代表逻辑低，即低电平。因为单片机 P1 口采用灌电流的方式点亮 LED 灯，因此 P1.0 端口输出低电平，其对应的 LED 灯被点亮。

4）void main（）{...}

每个 C 语言程序中都有唯一的一个 main 函数（主函数），代表其中包含了整个项目的核心代码，也是整个程序执行的起点，是必不可少的，其后的大括号"{}"内包含的就是其余的程序，void 则是指该 main 函数无返回值。

5）while（1）;

while（1）;循环是个死循环，代码会一直停留此处，不再往下执行。while（1）函数的作用是让单片机处于一直运行检测的状态。虽然在 while（1）函数内没有其他语句，可这条语句仍是必不可少的，因为添加了 while 循环，就等于让单片机一直留在原地，循环执行，如果没有添加这条循环语句，可能会出现程序跑飞或其他不确定的情况。

💡 小结：点亮一个 LED 实验回顾了 C51 语言基础中的相关知识，并介绍了单片机硬件是如何和软件代码相结合的，使用了单片机 GPIO 基本的输出功能。

2.闪烁的 LED

让 LED 实现闪烁的效果需要两种状态——亮与灭。在点亮一个 LED 的实验中，我们已经成功点亮 LED，使其具备了亮的状态，那么还差灭的状态，即可实现闪烁。根据本章 LED 电路可随书配套开发平台的 LED 是低电平点亮，高电平熄灭。因此闪烁的 LED 核心代码如下所示：

```c
#include <STC89C5xRC.h>
/***** 闪烁的 LED1 *****/
sbit LED1=P1^0;           // 将 P1.0 端口定义为 LED1
void main（）
{
    while（1）{
        LED1=0;                //P1.0 这个端口设为低电平，即点亮这个 LED
        LED1=1;                //P1.0 这个端口设为高电平，即熄灭这个 LED
    }
}
```

与点亮一个 LED 程序不同的地方在于，我们将 LED1 相关的操作放到了 while（1）循环当中，这是为了循环执行这两条语句，以实现打开与关闭 LED1，实现闪烁效果。如果在开发平台或 porteus 仿真上下载验证了这段代码，会发现 LED1 并没有如预想的那样进行闪烁，而是仍旧处于一个常亮的状态，这是因为点亮与熄灭的频率太快，而导致人眼无法识别，只能看到亮着的状态，因此这里引入在单片机开发中很常用的函数——延时函数。

延时函数，顾名思义就是起到延时作用的函数。一般是自定义一段函数来让单片机执行，利用单片机执行整个函数所花费的时间来达到想要的延时效果。添加延时函数后的核心代码如下所示：

```
#include <STC89C5xRC.h>
/***** 闪烁的 LED1 *****/
sbit LED1=P1^0;          // 将 P1.0 端口定义为 LED1
void delay ( unsigned int cnt )
{
while ( --cnt );
}
void main ( )
{
while ( 1 )
{
        LED1=0;
        delay ( 55555 );
        delay ( 55555 );
        LED1=1;
        delay ( 55555 );
        delay ( 55555 );
    }
}
```

这段代码中增加了无返回值类型的延时函数 delay ( )，其形参为无符号整型变量 cnt，我们通过改变输入变量 cnt 的具体数值，来改变函数具体延时的时长。我们可以看到 LED1=0;以及 LED1=1; 后面均有两条延时语句 delay（55555）;，这是因为亮与灭的状态后都需要加上延时才能实现闪烁。而 delay ( ) 函数中的数字"55555"则作为形参来代入计算，如果有汇编基础的读者可以发现延时函数反汇编后，循环执行 55555 次的时间差不多就是 0.5s，因此两条延时语句的作用就是实现 LED1 每隔一秒亮与灭。

虽然核心代码的长度并不长，但是我们可以用第二章 C51 语言基础中介绍的位运算符来将其优化。优化后的核心代码如下所示：

```
#include <STC89C5xRC.h>
/***** 闪烁的 LED1 *****/
sbit LED1=P1^0;          // 将 P1.0 端口定义为 LED1
void delay ( unsigned int cnt )
{
while ( --cnt );
}
void main ( )
{
```

```
while ( 1 )
{
        LED1=~LED1;
        delay ( 55555 );
        delay ( 55555 );
    }
}
```

通过优化后的代码可以看到，我们使用的是位运算符中的按位取反运算符~。每过一段延时后，取反 LED1 的输出电平，改变 LED1 的亮灭状态，如此往复，LED1 闪烁的效果便实现了。

💡 小结：LED 闪烁实验在点亮一个 LED 实验的基础上引入了延时函数的概念，并使用了 C51 语言基础章节中的位运算符来优化基础代码。

3. 流水灯

实现了 LED 闪烁的效果之后，就可以正式开始本章节的流水灯实验了。通过闪烁的 LED 可以知道，流水灯只需要依次点亮第一个灯，延时，然后关闭，然后再点亮第二个灯，延时，然后关闭……以此循环往复 8 个灯，便可以实现这个效果。

（1）使用延时函数来实现流水灯，让 LED 从左往右依次点亮，时间间隔为 1s。

```
#include <STC89C5xRC.H>
#include <intrins.h>
void Delay1000ms ( )             //@11.0592MHz
{
    unsigned char i, j, k;
    _nop_ ( );
    i = 8;
    j = 1;
    k = 243;
    do
    {
        do
        {
            while ( --k );
        } while ( --j );
    } while ( --i );
}
/******* 单个 I/O 操作 ****************/
#define LED1    P10
```

```
#define LED2      P11
#define LED3      P12
#define LED4      P13
#define LED5      P14
#define LED6      P15
#define LED7      P16
#define LED8      P17
void main( )
{
    while（1）
    {
        LED1=0;Delay1000ms（ ）;LED1=1;
        LED2=0;Delay1000ms（ ）;LED2=1;
        LED3=0;Delay1000ms（ ）;LED3=1;
        LED4=0;Delay1000ms（ ）;LED4=1;
        LED5=0;Delay1000ms（ ）;LED5=1;
        LED6=0;Delay1000ms（ ）;LED6=1;
        LED7=0;Delay1000ms（ ）;LED7=1;
        LED8=0;Delay1000ms（ ）;LED8=1;
    }
}
```

很容易发现，这段程序的延时函数与闪烁的 LED 实验所用的延时函数并不相同，这里的延时函数是由 STC-ISP 软件自动生成的延时函数，比人为计算更加精确。具体操作：点击 STC-ISP 软件中的"软件延时计算器"选项卡，然后选择单片机系统对应的频率，设置好定时长度，选取单片机型号对应的 8051 指令集，然后再点击"生成 C 代码"，就可以自动生成一段延时函数，具体延时时长可以自己设置，直接将生成的延时函数拷贝到 keil 软件中使用即可。

💡 提示：_nop_（ ）函数定义在头文件 intrins.h 中，需通过预处理指令 #include<intrins.h> 将其引入。

上面程序实现的方式是将单片机上用于控制 LED 的 8 个 I/O 口全部位定义，再通过对每个管脚的电平控制来实现流水灯的效果，这种方式是比较烦琐的，因此大家可以尝试利用 C51 语言基础章节中学习的运算符来将这段代码进行优化，优化后的代码如下：

```
#include <STC89C5xRC.H>
#include <intrins.h>
void Delay1000ms（ ）           // 由 STC-ISP 软件生成
{...}
```

```
/********P1 口位操作 ***************/
#define LED P1
void main ( )
{
    unsigned char i = 0;
    while ( 1 )
    {
        for ( i=0;i<8;i++ ){
            LED = ~ ( 0x01<<i ); // 将 0x01 左移 i 位取反, 赋值给 P1
            Delay1000ms ( );        // 延时 1s
        }
    }
}
```

这段程序用 define 预处理命令将控制流水灯的 P1 口宏定义为 LED。在 main( ) 函数中，先定义移位的个数 i，然后在 while 循环中，使用 for 语句，从 0～7 一共执行 8 次，也就是移位 8 次。移位动作是通过～（0x01<<i）这条语句实现的，由于 LED 是低电平点亮，所以 0x01 中的 1 不管移位几个，取反后实现的都是点亮对应的灯，在每次移位完成后加上 1s 的延时，即完成循环闪烁的流水灯效果。

★前述知识点融合★

（2）使用定时器延时的方式来实现流水灯，让 LED 从左往右依次点亮，时间间隔为 1s，开发平台采用的晶振频率为 11.0592MHz。

方法一，采用 T0 方式 1 查询法

```
#include <STC89C5xRC.H>
#define LED                 P1
#define FOSC                11059200L
#define TIMER_SETMS ( x )   ( 65536-x*FOSC/12/1000 )
unsigned char Cnt_10ms=0,Cnt_1s=0;//10ms 记录位, 1s 记录位
unsigned char ShiftNum=0;// 移位个数
void main ( )
{
    TMOD = 0x01;                    // 设置定时器模式
    TL0 = TIMER_SETMS ( 10 )%256;   // 设置定时初始值
    TH0 = TIMER_SETMS ( 10 )/256;   // 设置定时初始值 10ms
    TF0 = 0;                        // 清除 TF0 标志
    TR0 = 1;                        // 定时器 0 开始计时
    while ( 1 )
```

```
    {
        if ( TF0 ){
            TF0=0;
            TL0 = TIMER_SETMS（10）%256;        // 设置定时初始值
            TH0 = TIMER_SETMS（10）/256;        // 设置定时初始值10ms
        if ( ++Cnt_10ms >= 100 ){
            Cnt_10ms = 0;
            Cnt_1s = 1;
        }

        }
        if ( Cnt_1s ){                          // 每隔一秒执行一次
            Cnt_1s = 0;
            LED = ~（0x01 << ShiftNum）;// 将0x01左移i位取反，赋值给P1
            if ( ++ShiftNum >= 8 )     ShiftNum = 0;
        }
    }
}
```

方法二，采用 T0 方式 1 中断法

```
#include <STC89C5xRC.H>
#define LED                  P1
#define FOSC                 11059200L
#define TIMER_SETMS（x）     （65536-x*FOSC/12/1000）
unsigned char Cnt_10ms=0,Cnt_1s=0;//10ms 记录位，1s 记录位
unsigned char ShiftNum=0;// 移位个数
void main（）
{
    TMOD = 0x01;                        // 设置定时器模式
    TL0 = TIMER_SETMS（10）%256;         // 设置定时初始值
    TH0 = TIMER_SETMS（10）/256;         // 设置定时初始值10ms
    TF0 = 0;              // 清除 TF0 标志
    TR0 = 1;              // 定时器 0 开始计时
    ET0 = 1;              // 打开定时器 0 中断
    EA = 1;               // 打开总中断
    while（1）
    {
        if（Cnt_1s）{// 每隔一秒执行一次
            Cnt_1s = 0;
            LED = ~（0x01 << ShiftNum）;// 将0x01左移i位取反，赋值给P1
```

```
                    if ( ++ShiftNum >= 8 )        ShiftNum = 0;
            }
        }
    }
    void Timer0_Isr ( ) interrupt 1
    {
        TL0 = TIMER_SETMS ( 10 )%256;        // 设置定时初始值
        TH0 = TIMER_SETMS ( 10 )/256;        // 设置定时初始值 10ms
        if ( ++Cnt_10ms >= 100 ){
            Cnt_10ms = 0;
            Cnt_1s = 1;
        }
    }
```

如上分别是使用定时器查询法与定时器中断法实现的流水灯。查询法与中断法均是设置了 10ms 的定时器初值，当计时溢出时，查询方式便将 TF0 标志位清零后重新给定时器赋初值，而后继续计时；中断方式则进入中断，直接重新给定时器赋初值即可。当定时器 10ms 定时达到 100 次，也就是 1s 时，便会执行 LED 移位。以上定时器设置定时时间的代码，是采用带参数的宏定义实现的，简洁易懂，注意此处宏定义的括号不可以去除。

其中，定时器延时与软件延时的区别为软件延时会占用 CPU 资源，在延时过程中 CPU 处于停滞阶段无法执行其他动作，而定时器延时则可以节省 CPU 资源完成其他动作。

💡 小结：流水灯实验分别使用了软件延时和定时器延时的方式来实现。

在软件延时方式中，分为单个 LED 操作和完整的 P1 口操作，其中 P1 口操作使用了位运算符，极大地简洁了代码，所以在以后的学习中，涉及需要对数据/端口单个位操作时，大家可以多多使用位运算符来简化代码，缩小工程量。

定时器延时方式分为查询模式和中断模式，结合流水灯实验的操作，重新回顾了单片机高效入门中单独使用定时器的方式以及和中断结合使用的方式。

LED 实验现象

习题与思考

1. 用定时器和中断编写流水灯程序与常规查询方式编程有什么不同？
2. 如何实现从右向左、从内往外或者从外到内循环的流水灯？

二、案例二　数码管

【学习指南】

数码管是单片机应用中很普遍且常用的显示部件，相关知识属于单片机的基础应用。本章介绍了数码管的工作原理后，讲解了数码管静态显示和动态显示两种工作方式，并结合定时器来进行数码管显示的动态扫描介绍。

（一）数码管介绍

数码管由发光二极管组成，其价格低、体积小且可靠性强，有单位数码管、双位数码管以及 4 位数码管等，常用于单片机控制系统中显示数字。不同位的数码管实物如图 4-3 所示。

图 4-3　数码管实物图

1. 数码管显示原理

数码管按发光二极管连接方式可分为共阳极数码管和共阴极数码管两种。

共阳极数码管是将所有 LED 的阳极连接在一起，并通过公共端（com 引脚）引出，将公共端接到 +5V，再将 LED 的另一端分别引出到对应的引脚，如图 4-4（a）所示。通过控制每一只 LED 的阴极电平来使其发光或熄灭，即当某一字段的阴极为低电平时，即点亮数码管，而当某一字段的阴极为高电平时，数码管不亮。共阳极数码管公共端接 +5V，其本质上与实验一中 LED 灯采取的灌电流提供驱动能力是一致的，因此采用共阳极的连接方式，需要在电路中串接电阻，主要是为了防止电流过大烧坏数码管。

共阴极数码管是将所有 LED 的阴极连接在一起，再由公共端（com 引脚）引出，将公共端接到地线 GND 上，再将 LED 的另一端分别引出到对应引脚，如图 4-4（b）所示。与共阳极数码管相反，共阴极数码管通过控制每一只 LED 的阳极电平来使其发光或熄灭，即当某一字段的阳极为高电平时，即点亮数码管，为低电平时，数码管不亮。共阴极数码管是由单片机管脚输出电流来点亮的，在实验一中，我们也提到单片机自身管脚的驱动能力很弱，因此需要在数码管与单片机之间添加驱动电路。本实验平台使用的是共阴极数码管，采用了 74HC245 芯片为数码管提供足够的驱动电流，下面讲解具体电路时会详细讲解这款芯片。

(a) 共阳极数码管　　　　　　　　　(b) 共阴极数码管

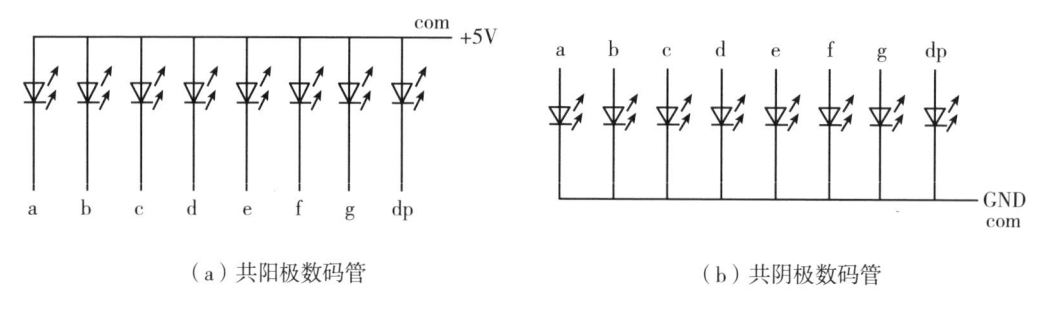

图 4-4　数码管的两种结构

在数码管的使用中有"段选线"和"位选线"两个概念。段选线由 a.b.c.d.e.f.g.dp 组成，通过控制段选线点亮数码管对应的段，来显示不同的数字。位选线是指数码管的 com 公共端，通过 com 公共端导通，点亮对应的数码管。在多位一体的数码管中，可利用位选和段选来控制数码管显示指定位置的数字。

单位数码管的位选线常开，因此只需控制相应的段选线即可输出对应的数字。图 4-5 即为单位数码管的实物图和外形引脚图：

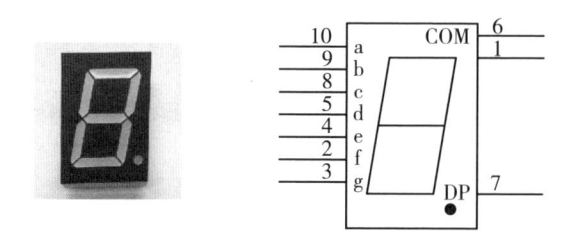

图 4-5　单位数码管实物图及外形引脚图

本书配套的实验平台上采用的是四位一体的数码管，在使用时，数码管的段选线和位选线均需要操作，图 4-6 即为四位一体数码管的实物图和外形引脚图。DIG.1 ~ DIG.4 是数码管的位选线，段码线则并联到了一起，如将 4 根位选线全部使能，当控制段码线显示数字时，4 个数码管就会显示相同的数字，如选取其中一根位选线使能，其他位选线关闭，控制段码线显示数字时，只会点亮一个数码管，见图 4-7。

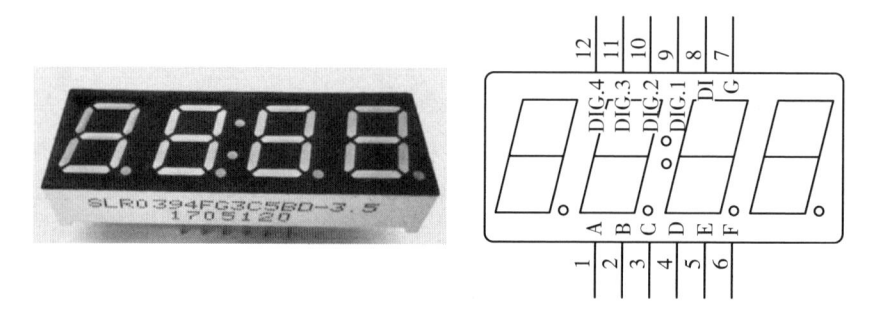

图 4-6　四位一体数码管实物图及外形引脚图

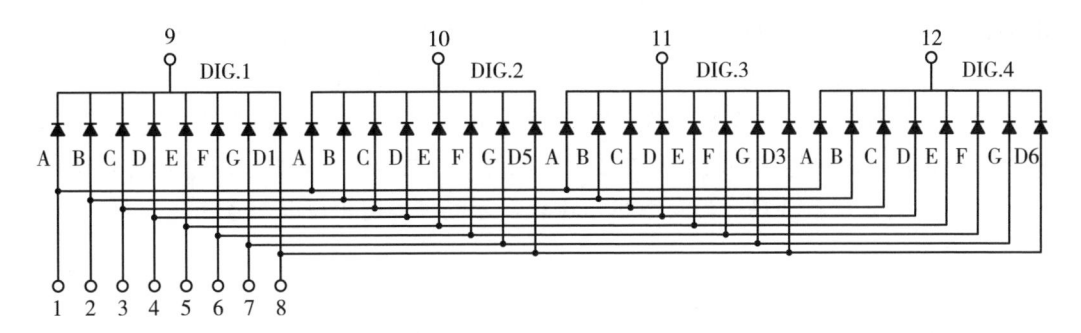

图 4-7 四位一体数码管内部线路图

根据前文介绍的共阳极和共阴极数码管的内部连接方式，可知这两种连接方式的数码管对应的字型编码是不同的，如表 4-1 所示。

表 4-1 数码管编码

显示字符	被点亮的段码	共阳极字型码	共阴极字型码
0	abcdef	0xC0	0x3F
1	bc	0xF9	0x06
2	abged	0xA4	0x5B
3	abcg	0xB0	0x4F
4	fbc	0x99	0x66
5	afgcd	0x92	0x6D
6	afgecd	0x82	0x7D
7	abc	0xF8	0x07
8	abcdefg	0x80	0x7F
9	abfgcd	0x90	0X6F

表 4-1 中只列举了常用的数字字符 0~9 的字型码，字母字型码可根据数码管的内部结构很容易推算出。

💡提示：共阴极和共阳极数码管的字型编码互为反码。数码管中的 dp 段码线控制的是小数点，在以上字型码的基础上使用或运算符"|"让该段码线的对应点亮码即可。

2. 数码管显示方式

数码管的显示方式有两种：静态显示和动态显示。

静态显示的特点是每位数码管的段码线（a~dp）分别与单片机的 8 位 I/O 输出口相连接，用于保持显示的字型码。当送入一次字型码后，显示字型可一直保持不变，直到送入新的字型码为止。静态显示的优点是显示无闪烁，亮度较高，控制简便。其缺点是局限性大，占用单片机的资源较多，如果需要控制多个数码管，51 单片机的 I/O 口数量是无法满足的。

动态显示是将多位数码管的段码线并联在一起，由 1 组 8 位 I/O 输出口控制，而各公共端分别由另外的 I/O 输出口控制。动态显示的原理是逐位显示每一位数码管，每一时刻都只有一位位选线有效，即选中某一个数码管来显示，其他数码管不显示。由于扫描间隔时间很短暂，利用数码管的余辉和人眼视觉暂留作用，只要控制好每个数码管之间点亮显示的时间和间隔，即可达到同时显示的效果。四位一体数码管动态显示原理如图 4-8 所示。

> 提示：充分理解数码管的动态显示原理，才能够编写出符合要求的显示程序，建议彻底消化相关知识。

字符	段码	位码	显示状态（微观）	位选通时序
1	0x06	0x07	1	T1
2	0x5B	0x06	2	T2
3	0x4F	0x05	3	T3
4	0x66	0x04	4	T4

（a）动态显示原理

（b）人眼实际效果

图 4-8　四位一体数码管动态显示原理

（二）硬件电路设计

介绍完数码管的原理和显示方式之后，下面提供开发平台上的相关硬件电路作为参考，帮助大家更好地理解单片机控制数码管显示数字的原理，数码管硬件电路如图 4-9 所示。

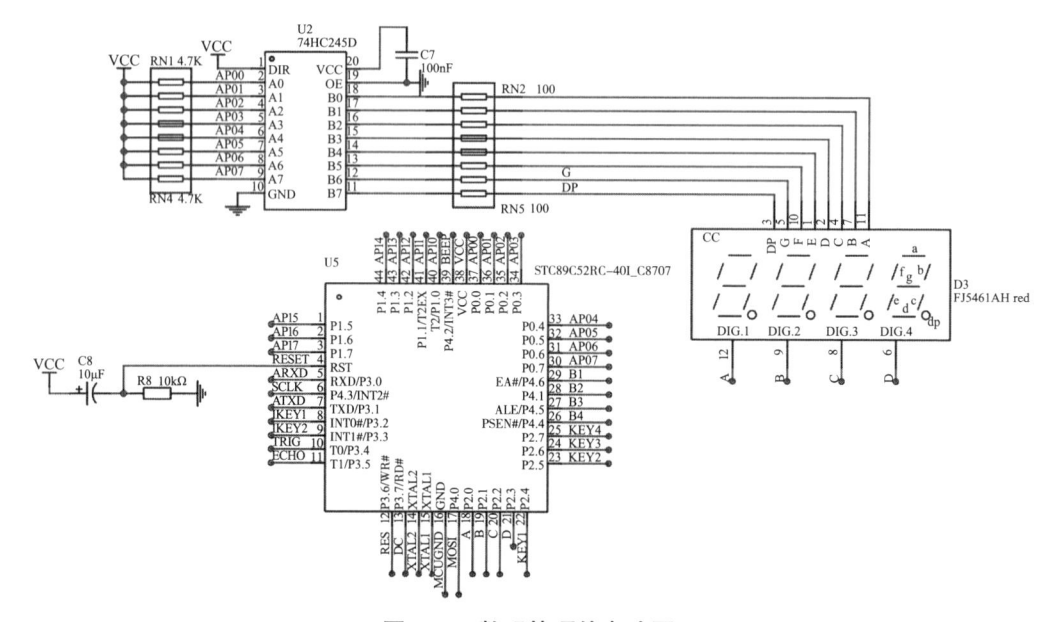

图 4-9　数码管硬件电路图

开发平台上使用的是共阴极数码管，使用 P0 口控制 74HC245 芯片来实现对数码管内部各段 LED 的驱动，使用 P2.0 ~ P2.3 4 个 I/O 口来实现对 4 个数码管公共端的驱动。

【硬件补充知识】

74HC245 三态输出八路信号收发器

1）概述

74HC245 是一款高速 CMOS 器件，引脚兼容低功耗肖特基 TTL（LSTTL）系列。74HC245 是一款 8 路总线收发器，在发送和接收两个方向上都具有正相三态输出，其输出使能端（$\overline{OE}$）可以轻松实现级联功能，而方向控制端（DIR）可以控制传送方向。

2）功能框图及引脚说明

（1）74HC245 功能框图见图 4-10。

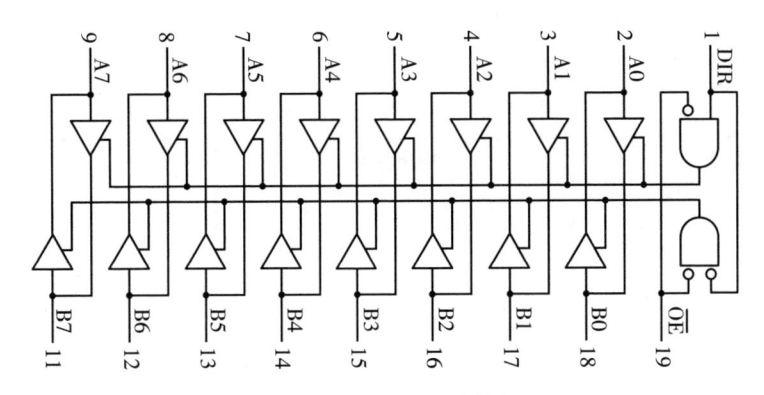

图 4-10　74HC245 功能框图

（2）74HC245 引脚定义见图 4-11。

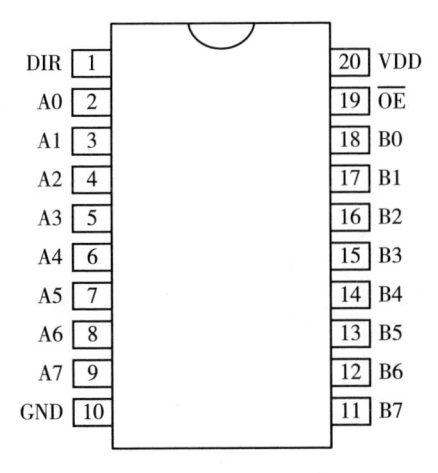

图 4-11　74HC245 引脚定义

（3）74HC245 引脚说明见表 4-2。

表 4-2　74HC245 引脚说明

符号	管脚名称	引脚号	说明
A0 ~ A7	数据输入 / 输出	2 ~ 9	

续表

符号	管脚名称	引脚号	说明
B0～B7	数据输入/输出	11～18	
$\overline{OE}$	输出使能	19	
DIR	方向控制	1	DIR=1，A→B；DIR=0，B→A
GND	逻辑地	20	逻辑地
VDD	逻辑电源	10	电源端

（4）74HC245 功能真值表见表 4-3。

表 4-3　74HC245 功能真值表

输出使能 $\overline{OE}$	输出控制 DIR	工作状态
L	L	Bn 输入 An 输出
L	H	An 输入 Bn 输出
H	X	高阻态

根据图 4-9 可知，74HC245 芯片的 $\overline{OE}$ 端接地，DIR 端接 VCC，因此，此处 74HC245 芯片的工作状态是左侧输入，右侧输出，即 An 输入 Bn 输出。

（三）软件设计

本节实验根据数码管的显示方式分为两部分，即数码管的静态显示与动态显示。

1. 静态显示

根据静态显示原理，使用四位一体数码管显示单个数字 1。

```c
#include <STC89C5xRC.h>
unsigned char const code SMG_TABLE[]={0x3f,0x06,0x5b,0x4f,0x66,0x6d,0x7d,0x07,
0x7f,0x6f,0x00};// 共阴极段码 0123456789''
void main（）
{
    P2&=0xFE;// 开位选
    P0=SMG_TABLE[1];// 送段码
    while（1）;
}
```

多位数码管依然采用静态显示的方式，只需指定显示位的位选线打开即可。本实验将第一位数码管的位选线打开，然后给控制段码显示的 P0 口送数字 1 的字形码即可显示数字 1。

在定义共阴极段码数组时，使用到了两个关键字，分别是 const 和 code。在 51 单片机中，const 关键字修饰的变量是存放在数据存储器 RAM 中的，且只读（不可修改）；而 code 为 keil C51 扩展的关键字，其修饰的变量则会存放在单片机程序存储器 ROM 中。这里使用 const code 结合来修饰共阴极段码数组变量，其作用是声明这个共阴极段码数组变量会被存放于单片机 ROM 中，且不可更改。由于共阴极段码的内容固定且无须更改，所以放在单片机 ROM 中，减少 RAM 内存的占用，提高单片机的运行速度，优化程序。

在上一节指示灯实验中，用到了带参数的宏定义来给定时器赋初值，这里同样可以使用带参数的宏定义来优化这段代码，优化后代码如下：

```
#include <STC89C5xRC.h>
#define SMG_NUM（m）         P0=SMG_TABLE[m]
#define SMG_POSN（n）        P2 =（P2 & 0xF0）|（~（1<<n）&0x0F）
                            // 保留高四位原状态，设置低四位显示数码管位选
unsigned char const code SMG_TABLE[]={0x3f,0x06,0x5b,0x4f,0x66,0x6d,0x7d,0x07,
0x7f,0x6f,0x00};// 共阴极段码 0123456789''
void main（）
{
    SMG_POSN（0）;// 开位选
    SMG_NUM（1）;// 送段码
    while（1）;
}
```

优化后的代码，将数码管位选和段选的赋值由带参数的宏定义替换，该宏定义前半部分（P2 & 0xF0）为保留 P2 口高四位为原状态，P2 口的高四位为矩阵键盘列线，在下一章实验中会使用到，所以这里提前保留高四位状态；后半部分（~（1<<n）&0x0F）则是设置 P2 口第四位，用于控制数码管的位选线。在需要时，使用宏定义来优化代码，可以让代码的结构更简洁直观。

2. 动态显示

根据数码管动态显示的原理可知，先打开位选，然后送段码，延时一段时间，再打开下一个位选，然后送第二个段码，如此 4 次之后循环，便可以达到 4 个数码管同时显示的效果。

💡 提示：动态扫描间隔时间过长会造成闪烁，时间太短则会有重影，一般动态扫描间隔时间取 2ms 为佳。

1）使用软件延时的方式来实现动态显示

```
#include <STC89C5xRC.h>
#include <intrins.h>
unsigned char const code SMG_TABLE[]={0x3f,0x06,0x5b,0x4f,0x66,0x6d,0x7d,0x07,
```

```
0x7f,0x6f,0x00};// 共阴极段码 0123456789''
unsigned char num[]={2,0,2,3};
#define SMG_NUM（m）          P0=SMG_TABLE[m]
#define SMG_POSN（n）         P2 =（P2 & 0xF0）|（~（1<<n）&0x0F）
                             // 保留高四位原状态，设置低四位显示数码管位选
void Delay2ms（）             // 由 STC-ISP 软件生成
{...}
void main（）
{
    unsigned char i;
    while（1）{
    for（i=0;i<4;i++）{
        SMG_POSN（i）;         // 开位选
        SMG_NUM（num[i]）;     // 送段码
        Delay2ms（）;          // 动态扫描间隔
        }
    }
}
```

本段代码编写思路如下：建立一个数组，将需要显示的数字存于该数组，而后使用 for 循环，遍历该数组的同时打开对应数码管的位选，并赋段码给该数码管，之后短暂延时 2ms 后重复循环。

★前述知识点融合★

2）使用定时器中断的方式来实现动态扫描

```
#include <STC89C5xRC.h>
#define FOSC               11059200L
#define TIMER_SETMS（x）   （65536-x*FOSC/12/1000）
#define SMG_NUM（m）        P0=SMG_TABLE[m]
#define SMG_POSN（n）       P2 =（P2 & 0xF0）|（~（1<<n）&0x0F）
                          // 保留高四位原状态，设置低四位显示数码管位选
unsigned char const code SMG_TABLE[]={0x3f,0x06,0x5b,0x4f,0x66,0x6d,0x7d,0x07,
0x7f,0x6f,0x00};// 共阴极段码 0123456789
unsigned char num[]={1,5,6,9};

void main（）
{
    TMOD = 0x01;
    TL0 = TIMER_SETMS（2）%256;
```

```
        TH0 = TIMER_SETMS（2）/256;
        TR0 = 1;
        ET0 = 1;
        EA  = 1;
        while（1）;
}
void Timer0_Isr（）interrupt 1
{
        static unsigned char i=0;
        TL0 = TIMER_SETMS（2）%256;
        TH0 = TIMER_SETMS（2）/256;
        SMG_POSN（i）;           // 开位选
        SMG_NUM（num[i]）;      // 送段码
        if（++i>=4）i=0;
}
```

以上是使用定时器中断法实现的动态扫描显示。根据动态扫描间隔常用时长 2ms，设定定时器 0 初值为 2ms，每隔 2ms 定时器计数溢出后便会进入中断服务函数，执行数码管显示的代码。在定时器中断服务函数中，定义了一个内部静态（static）变量 i，用于记录显示的数码管位数，变量 i 虽然定义在函数内部，但在程序中是一直存在的，退出中断服务函数后，变量 i 的值是不改变的，因此每进入一次中断服务函数，变量 i 加 1，重复 4 次后再清 0，也就实现了数码管动态循环显示的效果。

数码管实验现象

习题与思考

1. 思考四位一体动态扫描的工作原理，如果用静态显示的方式实现，如何修改硬件电路？

2. 数码管动态显示扫描顺序影响显示数据吗？

三、案例三　矩阵键盘

【学习指南】

按键作为单片机应用中的输入器件，常用于简单的控制操作。通过本节的学习，学生能够了解按键的检测原理，掌握独立按键和矩阵键盘的使用方法。本节实验将会拓展延伸，讲解状态机的基本原理，以及如何将状态机思想应用于按键检测中，状态机思想很经典实用，在许多应用场景中，利用状态机的思想处理问题将会极大地降低开发难度和提高运行效率。

（一）键盘介绍

键盘在单片机应用系统中十分常见，多用于向单片机输入数据和控制命令，作为人机交互不可缺少的输入设备。键盘由多个按键按照一定规则排列组成，每一个按键实质上就是一种按钮开关，当按键按下时接通，反之则断开。按键按其结构原理可分为触点式开关按键和无触点开关按键。常见的触点式开关按键有机械式开关和导电橡胶式开关等。无触点开关按键有电气式按键和磁感应按键等。这里主要介绍在单片机系统中比较常用的触点式开关按键。随书配套开发平台上选取的触点式开关按键实物如图4-12所示。

图4-12 触点式开关按键实物图

1. 按键检测原理

按键检测实质上就是对按键接口电平的检测，而按键具体是由低电平还是高电平导通则由实际的硬件电路决定。在单片机应用系统中，一般常使用的按键为机械弹性式开关，当机械触点闭合、断开时，其对应接口的电压输出波形如图4-13所示。按键断开时，对应接口为高电平；按键按下稳定后，对应接口为低电平，可以发现按键按下后与断开前均存在一段不稳定的电压波形，即按键抖动现象。这是由于机械点的弹性作用，使得机械式的按键在按下或释放的瞬间伴有短暂的触点机械抖动，之后其触点状态才能稳定下来，一般抖动的时间为5～10ms。如果不处理按键的抖动问题，则一次按键动作会导致单片机执行多次操作。为了避免这种情况发生，一般采用软件消抖或硬件消抖的方法来处理。

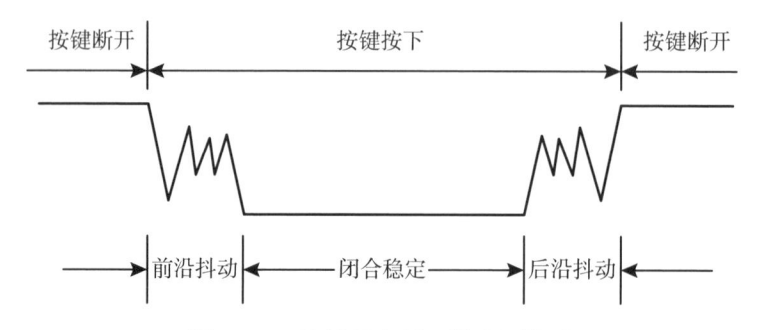

图4-13 按键闭合断开的电压波形

软件消抖原理是：在检测到有按键按下时，延时一段时间（5～10ms），确认该按键的电平是否仍为保持闭合状态的电平，若为保持闭合状态的电平，则确认该按键处于闭合状态，反之则为断开状态。当按键松开时，也采取一段延时，确认按键已释放，以此消除抖动的影响。软件消抖以及全部动作的流程如图4-14所示。

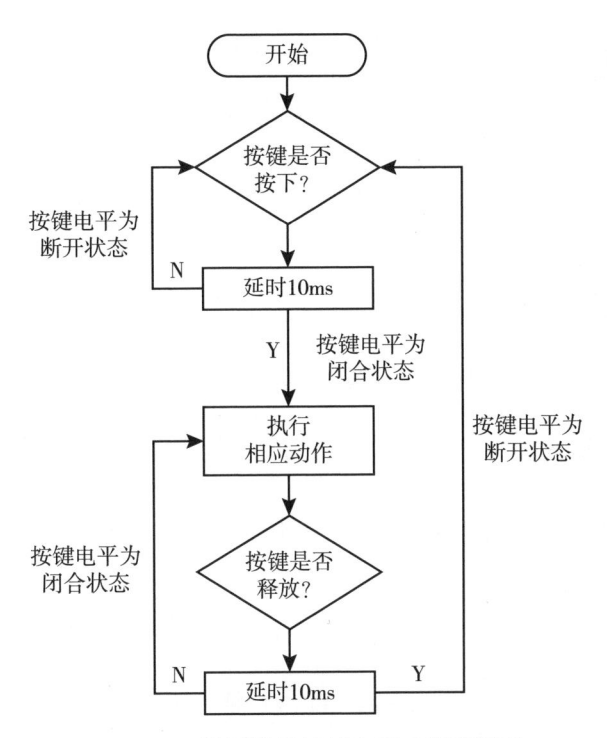

图 4-14 按键软件消抖全部动作流程图

硬件消抖采用了硬件滤波的方式,利用两个与非门构成的硬件 R-S 触发器电路或者专用的键盘接口芯片,芯片中含有自动去抖动的硬件电路,由于开发平台是基于软件消抖的设计,这里不做更多的介绍,有兴趣的同学可以自行搜集相关资料查阅学习。

2. 键盘种类

常见的键盘种类有两种:独立键盘和矩阵键盘。

(1)独立键盘的结构简单,每一个 I/O 口对应一个按键,占用资源多。

(2)矩阵键盘的结构相对复杂,但占用的 I/O 口较少。

在单片机应用系统中,根据实际需求,实现较少功能按键时,采用独立键盘结构;当需要较多按键时,采用矩阵键盘结构。下面具体讲解这两种键盘的硬件电路设计以及软件设计。

(二)独立键盘设计

1. 硬件电路设计

介绍完按键的基本检测原理,下面将结合开发平台上提供的独立键盘硬件电路来分析独立键盘的检测原理,硬件电路图如图 4-15 所示。

在开发平台上,独立键盘采用 P2.4 ~ P2.7 4 个 I/O 口来检测 KEY ~ KEY4 的状态,将跳线帽短接到开发平台的独立键盘标识上,使得每个按键的一端与 I/O 口相连,另一端接地。由于 P2.4 ~ P2.7 这 4 个 I/O 口与按键直连,未接上拉电阻,在实际检测按键输入之前,需将 I/O 口设置为输出高电平。

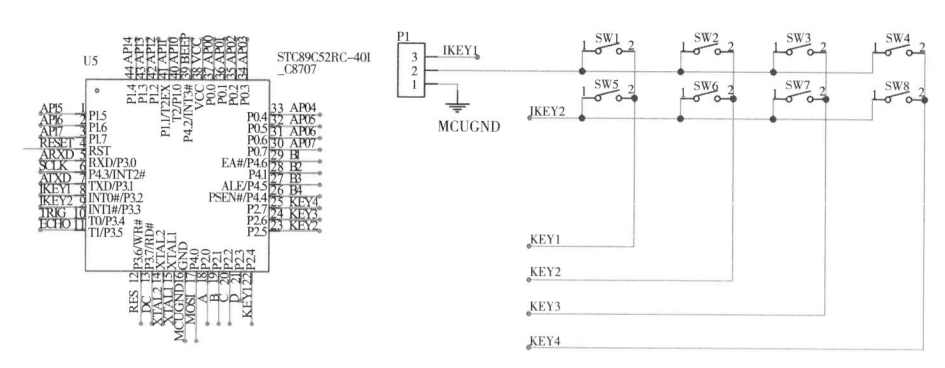

图 4-15 独立键盘硬件电路设计

★前述知识点融合★

2. 软件设计

在独立键盘的实验中，需要实现的是，使用独立按键控制数码管显示按键的编号。参考程序如下。

```c
#include "STC89C5xRC.h"
#define SMG_NUM（m）        P0=SMG_TABLE[m]
#define SMG_POSN（n）       P2=P2&0xF0|~（1<<n）
unsigned char const code SMG_TABLE[]={0x3f,0x06,0x5b,0x4f,0x66,0x6d,0x7d,0x07,
0x7f,0x6f,0x00};          // 共阴极段码 0123456789
sbit key1 = P2^4;
sbit key2 = P2^5;
sbit key3 = P2^6;
sbit key4 = P2^7;

void Delay10ms（）           // 用 STC-ISP 烧录软件生成的 10ms 延时代码
{...}
void main（）
{
    SMG_POSN（0）;           // 开第一个数码管的位选
    SMG_NUM（0）;            // 显示数字 0
    P2|=0xF0;                // 独立键盘对应 I/O 输出高电平，其余 I/O 保持原状态
    while（1）{
        if（!key1）{
            Delay10ms（）;    // 消抖动
            if（!key1）{
                while（!key1）; // 等待释放按键
                SMG_NUM（1）; // 显示数字 1
            }
```

```
                }
        if(!key2){
                Delay10ms();              //消抖动
                if(!key2){
                        while(!key2);     //等待释放按键
                        SMG_NUM(2);       //显示数字2
                }
        }
        if(!key3){
                Delay10ms();              //消抖动
                if(!key3){
                        while(!key3);     //等待释放按键
                        SMG_NUM(3);       //显示数字3
                }
        }
        if(!key4){
                Delay10ms();              //消抖动
                if(!key4){
                        while(!key4);     //等待释放按键
                        SMG_NUM(4);       //显示数字4
                }
        }
    }
}
```

独立键盘的检测逻辑比较简单，根据按键消抖原理，建立10ms的延时函数。在while（1）主循环中，不断检测四个按键对应的I/O口状态，若检测到有低电平，便延时等待10ms，之后再次检测到该I/O口为低电平，则等待按键释放后，让数码管显示对应按键的编号。

（三）矩阵键盘设计

1. 硬件电路设计

了解了独立键盘的硬件电路，再结合开发平台上提供的矩阵键盘硬件电路来分析矩阵键盘的检测原理，其硬件电路图如图4-16所示。

在开发平台上，矩阵键盘采用2×4的结构，其中P3.2～P3.3作为矩阵键盘的行线，P2口的高4位作为矩阵键盘的列线，行列交叉，每一个交叉点对应一个按键。图4-16中，矩阵键盘与独立键盘的电路相同，在实际使用时，将跳线帽短接到开发平台上的矩阵键盘标识上即可。

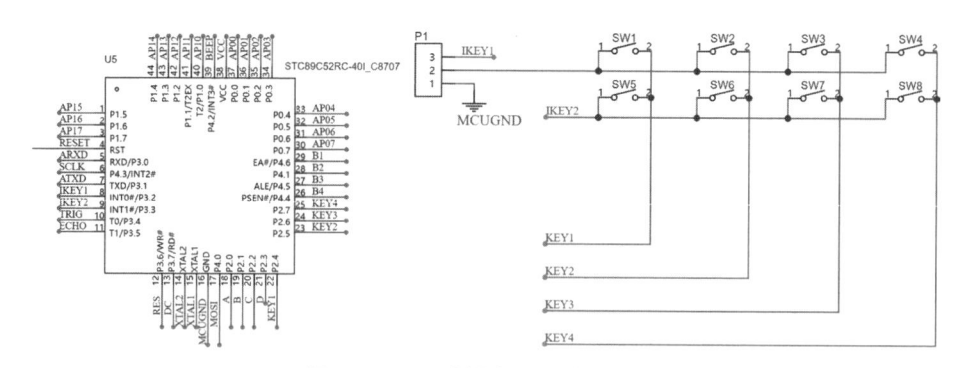

图 4-16 矩阵键盘硬件电路设计

有两种方法检测矩阵键盘是否有按键按下并返回键值：行列扫描法与行列反转法。

（1）行列扫描法，是通过逐行逐列扫描来确定具体按键的，这种方法较为常用，以本开发平台的矩阵键盘为例，其具体步骤如下：

①首先，判断整个键盘是否有键按下。先将控制行线的 I/O 口（P3.2/P3.3）电平拉低，控制列线的 I/O 口（P2.4～P2.7）电平拉高，然后读取控制列线 I/O 口的电平。如果有键按下，则此按键对应的行列交叉点导通，形成短路，列线 I/O 口（P2.4～P2.7）中会有一个端口电平被拉低；如果没有按键按下，则列线 I/O 口（P2.4～P2.7）保持高电平状态不变。简而言之，将行线端口输出低电平，列线端口输出高电平，然后再检测列线电平状态是否改变，改变则有键按下，反之则无键按下。

②消除按键的抖动。当判断可能有键按下时，软件延时一段时间（10ms）后再判断键盘端口的电平状态，若仍有键按下，则认为键盘确实有键按下无误，否则为键抖动。

③确定具体按键。将第 1 行线输出低电平，其余行线输出高电平，列线全部输出高电平，然后读取各列的电平状态，确定第 0 行是否有键按下。如果读入的列值全为高电平则表示第 1 行无键按下。再送第 2 行为低电平，其余行为高电平，列线全部输出高电平，然后读取各列的电平状态，确定第 2 行是否有键按下，如果读入的列值全为高电平，则表示第 2 行无键按下。同理，更多行的键盘也是这么往下判断改行是否有键按下，直到确定具体的某一行某一列，其交叉点即为按下的按键。例如，P3.2 输出低电平，P3.3 输出高电平，P2.4～P2.7 输出高电平，此时读取各列电平状态不变，则第 1 行无按键按下；假设 P2.5 被检测为低电平，则表示第 1 行与第 2 列的交叉点即图 4-16 中的按键 2 被按下。按键的键值可根据个人的想法自定义，开发平台的矩阵键盘则是数字 1～8，实物如图 4-17 所示。

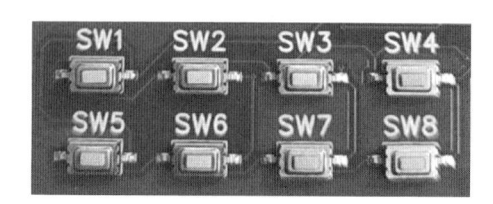

图 4-17 矩阵键盘实物图

④等待按键释放。由于闭合按键一次只能执行一次功能，所以要等按键释放后，才能根据具体按键执行动作。

（2）行列反转法，顾名思义，就是通过对矩阵键盘行和列电平的反转来综合判断具体按键。以开发平台的矩阵键盘为例，行列反转法的步骤如下。

①判断是否有键按下。P2口的高四位为矩阵键盘的列线，P3.2与P3.3为矩阵键盘的行线，将行线拉低，列线置高。此时读取P2口列线的电平状态，若有键按下，列线某一列电平会被拉低，保存列线的电平状态。

②按键消抖。判断可能有键按下，延时10ms之后，再次读取P2口列线的电平状态，如果读取的结果表明确实有一列电平被拉低，此时进行下一步操作；如果读取结果表明为抖动干扰，则返回第一步，重新检测。

③确定具体按键。将行线置高，列线拉低，此时读取行线的电平状态，若有键按下，则保存行线的电平状态，此时列线保存的电平状态和行线保存的电平状态得出的值便是按键所在的交叉点位置，即获取了具体按键。

④等待按键释放。同样的，确保一次按键只执行一次功能。

💡 提示：键盘动态扫描方法相对复杂，但能够节省按键和单片机端口，目前应用较广泛；采用动态扫描的矩阵键盘算法较多，学生至少需要掌握一种。

2. 蜂鸣器介绍

蜂鸣器多用作警报或按键提示音，操作简单，且在矩阵键盘的应用中有使用到，因此在编写矩阵键盘代码之前，先介绍一下蜂鸣器的相关知识。

蜂鸣器是一种一体化结构的电子讯响器，采用直流电压供电，广泛应用于计算机、打印机、报警器、汽车电子设备等电子产品中作发声器件。蜂鸣器主要分为压电式蜂鸣器和电磁式蜂鸣器两种类型。

压电式蜂鸣器主要由多谐振荡器、压电蜂鸣片、阻抗匹配器及共鸣箱、外壳等组成。多谐振荡器由晶体管或集成电路构成。当接通电源后（1.5～15V直流工作电压），多谐振荡器起振，输出1.5～2.5kHz的音频信号，阻抗匹配器推动压电蜂鸣片发声。

电磁式蜂鸣器由振荡器、电磁线圈、磁铁、振动膜片及外壳等组成。接通电源后，振荡器产生的音频信号电流通过电磁线圈，使电磁线圈产生磁场。振动膜片在电磁线圈和磁铁的相互作用下，周期性地振动发声。

这两者之间的区别是：压电式蜂鸣器需要一定频率的脉冲信号才可以发声，而电磁式蜂鸣器只需要提供电源就可以发声。

本实验平台上采用的是有源蜂鸣器，属于电磁式蜂鸣器的类型。"有源"是指蜂鸣器内部含有振荡电路，只需提供电源即可发声，无源蜂鸣器则需要提供一定频率的脉冲信号才能发声，而有源蜂鸣器提供不同的频率则可以改变音色、音调。有源蜂鸣器实物图如图4-18所示。

图4-18 有源蜂鸣器实物图

开发平台上提供的蜂鸣器硬件参考电路如图 4-19 所示。

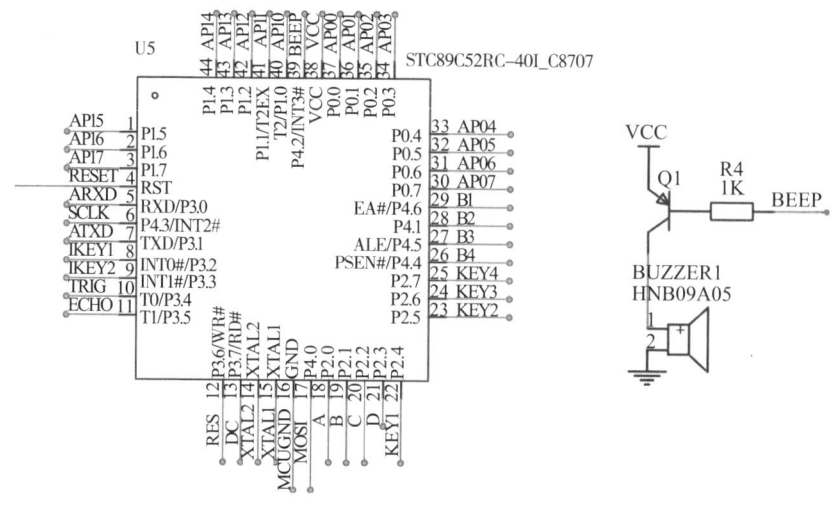

图 4-19 蜂鸣器电路

由于 51 单片机的 I/O 口驱动能力较弱,因此这里采用了三极管将单片机 I/O 电流放大,以此足够驱动蜂鸣器。当 BEEP 引脚输出低电平时,三极管导通,蜂鸣器发声;当 BEEP 引脚输出高电平时,PNP 三极管截止,蜂鸣器停止发声。

3. 软件设计

本节实验需要完成的是,使用矩阵键盘控制蜂鸣器,按下按键,分别让蜂鸣器响按键号对应次数后关闭。

1)行列扫描法

前文提到,矩阵键盘扫描常采用行列扫描法,以下是行列扫描法实现矩阵键盘的例程。

(1)主函数文件及配置头文件。

```
main.c
#include "config.h"
void main ( )
{
    unsigned char  key_value=0;  // 用于保存键盘扫描函数返回的键值
    while ( 1 ){
        key_value=ReadKey ( );
        KeyDrive ( key_value );
    }
}

config.h
#ifndef _CONFIG_H_
```

```c
#define _CONFIG_H_
#include <STC89C5xRC.H>
#include <intrins.h>
#include "key.h"
#include "beep.h"
#endif
```

主函数文件 main.c 主要是对键盘扫描函数及键值驱动函数的调用。

配置头文件 config.h 则包含了程序中使用到系统自带库以及模块的自定义库。

（2）键盘接口头文件及源文件。

key.h
```c
#ifndef _KEY_H_
#define _KEY_H_
#define MKBD_ROW_State （P3&0x0C）         // 行状态
#define MKBD_COL_State       （P2&0xF0）   // 列状态
#define MKBD_ROW_NO_PRESS    0x0C   // 行电平无按键
#define MKBD_COL_NO_PRESS    0xF0   // 列电平无按键
#define MKBD_ROW1  P32                     // 矩阵键盘行 1
#define MKBD_ROW2  P33                     // 矩阵键盘行 2
unsigned char ReadKey（）;
void KeyDrive（unsigned char key_value）;
#endif
```

key.c
```c
#include "config.h"
void Delay10ms（）              // 用 ISP 烧录软件生成的 10ms 延时代码
{......}
/***** 键盘扫描函数 *****/
unsigned char ReadKey（）
{
    unsigned char key_value = 0;          // 初始化按键返回值
    unsigned char mkbd_col = 0;           //mkbd_col 变量，保存键盘列的电平状态
    MKBD_ROW1 = 0;
    MKBD_ROW2 = 0;
    P2 |= 0xF0;                           // 先将行电平拉低，列电平拉高，检测键盘全部列的状态是否改变
    mkbd_col = MKBD_COL_State;// 获取键盘列电平
```

```c
        if(mkbd_col != MKBD_COL_NO_PRESS){// 如果检测键盘列电平,发现有按键按下,进一步判断
            Delay10ms();              // 延时消抖
            mkbd_col = MKBD_COL_State;// 再次获取键盘列电平
            if(mkbd_col != MKBD_COL_NO_PRESS){// 再次检测到键盘列电平,证明非抖动,进行逐行扫描
                MKBD_ROW1 = 0;
                MKBD_ROW2 = 1;
                P2 |= 0xF0;           // 扫描第一行,第一行电平拉低,列电平拉高
                mkbd_col = MKBD_COL_State;// 获取键盘列电平
                switch(mkbd_col){
                    case 0xE0:    key_value = 1;while(MKBD_COL_State != 0xF0);
                                  return key_value;
                    case 0xD0:    key_value = 2;while(MKBD_COL_State != 0xF0);
                                  return key_value;
                    case 0xB0:    key_value = 3;while(MKBD_COL_State != 0xF0);
                                  return key_value;
                    case 0x70:    key_value = 4;while(MKBD_COL_State != 0xF0);
                                  return key_value;
                    default:   break;
                }
                MKBD_ROW1 = 1;
                MKBD_ROW2 = 0;
                P2 |= 0xF0;           // 扫描第二行,第二行电平拉低,列电平拉高
                mkbd_col = MKBD_COL_State;// 获取键盘列电平
                switch(mkbd_col){
                    case 0xE0:    key_value = 5;while(MKBD_COL_State != 0xF0);
                                  return key_value;
                    case 0xD0:    key_value = 6;while(MKBD_COL_State != 0xF0);
                                  return key_value;
                    case 0xB0:    key_value = 7;while(MKBD_COL_State != 0xF0);
                                  return key_value;
                    case 0x70:    key_value = 8;while(MKBD_COL_State != 0xF0);
                                  return key_value;
                    default:   break;
                }
            }
        }
        return key_value;             // 返回键值
```

```c
}
/***** 键值驱动函数 *****/
void KeyDrive ( unsigned char key_value )
{
    switch ( key_value )  // 按键号对应蜂鸣器鸣叫次数
    {
        case 1:case 2:case 3:case 4:
        case 5:case 6:case 7:case 8:
                        BUZZER_BeepNum ( key_value );
                        break;
        default:        break;
    }
}
```

头文件 key.h 使用了宏定义，将矩阵键盘行、列 I/O 口电平状态以及行列 I/O 口无按键按下的电平状态封装起来，直接在源文件中使用宏名即可。头文件中也包含了键盘扫描函数和键值驱动函数的声明。

源文件 key.c 是键盘扫描函数、键值驱动函数的具体实现。键盘扫描函数 ReadKey ( ) 中，我们依据矩阵键盘行列扫描原理，首先判断是否有按键按下，如果检测到矩阵键盘列电平发生变化，则调用 10ms 的延时，再次检测矩阵键盘列电平，确认不是抖动之后，开始逐行扫描，确认具体按键，然后等待按键释放后再返回按键值。如果没有等待按键释放这条语句，则按下按键之后，会一直回传按键值，蜂鸣器会一直循环开启关闭，执行多次动作，与我们的要求便会不符合。键值驱动函数中使用了 switch 语句，根据读到具体键值，将蜂鸣器进行对应次数的电平翻转。

（3）蜂鸣器接口头文件及源文件。

```c
buzzer.h
#ifndef _BUZZER_H_
#define _BUZZER_H_
#define BEEP_ON         P42=0 // 蜂鸣器打开
#define BEEP_OFF        P42=1 // 蜂鸣器关闭
void BUZZER_BeepNum ( unsigned char num );
#endif


buzzer.c
#include "config.h"
void Delay50ms ( )              // 用 ISP 烧录软件生成的 50ms 延时代码
{......}
```

```c
/* 蜂鸣器鸣叫次数函数 */
void BUZZER_BeepNum ( unsigned char num )
{
    for ( ;num>0;num-- )
    {
        BEEP_ON;Delay50ms ( );
        BEEP_OFF;Delay50ms ( );
    }
}
```

头文件 buzzer.h 包含了蜂鸣器打开和关闭的宏定义以及蜂鸣器鸣叫次数的函数声明。源文件 buzzer.c 则是蜂鸣器鸣叫次数函数的具体实现。

2）行列反转法

此处仅贴出基于行列反转法的矩阵键盘接口文件中的扫描函数，其余程序与行列扫描法程序内容无异，不作展示。

```c
key.c
……
/***** 键盘扫描函数 *****/
unsigned char ReadKey ( )
{
    unsigned char key_value = 0; // 初始化按键返回值
    unsigned char mkbd_row = 0,mkbd_col = 0;
                //mkbd_row 变量，保存键盘行的电平状态，mkbd_col 变量，保存键盘列的
                电平状态
    MKBD_ROW1 = 0;
    MKBD_ROW2 = 0;
    P2 |= 0xF0;  // 先将行电平拉低，列电平拉高，检测键盘全部列的状态是否改变
    mkbd_col = MKBD_COL_State;// 获取键盘列电平
    if ( mkbd_col != MKBD_COL_NO_PRESS ){// 如果检测键盘列电平，发现有按键按下，进一步判断
        Delay10ms ( );                  // 延时消抖
        mkbd_col = MKBD_COL_State;// 获取键盘列电平
        if ( mkbd_col != MKBD_COL_NO_PRESS ){// 检测到键盘列电平某一列被拉低，进行行扫描
            MKBD_ROW1 = 1;
            MKBD_ROW2 = 1;
            P2 &= 0x0F;      // 将列电平拉低，行电平拉高，检测键盘行状态
```

```
            mkbd_row = MKBD_ROW_State;// 获取键盘行电平
            switch（mkbd_row | mkbd_col）{// 根据行列电平"|"得出具体按键值
                case 0xE8:      key_value = 1; break;
                case 0xD8:      key_value = 2; break;
                case 0xB8:      key_value = 3; break;
                case 0x78:      key_value = 4; break;
                case 0xE4:      key_value = 5; break;
                case 0xD4:      key_value = 6; break;
                case 0xB4:      key_value = 7; break;
                case 0x74:      key_value = 8; break;
                default:    break;
            }
            while（MKBD_ROW_State != MKBD_ROW_NO_PRESS）;   // 等待按键释放
        }
    }
    return key_value;            // 返回键值
}
……
```

以上便是矩阵键盘行列反转法的键盘扫描函数，相较于行列扫描法的逐行扫描、逐列判断的方式，矩阵键盘的行列反转法同时扫描全部列和行，直接根据行列的电平状态得出按键的位置，更简单直接，键盘扫描函数也更加精简。

按键实验现象

习题与思考

1. 矩阵键盘与独立键盘相比有哪些优缺点？
2. 简述矩阵键盘行扫描法的工作原理。

四、案例四 步进电机

【学习指南】

本节将学习如何使用单片机控制 28BYJ-48 步进电机。本节对该型号步进电机的基本原理和有关参数、单片机对步进电机控制以及相关控制算法进行讲解，步进电机的其他扩展资料不难掌握，可自行查阅。

（一）步进电机简介

电机的种类多样，按工作电源种类可划分为直流电机和交流电机；按结构和工作原理可划分为直流电机、异步电机和同步电机；按电机用途可划分为驱动电机和控制电机。本节要讲的是控制类电机——步进电机。

步进电机是一种将电脉冲信号转换为精确角位移或线位移的开环控制元件。在非超载的情况下，电机的转速与停止位置仅由脉冲信号的频率和脉冲数决定，不受负载变化的干扰，当步进驱动器接收至一个脉冲信号，它就驱动步进电机按设定的方向转动，其旋转以固定的角度一步一步运行。可以通过控制脉冲个数来控制角位移量，从而达到准确定位的目的。同时可以通过控制脉冲频率来控制电机转动的速度和加速度，从而达到调速的目的。

步进电机的结构形式和分类方式也比较多样，常按励磁方式分为反应式、永磁式和混合式3种：

（1）反应式步进电机：定子上有绕组、转子由软磁材料组成。结构简单、成本低、步距角小，可达1.2°，但动态性能差、效率低、发热大、可靠性难保证。

（2）永磁式步进电机：永磁式步进电机的转子由永磁材料制成，转子的极数与定子的极数相同。其特点是动态性能好、输出力矩大，但精度较差，步矩角大。

（3）混合式步进电机：综合了反应式和永磁式的优点，其定子上有多相绕组、转子上采用永磁材料，转子和定子上均有多个小齿以提高步矩精度。其特点是输出力矩大、动态性能好，步距角小，但结构复杂、成本相对较高，主要应用于工业。

步进电机的基本工作原理如下：通过给步进电机中的一个或多个定子相位通电，线圈中通过的电流会产生磁场，而转子会与该磁场对齐；依次给不同的相位施加电压，转子将旋转特定的角度并最终到达需要的位置。

（二）28BYJ-48步进电机

随书配套开发平台选用的是28BYJ-48步进电机，其实物图及内部结构如图4-20所示。其型号含义如下：28，表示步进电机的有效最大外径是28毫米；B，表示步进电机；Y，表示永磁式；J，表示减速型；48，表示4相8拍。

1. 定子和转子

步进电机中固定的部分称为定子，其上缠绕的线圈称为绕组，如图4-20（b）中的A、B、C、D即为绕组，其缠绕的部分即为定子。步进电机中可旋转的部分称为转子，图中的中心齿轮即为转子。将定子绕组通电，产生旋转磁场的过程便称为励磁。

2. 相数

相数即步进电机的绕组个数，如28BYJ-48步进电机为4相步进电机，即该电机拥有4个绕组。

3. 步距角

每输入一个脉冲信号，步进电机转子转动的角位移即步距角。步进电机的步距角与相数、转子齿数以及励磁方式有关。步距角越小，步进电机运转的平稳性越好。

4. 减速比

28BYJ-48步进电机是减速步进电机，其内部结构如图4-21所示。28BYJ-48步进电机规格书上标称减速比为1∶64，即输入齿轮转动1圈，输出齿轮转动1/64圈。

💡提示：在实际使用时，单片机通过脉冲信号控制的是输入齿轮，需根据输出齿轮转动角度计算好输入脉冲数。

（a）

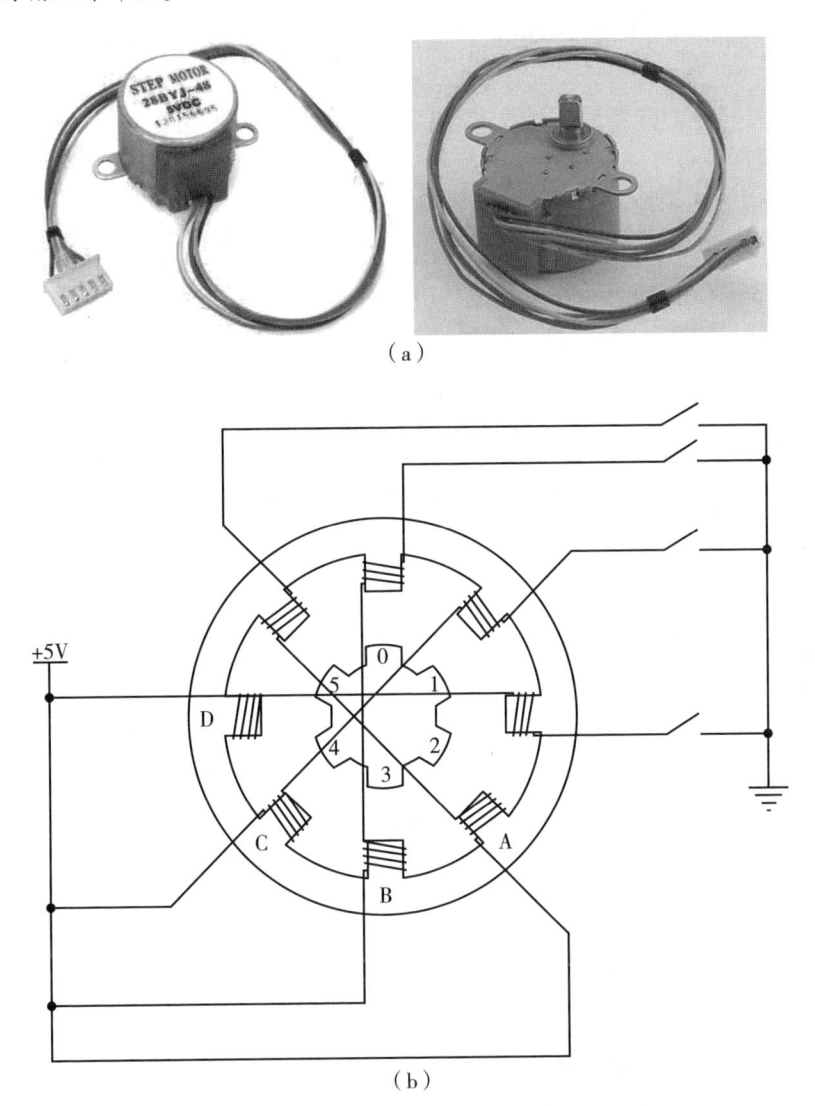

（b）

图 4-20　28BYJ-48 步进电机实物图及内部结构图

图 4-21　28BYJ-48 步进电机内部结构图

5. 励磁方式和拍数

步进电机励磁方式的不同，其步距角、电流以及扭矩也不同，以 28BYJ-48 步进电机为例，电机有 A、B、C、D 4 组线圈，共 3 种励磁方式，分别是 1 相励磁、2 相励磁和 1-2 相励磁。

拍数是指完成一个磁场周期性变化所需脉冲数或指电机转过一个齿距角所需脉冲数，与励磁方式相对应。

1）1 相励磁（单 4 拍）

1 相励磁是每次只给一组定子绕组通电，该方式所需电流最小，产生的力矩也最小。励磁顺序为 A-B-C-D，如表 4-4 所示，其中"+"代表导通，"-"代表断开。1 相励磁波形图如图 4-22 所示。

表 4-4　1 相励磁顺序

1 相励磁顺序	1	2	3	4
A	+	-	-	-
B	-	+	-	-
C	-	-	+	-
D	-	-	-	+

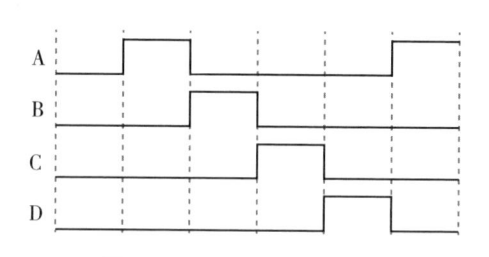

图 4-22　1 相励磁波形图

以 1 相励磁为例，28BYJ-48 步进电机的工作原理是：假定 28BYJ-48 步进电机输入轴的起始状态如图 4-20 中所示，使其逆时针方向转动。首先，将 B 绕组导通，其余绕组断开，在 B 相绕组通电后产生的磁场将使转子上产生反应转矩，转子的 0、3 齿将与 B 相磁极对齐，正如图 4-20 所示。然后，将 C 相绕组导通，其余绕组断开，此时 C 相磁极对转子 1、4 齿产生最大的吸引力，转子的 1、4 齿将与 C 相磁极对齐。之后，将 D 相绕组导通，其余绕组断开，此时 D 相磁极对转子 2、5 齿产生最大的吸引力，转子的 2、5 齿将与 D 相磁极对齐。最后，将 A 相绕组导通，其余绕组断开，此时 A 相磁极对转子 0、3 齿产生最大的吸引力，转子的 0、3 齿将与 A 相磁极对齐。经过一个完整的单 4 拍周期，转子 0、3 齿由与 B 相磁极对齐转动到与 A 相磁极对齐，转动了 360°/8=45°，所以内部输入齿轮转动完整的一圈需要 8 个 4 拍，即 32 拍。根据 28BYJ-48 步进电机的减速比，可知输入齿轮转动一圈，输出齿轮转动 1/64 圈，所以输出齿轮的步距角为 360°/64/32，即 5.625°/32。

2）2 相励磁（双 4 拍）

2 相励磁是每次给两组组定子绕组通电，该方式所需电流最大，产生的力矩也最大。励磁顺序为 AB-BC-CD-DA，如表 4-5 所示，其中"+"代表导通，"-"代表断开，2 相励磁波形图如图 4-23 所示。2 相励磁的步距角和 1 相励磁的步距角一致，为 5.625°/32。

表 4-5 2 相励磁顺序

2 相励磁顺序	1	2	3	4
A	+	-	-	+
B	+	+	-	-
C	-	+	+	-
D	-	-	+	+

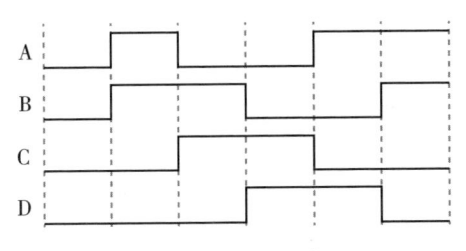

图 4-23 2 相励磁波形图

3）1-2 相励磁（8 拍）

1-2 相励磁为上两种励磁方式的综合，采用 4 相绕组交互励磁，该方式所需电流适中，产生的力矩也适中，是 4 相步进电机比较推荐的励磁方式。励磁顺序为 A-AB-B-BC-C-CD-D-DA，如表 4-6 所示，其中"+"代表导通，"-"代表断开，1-2 相励磁波形图如图 4-24 所示。1-2 相励磁的步距角精度最高，为 5.625°/64，需要 8 个 8 拍才能转动 5.625°。

表 4-6 1-2 相励磁顺序

1-2 相励磁顺序	1	2	3	4	5	6	7	8
A	+	+	-	-	-	-	-	+
B	-	+	+	+	-	-	-	-
C	-	-	-	+	+	+	-	-
D	-	-	-	-	-	+	+	+

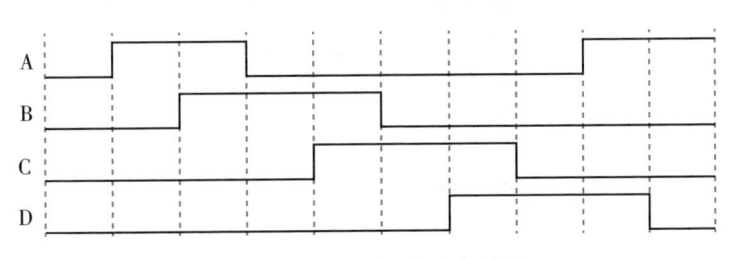

图 4-24 1-2 相励磁波形图

(三)硬件电路设计

随书配套开发平台上提供的硬件电路如图 4-25 所示。由于单片机管脚驱动能力很弱，此处采用 ULN2003 作为驱动芯片。28BYJ-48 步进电机是 4 相 5 线制步进电机，采用单片机 P4.6、P4.1、P4.5 以及 P4.4 这 4 个引脚通过 ULN2003 输出脉冲来分别对应控制步进电机 A、B、C、D 4 相绕组。

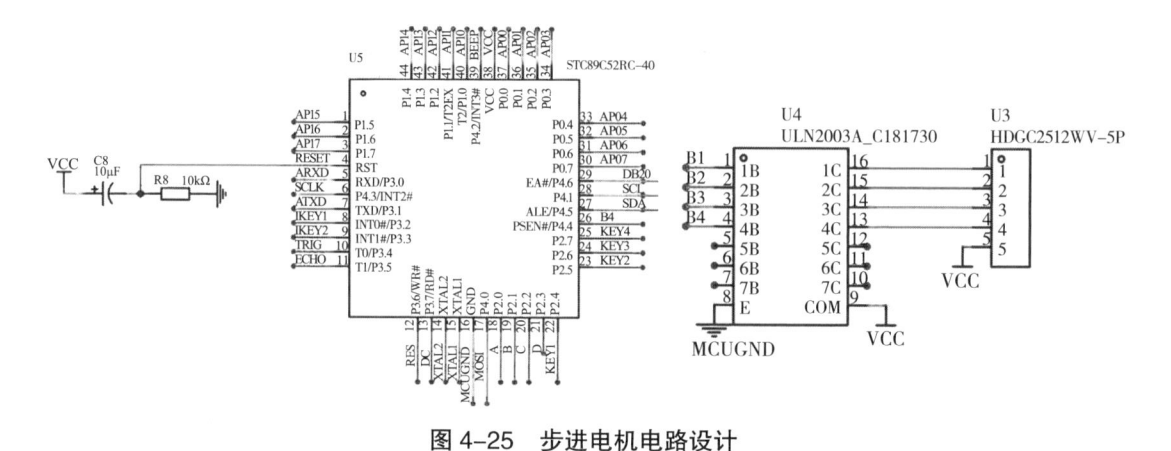

图 4-25 步进电机电路设计

【硬件补充知识——ULN2003】

1）ULN2003 概述

ULN2003A 是单片集成高耐压、大电流达林顿管阵列，电路内部包含七路独立的达林顿管驱动电路。电路内部设计有续流二极管，可用于驱动继电器、步进电机等电感性负载。单路达林顿管集电极可输出 500mA 电流。将达林顿管并联可实现更高的输出电流能力。该电路可广泛应用于继电器驱动、照明驱动、显示屏驱动（LED）、步进电机驱动和逻辑缓冲器。

ULN2003A 的每一路达林顿管串联一个 2.7K 的基极电阻，在 5V 的工作电压下可直接与 TTL/CMOS 电路连接，可直接处理原先需要标准逻辑缓冲器来处理的数据。ULN2003 实物图如图 4-26 所示。

图 4-26 ULN2003 实物图

2）系统内部逻辑

ULN2003 内部逻辑图如图 4-27 所示。

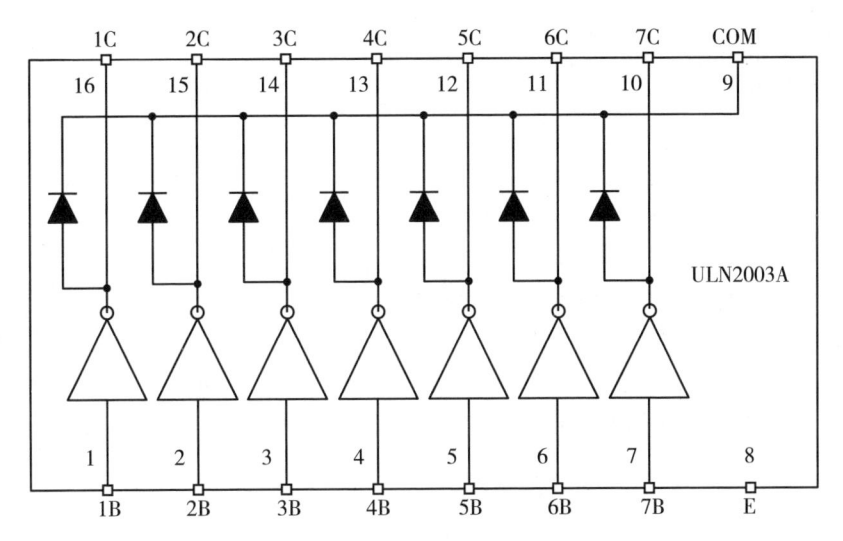

图 4-27 ULN2003 内部逻辑图

3）引脚说明

ULN2003 引脚定义如表 4-7 所示。

表 4-7 ULN2003 引脚定义

管脚名称	引脚号	说　明
1B-7B	1-7	1-7 通道输入
E	8	接地
COM	9	接
1C-7C	10-16	钳位二极管公共端

ULN2003 是一个 7 路反向器电路，即当输入端为高电平时，ULN2003 输出端为低电平；当输入端为低电平时，ULN2003 输出端为高电平，根据图 4-25 的电路，可以看出 COM 公共端接电源正极，此时输入端输入高电平，对应输出端控制的电机绕组便导通。

（四）软件设计

本节案例共两个，分别是步进电机正转半圈和按键控制步进电机。

1. 步进电机正转半圈

根据步进电机的控制逻辑，使用 1-2 相励磁方式，完成正转半圈的功能。示例代码如下。

（1）步进电机驱动头文件与源文件。

stepper_motor.h
#ifndef _STEPPER_MOTOR_h

```c
#define _STEPPER_MOTOR_h
sbit MOTOR_A=P4^6;
sbit MOTOR_B=P4^1;
sbit MOTOR_C=P4^5;
sbit MOTOR_D=P4^4;
#define    SET_MOTOR_A( ) MOTOR_A=1
#define    CLR_MOTOR_A( ) MOTOR_A=0
#define    SET_MOTOR_B( ) MOTOR_B=1
#define    CLR_MOTOR_B( ) MOTOR_B=0
#define    SET_MOTOR_C( ) MOTOR_C=1
#define    CLR_MOTOR_C( ) MOTOR_C=0
#define    SET_MOTOR_D( ) MOTOR_D=1
#define    CLR_MOTOR_D( ) MOTOR_D=0
#define POS_Direction   0        // 正向
#define NEG_Direction   1        // 反向
#define Quarter_Circle_Pulse   (4096/4)    // 四分之一圈的脉冲数
#define Half_Circle_Pulse      (4096/2)    // 半圈的脉冲数
#define One_Circle_Pulse       4096        // 一圈的脉冲数
void Stepper_Motor_OnePulse（bit MotorDirection,uint16_t PulseCount）;
void Stepper_Motor_Stop（ ）;
extern uint16_t CirclePulse,SetCirclePulse;
extern bit CircleDirection;
#endif
```

stepper_motor.c

```c
#include "config.h"
bit CircleDirection=0;// 设定步进电机转动方向
uint16_t CirclePulse=0,SetCirclePulse=0;// 步进电机脉冲计数以及步进电机脉冲设定数
/*
功能描述：提供1个脉冲给步进电机
MotorDirection：步进电机转动方向
PulseCount：步进电机脉冲输入计数
*/
void Stepper_Motor_OnePulse（bit MotorDirection,uint16_t PulseCount）
{
  uint8_t Position=PulseCount%8;
    // 正向步进 A - AD - D - CD - C - BC - B - AB
    if（MotorDirection==POS_Direction）{
        switch（Position）
        {
```

```
            case 0: SET_MOTOR_A ( ); CLR_MOTOR_B ( ); CLR_MOTOR_C ( ); CLR_MOTOR_D ( ); break;
            case 1: SET_MOTOR_A ( ); CLR_MOTOR_B ( ); CLR_MOTOR_C ( ); SET_MOTOR_D ( ); break;
            case 2: CLR_MOTOR_A ( ); CLR_MOTOR_B ( ); CLR_MOTOR_C ( ); SET_MOTOR_D ( ); break;
            case 3: CLR_MOTOR_A ( ); CLR_MOTOR_B ( ); SET_MOTOR_C ( ); SET_MOTOR_D ( ); break;
            case 4: CLR_MOTOR_A ( ); CLR_MOTOR_B ( ); SET_MOTOR_C ( ); CLR_MOTOR_D ( ); break;
            case 5: CLR_MOTOR_A ( ); SET_MOTOR_B ( ); SET_MOTOR_C ( ); CLR_MOTOR_D ( ); break;
            case 6: CLR_MOTOR_A ( ); SET_MOTOR_B ( ); CLR_MOTOR_C ( ); CLR_MOTOR_D ( ); break;
            case 7: SET_MOTOR_A ( ); SET_MOTOR_B ( ); CLR_MOTOR_C ( ); CLR_MOTOR_D ( ); break;
            default:break;
        }
    }else{
        //反向步进 A – AB – B – BC – C – CD – D – DA
        switch ( Position )
        {
            case 0: SET_MOTOR_A ( ); CLR_MOTOR_B ( ); CLR_MOTOR_C ( ); CLR_MOTOR_D ( ); break;
            case 1: SET_MOTOR_A ( ); SET_MOTOR_B ( ); CLR_MOTOR_C ( ); CLR_MOTOR_D ( ); break;
            case 2: CLR_MOTOR_A ( ); SET_MOTOR_B ( ); CLR_MOTOR_C ( ); CLR_MOTOR_D ( ); break;
            case 3: CLR_MOTOR_A ( ); SET_MOTOR_B ( ); SET_MOTOR_C ( ); CLR_MOTOR_D ( ); break;
            case 4: CLR_MOTOR_A ( ); CLR_MOTOR_B ( ); SET_MOTOR_C ( ); CLR_MOTOR_D ( ); break;
            case 5: CLR_MOTOR_A ( ); CLR_MOTOR_B ( ); SET_MOTOR_C ( ); SET_MOTOR_D ( ); break;
            case 6: CLR_MOTOR_A ( ); CLR_MOTOR_B ( ); CLR_MOTOR_C ( ); SET_MOTOR_D ( ); break;
            case 7: SET_MOTOR_A ( ); CLR_MOTOR_B ( ); CLR_MOTOR_C ( ); SET_MOTOR_D ( ); break;
            default:break;
```

```c
        }
    }
}
/* 功能描述：停止步进电机 */
void Stepper_Motor_Stop( )
{
    CLR_MOTOR_A( ); CLR_MOTOR_B( ); CLR_MOTOR_C( ); CLR_MOTOR_D( );
}
```

头文件 stepper_motor.h 中包含了对控制步进电机绕组相关的引脚位定义，以及常用的宏定义，其中根据步进电机的正反转向给定宏名 POS_Direction（正向）和 NEG_Direction（反向），根据步进电机 1-2 相励磁方式得知，单个脉冲可使电机齿轮转动 5.625°/64，完整的转动一圈需要 4096 个脉冲，所以给定宏名 Quarter_Circle_Pulse、Half_Circle_Pulse 以及 One_Circle_Pulse 分别代表 1/4 圈、1/2 圈和 1 圈所需输入的脉冲数。

源文件 stepper_motor.c 中包含了三个全局变量和两个功能函数。CircleDirection 位变量代表设定的步进电机转动方向，CirclePulse 无符号整型变量代表实时脉冲输入计数以及 SetCirclePulse 无符号整型变量代表设定的步进电机脉冲输入数。

Stepper_Motor_OnePulse（bit MotorDirection,uint16_t PulseCount）函数的功能是输入 1 个脉冲给步进电机，其内部定义了两个形参，分别是 MotorDirection 位变量，代表电机转动的方向和 PulseCount 无符号整型变量，代表输入的脉冲计数。步进电机转动任意方向任意角度可通过该函数和 3 个全局变量来实现，实现逻辑如下：设定好步进电机的转向 CircleDirection，转动角度的脉冲数 SetCirclePulse 以及初始化脉冲输入计数 CirclePulse，通过脉冲输入计数与预设脉冲数的循环比较，通过该函数循环输入单个脉冲数，让步进电机转动。此处仅预设 1/4 圈、1/2 圈和 1 圈的脉冲数值，其余多种角度可自行计算添加。

Stepper_Motor_Stop（ ）函数的功能是让步进电机停转。

（2）主函数源文件及配置头文件。

```c
config.h
#ifndef _CONFIG_H_
#define  _CONFIG_H_
// 数据类型重定义
typedef   signed   char      sint8_t;
typedef signed   short int sint16_t;
typedef signed   long  int sint32_t;
typedef unsigned char      uint8_t;
typedef unsigned short int uint16_t;
typedef unsigned long  int uint32_t;
```

```
#include <STC89C5xRC.H>
#include <intrins.h>
#include <string.h>
#include "stepper_motor.h"
#endif
```

main.c

```c
#include "config.h"
void Delay5ms( )          // 由 STC-ISP 软件自动生成
{......}
void main( )
{
    SetCirclePulse=Half_Circle_Pulse;        // 设定转动半圈
    CircleDirection=POS_Direction;           // 设定转动方向为正向
    for (CirclePulse=0;CirclePulse<SetCirclePulse;CirclePulse++){
        Stepper_Motor_OnePulse (CircleDirection,CirclePulse);
        Delay5ms( );
    }
    Stepper_Motor_Stop ( );// 停止步进电机
    while (1);
}
```

配置头文件 config.c 仅增添了步进电机驱动头文件，其余无改动。

主函数源文件通过步进电机驱动源文件中的功能函数和全局变量实现，实现步骤是：设定输入转动脉冲数为转动半圈所需的脉冲数，设定步进电机转动方向为正向，通过 for 循环初始化输入脉冲计数，与设定脉冲数比较，每隔 5ms 循环输入一个脉冲，当脉冲计数执行到半圈，则跳出循环，停止步进电机。

2. 按键控制步进电机

使用矩阵键盘中的 4 个按键控制步进电机，按键功能如下：按键 1 对应正转 1/2 圈，按键 2 对应反转 1/4 圈，按键 3 对应循环正转，按键 4 对应停止。示例代码如下。

（1）步进电机驱动头文件及源文件。

stepper_motor.h

```c
#ifndef _STEPPER_MOTOR_h
#define _STEPPER_MOTOR_h
......
void Stepper_Motor ( );
extern uint8_t StepperMotor_Rotation_Time;
extern uint8_t Stepper_Motor_State;
```

```
#endif
```

stepper_motor.c
```c
#include "config.h"
uint8_t    StepperMotor_Rotation_Time=0;// 步进电机转动间隔
uint8_t Stepper_Motor_State=0;
// 步进电机状态位; 0: 停止; 1: 正转半圈; 2: 反转 1/4 圈; 3: 循环正转
……
/* 功能描述：步进电机驱动函数 */
void Stepper_Motor（）
{
    switch（Stepper_Motor_State）{
        case 0: Stepper_Motor_Stop（）;// 停止步进电机
                break;
        case 1: case 2:
                if（CirclePulse<SetCirclePulse）{// 步进脉冲计数小于设定脉冲数，转动
                    Stepper_Motor_OnePulse（CircleDirection,CirclePulse）;
                    CirclePulse++;
                }else
                    Stepper_Motor_State=0;        // 转到状态 0
                break;
        case 3:
                if（CirclePulse<SetCirclePulse）{// 步进脉冲计数小于设定脉冲数，转动
                    Stepper_Motor_OnePulse（CircleDirection,CirclePulse）;
                    CirclePulse++;
                }else
                    CirclePulse=0;                // 清空脉冲数
                break;
    }
}
```

头文件 stepper_motor.h 增加了新的函数和变量声明，其余无改动。

源文件 stepper_motor.c 增加了实现此次功能的驱动函数 Stepper_Motor（），该函数根据增添的无符号整型变量 Stepper_Motor_State（代表步进电机状态位），实现对步进电机的转动控制。Stepper_Motor_State 步进电机状态共 4 种，分别是 0:停止；1:正转 1/2 圈；2:反转 1/4 圈；3:循环转动。该函数的实现逻辑是：当步进电机处于状态 1 或 2 时，通过输入脉冲计数与设定脉冲数的比较让步进电机转动，转动到设定角度时，返回状态 0，即步进电机停止；当步进电机处于状态 3 时，通过输入脉冲计数与设定脉冲数的比较让步进电机转动，转动到设定角度时，重置输入脉冲计数，再次转动，循环往复，实现步进电机的循环转动。

★前述知识点融合★

（2）键盘接口头文件。

```c
key.c
#include "config.h"
/***** 键值驱动函数 *****/
void KeyDrive（uint8_t key_value）
{
    switch（key_value）
    {
        case 1:
            Stepper_Motor_State=1;                      // 设定状态1，正转半圈
            CirclePulse=0;
            SetCirclePulse=Half_Circle_Pulse;// 设定转动半圈
            CircleDirection=POS_Direction;    // 设定转动方向为正向
            break;
        case 2:
            Stepper_Motor_State=2;                      // 设定状态2，反转1/4圈
            CirclePulse=0;
            SetCirclePulse=Quarter_Circle_Pulse;// 设定转动半圈
            CircleDirection=NEG_Direction;    // 设定转动方向为反向
            break;
        case 3:
            Stepper_Motor_State=3;                      // 设定状态3，循环转动
            CirclePulse=0;
            SetCirclePulse=One_Circle_Pulse;// 设定转动一圈
            CircleDirection=POS_Direction;    // 设定转动方向为正向
            break;
        case 4:
            Stepper_Motor_State=0;                      // 设定状态0
            break;
        default:      break;                            // 若是其余按键退出此函数
    }
}
```

键盘接口头文件key.c仅修改了键盘驱动函数KeyDrive（uint8_t key_value），其余无改动。根据按键要求，此处分别在按键1、2、3、4对应的键值处理下更改步进电机的状态位，输入脉冲数、转动方向以及设定脉冲数即可。

★前述知识点融合★

（3）定时器头文件与源文件。

```
timer.h
#ifndef _TIMER_H_
#define  _TIMER_H_
#define FOSC 11059200L
#define TIMER_SETMS（x） （65536-x*FOSC/12/1000）
// 基于5ms时基的定时宏定义
#define TIMER_5ms                1
#define TIMER_10ms               2
void Timer0_Init（void）;        //5毫秒
#endif
timer.c
#include "config.h"
void Timer0_Init（void）        //5毫秒
{
    TMOD &= 0xF0;              // 设置定时器模式
    TMOD |= 0x01;              // 设置定时器模式
    TL0 = TIMER_SETMS（5）%256;                // 设置定时初始值
    TH0 = TIMER_SETMS（5）/256;                // 设置定时初始值5ms
    TF0 = 0;                   // 清除TF0标志
    TR0 = 1;                   // 定时器0开始计时
    ET0 = 1;                   // 开定时器0中断
    EA = 1;                    // 开总中断
}
void Timer0_Isr（） interrupt 1
{
    TL0 = TIMER_SETMS（5）%256;// 重新设定初值5ms
    TH0 = TIMER_SETMS（5）/256;// 重新设定初值5ms
    FSM_Scan_Time++;
    StepperMotor_Rotation_Time++;
}
```

定时器头文件timer.h仅增添了定时时基为5ms的宏定义，其余无改动。

定时器头文件timer.c仅增添了在5ms定时器中断中步进电机转动的判断计时，其余无改动。

（4）主函数源文件与配置头文件。

config.h
```c
#ifndef _CONFIG_H_
#define  _CONFIG_H_
// 数据类型重定义
typedef    signed   char       sint8_t;
typedef signed    short int sint16_t;
typedef signed    long   int sint32_t;
typedef unsigned char       uint8_t;
typedef unsigned short int uint16_t;
typedef unsigned long   int uint32_t;
#include <STC89C5xRC.H>
#include <intrins.h>
#include <string.h>
#include "timer.h"
#include "stepper_motor.h"
#include "key.h"
#define SET_MOTOR_ROTATION_TIME        TIMER_5ms  // 步进电机扫描间隔
#define SET_FSM_SCAN_TIME              TIMER_10ms // 状态机扫描间隔
#endif
```

main.c
```c
#include "config.h"
void main()
{
    uint8_t key_value = 0;// 用于保存键盘扫描函数返回的键值
    Timer0_Init();       // 定时器初始化
    while(1)
    {
        if(FSM_Scan_Time >= SET_FSM_SCAN_TIME){
            FSM_Scan_Time = 0;
            key_value=ReadKey();
            KeyDrive(key_value);
        }
        if(StepperMotor_Rotation_Time >= SET_MOTOR_ROTATION_TIME){
            StepperMotor_Rotation_Time=0;
            Stepper_Motor();
        }
    }
}
```

配置头文件 config.h 中仅增添了步进电机扫描间隔的宏定义以及包含了使用到模块的库，其余无改动。

主函数源文件 main.c 中是根据设定的按键状态机扫描间隔和步进电机扫描间隔来分时执行对应的功能函数，每隔 10ms 检测按键，根据键值设定步进电机的参数，每隔 5ms 根据设定的步进电机参数来控制步进电机转动或停止。

步进电机实验现象

习题与思考

1. 步进电机正反转如何控制？速度如何控制？速度和电机输出力矩有什么关系？
2. 步进电机单 4 拍、双 4 拍和 8 拍的步距角有什么不同？输出力矩有什么不同？

五、案例五　OLED 液晶屏

【学习指南】

本节将学习如何使用单片机控制另一种可显示的模块——OLED 液晶屏，不同于数码管只能显示数字的局限性，OLED 屏可显示汉字、字符、图片等多种格式的信息，在本节案例之后，OLED 屏将与其他模块结合应用，作为人机交互的显示界面，获取更为直观的实验效果。

（一）OLED 液晶屏介绍

OLED，即有机发光二极管（Organic Light Emitting Diode）。相较于传统的 LCD 显示屏，OLED 显示屏具有明显的优势。OLED 屏厚度可以控制在 1mm 以内，重量更轻盈，而 LCD 屏厚度则一般在 3mm 左右，重量偏重。OLED 屏的液态结构可以保证屏幕的抗衰性能，并且具有 LCD 不具备的广视角，可以实现超大范围内观看同一块屏幕时画面不会失真。LCD 显示屏都是需要背光的，而 OLED 屏是具备自发光的，无须背光，发光效率更高、能耗低、生态环保，可制作曲面屏，给人带来不一样的观感。

随书配套开发平台搭载中景园电子的 0.96 寸 OLED 显示屏，其实物如图 4-28 所示，该屏具有以下特点。

（1）黄蓝、白、蓝 3 种颜色可选；其中黄蓝屏是上 1/4 部分为黄光，下 3/4 为蓝，且固定区域只能显示固定颜色，颜色和显示区域均不能修改；白屏则为黑底白字；蓝屏则为黑底蓝字。

（2）分辨率为 128×64。

（3）多种接口方式。OLED 裸屏总共 5 种接口方式，包括：6800、8080 两种并行接口方式、3 线或 4 线的串行 SPI 接口方式、IIC 接口方式。

随书配套开发平台上的 OLED 显示屏采用 4 线串行 SPI 接口方式，其对应管脚的定义如表 4-8 所示。

图 4-28 OLED 液晶显示屏

表 4-8 OLED 显示屏管脚定义

管脚号	管脚名称	管脚功能
1	GND	电源地
2	VCC	电源正（3～5.5V）
3	D0（SCLK）	时钟管脚
4	D1（MOSI）	数据管脚
5	RES	复位引脚（低电平复位）
6	DC	数据和命令控制脚
7	CS	片选管脚

（二）SPI 通信协议

1. SPI 通信简介

SPI 是串行外围设备接口（Serial Peripheral Interface）的缩写，是一种高速、全双工、同步的通信总线，常应用于 EEPROM、FLASH、AD 转换器之间，但鉴于 SPI 协议没有应答机制，无法确认是否收到数据，所以对于使用到 SPI 协议的外部设备，需按照设备数据手册的读/写时序来编写通信程序，确保读/写过程无误。

SPI 双向通信至少需要 4 根线（单向传输时也可为 3 根线），分别是 MOSI（串行数据输出线）、MISO（串行数据输入线）、SCLK（时钟线）以及 $\overline{SS}$（片选线），如图 4-29 所示。

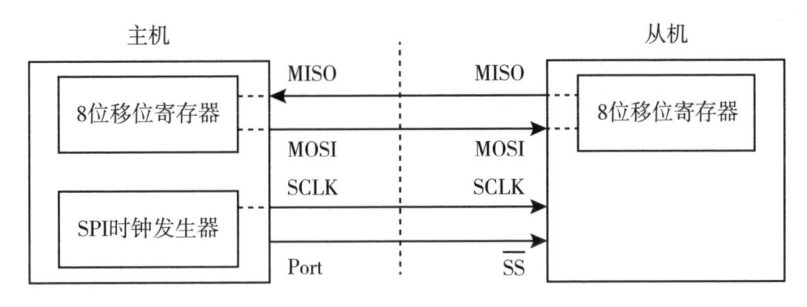

图 4-29 SPI 单主机 – 单从机配置

（1）MOSI（Master Out Slave In），主设备数据输出，从设备数据输入。
（2）MISO（Master In Slave Out），主设备数据输入，从设备数据输出。
（3）SCLK（SPI Clock）：时钟信号，由主设备产生。
（4）$\overline{SS}$：设备选择线（片选），由主设备控制，当从设备片选信号输入低电平为选中状态，主设备依此选择通信从机。

SPI通信为串行通信协议，数据传输是按位进行的，由SCLK时钟线提供时钟脉冲，每一次时钟信号的改变传输一位数据，MOSI、MISO基于此脉冲完成数据的传输。SPI总线上的SCLK时钟线只能由主设备控制，从设备不能控制，而数据的传输依据为时钟信号的上升沿与下降沿（SCLK上升沿和下降沿构成一个完整SCLK周期），也就是时钟周期可以不等宽，所以数据位的传输过程是可以暂停的。当时钟信号没有跳变时，从设备不采集或传输数据。由于SPI的数据输入和输出线各自独立，所以可以同时完成数据的输入和输出。

2. SPI通信流程

SPI通信本质上是一个环型总线结构，由SCL控制，MISO、MOSI两根线完成数据交换，而MOSI与MISO两根线之间的数据交换本质上又是两个移位寄存器由高往低传输，由低往高保存的数据传输过程。

单片机内部的SPI模块为了和外设进行数据交换，根据外设的工作要求，其输出同步时钟极性和相位是可以进行配置的，SPI主从设备之间的时钟极性（CPOL）和时钟相位（CPHA）应该保持一致，对SPI数据传输有着很重要的作用。

时钟极性（CPOL）定义了时钟空闲状态的电平。当CPOL=0时，时钟空闲状态为低电平；当CPOL=1时，时钟空闲状态为高电平。

时钟相位（CPHA）定义了数据的采样的时钟边沿选择。当CPHA=0时，在每个时钟周期的第一个跳变沿采样外部数据，第二个跳变沿输出数据。当CPHA=1时，在每个时钟周期的第一个跳变沿输出数据，第二个跳变沿采样外部数据。

通过对时钟极性与时钟相位的控制可实现4种不同的数据传输时序。

如图4-30所示，当CPHA=0时，数据在第一个跳变沿被采样，第二个跳变沿被输出，此时为了保证传输正确，在传输过程中，主机应该先将数据输出，然后再产生第一个跳变沿，此时数据被从机采样，第二个跳变沿结束时，下一位数据上线，如此往复，直到8位数据传输结束。

如图4-31所示，当CPHA=1时，数据在第一个跳变沿被输出，第二个跳变沿被采样，此时主机只需要在时钟产生第一个跳变沿时，输出数据，第二个跳变沿即可被从机采样。如此往复，直到8位数据传输结束。

上面提到SPI通信没有较为完善的应答机制，因此配置时钟时，需要按照从设备的定义来配置主设备的时钟，这样数据才可以被准确地发送和接收。

（三）SSD1306驱动芯片

SSD1306是OLED的驱动芯片，单片机控制OLED屏显示出英文、数字、汉字等不同的信息格式，实质上就是通过点亮SSD1306上的发光二极管来组合达成想要的效果。

图 4-30　SPI 传输格式（CPHA=0）

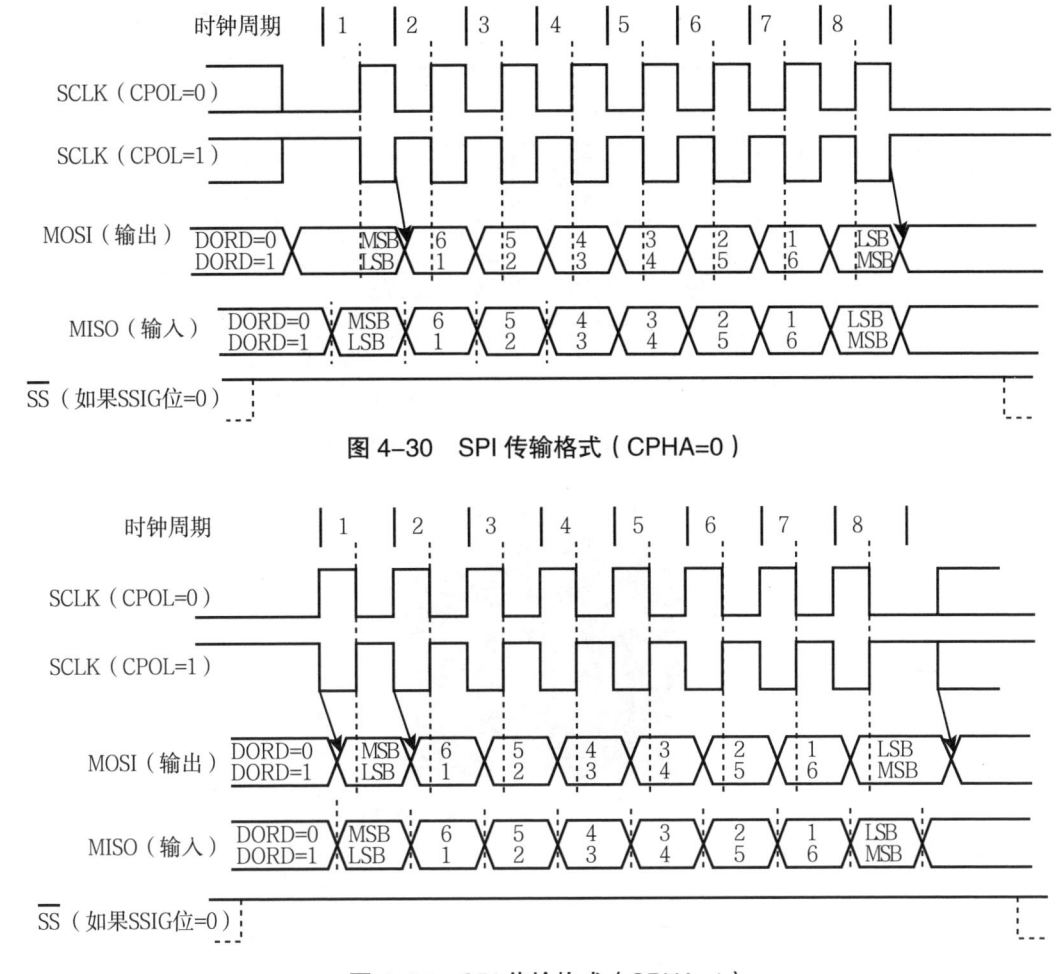

图 4-31　SPI 传输格式（CPHA=1）

SSD1306 由 128×64 个点阵二极管组成，对应 128×64 像素点，其内部嵌入了对比度控制器、显示 RAM 和振荡器，本节主要介绍 SSD1306 显示 RAM 相关的内容并且介绍常用的 SSD1306 控制命令，为后续 OLED 库函数的学习做铺垫。

1. 图形显示数据 RAM（GDDRAM）

GDDRAM 是 SSD1306 上存放显示位的位映射静态 RAM，通俗地说，控制 GDDRAM 上的每一位，就可以让 OLED 显示一个像素点。GDDRAM 的大小为 128×64 位，对应 OLED 的 128×64 像素。GDDRAM 又分为 8 页，从 PAGE0 到 PAGE7，如图 4-32 所示。与之对应的 OLED 显示屏实际效果如图 4-33 所示。

往 GDDRAM 中写入一字节数据，会将对应页（PAGE）中的一列图像数据填充［即列地址指针指向的整个列（8 位）被填充］。数据位 D0 写入顶部行，数据位 D7 写入下行，以图 4-34 第二页为例。

2. SSD1306 常用命令

SSD1306 的控制命令较多，此处仅对常用命令作介绍，具体内容如表 4-9 所示。

```
                                                                    行重映射
      PAGE0（COM0–COM7）         Page 0            PAGE0（COM63–COM56）
      PAGE1（COM8–COM15）        Page 1            PAGE1（COM55–COM48）
      PAGE2（COM16–COM23）       Page 2            PAGE2（COM47–COM40）
      PAGE3（COM24–COM31）       Page 3            PAGE3（COM39–COM32）
      PAGE4（COM32–COM39）       Page 4            PAGE4（COM31–COM24）
      PAGE5（COM40–COM47）       Page 5            PAGE5（COM23–COM16）
      PAGE6（COM48–COM55）       Page 6            PAGE6（COM15–COM8）
      PAGE7（COM56–COM63）       Page 7            PAGE7（COM7–COM0）

                      SEG0 ----------------------------- SEG127
            列重映射   SEG127 --------------------------- SEG0
```

图 4-32 SSD1306 的 GDDRAM 页面结构

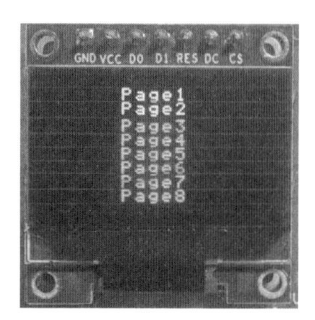

图 4-33 OLED 显示屏实际效果

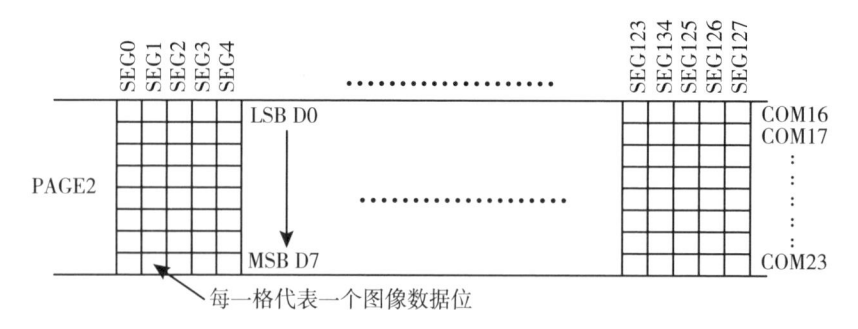

图 4-34 GDDRAM 第二页

表 4-9 SSD1306 常用命令

序号	指令	\multicolumn{8}{c}{各位描述}	命令	说明
	HEX	D7	D6	D5	D4	D3	D2	D1	D0		
0	81	1	0	0	0	0	0	0	1	设置对比度	A 的值越大屏幕越亮，A 的范围从 0X00-0XFF
	A[7:0]	A7	A6	A5	A4	A3	A2	A1	A0		
1	AE/AF	1	0	1	0	1	1	1	X0	设置显示开关	X0=0, 关闭显示 X0=1, 开启显示
2	8D	1	0	0	0	1	1	0	1	电荷泵设置	A2=0, 关闭电荷泵 A2=1, 开启电荷泵
	A[7:0]	*	*	0	1	0	A2	0	0		

续表

序号	指令 HEX	D7	D6	D5	D4	D3	D2	D1	D0	命令	说明
3	B0–B7	1	0	1	1	0	X2	X1	X0	设置页地址	X[2:0]=0~7 对应页 0-7
4	00–0F	0	0	0	0	X3	X2	X1	X0	设置列地址低4位	设置8位起始列地址的低4位
5	10–1F	0	0	0	0	X3	X2	X1	X0	设置列地址高4位	设置8位起始列地址的高4位

（1）命令 0x81：设置显示对比度，该命令包含了两个字节，0x81 为命令，随后发送的一个字节为需要设置的对比度的值，可设区间为 [0,255]，值越大，屏幕亮度越高。

（2）命令 0xAE/0xAF：0xAE 为关闭显示命令，0xAF 为开启显示命名。

（3）命令 0x8D：设置电荷泵开关，该命令包含了两个字节，0x8D 为命令，另一个为设置值，其中第二个字节中的 A2 BIT 表示电荷泵的开关状态，该位为 1 则开启电荷泵，否则关闭。在模块初始化的时候，必须要开启，否则屏幕是全暗的。

（4）命令 0xB0-0xB7：该命令用于设置 GDDRAM 页地址，其低 3 位的值对应着 GDDRAM 的页地址，设定图像数据点的显示页。

（5）命令 0x00-0x0F：该命令用于设置 GDDRAM 显示时的起始列地址低 4 位。

（6）命令 0x10-0x1F：该命令用于设置 GDDRAM 显示时的起始列地址高 4 位。

3. SSD1306 内存寻址模式

SSD1306 有 3 种不同的内存寻址模式：页面寻址模式、垂直寻址模式和水平寻址模式，可通过 0x20 命令来设置，随后发送一个字节（0x02/0x01/0x00）来选择对应的模式。

1）页面寻址模式（0x02）

在页面寻址模式下，读写显示 RAM 后，列地址指针自动增加 1。如果列地址指针到达列结束地址，则列地址指针将被重置为列起始地址，而页面地址指针将不会被更改，用户必须设置新的页面和列地址，才能访问下一页 RAM 内容。页面寻址模式的 PAGE 和列地址点的移动顺序如图 4-35 所示。

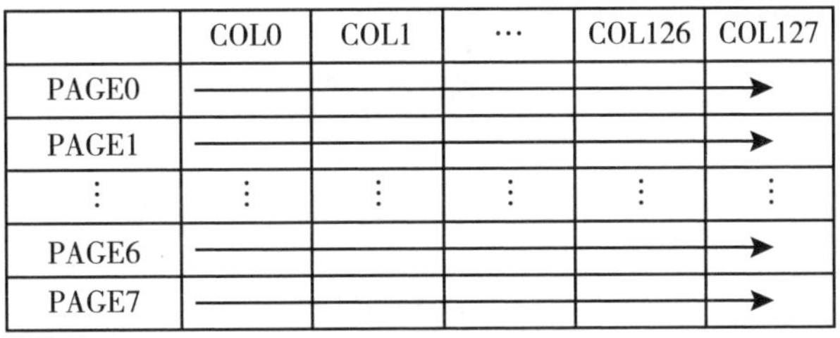

图 4-35 页面寻址模式

2）垂直寻址模式（0x01）

在垂直寻址模式下，读写显示 RAM 后，页面地址指针自动增加 1。如果页面地址指针到达页面结束地址，则页面地址指针重置为页面起始地址，列地址指针增加 1。垂直寻址模式的页面和列地址点的移动顺序如图 4-36 所示。当列和页面地址指针都到达结束地址时，指针将重置为列起始地址和页面起始地址（图中的虚线）。

3）水平寻址模式（0x00）

在水平寻址模式下，读写显示 RAM 后，列地址指针自动增加 1。如果列地址指针到达列结束地址，则将列地址指针重置为列起始地址，页地址指针增加 1。水平寻址模式下的页面和列地址点的移动顺序如图 4-37 所示。当列和页面地址指针都到达结束地址时，指针将重置为列起始地址和页面起始地址（图 4-37 中的虚线）。

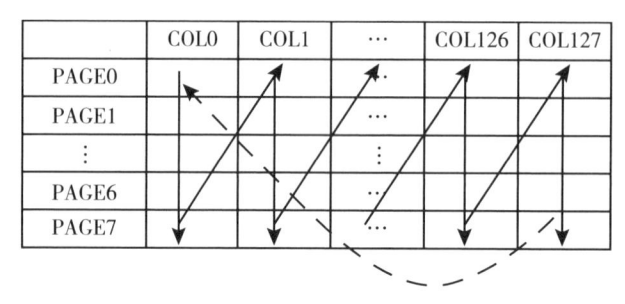

图 4-36 垂直寻址模式

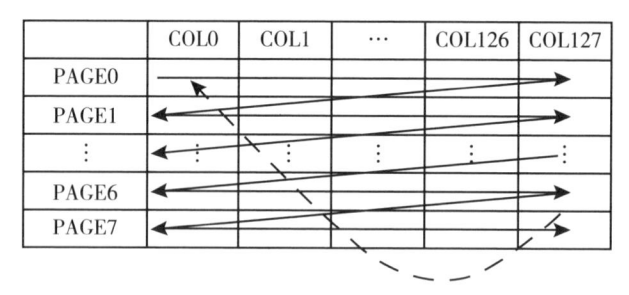

图 4-37 水平寻址模式

4. SSD1306 初始化过程

SSD1306 的初始化过程如图 4-38 所示。

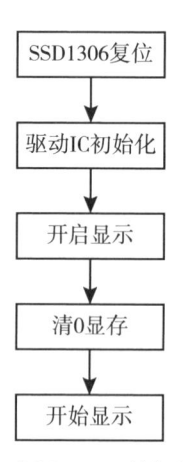

图 4-38 SSD1306 的初始化过程

（四）硬件电路设计

随书配套开发平台上提供的 OLED 硬件电路如图 4-39 所示。OLED 的 D0（SCLK）、D1（MOSI）引脚分别接在 STC89C52RC 单片机的 P14.3、P4.0 引脚上。由于开发平台上的 OLED 与单片机之间为单向通信且无从机，这里直接将 CS（$\overline{SS}$）片引脚接地。OLED 脚的 RES 复位端接 P3.6 引脚，数据和命令控制端 CS 引脚接 P3.7 引脚。

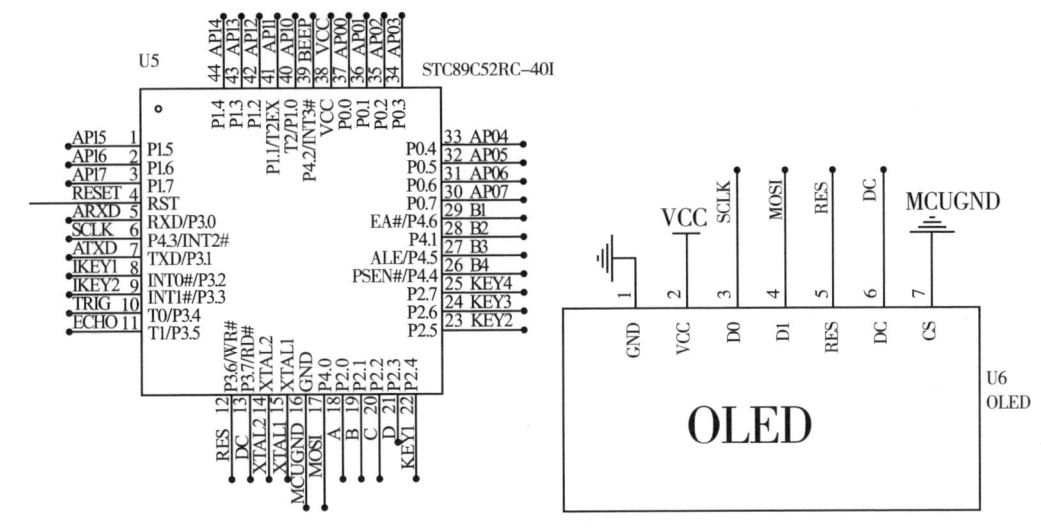

图 4-39 OLED 电路设计

（五）OLED 库函数

本书中使用的 OLED 液晶屏提供了底层的驱动库函数，初学者在使用时只需配置好相应接口并妥善调用显示函数即可。以下是对库函数的讲解。

1. OLED 液晶屏头文件

```
#ifndef __OLED_H
#define __OLED_H
#include <STC89C5xRC.H>
#include <intrins.h>
typedef unsigned char      uint8_t;
typedef unsigned short int uint16_t;
typedef unsigned long  int uint32_t;
#define OLED_CMD  0  // 写命令
#define OLED_DATA 1  // 写数据
sbit OLED_SCL=P4^3;// 时钟 D0（SCLK）
sbit OLED_SDIN=P4^0;//D1（MOSI）数据
sbit OLED_RST =P3^6;// 复位
sbit OLED_DC =P3^7;// 数据 / 命令控制
```

```
// OLED_CS 接地
#define OLED_RST_Clr（）OLED_RST=0
#define OLED_RST_Set（）OLED_RST=1
#define OLED_DC_Clr（）OLED_DC=0
#define OLED_DC_Set（）OLED_DC=1
#define OLED_SCLK_Clr（）OLED_SCL=0
#define OLED_SCLK_Set（）OLED_SCL=1
#define OLED_SDIN_Clr（）OLED_SDIN=0
#define OLED_SDIN_Set（）OLED_SDIN=1
//OLED 控制用函数
void OLED_ShowChar1（uint8_t x,uint8_t y,uint8_t chr,uint8_t fontsize）;
void OLED_WR_Byte（uint8_t dat,uint8_t cmd）;
void OLED_Set_Pos（uint8_t x, uint8_t y）;
void OLED_Display_On（void）;
void OLED_Display_Off（void）;
void OLED_Init（void）;
void OLED_Clear（void）;
void OLED_ShowChar（uint8_t x,uint8_t y,uint8_t chr,uint8_t fontsize）;
void OLED_ShowNum（uint8_t x,uint8_t y,uint32_t num,uint8_t len,uint8_t fontsize）;
void OLED_ShowString（uint8_t x,uint8_t y,uint8_t *chr,uint8_t fontsize）;
void OLED_ShowCHinese（uint8_t x,uint8_t y,uint8_t no）;
void OLED_DrawBMP（uint8_t x0, uint8_t y0,uint8_t x1, uint8_t y1,uint8_t BMP[]）;
#endif
```

本段代码提供了单片机控制 OELD 屏的对应引脚位定义，方便后续自行设计 OLED 接口时，仅需结合实际重新定义控制引脚即可调用整个库函数。其余内容是 OLED 库函数中常用功能函数的声明，下面会详细介绍每个功能函数的实现原理。

2. OLED 屏写字节函数

```
/*
功能描述：向 SSD1306 写入一个字节。
dat: 要写入的数据/命令
cmd: 数据/命令标志 0,表示命令;1,表示数据;
*/
void OLED_WR_Byte（uint8_t dat,uint8_t cmd）
{
    uint8_t i;
    if（cmd）OLED_DC_Set（）;
    else    OLED_DC_Clr（）;
```

```
    for (i=0;i<8;i++)
    {
         OLED_SCLK_Clr ( );
         if (dat&0x80)        OLED_SDIN_Set ( );
         else                 OLED_SDIN_Clr ( );
         OLED_SCLK_Set ( );
         dat<<=1;
    }
    OLED_DC_Set ( );
}
```

OLED_WR_Byte（uint8_t dat,uint8_t cmd）函数中定义了两个参数，参数1——dat为需要写入的数据或命令，参数2——cmd为数据或命令判断标志位。当cmd=0时，表示此时往OLED中写命令，写命令是对OLED进行配置；当cmd=1时，表示此时往OLED中写数据，写数据是将OLED全屏中的某一个像素点点亮或熄灭。

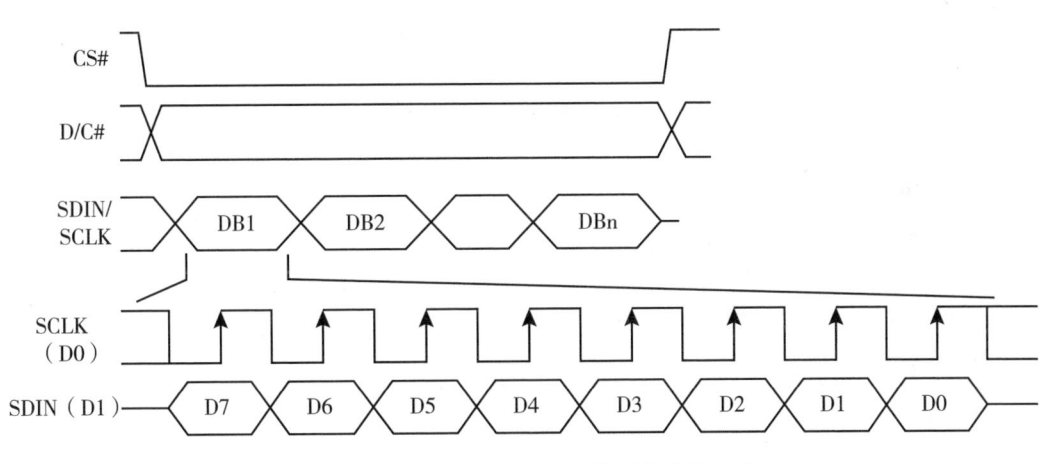

💡提示：4线串行SPI接口的OLED屏为单向只写，仅能由单片机向OLED写数据/命令。此处写数据实现方式为C51单片机通用I/O口模拟SPI通信时序。OELD屏的SPI通信时序如图4-40所示，可结合OLED写字节函数理解。

图4-40 OLED屏SPI通信时序（从机）

3. 设置显示页的起始地址函数

```
/*
功能描述：设置显示页的起始地址
*/
void OLED_Set_Pos ( uint8_t x, uint8_t y )
{
```

```
    OLED_WR_Byte（0xb0+y,OLED_CMD）;
    OLED_WR_Byte（((x&0xf0)>>4)|0x10,OLED_CMD）;
    OLED_WR_Byte（x&0x0f,OLED_CMD）;
}
```

OLED_Set_Pos（uint8_t x, uint8_t y）函数定义了两个参数，参数1——x 为需要显示像素点的 x 坐标即 x 列（0 ~ 127 列），参数2——y 为需要显示的像素点的 y 坐标即 y 行（0 ~ 7 行）。

OLED_WR_Byte(0xb0+y,OLED_CMD)语句的 0xb0 为设置页地址命令，一共 8 页（行）地址可设置，y 的取值范围为 0 ~ 7。

OLED_WR_Byte（((x&0xf0)>>4)|0x10,OLED_CMD）语句为设置显示列的高半字节，实际写命令为 0x1（x 列的高半字节）；OLED_WR_Byte（x&0x0f,OLED_CMD）语句为设置显示位置的列低半字节，实际写命令为 0x0（x 列的低半字节），这两条语句结合起来就是：将具体某一列设置为显示地址，x 的取值范围为 0 ~ 127。

4. 屏幕整体控制函数

```
/*
功能描述：开启 OLED 显示
*/
void OLED_Display_On（void）
{
    OLED_WR_Byte（0X8D,OLED_CMD）; //SET DCDC 命令
    OLED_WR_Byte（0X14,OLED_CMD）; //DCDC ON
    OLED_WR_Byte（0XAF,OLED_CMD）; //DISPLAY ON
}
/*
功能描述：关闭 OLED 显示
*/
void OLED_Display_Off（void）
{
    OLED_WR_Byte（0X8D,OLED_CMD）; //SET DCDC 命令
    OLED_WR_Byte（0X10,OLED_CMD）; //DCDC OFF
    OLED_WR_Byte（0XAE,OLED_CMD）; //DISPLAY OFF
}
/*
功能描述：清屏函数，清完屏，整个屏幕是黑色的，和没点亮一样。
*/
void OLED_Clear（void）
{
```

```
    uint8_t i,n;
    for(i=0;i<8;i++)
    {
        OLED_WR_Byte(0xb0+i,OLED_CMD);    // 设置页地址（0~7）
        OLED_WR_Byte(0x00,OLED_CMD);      // 设置显示位置——列低地址
        OLED_WR_Byte(0x10,OLED_CMD);      // 设置显示位置——列高地址
        for(n=0;n<128;n++)     OLED_WR_Byte(0,OLED_DATA);// 更新显示
    }
}
```

屏幕控制函数有3个，分别是开启OLED显示函数OLED_Display_On（void）、关闭OLED显示函数OLED_Display_Off（void）以及清屏函数OLED_Clear（void）。开启/关闭OLED显示函数使用写命令的方式打开/关闭OLED显示，可结合表4-9 SSD1306常用命令进行理解。清屏函数的原理是先定位页地址，再将显示位置设置为第0列，之后循环128次给该页中每一列图像数据清0，一共8页便执行8次。

5. 字符、字符串以及数字显示函数

```
/*
功能描述：显示一个字符
x,y：起点坐标
chr：输入字符
fontsize: 选择字体 16/8
*/
void OLED_ShowChar(uint8_t x,uint8_t y,uint8_t chr,uint8_t fontsize)
{
    uint8_t c=0,i=0;
        c=chr-' ';// 得到偏移后的值
        if(fontsize == 16){
            OLED_Set_Pos(x%128,y%64);
            for(i=0;i<8;i++)     OLED_WR_Byte(F8X16[c*16+i],OLED_DATA);
            OLED_Set_Pos(x%128,y%64+1);
            for(i=0;i<8;i++)     OLED_WR_Byte(F8X16[c*16+i+8],OLED_DATA);
        }
        else if(fontsize == 8){
            OLED_Set_Pos(x%128,y%64);
            for(i=0;i<6;i++)     OLED_WR_Byte(F6x8[c][i],OLED_DATA);
        }
}
```

```c
/*
功能描述：显示字符串
x,y：起点坐标
chr：字符串首个字符地址
fontsize：字体大小
*/
void OLED_ShowString ( uint8_t x,uint8_t y,uint8_t *chr,uint8_t fontsize )
{
    uint8_t j=0;
    while ( chr[j]!='\0' )
    {
        OLED_ShowChar ( x,y,chr[j],fontsize );
        if ( fontsize==16 ){
            x+=8;if ( x>120 ){x=0;y+=2;}
        }else if ( fontsize==8 ){
            x+=6;if ( x>122 ){x=0;y+=1;}
        }
        j++;
    }
}
/*m^n 函数 */
uint32_t oled_pow ( uint8_t m,uint8_t n )
{
    uint32_t    result=1;
    while ( n-- ) result*=m;
    return result;
}
/*
功能描述：显示数字
x,y：起点坐标
num：数值（0~4294967295）;
len：数字的位数（0~10）
fontsize：字体大小
*/
void OLED_ShowNum ( uint8_t x,uint8_t y,uint32_t num,uint8_t len,uint8_t fontsize )
{
    uint8_t t,temp;
    uint8_t enshow=0;
    for ( t=0;t<len;t++ )
```

```
        {
                temp=（num/oled_pow（10,len-t-1））%10;
                if（enshow==0&&t<（len-1））
                {
                        if（temp==0）{
                                OLED_ShowChar（x+（fontsize/2）*t,y,' ',fontsize）;
                                continue;
                        }else
                                enshow=1;
                }
                OLED_ShowChar（x+（fontsize/2）*t,y,temp+'0',fontsize）;
        }
}
```

字符显示函数 OLED_ShowChar（uint8_t x,uint8_t y,uint8_t chr,uint8_t fontsize）定义了 4 个参数，参数 1——x 为字符显示的起始 x 坐标，参数 2——y 为字符显示的 y 坐标，参数 3——chr 为输入的字符以及参数 4——fontsize 为显示字符的像素尺寸。开发平台上的 OLED 显示屏像素为 128×64，所以最常使用的字符大小为 8×8 和 16×16，根据实际需要来决定需要显示的字符大小即可。字符显示函数的原理是根据显示字符的大小设定显示起始页地址，然后再发送显示数据给 OLED 显示即可，如显示 16×16 的字符大小需要占用两个显示页，首先将显示页地址定位到第一个显示页，送 16×16 字符的上半部分，然后再将显示页地址定位到下一个显示页，送 16×16 字符的下半部分。

字符串显示函数与数字显示函数本质上都是显示字符，是基于字符显示函数来实现的。字符串显示函数 OLED_ShowString（uint8_t x,uint8_t y,uint8_t *chr,uint8_t fontsize）定义了 4 个参数，参数 1——x 为字符串显示的起始 x 坐标，参数 2——y 为字符串显示的 y 坐标，参数 3——chr 为输入字符串的首地址以及参数 4——fontsize 为显示字符串的像素尺寸。字符串显示函数根据字符的像素尺寸，当输入的显示字符串超出当前可显示的最大列坐标时，自动往下一行显示。

数字显示函数 OLED_ShowNum（uint8_t x,uint8_t y,uint32_t num,uint8_t len,uint8_t fontsize）定义了 5 个参数，参数 1——x 为字符串显示的起始 x 坐标，参数 2——y 为字符串显示的 y 坐标，参数 3——num 为输入的数字，参数 4——len 为数字显示位数及参数 5——fontsize 为显示数字的像素尺寸。数字显示函数根据输入的数字和数字显示位数通过 m^n 的幂函数 oled_pow 来对输入数字从高位往低位获取输出单个对应字符。如输入数字 123，位数 5，则最高两位由空格字符替代，而后依此显示字符"1""2""3"。

6. 汉字显示函数

```
/*
功能描述：显示汉字
x,y：起点坐标
num：汉字编码存放位置
*/
void OLED_ShowCHinese（uint8_t x,uint8_t y,uint8_t num）
{
    uint8_t t,adder=0;
    OLED_Set_Pos（x,y）;
    for（t=0;t<16;t++）
    {
        OLED_WR_Byte（Hzk[2*num][t],OLED_DATA）;
        adder+=1;
    }
    OLED_Set_Pos（x,y+1）;
    for（t=0;t<16;t++）
    {
        OLED_WR_Byte（Hzk[2*num+1][t],OLED_DATA）;
        adder+=1;
    }
}
```

汉字显示函数 OLED_ShowCHinese（uint8_t x,uint8_t y,uint8_t num）定义了3个参数，参数1——x 为汉字显示的起始 x 坐标，参数2——y 为汉字显示的起始 y 坐标，参数3——num 变量则为需要显示的汉字在 Hzk 汉字库数组中的位置。此函数默认汉字像素尺寸为 16×16 像素点。

7. 图片显示函数

```
/*
功能描述：显示 BMP 图片
*/
void OLED_DrawBMP（uint8_t x0, uint8_t y0,uint8_t x1, uint8_t y1,uint8_t BMP[]）
{
    unsigned int j=0;
    uint8_t x,y;
    for（y=y0;y<=y1;y++）
    {
```

```
            OLED_Set_Pos（x0,y）;
    for（x=x0;x<=x1;x++）
                OLED_WR_Byte（BMP[j++],OLED_DATA）;
    }
}
```

图片显示函数 OLED_DrawBMP（uint8_t x0,uint8_t y0,uint8_t x1, uint8_t y1,uint8_t BMP[]）定义了 5 个参数，其中参数 x0/x1、y0/y1 分别为图片显示的 x/y 起始与结束坐标，而参数 BMP[] 为存放图片显示像素点的数组变量，将提前要显示的图片转变为数据存储到数组中，以便调用。

8. OLED 初始化函数

```
// 初始化 OLED
void OLED_Init（void）
{
    OLED_RST_Set（）;
    Delay100ms（）;
    OLED_RST_Clr（）;
    Delay100ms（）;
    OLED_RST_Set（）;
    OLED_WR_Byte（0xAE,OLED_CMD）;// 关闭 OLED
    OLED_WR_Byte（0x00,OLED_CMD）;// 设置低列地址
    OLED_WR_Byte（0x10,OLED_CMD）;// 设置高列地址
    OLED_WR_Byte（0x40,OLED_CMD）;// 设置开始行地址
    // 设置映射 RAM 显示起始行起始地址（0x00~0x3F）
    OLED_WR_Byte（0x81,OLED_CMD）;// 设置对比度控制寄存器
    OLED_WR_Byte（0xCF,OLED_CMD）;// 设置亮度
    OLED_WR_Byte（0xA1,OLED_CMD）;// 左右反置 0xa1 正常
    OLED_WR_Byte（0xC8,OLED_CMD）;// 上下反置 0xc8 正常
    OLED_WR_Byte（0xA6,OLED_CMD）;// 正常显示设置
    OLED_WR_Byte（0xA8,OLED_CMD）;// 设置复用率（1~64）
    OLED_WR_Byte（0x3f,OLED_CMD）;//1/64 工作
    OLED_WR_Byte（0xD3,OLED_CMD）;
    // 设置显示移位映射 RAM 计数器（0x00~0x3F）
    OLED_WR_Byte（0x00,OLED_CMD）;//- 不偏移
    OLED_WR_Byte（0xd5,OLED_CMD）;// 设置显示时钟振荡器频率
    OLED_WR_Byte（0x80,OLED_CMD）;// 设置分频比，设置时钟为 100 帧 / 秒
    OLED_WR_Byte（0xD9,OLED_CMD）;// 设定预充电时间
```

```
OLED_WR_Byte（0xF1,OLED_CMD）;// 设置预充电 15 个时钟和放电 1 个时钟
OLED_WR_Byte（0xDA,OLED_CMD）;//COM 引脚的硬件配置
OLED_WR_Byte（0x12,OLED_CMD）;
OLED_WR_Byte（0xDB,OLED_CMD）;// 设置 VCOMH
OLED_WR_Byte（0x40,OLED_CMD）;// 设置 VCOM 取消级别
OLED_WR_Byte（0x20,OLED_CMD）;// 设置页面寻址模式（0x00/0x01/0x02）
OLED_WR_Byte（0x02,OLED_CMD）;//
OLED_WR_Byte（0x8D,OLED_CMD）;// 设置充电启用 / 禁用
OLED_WR_Byte（0x14,OLED_CMD）;// 设置（0x10）禁用
OLED_WR_Byte（0xA4,OLED_CMD）;// 禁用显示（0xa4/0xa5）
OLED_WR_Byte（0xA6,OLED_CMD）;// 禁用反向显示（0xa6/a7）
OLED_WR_Byte（0xAF,OLED_CMD）;// 打开 OLED
OLED_WR_Byte（0xAF,OLED_CMD）;// 打开 OLED
OLED_Clear（）;
OLED_Set_Pos（0,0）;
}
```

OLED 初始化函数 OLED_Init（）中包含了对 SSD1306 驱动芯片的配置，可结合 SSD1306 数据手册中的详细命令理解具体含义。

9. 字符库与图片库

```
oledfont.h
#ifndef __OLEDFONT_H
#define __OLEDFONT_H
const unsigned char code F6x8[][6] ={......};// 大小 6×8 的 ASCII 字符集
const unsigned char code F8X16[]={......}; // 大小 8×16 的 ASCII 字符集
const unsigned char code Hzk[][32]={......}; // 自定义的汉字数组
#endif


bmp.h
#ifndef __BMP_H
#define __BMP_H
unsigned char code BMP1[] = {......};   // 自定义的图片数组
#endif
```

字符库 oledfont.h 头文件中存放着像素大小 6×8 和 8×16 的 ASCII 字符集，以及自定义的 Hzk 汉字数组。图片库 bmp.h 头文件中存放着由 bmp 图片转换来的 OLED 像素点数据。由于字符库与图片库占用的空间较大且一般不会修改，此处使用 code 修饰，将其存放到数据存储器 ROM 中。

（六）取模软件

取模软件主要对字符、汉字、图片这 3 种形式进行取模，将其转换成对应的像素点数据，保存到数组中，使用时方便。注意本款 0.96 寸 OLED 显示屏像素为 128×64，要显示的内容不可大于其显示像素。取模软件为 PCtoLCD2002，其界面如图 4-41 所示。

在模式选项中，根据需求选取字符模式还是图形模式。然后选择"选项"，点阵格式为"阴码"，取模走向为"逆向"，取模方式为"列行式"，自定义格式为"C51 格式"，设置完成后，点击确定即可。然后输入需要显示的汉字，生成字模即可，如图 4-42 所示。

图形模式中，添加一个 128×64 像素的 .bmp 图形，然后将"行前缀（{）、行后缀（}）"去掉，再点击生产字模即可生成相应字模。最后将生成的字模复制粘贴到库函数中调用即可。

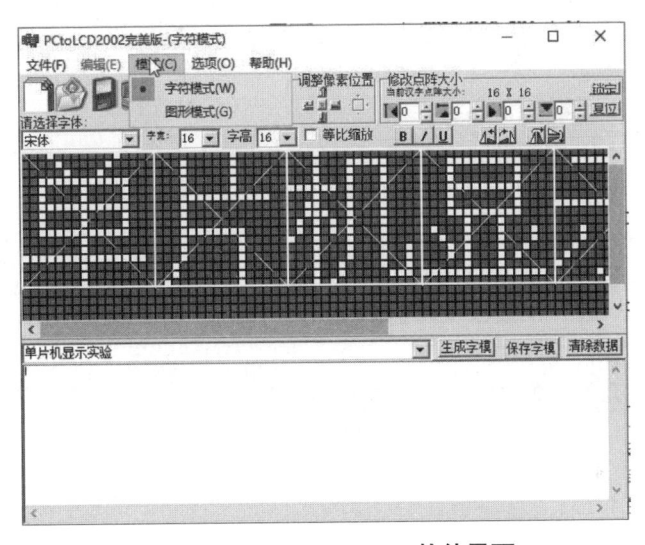

图 4-41　PCtoLCD2002 软件界面

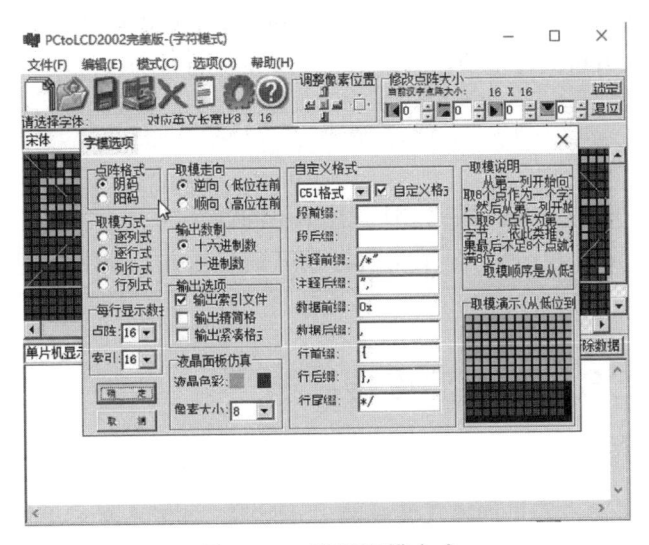

图 4-42　设置取模方式

(七) 软件设计

本节实验所要实现的功能为，在OLED屏的第一行显示"OLED显示实验"，在第二行显示"*Test* *123456*"，在第三、第四行显示128×32大小的图片。本章实验的要求是使用OLED库函数中所有可用于显示数据的函数，帮助大家熟悉各个函数的具体用法。示例代码如下。

```c
main.c
#include "oled.h"
#include "bmp.h"
void main ( )
{
    OLED_Init ( );
    OLED_ShowString ( 16,0,"OLED",16 );
    OLED_ShowCHinese ( 48,0,0 ); // 显示"显"
    OLED_ShowCHinese ( 64,0,1 ); // 显示"示"
    OLED_ShowCHinese ( 80,0,2 ); // 显示"实"
    OLED_ShowCHinese ( 96,0,3 ); // 显示"验"
    OLED_ShowString ( 0,2,"*Test* *",16 );
    OLED_ShowNum ( 64,2,123456,6,16 );
    OLED_ShowChar ( 112,2,'*',16 );
    OLED_DrawBMP ( 0,4,127,7,BMP1 );
    while ( 1 );
}
```

本段代码实现的前提是将"显示实验"汉字以及128×32像素的bmp格式图片通过取模软件取出来，存于Hzk数组和BMP1数组中等待调用。以上代码使用到了所有可以显示信息的函数，大家可以自行尝试。

OLED实验现象

习题与思考

1. OLED有什么优缺点？与普通LCD有什么不同？
2. OLED如何生成汉字字库？显示汉字与ASII码显示方式有什么不同？

六、案例六　DS18B20温度传感器

【学习指南】

本节将学习如何使用常用的温度传感器DS18B20，该传感器采用特殊的传输方式——单总线。与SPI/I^{2}C总线不同，它采用单根信号线，既传输时钟，又传输数据，而且数据传

输是双向的。它具有节省 I/O 口线资源、结构简单、成本低廉、便于总线扩展和维护等诸多优点。

(一) DS18B20 温度传感器介绍

DS18B20 是由 DALLAS 半导体公司推出的一种"单总线"接口的温度传感器,"单总线"即 CPU 与 DS18B20 之间的数据传输仅需一根线就可完成。与传统的热敏电阻等测温元件相比,它是一种新型的体积小、适用电压宽、与微处理器接口简单的数字化温度传感器。

1. DS18B20 引脚功能

DS18B20 引脚图如图 4-43 所示。

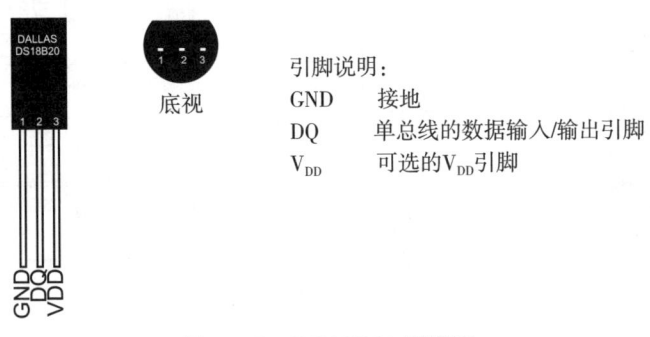

引脚说明:
GND 接地
DQ 单总线的数据输入/输出引脚
V_{DD} 可选的 V_{DD} 引脚

图 4-43 DS18B20 引脚图

2. DS18B20 应用特性

(1) 独特的单线接口方式,与单片机只需一根 I/O 线即可通信,在一根线上可以挂载多个 DS18B20 芯片,节约了布线资源。

(2) 每只 DS18B20 都具有一个独特的、不可修改的 64 位序列号,根据序列号可以访问对应的器件。

(3) 适应的电压范围更宽,电压范围为 3.0 ~ 5.5V,在寄生电源方式下可由数据线供电。

(4) DS18B20 在使用中不需要任何外围元件,全部传感元件及转换电路集成在形如一只三极管的集成电路内。

(5) 测温范围为 -55 ~ +125℃,在 -10 ~ +85℃时精度为 ±0.5℃。

(6) DS18B20 的分辨率可由用户配置为 9 ~ 12 位,分辨率越高,温度转换时间也越长。

(7) 用户可自行设定报警的上下限温度。

(8) 测量结果直接输出数字温度信号,以单总线串行传送给 CPU,同时可传送 CRC 校验码,具有极强的抗干扰纠错能力。

(9) 负压特性,电源极性接反时不能正常工作,但芯片不会因发热而烧毁。

(二) DS18B20 内部结构与功能

DS18B20 内部结构如图 4-44 所示,由寄生电源电路、64 位 ROM 及单总线接口、暂存器、温度传感器和高低温触发寄存器等各部分组成。

1. 64位ROM编码

每个DS18B20都具有唯一的64位ROM编码,由8位产品系列码(0x28)、48位序列号和8位循环冗余校验码组成,如图4-45所示。当总线上挂载不止一个DS18B20时,可通过64位ROM编码来匹配对应的DS18B20。

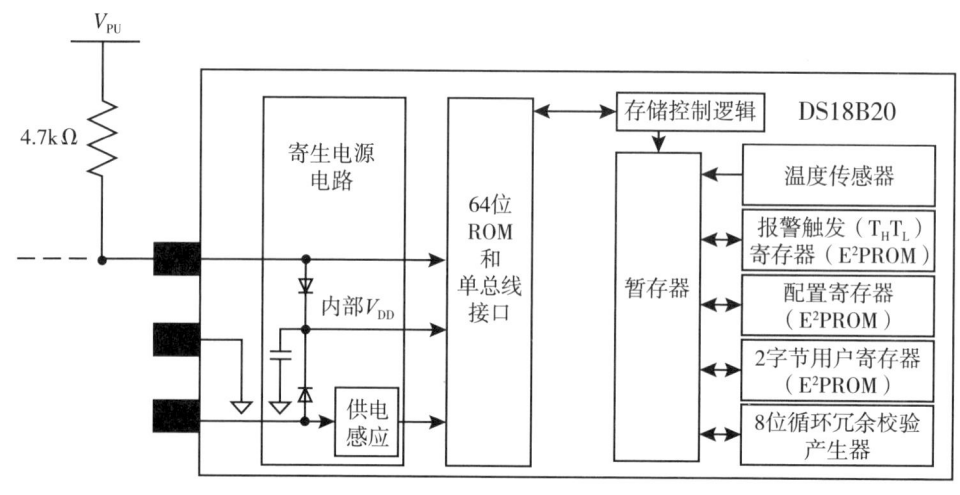

图4-44 DS18B20内部结构图

8位循环冗余校验	48位序列号	8位产品系列码
MSB　　　　　LSB	MSB　　　　　LSB	MSB　　　　　LSB

图4-45 64位ROM编码

2. 存储器

DS18B20温度传感器的内部存储器由高速SRAM暂存器和EEPROM寄存器组成,后者包含了TH和TL寄存器(存放高低报警触发值)、配置寄存器以及2字节用户可编程EEPROM,其存储结构如图4-46所示。暂存RAM包含9个连续字节,由低字节开始,每部分的功能如下。

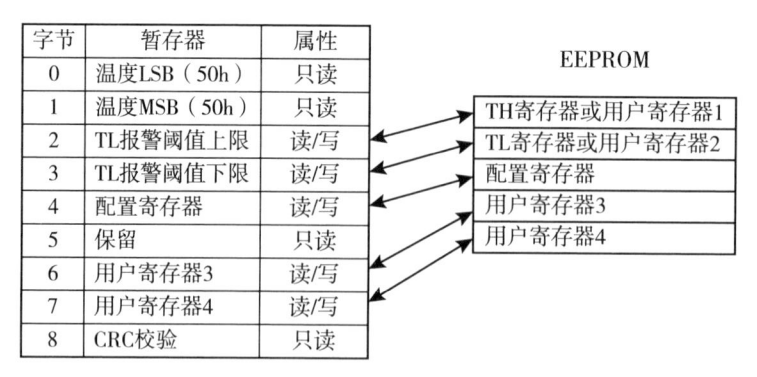

字节	暂存器	属性
0	温度LSB(50h)	只读
1	温度MSB(50h)	只读
2	TL报警阈值上限	读/写
3	TL报警阈值下限	读/写
4	配置寄存器	读/写
5	保留	只读
6	用户寄存器3	读/写
7	用户寄存器4	读/写
8	CRC校验	只读

EEPROM
- TH寄存器或用户寄存器1
- TL寄存器或用户寄存器2
- 配置寄存器
- 用户寄存器3
- 用户寄存器4

图4-46 存储器内部存储结构

（1）字节0和字节1为只读寄存器，分别存放测得环境温度值的低字节与高字节，其中bit11～bit15是符号位（S），bit4～bit10存放整数位，bit0～bit3存放小数位，bit0～bit3由高位往低位代表着温度的分辨率9位、10位、11位和12位，对应温度精度0.5℃、0.25℃、0.125℃和0.0625℃，温度值的测量分辨率可由配置寄存器配置，上电后默认为12位分辨率，温度寄存器格式如图4-47所示。

ADDR	bit7	bit6	bit5	bit4	bit3	bit2	bit1	bit0
LS字节 ADDR	2^3	2^2	2^1	2^0	2^{-1}	2^{-2}	2^{-3}	2^{-4}
	bit15	bit14	bit13	bit12	bit11	bit10	bit9	bit8
MS字节 1	S	S	S	S	S	2^6	2^5	2^4

图4-47 温度寄存器格式

以默认12位分辨率举例：当温度大于0℃时，符号位（bit11～bit15）全为0，将测得的数据（bit0～bit10）乘以0.0625即可得到实际的温度；当温度小于0℃时，符号位（bit11～bit15）全为1，此时将测得的数据（bit0～bit10）取反加1后，再乘以0.0625即可得到实际的温度。如果分辨率为9位，则bit0～bit2未定义，此时将测得的数据乘以0.5即可得到实际的温度。在12位分辨率转换条件下，输出数据以及对应的温度如表4-10所示。

表4-10 温度/数据对应转换关系

温度	数据输出（二进制）	数据输出（十六进制）
+125℃	0000 0111 1101 0000	0x07D0
+85℃	0000 0101 0101 0000	0x0550
+25.0625℃	0000 0001 1001 0001	0x0191
+10.125℃	0000 0000 1010 0010	0x00A2
+0.5℃	0000 0000 0000 1000	0x0008
0℃	0000 0000 0000 0000	0x0000
-0.5℃	1111 1111 1111 1000	0xFFF8
-10.125℃	1111 1111 0101 1110	0xFF5E
-25.0625℃	1111 1110 0110 1111	0xFE6F
-55℃	1111 1100 1001 0000	0xFC90

（2）字节2和字节3分别用于访问TH、TL寄存器获取用户自定义的二进制补码警报触发值，用于对DS18B20的高低温报警，若DS18B20的报警功能没有被使用，则TH和TL寄存器可以用作通用存储。

（3）字节4为配置寄存器，其格式如表4-11所示：

表4-11 配置寄存器格式

位	bit7	bit6	bit5	bit4	bit3	bit2	bit1	bit0
位名称	TM	R1	R0	1	1	1	1	1

配置寄存器的低5位固定为1。最高位TM是测试模式位,用于设置DS18B20处于工作或测试模式,出厂时该位默认设置为0,用户无须改动。

配置寄存器中比较重要的是第5位R0和第6位R1,可以用于设置温度传感器的分辨率,不同的分辨率对应着不同的温度转化时间,如表4-12所示。DS18B20的分辨率出厂默认设置为12位。

表4-12 分辨率/温度转换时间对应关系

R1	R0	分辨率	温度最大转换时间
0	0	9位	93.75ms
0	1	10位	187.5ms
1	0	11位	375ms
1	1	12位	750ms

(4)字节5是内部用途不可以被改写。字节6与字节7用户可以自由使用。字节8为只读寄存器,是字节0到字节7的循环冗余校验码。

(三)单总线协议

单总线系统使用单一总线,分为单点和多点系统,单点系统是指总线仅挂载单一从设备,而多点系统则代表总线上挂载多个从设备。单总线通信过程中的数据或指令,均是由低位往高位依次传输的。在实际使用中,单总线设备需要严格遵守总线时序,确保数据传输的完整性。

单总线协议定义了以下信号类型:复位脉冲、应答脉冲、写0、写1、读0、读1。除应答脉冲外,所有信号都由主机发起。下面依次对单总线协议中的通信信号进行讲解。

1. 初始化时序

在单片机与DS18B20传输数据/指令之前,需对DS18B20初始化,初始化时序如图4-48所示。初始化时序由复位脉冲和应答脉冲组成,其中复位脉冲由单片机产生,应答脉冲则由DS18B20产生。首先,单片机发送480~960μs的低电平复位脉冲,然后释放总线转为接收状态。此时,DS18B20在检测到总线上升沿后等待15~60μs,便发出应答脉冲。若DS18B20复位完成,将发出低电平应答脉冲,持续60~240μs,单片机检测到应答脉冲则进行后续动作,反之单片机不进行后续动作。

2. 写操作时序

写操作时序由单片机向DS18B20传送数据,包括写"0"时序和写"1"时序,如

图4-49所示。两种写时序都至少需要60μs，且在两次独立的写时序之间，至少需要1μs的恢复时间，两种写时序均起始于单片机拉低总线。

写"1"时序步骤如下：单片机拉低总线，等待至少1μs后，将总线释放（拉高），持续60~120μs，此时写1完成。

写"0"时序步骤如下：单片机拉低总线，持续60~120μs，此时写0完成。

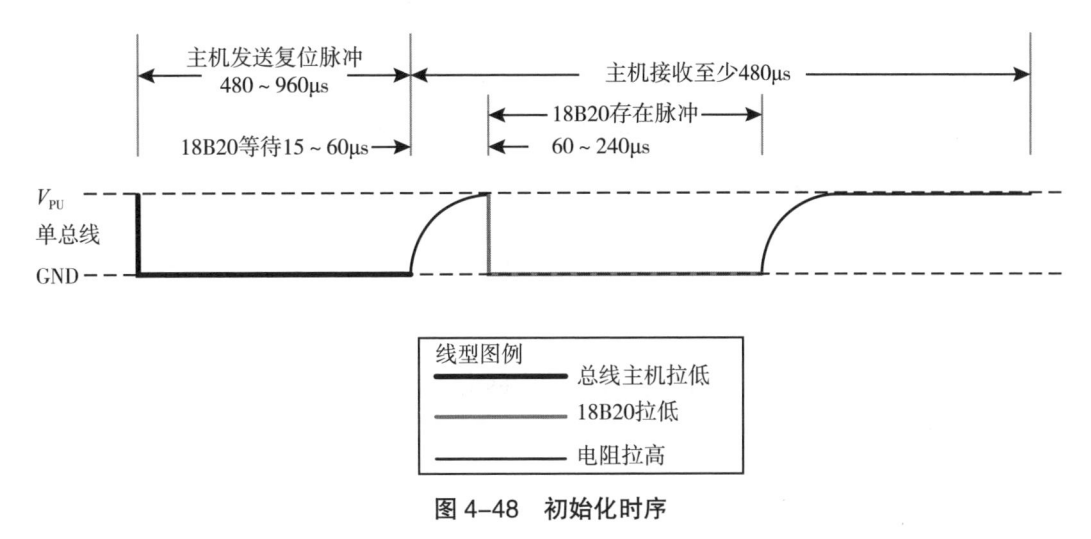

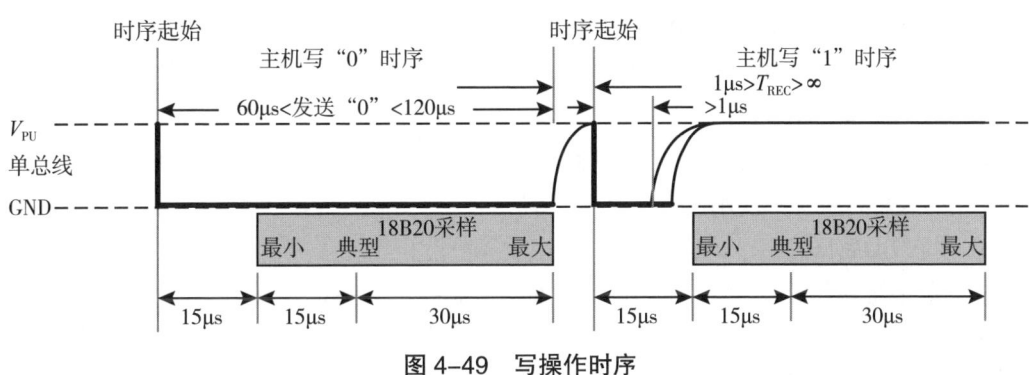

图4-48 初始化时序

图4-49 写操作时序

3. 读操作时序

读操作时序为单片机从DS18B20读取数据，包括读"0"时序与读"1"时序，如图4-50所示。读操作时序与写操作时序类似，同样需要至少60μs，且两个相邻读数据之间至少有1μs的恢复时间。两种读操作时序起始都要拉低总线，至少持续1μs，然后释放总线。DS18B20输出的数据在起始下降沿后15μs内有效，如读取数据为0，单片机在读取数据之前等待的时间过长，总线状态可能会由上拉电阻将其拉高，此时读取的数据就是错误的，因此，单片机应在读时序下降沿产生之后15μs以内释放总线并采样总线状态，获取有效数据。

读"1"/"0"时序步骤：单片机拉低总线，等待至少1μs后，将总线释放（拉高），读取总线状态，等待60μs后，继续读取下一位数据。

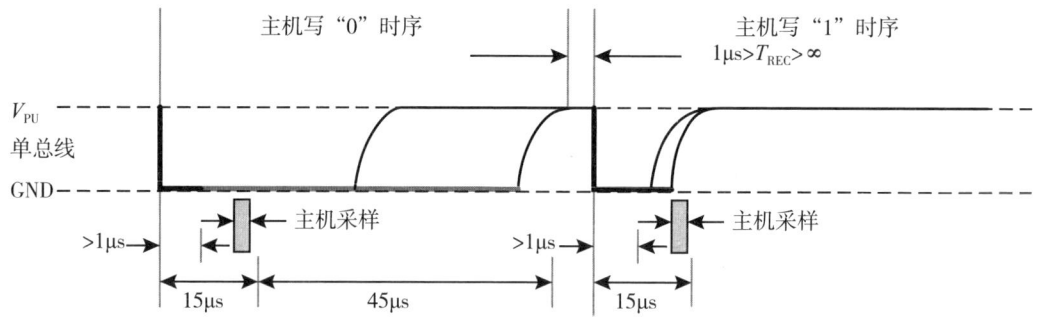

图 4-50 读操作时序

（四）DS18B20 控制指令

DS18B20 的控制指令分为两部分，对 ROM 的控制指令以及对 RAM 的控制指令。

1. ROM 指令

1）读 ROM[33H]

读 ROM 指令，允许总线主机读到 DS18B20 的 64 位 ROM 编码。只有在总线上存在单只 DS18B20 的时候才能使用这个指令。如果总线上有不止一个从机，当所有从机试图同时响应时就会发生数据冲突。

2）匹配 ROM[55H]

匹配 ROM 指令后跟 64 位 ROM 编码序列，让总线主机在多点或单点总线上寻址对应的 DS18B20。只有 64 位 ROM 编码序列完全匹配的 DS18B20 才会响应主机发出的功能指令。

3）跳过 ROM[CCH]

跳过 ROM 指令允许总线主机不提供 64 位 ROM 编码而访问存储器操作来节省时间，仅适合在单点总线系统中使用。

4）搜索 ROM[F0H]

当一个系统初始化上电后，主机可能不知道总线上挂靠的从机数量与 ROM 编码，因此使用搜索 ROM 指令，通过排除的方式逐个识别总线上所有从机的 ROM 编码。

5）告警搜索 [ECH]

告警搜索指令的流程与搜索 ROM 命令相同，但是仅在最近一次温度测量出现告警的情况下，DS1820 才对此命令作出响应。告警的条件为温度高于 TH 设定值或低于 TL 设定值。

2. RAM 指令

1）温度转换 [44H]

温度转换指令启动一次 DS18B20 温度转换，转换之后，采集的温度数据存储在暂存器的 2 字节温度寄存器中，然后 DS18B20 返回低功耗空闲状态。

2）写暂存器 [4EH]

写暂存器指令向 DS18B20 的 TH/TL 寄存器写入温度的上限/下限告警值。紧跟该命令之后，是写入这两个字节的数据。主机在任何时刻均可通过发出复位脉冲的方式来终止写入。

3）读暂存器 [BEH]

读暂存器指令读取 DS18B20 暂存器 RAM 的 9 字节数据，若不是所有位置都需要读出，则主机可在任何时刻通过发出复位脉冲的方式来终止读出。

4）复制暂存器 [48H]

复制暂存器指令将 TH/TL 寄存器中的内容复制到 DS18B20 的 EEPROM 中，即将温度报警触发数据存入非易失性存储器里。

5）重调 EEPROM[B8H]

重调 EEPROM 指令是将 EEPROM 中报警触发器的值重新复制到暂存器 RAM 的 TH/TL 寄存器中。该操作在 DS18B20 上电时自动执行，确保暂存器 RAM 中存在有效的 TH/TL 数据。

6）读供电方式 [B4H]

读供电方式指令读取 DS18B20 的供电方式，寄生供电时，DS18B20 发送 0；外部供电时，DS18B20 发送 1。

（五）DS18B20 温度获取步骤

1. 单个 DS18B20 温度获取

适用于单点系统，其步骤如下：

（1）初始化。

（2）主机发送跳过 ROM 匹配指令 [CCH]。

（3）主机发送温度转换命令 [44H]。

（4）等待温度转换完成，根据分辨率设定延时时长。

（5）再次初始化。

（6）主机发送跳过 ROM 匹配指令 [CCH]。

（7）主机发送读暂存器命令 [BEH]。

（8）主机读取 RAM 寄存器中的前 2 个字节，分别是温度的字节与温度的高字节。

（9）温度格式转换得到最终温度值。

2. 多个 DS18B20 温度获取

适用于多点系统，其步骤如下：

（1）初始化。

（2）主机发送跳过 ROM 匹配指令 [CCH]。

（3）主机发送 Match ROM 命令 [55H]。

（4）主机发送 DS18B20 的 ROM 编码。

（5）主机发送温度转换命令 [44H]。

（6）DQ 线强上拉保持高电平。

（7）初始化。

（8）主机发送 Match ROM 命令 [55H]。

（9）主机发送 DS18B20 的 ROM 编码。

（10）主机发送读暂存器命令 [BEH]。

（11）读取 RAM 暂存器中的 9 个字节。

（12）通过读出的数据与 CRC 字节判断数据传输是否正确。

（六）硬件电路设计

随书配套开发平台上提供的硬件电路如图 4-51 所示。其中 DS18B20 的 DQ 端为单总线数据输入输出引脚，与单片机 P4.6 引脚相连，在 DQ 端接了一个上拉电阻，为了使单总线默认高电平。上电后，DS18B20 就可以通过 DQ 端与单片机进行通信。

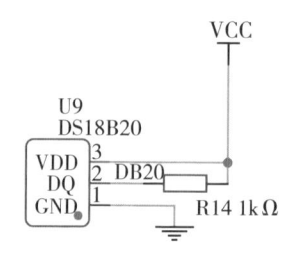

图 4-51　DS18B20 电路图

（七）软件设计

本节实验要实现的功能是从 DS18B20 读取温度并在 OLED 屏上显示，代码如下。

1. DS18B20 头文件及源文件

```
ds18b20.h
#ifndef __DS18B20_H
#define __DS18B20_H
sbit DQ=P4^6;
#define DQ_L( )DQ=0
#define DQ_H( )DQ=1
#define ACK_TRUE     0
#define ACK_FALSE    1
#define ERROR_MAX_CNT 5
int Get_Temperature( );
#endif


ds18b20.c
#include "config.h"
static void Delay60μs( )  /* 由 STC-ISP 软件生成 */
{……}
static void Delay240μs( ) /* 由 STC-ISP 软件生成 */
{……}
static void Delay480μs( ) /* 由 STC-ISP 软件生成 */
{……}
```

```c
static void Delay750ms( )/* 由 STC-ISP 软件生成 */
{......}
/* 功能描述：初始化 DS18B20*/
static bit DS18B20_Init（void）
{
    bit ack = 0;                    // 应答变量
    DQ_L( );                        // 拉低总线
    Delay480μs( );                  // 延时 480μs
    DQ_H( );                        // 拉高总线
    Delay60μs( );                   // 延时 60μs
    ack = DQ;                       // 等待 DS18B20 回应，若回应，总线被拉低
    Delay240μs( );
    return ack;
}
/*
功能描述：DS18B20 写操作
dat: 要写入的命令 / 数据
*/
static void WriteByte（uint8_t dat）    // 写时序
{
    uint8_t i;
    for（i=0;i<8;i++）
    {
        DQ_L( );                    // 写数据之前，拉低总线
        DQ = dat&0x01;              // 写最低位给 DS18B20
        Delay60μs( );               // 延时
        DQ_H( );                    // 释放总线，1μs 恢复时间写下一位
        dat >>= 1;                  // 向右移位
    }
}
/* 功能描述：DS18B20 读操作 */
static uint8_t ReadByte（void）          // 读时序
{
    uint8_t i;
    uint8_t dat;
    for（i=0;i<8;i++）
    {
        DQ_L( );                    // 拉低总线
        dat >>= 1;                  // 从最低位开始记录
```

```c
        DQ_H();                          // 释放总线
        if(DQ)      dat |= 0x80;         // 采样总线
        Delay60μs();                     // 延时，等待下一位读取
    }
    return dat;                          // 返回数据
}
/* 功能描述：获取 DS18B20 的实时温度 */
int Get_Temperature()
{
    uint8_t Temp_LByte,Temp_HByte;
    uint8_t error_cnt=ERROR_MAX_CNT;
    int Temp;
    while(error_cnt--){
        if(DS18B20_Init()==ACK_FALSE)continue;// 传感器初始化
        WriteByte(0XCC);                 // 跳过读取序列号操作
        WriteByte(0X44);                 // 温度转换指令
        Delay750ms();                    // 延时 750ms,等待温度转换
        if(DS18B20_Init()==ACK_FALSE)continue;// 传感器初始化
        WriteByte(0XCC);                 // 跳过读取序列号操作
        WriteByte(0xBE);                 // 发送读取温度指令
        Temp_LByte = ReadByte();         // 读取温度值共 16 位，先读低字节
        Temp_HByte = ReadByte();         // 再读高字节
        if(Temp_HByte > 0xF0){           // 温度值低于 0 时
            Temp = Temp_HByte;           //先存高字节，后面通过移位存储低字节
            Temp <<= 8;
            Temp |= Temp_LByte;
            Temp = ~Temp +1;
            Temp = Temp * 0.0625 * 10 *(-1);
        }else{                           // 温度值高于 0 时
            Temp = Temp_HByte;           // 先存高字节，后面通过移位存储低字节
            Temp <<= 8;
            Temp |= Temp_LByte;
            Temp = Temp * 0.0625 * 10;   // 乘以精度，保留 1 位小数点，再乘 10
        }
        break;
    }
    return Temp;                         // 返回温度
}
```

头文件 ds18b20.h 中包含了对单总线数据输入／输出引脚的位定义，以及常用宏定义，其中 ERROR_MAX_CNT 代表温度获取失败最多可重复获取次数，此处为常量 5。

源文件 ds18b20.c 中包含了单总线时序中的初始化时序、读操作以及写操作，此处可对应实验五中的单总线协议一节进行理解。核心函数为整型温度获取函数 Get_Temperature( )，其实现逻辑是利用 while 循环函数，通过判断 error_cnt 变量的值来决定循环获取温度的次数，函数内部的代码严格按照温度获取步骤来编写，其中两个初始化部分，使用到了 continue 语句，通过判断应答信号是否正确，来决定是重新执行 while 循环还是往下执行。若通信正常，顺序执行到的 while 循环末端由 break 语句强制退出该循环，并返回获取到的温度。对于 continue 语句和 break 语句的相关应用，可回顾 C51 语言基础中的对应小节。

2. 主函数源文件与配置头文件

```
config.h
#ifndef _CONFIG_H_
#define  _CONFIG_H_
// 数据类型重定义
typedef   signed   char    sint8_t;
typedef signed   short int sint16_t;
typedef signed   long  int sint32_t;
typedef unsigned char      uint8_t;
typedef unsigned short int uint16_t;
typedef unsigned long  int uint32_t;
#include <STC89C5xRC.H>
#include <intrins.h>
#include "oled.h"
#include "ds18b20.h"
#endif


main.c
#include "config.h"
void OLED_DisplayStart（ ）;
void OLED_ShowTemp（int temp）;
void main（ ）
{
    OLED_DisplayStart（ ）;
    while（1）
    {
        OLED_ShowTemp（Get_Temperature（ ））;
    }
}
```

```c
void OLED_DisplayStart()
{
    OLED_Init();
    OLED_Clear();
    OLED_ShowString(0,0,"DS18B20",16);// 显示"DS18B20"
    OLED_ShowCHinese(64,0,0);    // 显示"测"
    OLED_ShowCHinese(80,0,1);    // 显示"温"
    OLED_ShowCHinese(96,0,2);    // 显示"实"
    OLED_ShowCHinese(112,0,3);   // 显示"验"
    OLED_ShowCHinese(0,2,4);     // 显示"当"
    OLED_ShowCHinese(18,2,5);    // 显示"前"
    OLED_ShowCHinese(36,2,1);    // 显示"温"
    OLED_ShowCHinese(54,2,6);    // 显示"度"
    OLED_ShowChar(70,2,':',16);  // 显示":"
}
void OLED_ShowTemp(int temp)// 把温度值送 OLED 显示
{
        if(temp>=0)         // 显示正负号
            OLED_ShowString(64,4," ",16);
        else{
            temp*=(-1);
            OLED_ShowString(64,4,"-",16);
        }
        OLED_ShowChar(72,4,0x30+temp/100,16);
        OLED_ShowChar(81,4,0x30+temp/10%10,16);
        OLED_ShowChar(90,4,'.',16);
        OLED_ShowChar(99,4,0x30+temp%10,16);
        OLED_ShowCHinese(108,4,7);   // 显示"℃"
}
```

配置头文件 config.c 仅在其中增添了 ds18b20 的头文件，其余无改动。

主函数源文件 main.c 仅是对 OLED 屏固定显示内容以及 DS18B20 测得温度的处理显示。

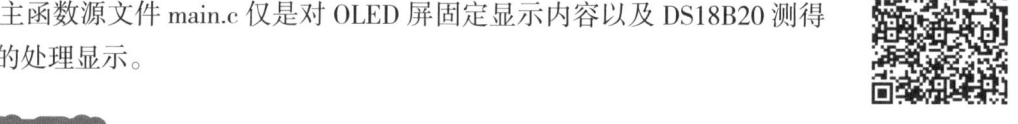

DS18B20 实验现象

习题与思考

1. 简述单总线的工作原理，怎样通过一个线实现数据读写？单总线的速度如何？

2. 简述 DS18B20 读取数据的流程。

七、案例七　EEPROM 数据存储

【学习指南】

在实际应用中，大多数嵌入式系统都需要对运行过程中比较重要的数据进行保存，以便系统断电后再启动时可以继续上一次的数据运算，这就引入了本节的学习内容——EEPROM。通过本章的学习，掌握单片机内部 DataFlash 的基本操作，掌握 IIC 总线协议，并学会使用 IIC 总线完成对 K24C08 外部存储器的基本操作。

（一）内部 DataFlash 介绍

随书配套开发平台采用 STC89C52RC 单片机作为主控芯片，其内部集成 4kB 的 EEPROM 空间，利用 ISP/IAP 技术将内部 DataFlash 当作 EEPROM 来使用，可擦写次数 10 万次以上。ISP/IAP（In System/Application Programming），即"在系统/应用编程"，在程序运行时，可以对用户程序存储的区域进行擦写，使得写入的数据与烧写进单片机的程序一样掉电不会丢失。此处作为 EEPROM 的 4kB DataFlash 与存储程序的 8kB DataFlash 空间是分开的，不会覆写内部程序。

💡 提示：ROM，是 Read-Only Memory 的缩写，直译为只读存储器，主要用于存储固化程序（如 C 文件和 h 文件中的代码，函数中用到的局部变量，头文件中申明的全局变量，以及"const"关键字声明的只读常量等），程序运行后这些信息便无法改变，即使切断电源，信息也不会丢失。EEPROM（电可擦除可编程只读存储器）是 ROM 的一种，是一种掉电后数据不丢失的存储芯片。Flash，直译为闪存，其结合了 ROM 和 RAM 的优点，不仅具有电可擦写和可编程能力，而且可以快速读取数据而不会掉电。本书中使用 STC89C52RC 单片机片上集成的 8kB 程序 DataFlash，以及额外的 4kB DataFlash 用作 EEPROM。

（二）内部 DataFlash 相关寄存器

1. 数据寄存器 ISP_DATA

ISP_DATA：ISP/IAP 对 Flash 操作时的数据寄存器，从 Flash 读出的数据与向 Flash 写入的数据均存放于此。

2. 地址寄存器 ISP_ADDRH 和 ISP_ADDRL

ISP_ADDRH：ISP/IAP 对 Flash 操作时的地址寄存器高 8 位。

ISP_ADDRL：ISP/IAP 对 Flash 操作时的地址寄存器低 8 位。

3. 命令寄存器 ISP_CMD

ISP 命令寄存器 ISP_CMD 格式如表 4-13 所示。

表4-13　ISP_CMD寄存器位定义（地址C5H）

位	D7	D6	D5	D4	D3	D2	D1	D0
位名称	—	—	—	—	—	—	MS1	MS0

其中，D7～D2位未使用，MS1和MS0用于设置要执行的命令，如表4-14所示。

表4-14　MS1和MS0命令功能

MS1	MS0	命令功能
0	0	待机模式，无ISP读/写操作
0	1	对"DataFlash区"进行字节读
1	0	对"DataFlash区"进行字节编程
1	1	对"DataFlash区"进行扇区擦除

4. 控制寄存器ISP_CONTR

ISP控制寄存器ISP_CONTR格式如表4-15所示。

表4-15　ISP_CONTR寄存器位定义（地址C7H）

位	D7	D6	D5	D4	D3	D2	D1	D0
位名称	ISPEN	SWBS	SWRST	—	—	WT2	WT1	WT0

（1）ISPEN：ISP/IAP功能允许位。

当ISPEN=0时，禁止ISP/IAP读/写/擦除DataFlash；

当ISPEN=1时，允许ISP/IAP读/写/擦除DataFlash。

（2）SWBS：软件控制单片机复位。

选择复位后从用户程序区启动（送0），还是从系统ISP监控程序区启动（送1），要与SWRST直接配合才可以实现。

（3）SWRST：软件控制单片机复位。

当SWRST=0时，不操作；

当SWRST=1时，软件控制产生复位，单片机自动复位。

（4）WT2、WT1、WT0：设置等待时间，不同的系统时钟，单片机执行读/写/扇区擦除动作的时间是不一致的，因此需要对应的等待时间，等待ISP/IAP操作结束，再执行其他程序，具体如表4-16所示。

由于单片机对DataFlash操作的等待时间就等同于普通延时，所以操作过程中会暂停其他所有程序，因此建议在实际应用中，不要频繁地进行DataFlash操作，对比较核心的数据进行ISP/IAP操作即可。

表 4–16　DataFlash 操作等待时间

WT2	WT1	WT0	CPU 等待时间（机器周期，1 个机器周期 =12 个时钟周期）				对应参考的系统时钟
			字节读	字节写（72μs）	扇区擦除（13.1304ms）	
0	1	1	$6T_{cy}$	$30T_{cy}$	$5471T_{cy}$	≤ 5MHz
0	1	0	$11T_{cy}$	$60T_{cy}$	$10942T_{cy}$	≤ 10MHz
0	0	1	$22T_{cy}$	$120T_{cy}$	$21885T_{cy}$	≤ 20MHz
0	0	0	$43T_{cy}$	$240T_{cy}$	$43769T_{cy}$	≤ 40MHz

注：T_{cy} 为机器周期。

5. 命令触发寄存器 ISP_TRIG

在 ISPEN（ISP_CONTR.7）=1 时，对 ISP_TRIG 先写入 46h，再写入 B9h 后，命令寄存器 ISP_CMD 的 ISP/IAP 命令才会生效。ISP/IAP 操作完成后，ISP 地址高 8 位寄存器 ISP_ADDRH、ISP 地址低 8 位寄存器 ISP_ADDRL 和 ISP 命令寄存器 ISP_CMD 的内容不变。如果接下来要对下一个地址的数据进行 ISP/IAP 操作，需手动将该地址的高 8 位和低 8 位分别写入 ISP_ADDRH 和 ISP_ADDRL 寄存器。

每次进行 ISP/IAP 操作时，都要对 ISP_TRIG 先写入 46H，再写入 B9H，ISP/IAP 命令才会生效。连续进行相同命令的动作时，不需要重新送命令，不然需要在每次触发前，重新送字节读 / 字节编程 / 扇区擦除命令。

💡 DataFlash 操作注意事项：

（1）DataFlash 只有扇区擦除，没有字节擦除。如果要对某个扇区进行擦除，而其中有些字节的内容需要保留，则需将其先读到单片机内部的 RAM 保存，再将该扇区擦除，然后将需要保留的数据写回该扇区，所以对于占据 512B 大小的每个扇区，使用的越少越方便。扇区中任意一个字节的地址都是该扇区的地址，无须求出首地址。

（2）对 DataFlash 进行字节编程时，只能将 1 改为 0 或保持 1，将 0 保持 0。如果某字节是 FFH，才可对其进行字节编程。如果该字节中有一位是 0，则需先将整个扇区擦除，因为只有扇区擦除才可以将 0 变为 1。建议每次写字节之前，先将对应扇区擦除。

（3）同一次修改的数据放在同一扇区中，不是同一次修改的数据放在另外的扇区，就不需读出保护。

（4）STC89C52RC 单片机内部 DataFlash 为 4kB，共 8 个扇区，起始扇区首地址 0x2000h，结束扇区末尾地址 0x2FFFh。

（三）内部 DataFlash 软件设计

本节要利用内部 DataFlash 来存取上电次数，并在每一次上电后将具体上电次数显示在 OLED 屏上，最大记录 20 次上电次数，超出则置 1 重新计次。示例代码如下。

1. dataflash 接口头文件及源文件

dataflash.h

```c
#ifndef _DATAFLASH_H_
#define _DATAFLASH_H_
/*
设置等待时间
ISP_WaitTime 0        系统时钟 <40MHz
ISP_WaitTime 1        系统时钟 <20MHz
ISP_WaitTime 2        系统时钟 <10MHz
ISP_WaitTime 3        系统时钟 <5MHz
*/
#define ISP_WaitTime 1
/*
定义 ISP/IAP 操作命令
*/
#define CMD_IDLE     0          // 无操作
#define CMD_READ     1          //ISP/IAP 读字节操作
#define CMD_PROGRAM  2          //ISP/IAP 写字节操作
#define CMD_ERASE    3          //ISP/IAP 扇区擦除
/*
定义数据存储的位置
MCU: STC89C52Rc  2000H - 2FFFH
每一个扇区占据 512 字节 2000H - 2FFFH，一共 8 个扇区
*/
#define DFLSAH_ADDR0         0x2000
#define DFLSAH_ADDR1         0x2200
#define DFLSAH_ADDR2         0x2400
#define DFLSAH_ADDR3         0x2600
#define DFLSAH_ADDR4         0x2800
#define DFLSAH_ADDR5         0x2A00
#define DFLSAH_ADDR6         0x2C00
#define DFLSAH_ADDR7         0x2E00
/*
DataFlash 读写函数
*/
void ReadNByte_From_DataFlash ( uint16_t DataFlash_Address,uint8_t *Data_Address,uint8_t Data_Num );
uint8_t ReadByte_From_DataFlash ( uint16_t DataFlash_Address );
void SaveByte_To_DataFlash ( uint16_t DataFlash_Address,uint8_t InputData );
```

void SaveNByte_To_DataFlash（uint16_t DataFlash_Address,uint8_t *Data_Address,uint8_t Data_Num）;
#endif

dataflash.c
```c
#include "config.h"
/*
功能描述：禁止操作 DataFlash
*/
static void ISP_Disabled（void）
{
    ISP_CONTR = ISP_CONTR & 0x7f;      /* IAPEN = 0，禁止 ISP/IAP 操作 */
    ISP_CMD    = 0;                     /* 清除命令，无 ISP/IAP 操作 */
    ISP_TRIG = 0;              /* 清触发寄存器        */
    ISP_ADDRH = 0x80;          /* 指向非 DataFlash 区，防止误操作 */
    ISP_ADDRL = 0;
}

/*
功能描述：DataFlash 写单个字节
DataFlash_Address: 要写入字节的地址
InputData: 写入的数据
*/
/*******************DataFlash 写单个字节函数 *********************/
static void DataFlash_WriteByte（uint16_t DataFlash_Address,uint8_t InputData）
{
//  EA=0;                                  // 关中断
    ISP_CONTR=0x80|ISP_WaitTime;           // 允许操作 DataFlash 并设置等待时间
    ISP_CMD=CMD_PROGRAM;                   //DataFlash 写字节命令
    ISP_ADDRL=DataFlash_Address;           // 送地址低字节
    ISP_ADDRH=DataFlash_Address>>8;        // 送地址高字节
    ISP_DATA=InputData;                    // 送第 i 个数据
    ISP_TRIG=0x46;                         //ISP/IAP 触发命令
    ISP_TRIG=0xB9;
    _nop_（）;
    ISP_Disabled（）;                      // 禁止操作 DataFlash
//  EA=1;                                  // 开中断
}
/*
功能描述：DataFlash 写 N 个字节
```

DataFlash_Address: 要写入字节的地址
Data_Address: 写入数据的数组首地址
Data_Num: 写入数据的个数 (0 ~ 255)
*/
static void DataFlash_WriteByte_N (uint16_t DataFlash_Address,uint8_t *Data_Address,uint8_t Data_Num)
{
    uint8_t i;
//   EA=0;   //关中断
    ISP_CONTR=0x80|ISP_WaitTime;   // 允许操作 DataFlash 并设置等待时间
    ISP_CMD=CMD_PROGRAM;   //DataFlash 写字节命令
    for (i=0;i<Data_Num;i++)
    {
        ISP_ADDRL= (DataFlash_Address+i);   // 送地址低字节
        ISP_ADDRH= (DataFlash_Address+i)>>8;   // 送地址高字节
        ISP_DATA=* (Data_Address+i);   // 送第 i 个数据
        ISP_TRIG=0x46;   //ISP/IAP 触发命令
        ISP_TRIG=0xB9;
        nop ( );
    }
    ISP_Disabled ( );   // 禁止操作 DataFlash
//   EA=1;   // 开中断
}
/*
功能描述：DataFlash 读单个字节函数
DataFlash_Address: 要读出字节的地址
*/
uint8_t ReadByte_From_DataFlash (uint16_t DataFlash_Address)
{
    uint8_t OutputData;
//   EA=0;   //关中断
    ISP_CONTR=0x80|ISP_WaitTime;   // 允许操作 DataFlash 并设置等待时间
    ISP_CMD=CMD_READ;   //DataFlash 写字节命令
    ISP_ADDRL=DataFlash_Address;   // 送地址低字节
    ISP_ADDRH=DataFlash_Address>>8;   // 送地址高字节
    ISP_TRIG=0x46;   //ISP/IAP 触发命令
    ISP_TRIG=0xB9;
    nop ( );
    OutputData=ISP_DATA;   // 将数据读到第 i 个地址中存放

```c
        ISP_Disabled();
//      EA=1;                                       // 开中断
        return OutputData;
}
/*
功能描述：DataFlash 读 N 个字节
DataFlash_Address: 要读出字节的地址
Data_Address: 读出存放数据的数组首地址
Data_Num：读出数据的个数（0 ~ 255）
*/
void ReadNByte_From_DataFlash（uint16_t DataFlash_Address,uint8_t *Data_Address,uint8_t Data_Num）
{
    uint8_t i;
//  EA=0;                                           // 关中断
    ISP_CONTR=0x80|ISP_WaitTime;                    // 允许操作 DataFlash 并设置等待时间
    ISP_CMD=CMD_READ;                               //DataFlash 写字节命令
    for（i=0;i<Data_Num;i++）
    {
        ISP_ADDRL=（DataFlash_Address+i）;          // 送地址低字节
        ISP_ADDRH=（DataFlash_Address+i）>>8;       // 送地址高字节
        ISP_TRIG=0x46;                              //ISP/IAP 触发命令
        ISP_TRIG=0xB9;
        _nop_();
        *（Data_Address+i）=ISP_DATA;               // 将数据读到第 i 个地址中存放
    }
    ISP_Disabled();
//  EA=1;                                           // 开中断
}
/*
功能描述：DataFlash 扇区擦除函数
DataFlash_Address: 要擦除的扇区地址
*/
static void DataFlash_SectorErase（uint16_t DataFlash_Address）
{
//  EA=0;                                           // 关中断
    ISP_CONTR=0x80|ISP_WaitTime;                    // 允许操作 DataFlash 并设置等待时间
    ISP_CMD=CMD_ERASE;
    ISP_ADDRL=DataFlash_Address;                    // 擦除扇区中的任一地址，都是擦除整个扇区
```

```
            ISP_ADDRH=DataFlash_Address>>8;
            ISP_TRIG=0x46;                        //ISP/IAP 触发命令
            ISP_TRIG=0xB9;
            _nop_（）;
            ISP_Disabled（）;
    //      EA=1;                                 // 开中断
        }
        /*
        功能描述：存储单个字节到扇区
        DataFlash_Address: 写入的地址
        InputData: 写入的数据
        */
        void SaveByte_To_DataFlash（uint16_t DataFlash_Address,uint8_t InputData）
        {
            DataFlash_SectorErase（DataFlash_Address）;
            DataFlash_WriteByte（DataFlash_Address,InputData）;
        }
        /*
        功能描述：存储 N 个字节到扇区
        DataFlash_Address: 要写入字节的地址
        Data_Address: 写入数据的数组首地址
        Data_Num：写入数据的个数（0～255）
        */
        void SaveNByte_To_DataFlash（uint16_t DataFlash_Address,uint8_t *Data_Address,uint8_t Data_Num）
        {
            DataFlash_SectorErase（DataFlash_Address）;
            DataFlash_WriteByte_N（DataFlash_Address,Data_Address,Data_Num）;
        }
```

  dataflash 头文件主要包含对 ISP 操作命令、操作等待时长以及 dataflash 地址等内容的宏定义，方便后续使用。

  dataflash 源文件包含了 STC89C52RC 单片机对内部 DataFlash 相关操作的函数。这里主要介绍一下其中的读单个地址函数和写单个地址函数，其余操作函数步骤与其相似。

  读单个地址函数 ReadByte_From_DataFlash（uint16_t DataFlash_Address）函数为无符号字符型，其中定义了一个无符号整型的参数——DataFlash_Address，即需要读取字节的地址。该函数实现的步骤是：首先打开 ISP 操作权限并设置操作等待时间，然后给 ISP_CMD 寄存器赋对应的命令功能位，此时将输入的 DataFlash_Address 赋给 ISP 地址寄存器，再送触发命令 0x46 与 0xB9 给 ISP_TRIG 寄存器，上面这些步骤做完就会开始读输入地址中的数据了。读取完成后便是访问 ISP_DATA 寄存器，获取其中存放的 DataFlash_Address 地址中的数据，将该数据送给 OutputData 变量，然后关闭 ISP 功能，防止误操作，最后将 OutputData 变量中存放的数据返回即可。

写单个地址函数 DataFlash_WriteByte（uint16_t DataFlash_Address,uint8_t InputData）函数为 void 型，其中定义了两个形参——无符号整型常量 DataFlash_Address 为需要写入字节的地址，而无符号字符型常量 InputData 为需要写入的数据。写单个地址函数的整体步骤与读单个地址函数的步骤类似，两者之间的主要区别在于写单个地址函数为 static 静态类型，这表示该函数仅在该源文件中可被调用，不同的用户使用该库函数时，可避免与自己的函数名相同而产生冲突，主要用于保护函数。

STC89C52RC 单片机是使用 DataFlash 当作 EEPROM 进行保存数据的，且数据是以扇区来存储的，写入数据前一般需要对单个扇区进行擦除，所以此处单独定义了 SaveByte_To_DataFlash、SaveNByte_To_DataFlash 这两个函数，主要是对扇区擦除函数和写地址函数的调用以及作为外部调用的接口函数。

💡 提示：在每个函数中都有被注释的两行关闭和打开总中断的语句，主要是在包含串口、定时器等中断的程序中，避免中断的干扰，保证存储数据的稳定无误。

2. 主函数源文件

```
#include "config.h"
void main（）
{
    uint8_t dat=0;
    OLED_Init（）;
    OLED_ShowString（0,0,"DataFlash",16）;// 显示"DataFlash"
    OLED_ShowCHinese（90,0,0）;      // 显示"实"
    OLED_ShowCHinese（108,0,1）;     // 显示"验"
    OLED_ShowCHinese（0,2,2）;       // 显示"上"
    OLED_ShowCHinese（18,2,3）;      // 显示"电"
    OLED_ShowCHinese（36,2,4）;      // 显示"次"
    OLED_ShowCHinese（54,2,5）;      // 显示"数"
    dat=ReadByte_From_DataFlash（DFLSAH_ADDR0）;   // 获取上电次数
    dat<20?（dat++）:（dat=1）;                    // 超过20重置
    SaveByte_To_DataFlash（DFLSAH_ADDR0,dat）;   // 写数据给 DataFlash
    OLED_ShowNum（90,2,（uint32_t）dat,2,16）;    // 显示次数
    while（1）;
}
```

本段代码即为核心代码，通过调用 oled 和 dataflash 的接口库来实现对 STC89C52RC 单片机 DataFlash 中数据的擦除与读写。每一次上电时都将 DataFlash 中 DFLSAH_ADDR0 地址中的数据读出到 dat 变量中保存备用。第一次上电时，DataFlash 中的 DFLSAH_ADDR0 地

址中的数据应为 0xFF，由于大于 20 所以将之初始化为 1，然后再写入 DFLSAH_ADDR0 地址中，之后每一次上电都会读出该地址中的数值，再与 20 比较，若是小于 20 便自增之后再次写入，若不小于 20 则重置为 1，重新开始循环。

（四）K24C08 外部存储器介绍

随书配套开发平台中使用的是比较常见的 24 系列 EEPROM 芯片中的一款——K24C08，在实际项目中使用也很普遍，常用于存储数据量不大的场合。24 系列 EEPROM 芯片的命名规则是 24CXX，与其存储容量相对应，整个 24 系列的 EEPROM 存储容量如下：

—K24C02，256×8（2kbits）
—K24C04，512×8（4kbits）
—K24C08，1024×8（8kbits）
—K24C16，2048×8（16kbits）

K2408 芯片的存储容量为 1024×8bits，可以存储 1024 个字节。外部 EEPROM 存储器相较于内部 DataFlash 存储器，具有更多的擦写次数（100 万次），且无须在写数据之前擦除原有扇区的全部数据。在实际的项目中，若需要频繁读写数据，则可以使用外部 EEPROM 芯片来存储数据。另一种方式是通过增加硬件掉电检测电路以及软件掉电数据保存程序，只需每次掉电时保存关键数据，这样可避免 EEPROM 的频繁擦写，感兴趣的同学可以自行了解掉电保存数据的相关资料。24 系列 EEPROM 芯片采用 2 线串行接口，具有专门的写保护功能，完全兼容 IIC 总线，这也是本节需要学习的一个重点——IIC 总线。

24 系列 EEPROM 芯片的封装由具体型号而定，这里就以 24C02 和 24C08 两款芯片的引脚定义作对比来完整地介绍各个引脚的功能。图 4-52 分别为 24C02 的封装，以及 24C08 的两种封装。24Cxx 系列芯片的引脚定义如表 4-17 所示。

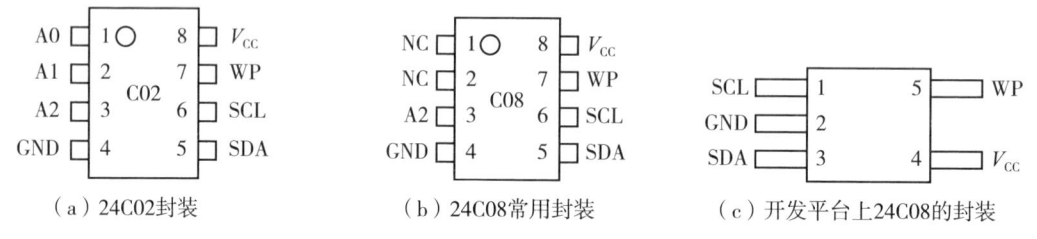

（a）24C02封装　　（b）24C08常用封装　　（c）开发平台上24C08的封装

图 4-52　24C02 和 24C08 芯片封装对比

表 4-17　24Cxx 系列芯片的引脚说明

引脚号	引脚名称	功能说明
1	A0	A2、A1 和 A0 作为设备选择 / 页地址 图 4-52（a）中的 24C02 使用 A2、A1 和 A0 输入引脚作为设备选择地址，IIC 总线上可同时挂载 8 个相同器件
2	A1	图 4-52（b）中的 24C08 使用 A2 输入引脚作为设备选择地址，A1 和 A0 引脚没有连接，总线上可同时挂载 2 个相同器件
3	A2	图 4-52（c）中的 24C08 无器件地址输入引脚，在总线上仅可挂载一个器件
5	SDA	串行地址和数据输入 / 输出

续表

引脚号	引脚名称	功能说明
6	SCL	串行时钟输入。SCL 同步数据传输，上升沿数据写入，下降沿数据读出
7	WP	写保护引脚，当 WP 引脚接地时，允许数据正常读写操作；当 WP 接 V_{cc} 时，写保护功能被启用，此时器件为只读
4	GND	逻辑地
8	V_{cc}	电源端

（五）IIC 总线协议

IIC（Inter — Integrated Circuit）总线是一种由 PHILIPS 公司开发的两线式串行总线，用于连接微控制器及其外围设备，是微电子通信控制领域广泛采用的一种总线标准。它只需要两根线就可以实现总线上器件之间的信息传送，一根是双向的数据线（SDA），另一根是时钟线（SCL），所有连接到 IIC 总线上设备的串行数据线都接到 SDA 上，而各设备的时钟线则接到总线的 SCL 上。IIC 总线上的每一个设备都可以作为主设备或者从设备，而且每一个设备都会对应一个唯一的地址，主设备通过地址来与对应从器件进行通信。在使用中，将 CPU 带 IIC 总线接口的模块作为主设备，把挂接在总线上的其他设备作为从设备。

在使用 IIC 总线与设备间进行通信之前，我们要先了解一下 IIC 总线完整的驱动时序，如图 4-53 所示。由于完整的 IIC 通信时序上的参数较多，分析起来较为复杂，这里将驱动步骤大致分为 4 个阶段，起始信号、结束信号、应答信号以及中间的位传输过程，下面将按照这 4 个阶段对应讲解，且后续代码中的延时时长可参考表 4-18 中的内容。

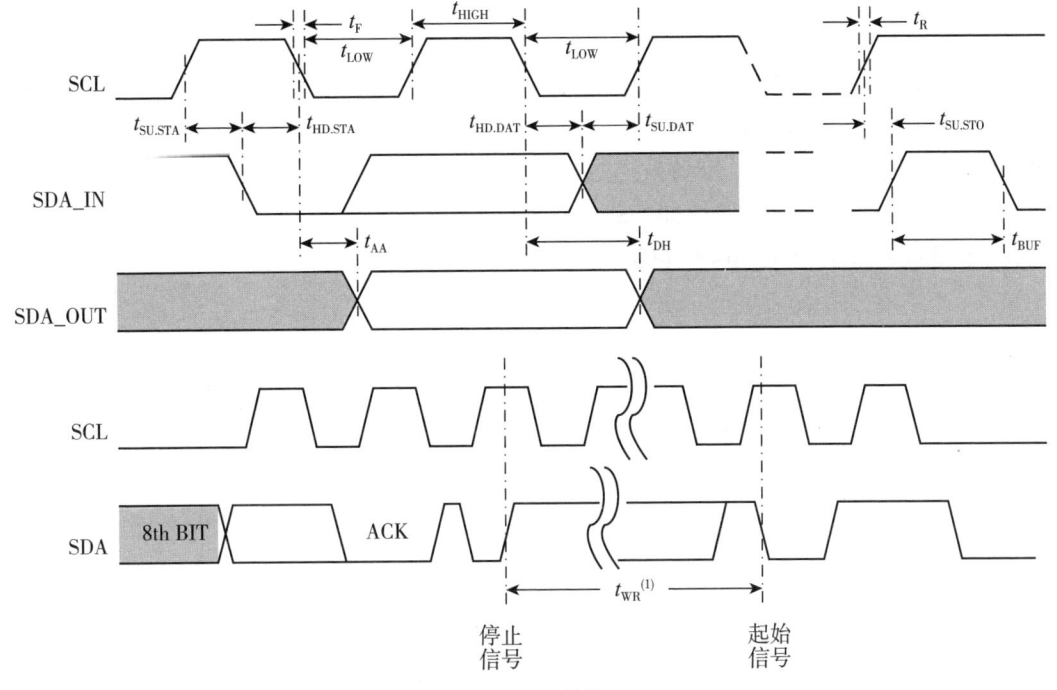

图 4-53　IIC 总线时序

表 4-18 IIC 总线时序对应参数时间

参数	符号	5.0V 最小	5.0V 典型	5.0V 最大	单位
时钟频率	f_{SCL}	—	—	1000	kHz
时钟低电平周期	t_{LOW}	0.6	—	—	μs
时钟高电平周期	t_{HIGH}	0.4	—	—	μs
SCL,SDL 输入的噪声抑制时间	t_I	—	—	40	ns
SCL 拉低到 SDA 数据输出有效时间	t_{AA}	0.05	—	0.55	μs
新的发送开始前总线空闲时间	t_{BUF}	0.5	—	—	μs
起始信号保持时间	$t_{HD.STA}$	0.25	—	—	μs
起始信号建立时间	$t_{SU.STA}$	0.25	—	—	μs
数据输入保持时间	$t_{HD.DAT}$	0	—	—	μs
数据输入建立时间	$t_{SU.DAT}$	100	—	—	ns
SDA 及 SCL 上升时间	t_R	—	—	0.3	μs
SDA 及 SCL 下降时间	t_F	—	—	100	ns
停止信号建立时间	$t_{SU.STO}$	0.25	—	—	μs
数据输出保持时间	t_{DH}	50	—	—	ns
写周期时间（04/16B）	t_{WR1}	—	3.3	5	ms
写周期时间（for 02C/08C）	t_{WR2}	—	1.5	5	ms

1. 起始信号

IIC 总线空闲时，SDA 和 SCL 为高电平，此时在进行传输数据之前，IIC 总线要求有一个起始信号作为数据传输开始的标志，如图 4-54 所示。其具体要求为：当 IIC 总线处于空闲状态时（SCL 和 SDA 同为高电平），SDA 产生一个由高往低的下跳沿，随后 SCL 也拉低，此时 IIC 总线准备工作完成，准备发送数据，根据表 4-18 中的 $t_{HD.STA}$（起始信号保持时间）和 $t_{SU.STA}$（起始信号建立时间）得知，SCL 与 SDA 至少保持 0.25μs 后才能将 SDA 输入拉低，且 SDA 保持低电平至少 0.25μs 后也将 SCL 拉低。

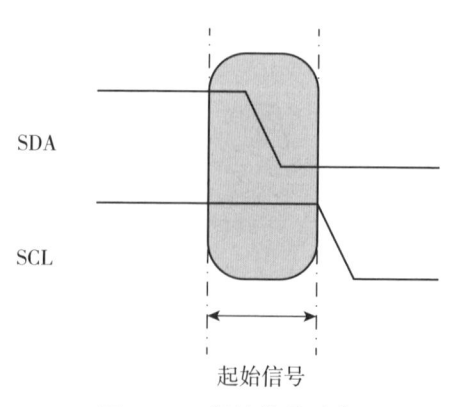

图 4-54 起始信号时序

2. 停止信号

当 IIC 总线开始数据传输之后，会被当前的主从设备占用，其他的 IIC 器件则无法访问总线，所以 IIC 总线在传输完数据之后，需要有一个停止信号将总线释放，使总线处于空闲状态，如图 4-55 所示。其具体要求为：当 SCL 为高时，SDA 有一个从低电平到高电平的跳变动作，此时总线被释放，处于空闲状态。根据表 4-18 中的 $t_{SU,STO}$（停止信号建立时间）得知，SCL 拉高后至少保持 $0.25\mu s$ 后才能将 SDA 输入拉高。

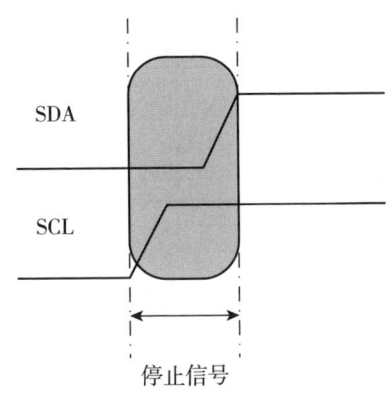

图 4-55 停止信号时序

3. 应答信号

每当主设备传输完一个字节的数据后，从设备都会产生一个应答信号，根据应答信号的状态来判断数据是否被有效接收，在应答信号产生期间，主设备必须产生一个对应的额外的时钟脉冲。如图 4-56 所示，当 SCL 线被拉高后，检测 SDA 线的状态，SDA 为低电平时，代表数据被接收，成功应答。当 SDA 为高电平时，代表非应答状态，从机没有接收到数据，此时应发送停止信号，结束数据传输过程。注意，无论检测到的 SDA 是否产生应答，SCL 都需要被拉低。

💡 提示：从机应答是在主设备往从设备写入数据时需要检测的，若主设备从从设备读出数据，则需要由主设备产生应答信号告知从设备，接收到数据，之后继续读数据或停止此次传输过程。

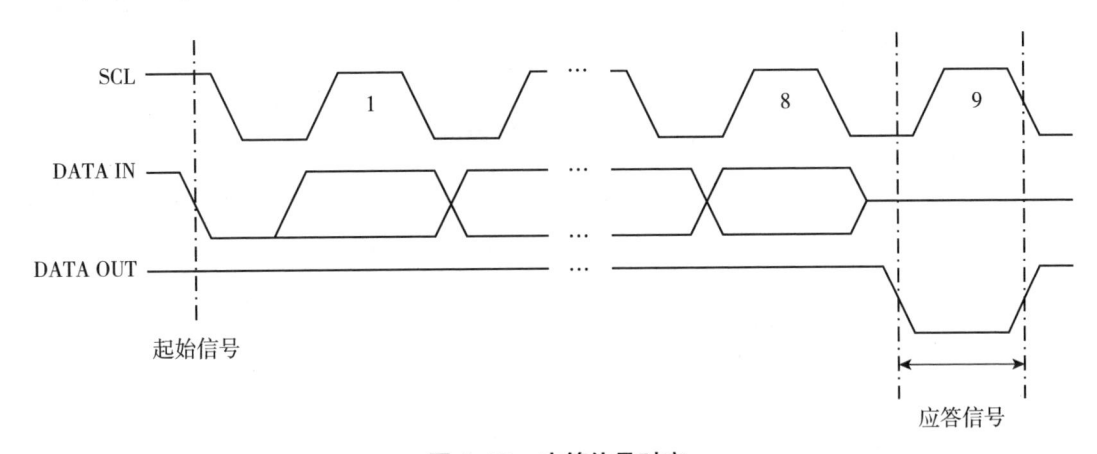

图 4-56 应答信号时序

4. 位传输过程

每个时钟脉冲传送一位数据，当 SCL 为高电平期间，SDA 上的数据必须保持稳定，只有当 SCL 的信号为低电平期间，SDA 上的数据才能改变。每次数据传输都以字节为单位，每次可传输的最大字节数根据 24Cxx 系列芯片的型号而定。位传输时序如图 4-57 所示。

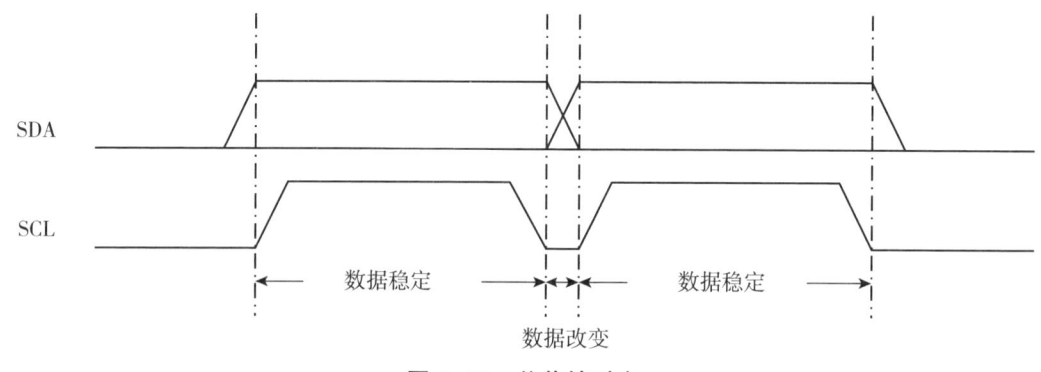

图 4-57 位传输时序

（六）IIC 通信流程

单片机使用 IIC 总线协议与板载 24C08 实现通信，除了时序要规范，操作也有几种不同的方式：写单个字节、页写入、读当前地址数据、随机读地址数据、连续读数据。

1. 器件寻址

IIC 总线在操作受控器件时，需要先发送一个字节作为器件的地址，24 系列的 EEPROM 也同样如此，在每次通信前单片机需发送一个字节的器件地址和读/写标识，此动作称为器件寻址。8 位从器件地址的高四位固定为 1010，对于 24C02 芯片来说，接下来的 3 位（A2、A1、A0）为设备的寻址位，对应 IIC 总线可挂载的 8 个 24C02 芯片。而对于 24C08 芯片来说 A2 是设备寻址位，A1、A0 没有用到不连接，所以 A1、A0 占据的两位现在作为页地址选择位（00、01、10、11 分别对应 4 页地址），而随书配套开发平台所选用的 24C08 芯片并无 A2、A1、A0 引脚，所以仅需配置低 3 位即可。从器件最低位 R/W 则作为读写控制位，"1" 表示对从器件进行读操作，"0" 表示对从器件进行写操作。24C08 器件地址格式如表 4-19 所示。

表 4-19 EEPROM 器件地址

型号	固定地址				可变地址			读/写
	D7	D6	D5	D4	D3	D2	D1	D0
24CXX	1	0	1	0	A2	P1	P0	R/W

举例：本开发平台选用的 24C08 芯片，无外接的 A0-A2 引脚，因此同一根总线上，只可以挂载一个该型号的 24C08 芯片，要想对该芯片的第一页进行写操作时，应该通过 IIC 总线发送 0XA0（0B 1010 0000），对该芯片的第一页进行读操作前，应发送 0XA1（0B 1010

0001），对第二页进行写操作时，应该通过 IIC 总线发送 0xA2（0B 1010 0010），以此类推。

2. 写单个字节

写单个字节的时序如图 4-58 所示（图中 MSB 为 Most Significant Bit 的缩写，为最高有效位，由此处可知位传输过程中的发送/读取字节均是从高位开始操作），具体步骤如下。

（1）发送起始信号。

（2）发送器件地址 ID_Address，此时为写操作，R/W 位置 0。等待从设备 ACK 应答。

（3）传送字节地址，即数据要写入的位置。等待从设备 ACK 应答。

（4）传送要写入的数据。等待从设备 ACK 应答。

（5）发送停止信号。

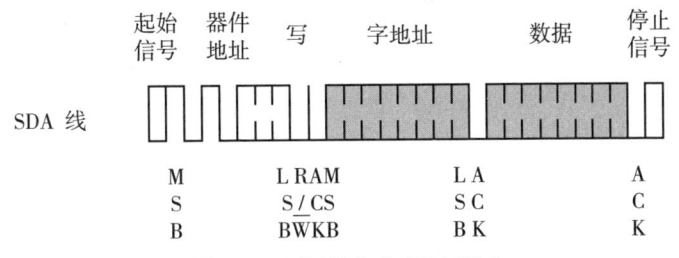

图 4-58 写单个字节时序图

3. 页写入

页写入与写单个字节时序类似，只是主器件不会在第一个数据后发送停止信号（注：24C08 芯片最多一次性写入 16 个字节，按照一页 256B，每页做多页写入 16×16 次），其时序如图 4-59 所示，具体步骤如下。

（1）发送起始信号。

（2）发送器件地址 ID_Address，此时为写操作，R/W 位置 0。等待从设备 ACK 应答。

（3）传送字节地址，即数据要写入的位置。等待从设备 ACK 应答。

（4）依次传送要写入的数据，每一字节操作后都要等待从设备 ACK 应答。

（5）写入结束，发送停止信号。

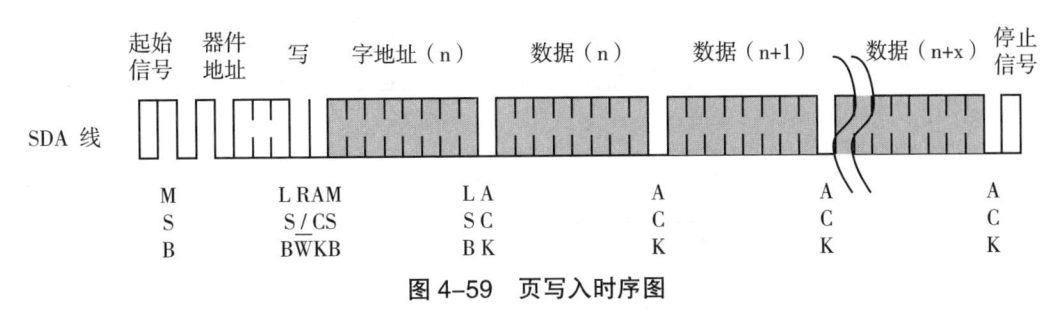

图 4-59 页写入时序图

4. 读当前地址数据

读当前地址数据是读取芯片当前内部指针指向的数据，每次读/写操作后，芯片都会将最后一次操作过的地址作为当前的地址。当数据读取结束后，主器件发送 NO ACK 信号后，再发送停止信号即可，其时序如图 4-60 所示，具体步骤如下。

（1）发送起始信号。

（2）传送器件地址，R/W 位置 1，等待从设备 ACK 应答。

（3）读取一个字节的数据，主设备发送 NO ACK 无应答。

（4）发送停止信号。

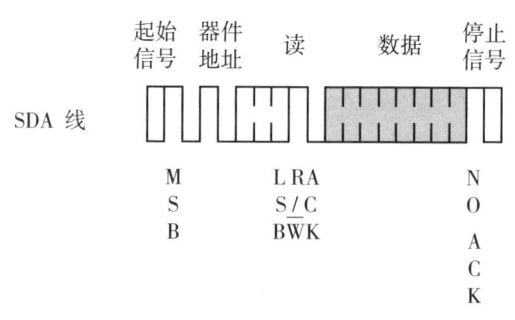

图 4-60　读当前地址时序图

5. 随机读地址数据

随机读取方式可以读取任意地址下的数据，随机读与读当前地址的区别在于，随机读需要先传输写入的地址，即将芯片内部指针指向写入的地址，之后再写数据，其时序如图 4-61 所示，具体步骤如下。

（1）产生起始信号。

（2）传送器件地址（写），R/W 位置 0，等待从设备 ACK 应答。

（3）传送字节地址，即数据要读出的位置，等待从设备 ACK 应答。

（4）再次产生起始信号。

（5）再次传送器件地址（读），R/W 位置 1，等待从设备 ACK 应答。

（6）读取一个字节的数据，读取结束后注射笔发送 NO ACK 无应答。

（7）发送停止信号。

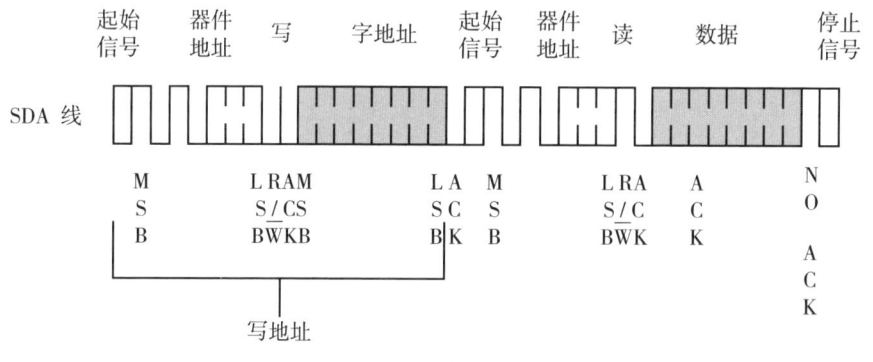

图 4-61　随机读地址时序图

6. 连续读数据

连续读取方式是在读当前地址和随机读地址方式下的延伸，在读完第一个数据之后不发送停止信号，而是继续发送成功应答，之后继续读，一直到需要的数据全部读出，再发送停止信号即可。其时序如图 4-62 所示，具体步骤如下。

（1）对应读当前地址数据的前 2 步和随机读地址数据的前 4 步。

（2）读取一个字节的数据，读取结束后主设备发送 ACK 应答。

（3）继续读取 n 个字节的数据，读取每个字节结束后，主设备都需要发送 ACK 应答。

（4）最后一个数据读取成功，主设备发送 ACK 无应答。

（5）发送停止信号。

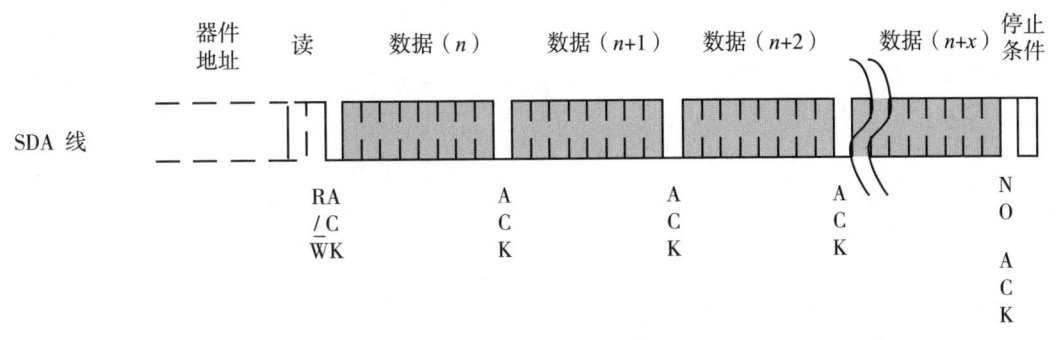

图 4-62 连续读数据时序图

（七）K24C08 硬件电路设计

随书配套开发平台上提供的 K24C08 硬件电路如图 4-63 所示。其中只用到了 K24C08 芯片的 SDA、SCL 引脚，将 WP 引脚直接接地，不提供写保护，意味着对该芯片可读可写。

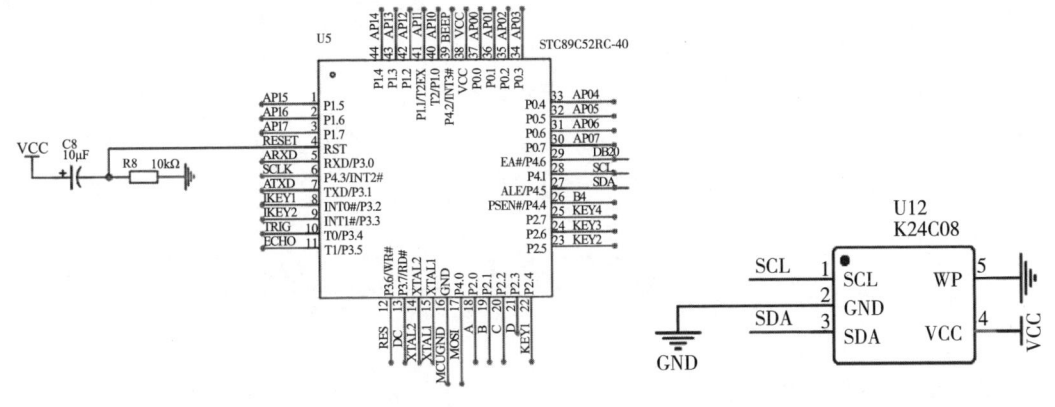

图 4-63 K24C08 电路设计

（八）K24C08 软件设计

本节使用 K24C08 存取按键编号，并读出写入地址中的值，将写入的按键值和读出的数据都显示在 OLED 屏上，来验证是否读写正确。示例代码如下。

1. K24C08 头文件与源文件

k24c08_IIC.h

```c
#ifndef _K24C08_IIC_H
#define _K24C08_IIC_H
sbit SDA=P4^5;      // 位定义时钟引脚
sbit SCL=P4^1;      // 位定义数据输入/输出引脚
#define SDA_L()     SDA=0
#define SDA_H()     SDA=1
#define SCL_L()     SCL=0
#define SCL_H()     SCL=1
#define CMD_WRITE       0xA0
#define CMD_READ        0xA1
#define ACK_TRUE        0
#define ACK_FALSE       1
#define ERROR_MAX_CNT   5
#define PAGE0           0
#define PAGE1           1
#define PAGE2           2
#define PAGE3           3
bit Read24C08_NByte(uint8_t Page,uint8_t Addr,uint8_t *DataBuff,uint8_t Num);
bit Write24C08_NByte(uint8_t Page,uint8_t Addr,uint8_t *DataBuff,uint8_t Num);
#endif
```

k24c08_IIC.c

```c
#include "config.h"
static void Delay3ms()              // 由STC-ISP软件生成
{......}
/*
功能描述：IIC总线产生起始信号
*/
static void IIC_Start(void)
{
    SDA_H();
    SCL_H();
    _nop_();
    SDA_L();
    _nop_();
    SCL_L();
}
```

```c
/*
功能描述：IIC 总线终止信号
*/
static void IIC_Stop（void）
{
    SCL_L（）;
    SDA_L（）;
    _nop_（）;
    SCL_H（）;
    _nop_（）;
    SDA_H（）;
    _nop_（）;
}
/*
功能描述：获取从机的应答位
*/
static bit Wait_SlaveAck（）
{
    bit ACK_State;
    SCL_L（）;
    SDA_H（）;
    SCL_H（）;
    _nop_（）;
    if（SDA）    ACK_State=ACK_FALSE;
    else        ACK_State=ACK_TRUE;
    SCL_L（）;
    return  ACK_State;
}
/*
功能描述：主机产生应答
*/
static void Master_Ack（void）
{
    SCL_L（）;
    _nop_（）;
    SDA_L（）;
    SCL_H（）;
    _nop_（）;
    SCL_L（）;
```

```c
        _nop_( );
}
/*
功能描述：主机不产生应答
*/
static void Master_NoAck（void）
{
    SCL_L( );
    SDA_H( );
    _nop_( );
    SCL_H( );
    _nop_( );
    SCL_L( );
    _nop_( );
}
/*
功能描述：发送一个字节
*/
static void  IIC_SendByte（uint8_t dat）//发送一个字节
{
    uint8_t i;
    for（i=0;i<8;i++）              // 发送 8 位
    {
        SCL_L( );
        if（dat&0x80）SDA_H( );;//从高位开始发送，数据为 1，SDA 拉高，否则拉低
        else        SDA_L( );
        _nop_( );                    //SCL 维持状态 1μs 左右
        SCL_H( );
        dat <<= 1;            // 移位操作
        _nop_( );                    //SCL 维持状态 1μs 左右
    }
}
/*
功能描述：读取一个字节
*/
static uint8_t      IIC_ReadByte( )
{
    uint8_t i=0;
    uint8_t dat=0;
```

```c
    for(i=0;i<8;i++)    //读取8位
    {
        SCL_L( );
        _nop_( );
        SCL_H( );
        _nop_( );              //SCL维持状态1μs左右
        dat   =(dat<<=1)|SDA;// 从高位开始移位接收数据
        _nop_( );              //SCL维持状态1μs左右
    }
    return dat;
}

/*
功能描述：页写入
Page: 数据存放的页地址
Addr: 数据的具体地址
DataBuff: 写入数据的地址
Num: 读出数据的个数
页写入，最多写入16个字节，一页256字节，最多页写256/16=16次
*/
bit Write24C08_NByte(uint8_t Page,uint8_t Addr,uint8_t *DataBuff,uint8_t Num)// 写多个字节
{
    uint8_t i,error_cnt=ERROR_MAX_CNT;
    bit ErrorFlag=1;
    while(error_cnt--){
        IIC_Start( );
        IIC_SendByte(CMD_WRITE|(Page<<1));   // 送器件地址，此为写
        if(Wait_SlaveAck( )==ACK_FALSE)continue;
        IIC_SendByte(Addr);
        if(Wait_SlaveAck( )==ACK_FALSE)continue;
        ErrorFlag=0;
        for(i=0;i<Num;i++){
            IIC_SendByte(*DataBuff++);              // 送数据
            if(Wait_SlaveAck( )==ACK_TRUE)continue;
            ErrorFlag=1;
            break;
        }
        if(ErrorFlag)continue;
        break;
```

```c
    }
    IIC_Stop();
    Delay3ms();
    return ErrorFlag;
}

/*
功能描述：随机读多个字节
Page: 读出数据所在的页地址
Addr: 读出数据的具体地址
DataBuff: 读出数据地址
Num: 读出数据的个数
*/
bit Read24C08_NByte(uint8_t Page,uint8_t Addr,uint8_t *DataBuff,uint8_t Num)//随机读
{
    uint8_t i,error_cnt=ERROR_MAX_CNT;
    bit ErrorFlag=1;
    while(error_cnt--){
        IIC_Start();
        IIC_SendByte(CMD_WRITE|(Page<<1));          //送器件地址，此为写
        if(Wait_SlaveAck()==ACK_FALSE)continue;
        IIC_SendByte(Addr);
        if(Wait_SlaveAck()==ACK_FALSE)continue;
        IIC_Start();
        IIC_SendByte(CMD_READ|(Page<<1));           //送器件地址，此为读
        if(Wait_SlaveAck()==ACK_FALSE)continue;
        for(i=1;i<Num;i++){
            *DataBuff++=IIC_ReadByte();             //读取数据
            Master_Ack();
        }
        *DataBuff=IIC_ReadByte();
        Master_NoAck();
        ErrorFlag=0;
        break;
    }
    IIC_Stop();
    Delay3ms();
    return ErrorFlag;
}
```

头文件 k24c08_IIC.h 中包含了对 IIC 总线数据输入 / 输出引脚和时钟引脚的位定义，以及常用宏定义，其中 ERROR_MAX_CNT 代表 IIC 通信失败的最大次数，此处为常量 5。

源文件 k24c08_IIC.c 中包含了 IIC 总线时序中的起始信号、停止信号、应答信号以及根据位传输过程编写的读 / 写单个字节函数，此处可对应（五）IIC 总线协议一节进行理解。源文件中的核心函数为 IIC 通信流程中介绍过的 K24C08 通信方式中的两种——页写函数和连续读数据函数，其余通信方式可自行实现。

页写函数 Write24C08_NByte（uint8_t Page,uint8_t Addr,uint8_t *DataBuff,uint8_t Num）内部定义了 4 个形参，分别是无符号字符型 Page 变量：代表要写的页号（0 ~ 3）；无符号字符型 Addr 变量，代表要写的具体页中的地址（0x00 ~ 0xFF）；无符号字符型指针 DataBuff 变量：代表要写入的数据地址（常以数组方式输入）；无符号字符型 Num 变量，代表要写入的数据个数（1 ~ 16）。其中定义了局部变量 error_cnt，代表写入失败最大可重复次数，以及位变量 ErrorFlag 错误标志位。每一次写入数据时，都可以最多执行 ERROR_MAX_CNT 次重复，此处 ERROR_MAX_CNT 为常量 5 的宏定义。根据每一次的应答信号，应答 0 代表写入成功，应答 1 代表写入失败，此时通过 continue 和 break 跳转语句实现失败便重复写入和成功便跳出函数，根据 IIC 总线的时序完整的一次写周期后要等待至少 1.5ms 的时间，这里我们选取的是延时 3ms，稍微加长一点，等待状态稳定。最后根据返回的 ErrorFlag 错误标志位来判断写入成功还是失败（可以通过串口将状态打印到上位机来查看数据写入的成功与失败）。

连续读函数 Read24C08_NByte（uint8_t Page,uint8_t Addr,uint8_t *DataBuff,uint8_t Num）与页写函数同类型，其内部也定义了 4 个形参，分别是无符号字符型 Page 变量：代表要读的页号（0 ~ 3）；无符号字符型 Addr 变量，代表要读的具体页中的起始地址（0x00 ~ 0xFF）；无符号字符型指针 DataBuff 变量：代表要读出数据要存放的首地址，常用数组来保存；无符号字符型 Num 变量，代表要读出的数据个数（0 ~ 255）。内部代码的编写依据连续读时序而来，且内部细节也与 Write24C08_NByte 函数类似，可参考理解。ACK 应答函数以及 NOACK 无应答函数均可参考图 4-56 芯片应答信号时序来理解单片机是如何发送此段信号的。

2. 主函数源文件与配置头文件

```
config.h
#ifndef _CONFIG_H_
#define  _CONFIG_H_
// 数据类型重定义
typedef   signed   char       sint8_t;
typedef signed   short int sint16_t;
typedef signed   long  int sint32_t;
typedef unsigned char       uint8_t;
typedef unsigned short int uint16_t;
typedef unsigned long  int uint32_t;
#include <STC89C5xRC.H>
```

```c
#include <intrins.h>
#include "oled.h"
#include "k24c08_IIC.h"
#include "key.h"
#define FOSC                    11059200L
#define TIMER_SETMS(x)          (65536-x*FOSC/12/1000)
#define TIMER_10ms              2
#define TIMER_500ms             100
#define SET_FSM_SCAN_TIME       TIMER_10ms      // 状态机扫描间隔
#define SET_ReadEEPROM_TIME     TIMER_500ms     //EEPROM 读取周期
extern uint8_t    ReadDat;
void Timer0_Init();
void OLED_DisplayStart();
#endif
```

main.c

```c
#include "config.h"
uint8_t    ReadDat = 0;
uint8_t    Read_EEPROM_Time=0;
void main()
{
    uint8_t    key_value = 0;      // 用于保存键盘扫描函数返回的键值
    OLED_Init();
    OLED_DisplayStart();
    Timer0_Init();
    while(1){
        if(FSM_Scan_Time >= SET_FSM_SCAN_TIME){
            FSM_Scan_Time = 0;
            key_value=ReadKey();
            switch(key_value)
            {
                case 1:case 2:case 3:case 4:
                case 5:case 6:case 7:case 8:
                    Write24C08_NByte(PAGE0,0,&key_value,1);// 将按键值写入第 0 页，0x00 地址
                    OLED_ShowNum(90,2,key_value,3,16);
                    break;
                default:break;
            }
        }
```

```c
            }
            if ( Read_EEPROM_Time >= SET_ReadEEPROM_TIME ){
                Read24C08_NByte（PAGE0,0,&ReadDat,1）;
                OLED_ShowNum（90,4,ReadDat,3,16）;
            }
        }
    }
}
void Timer0_Isr（）interrupt 1
{
    TL0 = TIMER_SETMS（5）%256;// 重新设定初值 5ms
    TH0 = TIMER_SETMS（5）/256;// 重新设定初值 5ms
    FSM_Scan_Time++;
    Read_EEPROM_Time++;
}
void Timer0_Init（）
{
    TMOD = 0x01;
    TL0 = TIMER_SETMS（5）%256;// 设置定时初始值
    TH0 = TIMER_SETMS（5）/256;// 设置定时初始值 5ms
    TR0 = 1;
    ET0 = 1;
    EA  = 1;
}
void OLED_DisplayStart（）
{
    OLED_ShowString（0,0,"EEPROM-IIC",16）;// 显示"EEPROM-IIC"
    OLED_ShowCHinese（90,0,0）;     // 显示"实"
    OLED_ShowCHinese（108,0,1）;    // 显示"验"
    OLED_ShowCHinese（0,2,2）;      // 显示"按"
    OLED_ShowCHinese（18,2,3）;     // 显示"键"
    OLED_ShowCHinese（36,2,4）;     // 显示"输"
    OLED_ShowCHinese（54,2,5）;     // 显示"入"
    OLED_ShowCHinese（72,2,6）;     // 显示"为"
    OLED_ShowCHinese（0,4,7）;      // 显示"数"
    OLED_ShowCHinese（18,4,8）;     // 显示"据"
    OLED_ShowCHinese（36,4,9）;     // 显示"读"
    OLED_ShowCHinese（54,4,10）;    // 显示"出"
    OLED_ShowCHinese（72,4,6）;     // 显示"为"
}
```

配置头文件 config.c 仅在其中增添了 K24C08_IIC 的头文件，以及函数名和变量的声明，其余无改动。

主函数源文件中使用到的按键以及 OLED 相关函数均在之前的实验中讲解过，此处直接调用，这里主要使用了页写函数与连续读函数来实现本节实验的要求，大家可自行参考源代码。

EEPROM 实验现象

习题与思考

1. 简述 IIC 总线的工作原理，评价 IIC 总线的速度如何。
2. 简述 K24C08 读取数据的流程。

八、案例八　超声波测距

【学习指南】

超声波模块在生活中的应用比较广泛，常见于倒车提醒、建筑工地、工业现场等领域的距离测量。本节将学习如何使用 HC-SR04 超声波模块测距。HC-SR04 超声波模块价格低廉、操作简易，正适合教学。

（一）超声波模块介绍

超声波传感器是根据超声波特性制作出的传感器。超声波是一种振动频率高于声波的机械波，由换能晶片在电压的激励下振动产生的，具有频率高、波长短、方向性好等特点。超声波检测有两个步骤——发送超声波和接收超声波，完成这种功能的装置就是超声波传感器，一般称为超声探头。

HC-SR04 超声波测距模块可提供 2～400cm 的非接触式距离感测功能，测距精度高达 3mm。HC-SR04 模块包括超声波发射器、接收器与控制电路。

1. 引脚定义

HC-SR04 模块的实物如图 4-64 所示，其引脚定义如表 4-20 所示。

图 4-64　超声波模块实物图

表 4-20 HC-SR04 引脚定义

引　　脚	功　　能
VCC	模块电源输入，5V
GND	接地
TRIG	触发控制信号输入
ECHO	回响信号输出

2. 电气参数

HC-SR04 超声波模块的电气参数如表 4-21 所示。

表 4-21 HC-SR04 超声波模块的电气参数

电气参数	HC-SR04 超声波模块
工作电压	DC 5V
工作电流	15mA
工作频率	40kHz
最远射程	4m
最近射程	2cm
测量角度	15 度
输入触发信号	10μs 的 TTL 脉冲
输出回响信号	输出 TTL 电平信号，与射程成比例

3. 工作原理

HC-SR04 超声波测控模块的时序如图 4-65 所示，首先通过模块的 TRIG 引脚输入 10μs 的脉冲触发信号，然后模块内部会发出 8 个 40kHz 脉冲并检测回波。一旦检测到有回波信号，模块的 ECHO 引脚则输出回响高电平，回响高电平持续的时间就是超声波从发射到返回的时间。

💡 提示：超声波模块的测量周期建议取 60ms 以上，否则发射信号会对回响信号造成干扰。

公式为：距离 = 高电平时间 × 声速 /2（声速在空气中为 340m/s）。

在使用过程中有 3 点要注意。

（1）HC-SR04 模块不宜带电连接，若带电连接，需让模块的 GND 端先连接，否则会影响正常工作。

（2）测距时，被测物体的面积不少于 $0.5m^2$ 且平面尽量平整，否则影响测量结果。

（3）超声波测距性能与被测量物表面材料有很大关系，如毛料、布料对超声波的反射率很小，会严重影响测量结果。

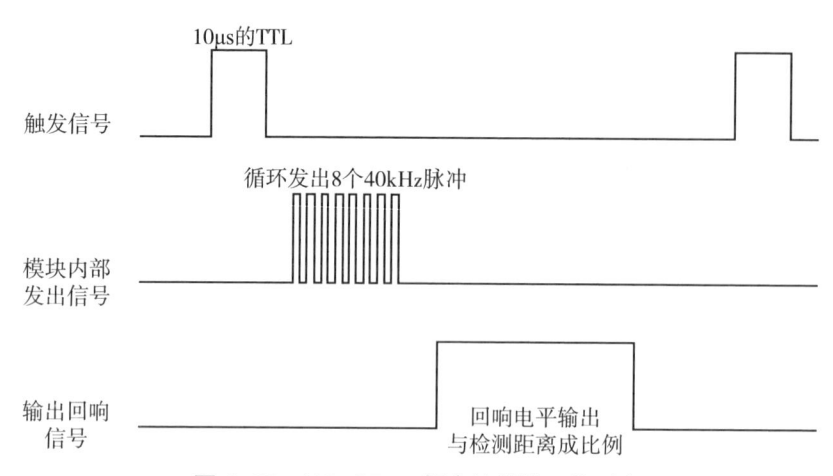

图 4-65　HC-SR04 超声波模块工作时序

（二）硬件电路设计

随书配套开发平台上提供的硬件电路如图 4-66 所示。STC89C52RC 单片机的 P3.4 脚接 TRIG 触发信号输入端，P3.5 脚接 ECHO 回响信号输出端。

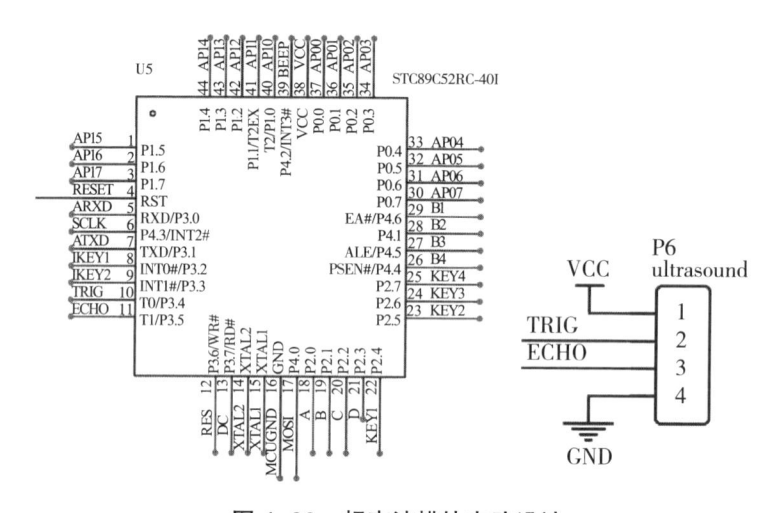

图 4-66　超声波模块电路设计

（三）软件设计

本章案例要实现的功能是，使用 HC-SR04 超声波模块测量距离，将得到的距离显示到 OLED 屏上，测量单位为毫米，且超出测距范围会有提示。示例代码如下。

1. 超声波头文件与源文件

```
ultrasonic_sensor.h
#ifndef __ULTRASONIC_SENSOR_H
```

```c
#define __ULTRASONIC_SENSOR_H
sbit TRIG  = P3^4;
sbit ECHO  = P3^5;
void Start_US();
extern bit US_Fail_Flag,US_Fail_Flag_Backup;
extern uint16_t Distance;
extern uint8_t  US_Start_Time;
#endif


ultrasonic_sensor.c
#include "config.h"
bit US_Fail_Flag=0,US_Fail_Flag_Backup=0;// 测距失败标志位以及失败备份标志位
uint16_t Echo_Time=0;           // 保存回波时长
uint16_t Distance=0;            // 保存测得距离
uint8_t   US_Start_Time=0;      // 超声波模块启动计时
static void Delay10μs()         // 由 STC-ISP 软件自动生成
{......}


/* 功能描述：定时器 1 初始化 */
static void TIMER1_Init()
{
    TMOD &= 0x0F;              // 设置定时器模式
    TMOD |= 0x10;              // 设置定时器模式
    TL1 = TIMER_SETMS(30)%256; // 设置定时初始值
    TH1 = TIMER_SETMS(30)/256; // 设置定时初始值 30ms
    TF1 = 0;                   // 清除 TF1 标志
}


/* 功能描述：启动一次超声波测距 */
void Start_US()
{
  TIMER1_Init();               // 重置定时器 1
  US_Fail_Flag=0;              // 重置超声波测距失败标志位
  TRIG=1;
  Delay10μs();
  TRIG=0;                      // 提供一个 10μs 以上的脉冲，后关闭
  while(!ECHO);                // 检测回波，高电平时跳出循环往下执行，启动定时器计时
  TR1=1;
  while(ECHO){                 // 检测到回波高电平结束则跳出循环
```

```c
            if(TF1){        // 若超时，则置位 US_Fail_Flag
                US_Fail_Flag=1;
                break;
            }
        }
    }
    TR1=0;                  // 关闭定时器 1
    if(!US_Fail_Flag){      // 若测距成功，获取测得的距离
        Echo_Time=TH1*256+TL1-TIMER_SETMS（30）;
        Distance=（uint16_t）((double)Echo_Time*12/11.2592*0.17);
    }
}
```

头文件 ultrasonic_sensor.h 中包含了对超声波模块引脚的位定义，以及需要供外部调用的函数和变量的声明。

源文件 ultrasonic_sensor.c 中的核心函数为 Start_US（），其功能为启动一次超声波模块测距，并获取测量距离。Start_US（）函数实现逻辑是：使用 T1 计时功能，设定 T1 的初值为 30ms，然后控制 TRIG 引脚发出 10μs 的脉冲，此时超声波模块启动。之后程序会执行到两个检测超声波模块的死循环，第一个死循环是 while（!ECHO）语句，用于检测是否收到超声波模块的回波，检测到回波则跳出循环往下执行，此时打开 T1，开始计时。第二个死循环是 while（ECHO）语句，用于检测超声波模块回波是否结束，回波结束则跳出循环往下执行。若检测成功，则计算出测量距离备用。若在检测过程中发现，T1 溢出标志位 TF1 被置位则代表超出检测时长，即测量距离超出超声波的最大距离，此时置位检测失败标志位 US_Fail_Flag。无论超声波测距成功与否，都将关闭 T1。

2. 主函数源文件与配置头文件

```c
config.h
#ifndef _CONFIG_H_
#define  _CONFIG_H_
// 数据类型重定义
typedef    signed   char       sint8_t;
typedef signed    short int sint16_t;
typedef signed    long  int sint32_t;
typedef unsigned char       uint8_t;
typedef unsigned short int uint16_t;
typedef unsigned long  int uint32_t;
#include <STC89C5xRC.H>
#include <intrins.h>
#include "oled.h"
```

```c
#include "ultrasonic_sensor.h"
#define FOSC                        11059200L
#define TIMER_SETMS（x）            （65536-x*FOSC/12/1000）
#define TIMER_500ms                 100
#define SET_US_START_TIMETIMER_500ms        // 超声波模块测距间隔
#endif
```

main.c

```c
#include "config.h"
void main（）
{
    OLED_Init（）;
    OLED_ShowCHinese（0,0,0）;// 超
    OLED_ShowCHinese（18,0,1）;// 声
    OLED_ShowCHinese（36,0,2）;// 波
    OLED_ShowCHinese（54,0,3）;// 测
    OLED_ShowCHinese（72,0,4）;// 距
    OLED_ShowCHinese（90,0,5）;// 案
    OLED_ShowCHinese（108,0,6）;// 例
    TMOD &= 0xF0;           // 设置定时器模式
    TMOD |= 0x01;           // 设置定时器模式
    TL0 = TIMER_SETMS（5）%256;// 设置定时初始值
    TH0 = TIMER_SETMS（5）/256;// 设置定时初始值 5ms
    TF0 = 0;                // 清除 TF0 标志
    TR0 = 1;                // 定时器 0 开始计时
    ET0 = 1;
    EA = 1;
    while（1）
    {
        if（US_Start_Time >= SET_US_START_TIME）// 每隔 500MS 启动一次超声波模块
        {
            US_Start_Time=0;
            Start_US（）;       // 启动一次超声波测距模块
            if（US_Fail_Flag_Backup!=US_Fail_Flag）{
                // 若前一次状态与当前状态不一样，则刷新 OLED 第二行内容
                US_Fail_Flag_Backup=US_Fail_Flag;
                OLED_Clear_ROW（1,1）;        // 清空 OLED 第二行
            }
```

```
                        if ( US_Fail_Flag ){              // 根据超声波检测失败标志位显
示对应内容
                                OLED_ShowCHinese ( 0,2,7 );     // 超
                                OLED_ShowCHinese ( 36,2,8 );    // 出
                                OLED_ShowCHinese ( 72,2,9 );    // 距
                                OLED_ShowCHinese ( 108,2,10 );  // 离
                        }else{
                                OLED_ShowChar ( 12,2,0x30+Distance/1000,16 );
                                OLED_ShowChar ( 30,2,0x30+Distance/100%10,16 );
                                OLED_ShowChar ( 48,2,0x30+Distance/10%10,16 );
                                OLED_ShowChar ( 66,2,0x30+Distance%10,16 );
                                OLED_ShowString ( 76+12,2,"mm",16 );// 显示 mm
                        }
                }
        }
}
void Timer0_Isr ( ) interrupt 1
{
        TL0 = TIMER_SETMS ( 5 )%256;// 重新设定初值 5ms
        TH0 = TIMER_SETMS ( 5 )/256;// 重新设定初值 5ms
        US_Start_Time++;
}
```

配置头文件 config.h 仅在其中增添了超声波的头文件，以及常用宏定义，其余无改动。

主函数源文件中使用到了 T0，用于每隔 500ms 启动一次超声波模块，并更改 OLED 屏显示内容。此处使用超声波检测失败备份标志位 US_Fail_Flag_Backup 记录每一次的检测失败标志位，即每一次当前检测失败标志位均会与上一次检测失败的标志位进行比较，如状态改变，则会刷新 OLED 屏第二行的内容，状态不变则不刷新，防止每隔 500ms 的 OLED 刷新频闪。清除 OLED 指定行的函数 OLED_Clear_ROW (uint8_t StartRow,uint8_t EndRow) 则是由 OLED_Clear ( ) 函数改造而来。

超声波实验现象

习题与思考

1. 超声波测距的原理是什么？测量距离和误差有什么关系？一般用于哪些场合？
2. 如何利用 HC-SR04 判断一个测距周期已经完成？

九、案例九　GPS 定位

【学习指南】

在日常生活中，GPS 的应用无处不在，手机地图、行车导航以及运动手表等均使用到了 GPS 定位技术。中国的定位系统叫"北斗"，俄罗斯的叫"格洛纳斯"，欧盟的叫"伽利略"。它们的定位原理基本一样。本节案例将学习 GPS 模块的应用，以及如何获取有效的定位数据。

（一）GPS 模块简介

本节案例的主题虽然是 GPS 模块的应用，但实质上是对 GPS 主流协议的讲解，是通过对协议内容的解析来获取信息，因此，不同 GPS 模块的应用差异不大。即便没有 GPS 模块实物，只要对 GPS 主流协议有一定的了解，以后应用也很容易。

本节的教学是基于开发平台上选取的 NEO-7N GPS 模块。这里主要是介绍常见 GPS 模块该有的特性参数以及引脚功能。GPS 模块实物图如图 4-67 所示。

图 4-67　GPS 模块实物图

1. GPS 模块特性参数

（1）搭载 U-BLOX NEO-7N 模组，其体积小巧轻便，性能卓越，具备快速搜星、高精度定位等出色特性。

（2）自带信号放大电路，有利于无源陶瓷天线快速搜星。

（3）可通过串口进行各种参数设置，并可保存在 EEPROM，使用方便。

（4）自带 SMA 接口，可以连接各种有源天线，适应能力强。

（5）兼容 3.3V/5V 电平，方便连接各种单片机系统。

（6）自带可充电后备电池，可以掉电保持星历数据（在主电源断开后，后备电池可以维持半小时左右的 GPS 星历数据的保存，以支持温启动或热启动，从而实现快速定位）。

2. GPS 模块主要特性

（1）模块默认波特率为 9600bps。

（2）供电电压 3.3 ~ 5V（可直接接 5V 或者 3.3V 供电，内核工作电压 3.3V）。

（3）可直接接 3.3V 或者 5V 单片机 I/O 口进行通信。

3. 引脚说明

GPS 模块引脚定义如表 4-22 所示。

表 4-22 GPS 模块引脚定义

序 号	名 称	说 明
1	VCC	电源（3.3 ~ 5.0V）
2	GND	地
3	TXD	模块串口发送脚（TTL 电平），可接单片机的 RXD
4	RXD	模块串口接收脚（TTL 电平），可接单片机的 TXD
5	PPS	时钟脉冲输出

模块上自带一个 PPS 指示灯。PPS 指示灯在默认条件下有两个状态：

（1）通电后，常亮，表示模块已开始工作，但还未实现定位。

（2）闪烁（100ms 灭，900ms 亮），表示模块已经定位成功。

💡 提示：在实际使用时，根据 PPS 指示灯的状态，可以很方便地判断 GPS 模块当前是否定位成功。

（二）NMEA-0183 协议解析

NMEA 协议是为了在不同的 GPS（全球定位系统）导航设备中建立统一的 RTCM（海事无线电技术委员会）标准，由美国国家海洋电子协会（NMEA-The National Marine Electronics Associa-tion）制定的一套通信协议。GPS 接收机根据 NMEA-0183 协议的标准规范，将位置、速度等信息通过串口传送到 PC 机、PDA 等设备。

NMEA 协议有 0180、0182 和 0183 三种，0183 可以认为是前两种的升级，也是目前 GPS 使用最广泛的协议。大多数常见的 GPS 接收机、GPS 数据处理软件、导航软件都遵守或者至少兼容这个协议。

NMEA 通信协议所规定的通信语句都是以 ASC Ⅰ 码为基础的，NMEA-0183 协议语句的数据帧格式如下：

$aaccc,ddd,ddd,... ,ddd*hh（CR）（LF）

（1）"$"：数据帧起始位。

（2）aaccc：地址域，前两位（aa）为识别符，后三位（ccc）为语句名。

（3）","：为域分隔符。

（4）ddd ... ddd：数据。

（5）"*"：校验和前缀（也可以作为语句数据结束的标志）。

（6）hh：校验和（check sum），$ 与 * 之间所有字符 ASC Ⅱ 码的校验和（各字节做异或运算），得到校验和后，再转换 16 进制格式的 ASC Ⅱ 字符。

（7）（CR）（LF）：数据帧结束标志，回车符（0x0D）和换行符（0x0A）。

GPS 模块的数据帧以 $GP 开头，主要有 7 种命令类型，如表 4-23 所示。

表 4-23　GPS 数据帧

序　号	命令类型	说　明	最大帧长
1	$GPGGA	GPS 定位信息	72
2	$GPGSA	当前卫星信息	65
3	$GPGSV	可见卫星信息	210
4	$GPRMC	推荐定位信息	70
5	$GPVTG	地面速度信息	34
6	$GPGLL	大地坐标信息	
7	$GPZDA	当前时间（UTC）信息	

💡 提示：UTC 即协调世界时间，是最主要的世界时间标准。其以原子时的秒长为基础，相当于本初子午线（0度经线）上的时间。北京时间比 UTC 时间早 8 个小时。

下面对各个指令的具体格式与功能作详细介绍：

1. $GPGGA（GPS 定位信息，Global Positioning System Fix Data）

$GPGGA 语句的基本格式如下（其中 M 指单位 M，hh 指校验和，CR 和 LF 代表回车换行，下同）：

$GPGGA,（1）,（2）,（3）,（4）,（5）,（6）,（7）,（8）,（9）,M,（10）,M,（11）,（12）*hh（CR）（LF）

（1）UTC 时间，格式为 hhmmss.ss。

（2）纬度，格式为 ddmm.mmmmm（度分格式）。

（3）纬度半球，N 或 S（北纬或南纬）。

（4）经度，格式为 dddmm.mmmmm（度分格式）。

（5）经度半球，E 或 W（东经或西经）。

（6）GPS 状态，0= 未定位，1= 非差分定位，2= 差分定位。

（7）正在使用的用于定位的卫星数量（00 ~ 12）。

（8）HDOP 水平精确度因子（0.5 ~ 99.9）。

（9）海拔高度（-9999.9 ~ 9999.9 米）。

（10）大地水准面高度（-9999.9 ~ 9999.9 米）。

（11）差分时间（从最近一次接收到差分信号开始的秒数，非差分定位，此项为空）。

（12）差分参考基站标号（0000 ~ 1023，首位 0 也将传送，非差分定位，此项为空）。

示例：$GPGGA, 023543.00, 2308.28715, N, 11322.09875, E, 1, 06, 1.49, 41.6, M, -5.3, M

2. $GPGSA（当前卫星信息）

$GPGSA 语句的基本格式如下：

$GPGSA,（1）,（2）,（3）,（3）,（3）,（3）,（3）,（3）,（3）,（3）,（3）,（3）,（3）,（3）,（4）,（5）,（6）*hh（CR）（LF）

（1）模式，M = 手动，A = 自动。

（2）定位类型，1=未定位，2=2D定位，3=3D定位。

（3）正在用于定位的卫星号（01～32）。

（4）PDOP综合位置精度因子（0.5～99.9）。

（5）HDOP水平精度因子1（0.5～99.9）。

（6）VDOP垂直精度因子（0.5～99.9）。

示例：$GPGSA,A,3,26,02,05,29,15,21,,,,,,2.45,1.49,1.94*0E

注：精度因子值越小，则准确度越高。

3. $GPGSV（可见卫星数，GPS Satellites in View）

$GPGSV语句的基本格式如下：

$GPGSV,（1），（2），（3），（4），（5），（6），（7），…，（4），（5），（6），（7）*hh（CR）（LF）

（1）GSV语句总数。

（2）本句GSV的编号。

（3）可见卫星的总数（00～12，前面的0也将被传输）。

（4）卫星编号（01～32，前面的0也将被传输）。

（5）卫星仰角（00～90度，前面的0也将被传输）。

（6）卫星方位角（000～359度，前面的0也将被传输）。

（7）信噪比（00～99dB，没有跟踪到卫星时为空）。

注：每条GSV语句最多包括四颗卫星的信息，其他卫星的信息将在下一条$GPGSV语句中输出。

示例：$GPGSV,3,1,12,02,39,117,25,04,02,127,,05,40,036,24,08,10,052,*7E

4. $GPRMC（推荐定位信息，Recommended Minimum Specific GPS/Transit Data）

$GPRMC语句的基本格式如下：

$GPRMC,（1），（2），（3），（4），（5），（6），（7），（8），（9），（10），（11），（12）*hh（CR）（LF）

（1）UTC时间，hhmmss（时分秒）。

（2）定位状态，A=有效定位，V=无效定位。

（3）纬度ddmm.mmmmm（度分格式）。

（4）纬度半球N（北半球）或S（南半球）。

（5）经度dddmm.mmmmm（度分格式）。

（6）经度半球E（东经）或W（西经）。

（7）地面速率（000.0～999.9节）。

（8）地面航向（000.0～359.9度，以真北方为参考基准）。

（9）UTC日期，ddmmyy（日月年）。

（10）磁偏角（000.0～180.0度，前导位数不足则补0）。

（11）磁偏角方向，E（东）或W（西）。

（12）模式指示（A=自主定位，D=差分，E=估算，N=数据无效）。

示例：$GPRMC,023543.00,A,2308.28715,N,11322.09875,E,0.195,,240213,,,A*78

5. $GPVTG（地面速度信息，Track Made Good and Ground Speed）

$GPVTG 语句的基本格式如下：

$GPVTG,（1）,T,（2）,M,（3）,N,（4）,K,（5）*hh（CR）(LF)

（1）以真北为参考基准的地面航向（000°~359°，前面的 0 也将被传输）。

（2）以磁北为参考基准的地面航向（000°~359°，前面的 0 也将被传输）。

（3）地面速率（000.0~999.9 节，前面的 0 也将被传输）。

（4）地面速率（0000.0~1851.8 km/h，前面的 0 也将被传输）。

（5）模式指示（A=自主定位，D=差分，E=估算，N=数据无效）。

示例：$GPVTG,,T,,M,0.195,N,0.361,K,A*2A

6. $GPGLL（定位地理信息，Geographic Position）

$GPGLL 语句的基本格式如下：

$GPGLL,（1）,（2）,（3）,（4）,（5）,（6）,（7）*hh（CR）(LF)

（1）纬度 ddmm.mmmmm（度分格式）。

（2）纬度半球 N（北半球）或 S（南半球）。

（3）经度 dddmm.mmmmm（度分格式）。

（4）经度半球 E（东经）或 W（西经）。

（5）UTC 时间：hhmmss（时分秒）。

（6）定位状态，A=有效定位，V=无效定位。

（7）模式指示（A=自主定位，D=差分，E=估算，N=数据无效）。

示例：$GPGLL,2308.28715,N,11322.09875,E,023543.00,A,A*6A

7. $GPZDA（当前时间信息）

$GPZDA 语句的基本格式如下：

$GPZDA,（1）,（2）,（3）,（4）,（5）,（6）*hh（CR）(LF)

（1）UTC 时间：hhmmss（时分秒）。

（2）日。

（3）月。

（4）年。

（5）本地区域小时（NEO-6M 未用到，为 00）。

（6）本地区域分钟（NEO-6M 未用到，为 00）。

示例：$GPZDA,082710.00,16,09,2002,00,00*64

（三）GPS 启动模式

GPS 启动共有 3 种模式：冷启动、温启动以及热启动。

冷启动是指在一个陌生的环境下启动 GPS 直到 GPS 和周围卫星联系并且计算出坐标的启动过程。在 GPS 模块初次使用时、耗尽导致星历信息丢失时以及关机状态下将接收机移动 1000km 以上距离这 3 种情况下，GPS 模块的启动都被称为冷启动。冷启动时，模块内部没有星历参数,从接收卫星信号开始,就要在天线接收的范围内不停地寻找并下载星历,它在首次运作时功耗大,内部运算复杂,需要不停地下载当前天空的有效星历,需要一定的时间,冷启动时的灵敏度较弱,主要是在没有星历的情况下模块对所处的大概位置无法估算,因此冷启动时间为 3 ~ 10 分钟。

温启动是指距离上次定位时间超过 2 个小时的启动,搜星定位时间介于冷启动和热启动之间。GPS 保存有最后计算的卫星的位置、历书和 UTC 时间,但由于关机时间过长,星历发生了变化,保存的内容不是当前可视卫星的数据,以前的卫星接收不到了,需要搜星补充位置信息,所以搜星的时间要长于热启动,短于冷启动。

热启动是指在上次关机的地方没有过多移动启动 GPS,但距离上次定位时间必须小于 2 个小时,GPS 保存有其最后计算的可视卫星的位置、almanac(历书)和 UTC 时间。在重启以后,GPS 以保存的上述内容为基础获取和计算当前卫星的最新位置,也就是通过软件的方式,进行一些启动前的保存和关闭等准备工作后的启动。

(四)GPS 模块参数配置

在不同的场景中,会对 GPS 模块进行配置,使用到的工具有 USB 转 TTL 串口工具及 GPS 评估软件 u-center,具体的操作如下:

(1) GPS 模块默认波特率为 9600bps,选择对应的波特率,然后找到对应端口,点击连接,如图 4-68 所示。

(a)设置波特率

(b)连接对应 COM 端口

图 4-68 参数配置第 1 步

（2）点击 u-center 软件上侧"view"选框，选中文本显示界面（Text Console），点击打开，可以看到 GPS 模块实时发送来的数据信息，如图 4-69 所示。

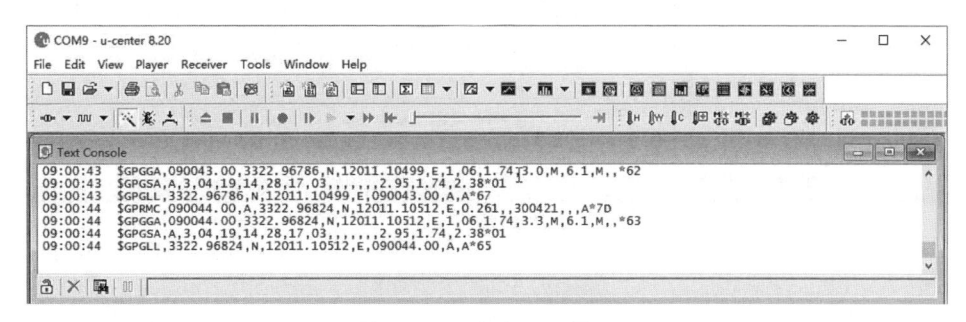

图 4-69　文本显示界面

（3）点击 u-center 软件上侧"view"选框，选中数据视图（message view），点击打开，可以看到 GPS 模块可设置的发送的数据格式，选中对应的数据格式，右击后选中"Enable Message"即打开该数据格式输出，选中"Disable Massage"即关闭该数据格式输出，如图 4-70 所示。

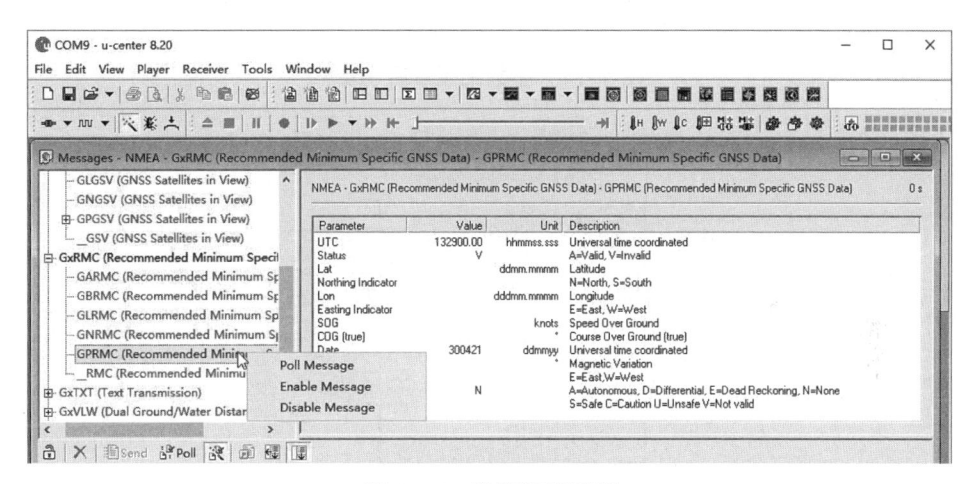

图 4-70　数据视图配置

（4）点击 u-center 软件上侧"view"选框，选中配置视图（configuration view），点击打开。在右侧栏中，我们可以在波特率配置窗口"PRT"中设置 GPS 的波特率，以及在保存配置窗口"CFG"中对之前所有操作进行保存，在设置完对应的参数后，点击下侧"SEND"选框，即可将数据发给 GPS 模块并更改成功对应的配置，如图 4-71 所示。

（五）硬件电路设计

随书配套开发平台上提供的硬件电路如图 4-72 所示。本节使用的 GPS 模块有 4 个功能引脚，实际仅使用了其中的 3 个引脚 VCC、GND 以及 TXD，VCC、GND 给模块供电，TXD 与单片机的 RXD 进行通信，单片机接收 GPS 数据并解析。

-197-

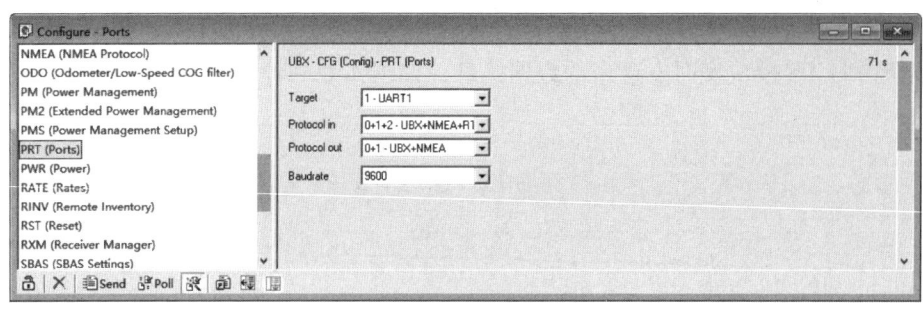

（a）配置波特率

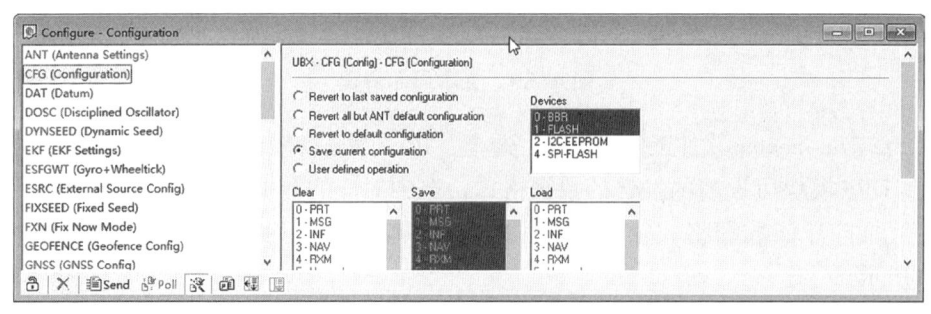

（b）保存全部配置

图 4-71　参数配置最后 1 步

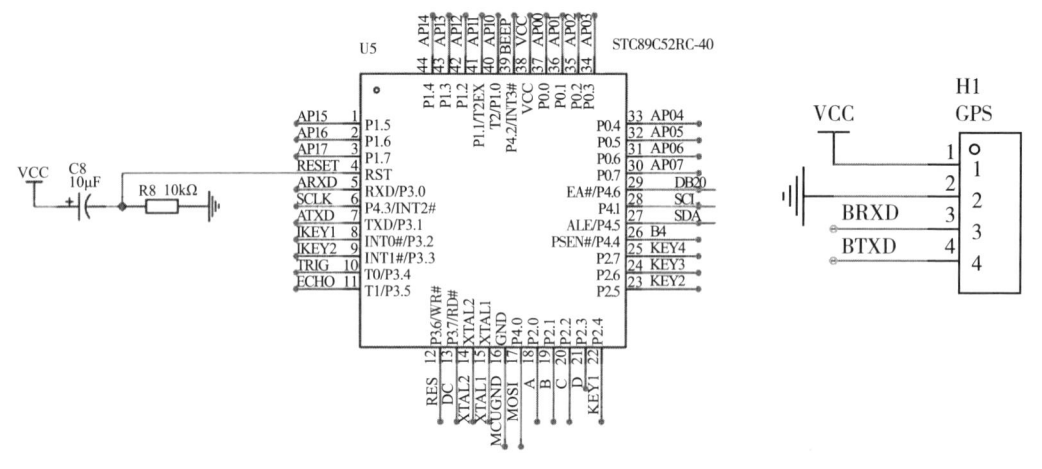

图 4-72　GPS 模块硬件电路图

（六）软件设计

本节案例要实现的功能是：单片机接收 $GPMRC 命令帧数据，提取出其中有效的信息（UTC 时间、UTC 日期、经度、纬度），将 UTC 时间转换成北京时间和经纬度，一并显示在 OLED 屏上（此处 GPS 模块已通过 u-center 软件关闭除 $GPMRC 命令帧数据外的输出）。示例代码如下：

1. 串口与定时器头文件与源代码

uart.h
```c
#ifndef _UART_H_
#define _UART_H_
#define BAUD      9600        // 串口波特率
#define NONE_PARITY      0        // 无校验
#define ODD_PARITY       1        // 奇校验
#define EVEN_PARITY      2        // 偶校验
#define PARITYBIT            NONE_PARITY  // 设定校验位，不同的校验方式修改此处即可
#define Uart_RBuff_MaxLength 100    // 接收到数据的最大长度
void UART_Init();
void UART_SendByte(uint8_t S_Byte);
void UART_SendBuff(uint8_t *S_Byte,uint8_t S_Byte_Length);
void UART_SendString(uint8_t *Str);
void UART_DataAnalysis();

extern uint8_t    Uart_RBuff[Uart_RBuff_MaxLength];
                                // 接收缓冲数组，存放接收到的数据
extern uint8_t    Uart_RData_Num;      // 接收到的数据数目
extern uint8_t    FrameTime;           // 数据帧间隔时间
extern bit ReceiveDone_Flag;           // 数据帧接收完后标志位
extern bit RxBusy_Flag;                // 接收忙碌标志，位变量
#endif
```

uart.c
```c
#include "config.h"
uint8_t    Uart_RBuff[Uart_RBuff_MaxLength];      // 接收缓冲数组，存放接收到的数据
uint8_t    Uart_RData_Num=0;             // 接收到的数据数目
uint8_t    FrameTime=0;                  // 数据帧间隔时间
bit TxBusy_Flag=0;        // 发送忙碌标志，位变量
bit RxBusy_Flag=0;        // 接收忙碌标志，位变量
bit ReceiveDone_Flag=0;   // 一帧数据接收完成标志位，位变量

void UART_Init()
{
   #if(PARITYBIT == NONE_PARITY)
       SCON = 0x50;      // 串口方式1
   #elif((PARITYBIT == ODD_PARITY)||(PARITYBIT == EVEN_PARITY))
```

```c
            SCON = 0xda;            // 串口方式3
    #endif
            PCON &= 0x7F;           // 波特率不倍速
            PS   = 1;               // 设置串口中断为高优先级
            TMOD &= 0x0F;           // 屏蔽T0功能位
            TMOD |= 0x20;           // 设置T1方式2
            TH1 = TL1 = 256-(FOSC/12/32/BAUD); // 设定定时器初值
      TR1 = 1;       // 定时器1开始计时
      ES = 1;        // 开串口中断
      EA = 1;        // 开总中断
}
void Uart_Isr( ) interrupt 4
{
    if(RI)
    {
       RI = 0;          // 清串口接收中断请求标志位
            RxBusy_Flag = 1;    // 串口接收忙碌标志位
            FrameTime = 0;      // 接收数据期间帧间隔始终清0
            if(Uart_RData_Num < Uart_RBuff_MaxLength)
                                // 如果接收到数据小于给定的最大值
                Uart_RBuff[Uart_RData_Num++]=SBUF;// 将计算机发来的数据存储下来
    }
    if(TI)
    {
       TI = 0;          // 清串口发送中断请求标志位
       TxBusy_Flag = 0;    // 清发送忙碌标志位
    }
}
......
/*
功能描述：串口数据解析函数
*/
void UART_DataAnalysis( )
{
    if(FrameTime >= 2){    // 一帧数据接收完成后执行
            FrameTime = 0;       // 清字符间隔时长
            RxBusy_Flag = 0;     // 清起始标志位
            ParseGpsData(Uart_RBuff);    // 解析串口收到的GPS数据
            Uart_RData_Num = 0;          // 将记录接收到字符个数的变量清0
```

```
            memset（Uart_RBuff, 0, sizeof（Uart_RBuff））;
                                    // 清空实时串口数据数组 UartRXData，准备下次存储
        DisplayGPSData（）;          //OLED 显示 GPS 数据
    }
}
```

timer.h
```
#ifndef _TIMER_H_
#define  _TIMER_H_
#define TIMER_SETMS（x）  （65536-x*FOSC/12/1000）
void Timer0_Init（void）;     //5 毫秒
#endif
```

timer.c
```
#include "config.h"
void Timer0_Init（void）       //5 毫秒
{
    TMOD &= 0xF0;          // 设置定时器模式
    TMOD |= 0x01;          // 设置定时器模式
    TL0 = TIMER_SETMS（5）%256;          // 设置定时初始值
    TH0 = TIMER_SETMS（5）/256;          // 设置定时初始值 5ms
    TF0 = 0;        // 清除 TF0 标志
    TR0 = 1;        // 定时器 0 开始计时
    ET0 = 1;        // 开定时器 0 中断
    EA  = 1;        // 开总中断
}
void Timer0_Isr（）interrupt 1
{
    TL0 = TIMER_SETMS（5）%256;// 重新设定初值 5ms
    TH0 = TIMER_SETMS（5）/256;// 重新设定初值 5ms
    if（RxBusy_Flag）    FrameTime++;// 接收到数据后，帧间隔超时记录位开始记录
}
```

串口头文件 uart.h 中增添 UART_DataAnalysis（）串口数据解析函数的声明，其余无改动。定时器头文件 timer.h 无改动。

串口源文件 uart.c 中根据 GPS 默认通信配置，初始化串口波特率为 9600bps，无校验，并配置串口中断服务函数。定时器 timer.c 中初始化 T0 中断为 5ms。单片机接收一帧数据并判断该帧数据是否结束是由串口和定时器共同实现的。

GPS 模块输出数据帧默认频率为 1s，当串口接收到 GPS 数据时会置位 RxBusy_Flag 串

口接收忙碌标志位，以及将 FrameTime 数据帧间隔变量清 0，当 GPS 模块当前数据帧发送完成后，此时定时器 0 会根据帧间隔时长，判断当前帧数据是否传输结束，当数据帧间隔超过 10ms 即 FrameTime 变量为 2 时，代表 GPS 当前数据帧发送结束，此时便调用串口数据解析函数 UART_DataAnalysis（ ）解析串口中接收到的数据。

UART_DataAnalysis（ ）口数据解析函数检测到当前数据帧接收完成，便调用 GPS 数据解析函数 ParseGpsData（uint8_t *Input_GPSData），将接收到的串口数据地址传入该函数，进行数据解析。解析数据完成后，便清空串口数据缓冲数组 Uart_RBuff 和串口数据记录位 Uart_RData_Num 等待下次接收，而后调用 DisplayGPSData（ ）函数将解析得到的数据显示到 OLED 屏上。

2. GPS 头文件与源文件

```
gps.h
#ifndef _GPS_H_
#define  _GPS_H_
// 定义保存 GPS 一帧数据中单独数据部分的数组的长度
#define UTCTime_Length        11
#define State_Length          2
#define Latitude_Length       11
#define N_S_Length            2
#define Longitude_Length      12
#define E_W_Length            2
#define UTCDate_length        8
// 定义保存 GPS 显示数据中单独数据部分的数组的长度
#define BeiJingTime_Length    9
#define Date_Length           11
typedef struct                              // 定义 GPSDATA 真实类型名
{
    uint8_t UTCTime[UTCTime_Length];        //UTC 时间
    uint8_t State[State_Length];            // 数据有效标志位
    uint8_t Latitude[Latitude_Length];      // 纬度
    uint8_t N_S[N_S_Length];                //N/S
    uint8_t Longitude[Longitude_Length];    // 经度
    uint8_t E_W[E_W_Length];                //E/W
    uint8_t UTCDate[UTCDate_length];        //UTC 日期
} GPSDATA;
extern    uint8_t BeiJingTimeString[BeiJingTime_Length];
extern    uint8_t DateString[Date_Length];
extern GPSDATA  data gpsdata;
void ParseGpsData（uint8_t *Input_GPSData）;
```

```c
void UTCTime_Convert();
void GPSData_Init();
void DisplayGPSData();
#endif
```

gps.c

```c
#include "config.h"
GPSDATA data gpsdata;           //定义结构体 gpsdata，用于保存 GPS 信息
bit ParseData_Done_Flag=0;      //GPS 数据解析完成标志位
bit  GPSConnect_Flag=0;         //GPS 连接完成标志位
uint8_t BeiJingTimeString[BeiJingTime_Length],DateString[Date_Length];
                                // 存放时间，年月字符串的数组
/*
功能描述:GPS 数据解析
Input_GPSData：输入的 GPS 一帧数据的地址，供后续提取使用
*/
void ParseGpsData（uint8_t *Input_GPSData）
{
    uint8_t *SubString;   // 定义两个指针 SubString 与 SubStringNext
    uint8_t *SubStringNext;
    uint8_t i=0;
    if（strstr（Input_GPSData,"$GPRMC"）!= NULL）{ // 确认 GPS 数据帧命令无误
        SubString = strstr（Input_GPSData,","）; //subString 指向 GPSRXData 数组中第一个 ","
        for( i = 0 ; i <= 8 ; i++)              // 循环取出 GPS 信息中的经纬度、时间、年月
        {
            SubString++;// 指针加 1，往后指一个字符
            SubStringNext = strstr（SubString, ","）;
                                //subStringNext指向GPSRXData数组中下一个 ","
            switch（i）
            {
                case 0:memcpy（gpsdata.UTCTime, SubString, SubStringNext − SubString）;break;
                    // 获取 UTC 时间，并保存
                case 1:memcpy（gpsdata.State, SubString, SubStringNext − SubString）;break;
                    // 获取定位状态，并保存
                case 2:memcpy（gpsdata.Latitude, SubString,SubStringNext − SubString）;break;
                    // 获取纬度信息，并保存
                case 3:memcpy（gpsdata.N_S, SubString, SubStringNext − SubString）;break;
                    // 获取 N/S，并保存
```

```c
            case 4:memcpy（gpsdata.Longitude,SubString,SubStringNext－SubString）;break;
                    // 获取经度信息，并保存
            case 5:memcpy（gpsdata.E_W, SubString, SubStringNext－SubString）; break;
                    // 获取 E/W，并保存
            case 6:break;
            case 7:break;
            case 8:memcpy（gpsdata.UTCDate, SubString, SubStringNext－SubString）;break;
                    // 获取 UTC 年月，并保存
            default:break;
            }
            SubString = SubStringNext;  //SubString 指针指 GPSRXData 数组中下一个","
        }
        UTCTime_Convert（）;              //UTC 时间转换
        ParseData_Done_Flag = 1;         // 解析完成标志位置1
    }
}
/*
功能描述:UTC 年月时间转换成北京时间
*/
void UTCTime_Convert（）
{
    uint8_t Hour=0;
    Hour =（gpsdata.UTCTime[0]-'0'）*10+（gpsdata.UTCTime[1]-'0'）;
    if（Hour<16）Hour+=8;                    //UTC 时间比北京时间慢 8 小时
    else           Hour-=16;
    BeiJingTimeString[0]=Hour/10%10+'0';
    BeiJingTimeString[1]=Hour%10+'0';
    BeiJingTimeString[2]=':';              // 保存转换后的时分秒
    BeiJingTimeString[3]=gpsdata.UTCTime[2];
    BeiJingTimeString[4]=gpsdata.UTCTime[3];
    BeiJingTimeString[5]=':';
    BeiJingTimeString[6]=gpsdata.UTCTime[4];
    BeiJingTimeString[7]=gpsdata.UTCTime[5];
    BeiJingTimeString[8]='\0';
    DateString[0]='2';                     // 保存转换后的年月日
    DateString[1]='0';
    DateString[2]=gpsdata.UTCDate[4];
    DateString[3]=gpsdata.UTCDate[5];
    DateString[4]='.';
```

```c
            DateString[5]=gpsdata.UTCDate[2];
            DateString[6]=gpsdata.UTCDate[3];
            DateString[7]='.';
            DateString[8]=gpsdata.UTCDate[0];
            DateString[9]=gpsdata.UTCDate[1];
            DateString[10]='\0';
}
/*
功能描述:GPS 数据显示
*/
void DisplayGPSData()
{
    if(ParseData_Done_Flag){            // 判断数据是否解析完成
        ParseData_Done_Flag = 0;
        if(gpsdata.State[0]=='A'){      // 判断定位状态是否有效,"A"有效,"V"无效
            if(GPSConnect_Flag != 1){   // 与上次接收到的数据有效状态位进行比较,
                                        // 只有数据有效状态发生改变才会清屏
                GPSConnect_Flag = 1;
                OLED_Clear_ROW(0,3);
            }
            OLED_ShowString(0,0,DateString,16);           // 显示年月日
            OLED_ShowString(0,2,BeiJingTimeString,16);    // 显示时分秒
            OLED_ShowString(0,4,gpsdata.Latitude,16);     // 显示纬度坐标
            OLED_ShowString(120,4,gpsdata.N_S,16);        // 显示纬度
            OLED_ShowString(0,6,gpsdata.Longitude,16);    // 显示经度坐标
            OLED_ShowString(120,6,gpsdata.E_W,16);        // 显示经度
        }else{
            if(GPSConnect_Flag != 0){
                GPSConnect_Flag = 0;
                OLED_Clear_ROW(0,3);
            }
            OLED_ShowCHinese(0,2,0);     // 搜
            OLED_ShowCHinese(36,2,1);    // 索
            OLED_ShowCHinese(72,2,2);    // 信
            OLED_ShowCHinese(108,2,3);   // 号
        }
    }
}
/*
```

```
功能描述:GPS 数据初始化
*/
void GPSData_Init( )
{
        ParseData_Done_Flag = 0;
        memset（gpsdata.UTCTime  , 0, sizeof（gpsdata.UTCTime ））;
        memset（gpsdata.State    , 0, sizeof（gpsdata.State ））;
        memset（gpsdata.Latitude , 0, sizeof（gpsdata.Latitude ））;
        memset（gpsdata.N_S      , 0, sizeof（gpsdata.N_S ））;
        memset（gpsdata.Longitude, 0, sizeof（gpsdata.Longitude ））;
        memset（gpsdata.E_W      , 0, sizeof（gpsdata.E_W ））;
        memset（gpsdata.UTCDate  , 0, sizeof（gpsdata.UTCDate ））;
}
```

头文件 gps.h 中包含了对常用函数和变量的声明和定义。其中 GPSDATA 结构体内部是根据 $GPMRC 这一帧数据所包含的有效信息建立的多个数组，包含 UTC 时间、数据有效标志位、纬度、经度、UTC 年月等，由于获取的 GPS 数据是以字符串的格式存于数组中的，所以数组长度要预留出"\0"的位置。在面对一个包含多个详细分支的大类进行定义时（正如上面的 GPS 类中包含的多个分支），可以多采用结构体的方式来定义数据，加强程序的可读性和模块化。

源文件 gps.c 中定义了多个变量和函数，下面就每个变量和函数的功能作出详细介绍。

（1）gpsdata 结构体类型变量：用于存放 GPS 数据帧中对应的有效数据。

（2）ParseData_Done_Flag 变量：代表一帧 GPS 数据解析完成，单片机根据该标志位执行后续动作。

（3）GPSConnect_Flag 变量：代表 GPS 模块是否成功搜星并连接。

（4）BeiJingTimeString 和 DateString 数组：分别用于存放北京时间和年月日的字符串。

（5）ParseGpsData（uint8_t *Input_GPSData）函数的功能是解析 GPS 模块发来的数据，其内部定义了一个形参 Input_GPSData，代表输入数据的地址，供后续提取使用。该函数提取 GPS 有效数据的逻辑如下，当串口接收 GPS 一帧数据结束后，将接收到一帧数据的地址传入该函数。该函数内部定义了两个指针 SubString 和 SubStringNext，利用了 C 语言标准库中的 strstr 函数和 memcpy 函数，以 GPS 数据帧中的","为分隔符提取之间的数据。每次将 SubString 指向前一个","地址后面一个字符的地址，SubStringNext 指向 SubString 字符串中的首个","的地址，然后通过 memcpy 函数复制出这两个指针地址之间的数据，之后再将 SubStringNext 指针变量中存放的后一个","的地址赋给 SubString 指针变量，循环上面的步骤便可将 GPS 数据中的有效信息全部提取出来。最后将提取出来的数据保存到定义的 gpsdata 结构体对应的数组中，全部解析完成后将解析结束标志位 ParseData_Done_Flag 标志位置 1，留给后续发送数据做判断使用。

（6）UTCTime_Convert（ ）函数的功能是将 UTC 时间转换成北京时间，再以字符串的格式存于数组中，该函数在解析数据完成后便会调用一次。由于 UTC 时间比北京时间晚 8 个小时，因此仅对 UTC 时间的小时部分作出转换即可，此处注意标准时间区间为 [00:00,23:59]，转换时不要超出区间。转换成功之后，年、月、日、时、分、秒以及该有的符号都转换成字符存到数组中，等待 OLED 显示时调用。

（7）DisplayGPSData（ ）函数的功能是将转换后的 GPS 数据显示在 OLED 屏上。该函数实现逻辑是：在数据解析完成后，通过判断 GPS 定位状态是否有效，来决定 OLED 显示的内容。若解析到的数据表示定位状态无效（GPS 未连接），则会在 OLED 上显示"搜索信号"，若解析到的数据表示定位状态有效（GPS 已连接），则会在 OLED 上显示年、月、日、时、分、秒以及经纬度坐标。

3. 主函数源文件与配置头文件

```
config.h
#ifndef _CONFIG_H_
#define  _CONFIG_H_
// 数据类型重定义
typedef    signed    char    sint8_t;
typedef signed   short int sint16_t;
typedef signed   long  int sint32_t;
typedef unsigned char     uint8_t;
typedef unsigned short int uint16_t;
typedef unsigned long  int uint32_t;
#include <STC89C5xRC.H>
#include <intrins.h>
#include <string.h>
#include "oled.h"
#include "uart.h"
#include "timer.h"
#include "gps.h"
#define FOSC 11059200L
#endif
```

```
main.c
#include "config.h"
void main（ ）
{
    GPSData_Init（ ）;//GPS 结构体数据初始化
    OLED_Init（ ）;      //OLED 初始化
    Timer0_Init（ ）;   // 定时器初始化
```

```
        UART_Init();        // 串口初始化
        while(1)
        {
                UART_DataAnalysis();// 串口数据解析
        }
}
```

配置头文件 config.h 仅增添了 GPS 模块的头文件其余无改动。

主函数源文件 main.c 主要是对 GPS 模块库函数的调用。其核心逻辑是在 while（1）循环调用串口数据解析函数 UART_DataAnalysis（），用于监测每帧数据是否接收完成，接收完成后便对串口中接收到的数据进行解析，数据解析提取完成后清空串口数组等待下次数据来临，然后在 OLED 屏上显示对应的内容。

GPS 定位实验现象

习题与思考

1. GPS 定位的原理是什么？北斗和 GPS 应用的差别是什么？
2. 如何从 GPS 模块获取时间信息？获取时间信息后如何处理成常用的北京时间？
3. GPS 坐标与我们常用的 54、80 坐标之间如何转换？
4. 如何解析串口收到的 GPS 数据？
5. 利用 GPS 模块，设计一个公交车定位报站系统。

第五章　进阶案例

【学习指南】

本章精选了 4 个案例，与第四章基础案例不同，进阶案例具有 3 个特点：首先，案例难度增加，知识点增多；其次，融合了较多案例内容，更具综合性；最后，案例应用范围更广泛，更加具有实用价值。

编程的方法有很多种，学习本章时，可以先学会知识点和方法，再用自己的解题方法实现案例功能。

WIFI 模块的学习中，重点掌握初始化流程，并理解 TCP/IP 协议的基础应用；迪文触摸屏的学习中，掌握了触摸屏界面设计方法和迪文触摸屏通信协议的格式，就能轻松掌握触摸屏的应用；语音模块的学习中，主要掌握语音配置文件的生成方法，可自定义语音模块的数据传输模式，此模块应用灵活，功能强大，需要认真学习；4G 模块包括电话接听和拨号、短信收发、数据流量方式传输数据等功能，用软件配置，应用较简单，实用性很强。

一、WiFi 指示灯控制系统

【学习指南】

当今物联网飞速发展，智能家居、智能穿戴设备等物联网应用层出不穷，WiFi 通信作为其中一种可实现的控制方式，其应用程度极其广泛。本节内容侧重应用，仅介绍 WiFi 模块的使用方法和常用配置，主要实现手机服务器端与 WiFi 客户端之间的通信，并控制单片机动作，WiFi 模块的更多应用可自行探索。

（一）ESP8266——WiFi 模块简介

本节案例采用的 ESP8266 模块为 ALIENTEK（正点原子）推出的一款高性能 UART-WiFi（串口-无线）模块——ATK-ESP8266D（以下简称 ESP8266）。模块采用串口（LVTTL）与 MCU（或其他串口设备）进行通信，内置 TCP/IP 协议栈，能够实现串口与 WiFi 之间的转换，且通过 ESP8266 模块，传统的串口设备只需要简单的串口配置，即可通过网络（WiFi）传输数据。

ESP8266 模块兼容 3.3V 和 5V 单片机系统，可以很方便地与产品进行连接。模块支持串口转 WiFi STA、串口转 AP 和 WiFi STA+WiFi AP 的模式，从而快速构建串口—WiFi 数据传输方案，方便设备使用互联网传输数据。其实物如图 5-1 所示。

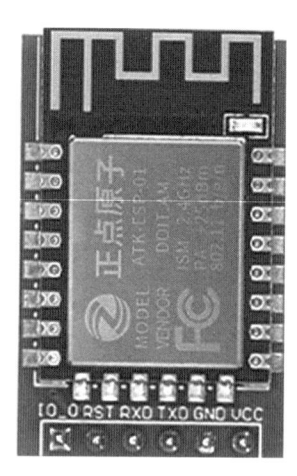

图 5-1 ESP8266 实物图

  ESP8266 模块内部封装了 Tensilica L106 超低功耗 32 位微型 MCU，带有 16 位精简模式，主频支持 80/160MHz，支持 RTOS，集成 WiFi MAC/BB/RF/PA/LNA。ESP8266 模块支持标准的 IEEE802.11 b/g/n 协议，具备完整的 TCP/IP 协议栈，其自身便是一个完整自成体系的 WiFi 网络解决方案，能够独立运行，也可以作为从机搭载与其他主机 MCU 运行。

  简而言之，ESP8266 模块本机就可以作为主控芯片来开发，相当于一款带有 WiFi 网络功能的单片机。因此 ESP8266 模块有两种控制方式，一种是使用官方提供的 SDK 作二次开发，直接使用 ESP8266 模块作主控芯片完成全部的功能；另一种则是利用官方提供的固件使用 AT 指令配置模块使用，由于本书中主要是以 51 单片机的教学应用为主，因此这里采用后一种控制方式，使用 STC89C52RC 单片机作为主控芯片，ESP8266 模块作为从机，通过 STC89C52RC 单片机串口发送 AT 指令来配置 ESP8266 模块的使用。

1. 引脚说明

  ESP8266 这款芯片共有 22 个引脚，但 ATK-ESP8266D 模块仅使用了其中的 6 个基础引脚的功能，因此只对使用到的 6 个引脚作出介绍，其余详细内容可查阅该芯片的数据手册。ESP8266 模块各引脚的定义如表 5-1 所示。

表 5-1 ESP8266 模块各引脚的定义

序 号	名 称	说 明
1	VCC	电源（3.3 ~ 5V）
2	GND	电源地
3	TXD	模块串口发送脚（TTL 电平，不能直接接 RS232 电平！），可接单片机的 RXD
4	RXD	模块串口发送脚（TTL 电平，不能直接接 RS232 电平！），可接单片机的 TXD
5	RST	复位（低电平有效）
6	IO-0	用于进入固件烧写模式，低电平是烧写模式，高电平是运行模式（默认状态）

2. 使用说明

1）工作模式

ESP8266 模块支持 3 种工作模式，分别为：STA、AP、STA+AP。

（1）STA 模式。在此模式下，模块可连接其他设备提供的无线网络，例如通过 WiFi 连接至路由器，从而可以访问互联网，进而实现手机或计算机通过互联网实现对设备的远程控制。

（2）AP 模式。AP 模式为默认模式，在此模式下，ATK-MW8266D 模块将作为热点供其他设备连接，从而让手机或计算机直接与模块进行通信，实现局域网的无线控制。

（3）STA+AP 模式。该模式为 STA 模式与 AP 模式共存的一种模式，ATK-MW8266D 模块既能连接至其他设备提供的无线网络，又能作为热点，供其他设备连接，以实现广域网与局域网的无缝切换，方便操作使用。

除了上述的 3 种工作模式外，ESP8266 模块在进行 UDP 连接或作为 TCP 客户端连接时，能够进入透传模式，进入透传模式后，ESP8266 将会原封不动地把从 TCP 服务器或其他 UDP 终端接收到的消息，通过 UART 发送至与之连接的设备。

2）硬件连接

ESP8266 模块硬件连接方式见图 5-2。

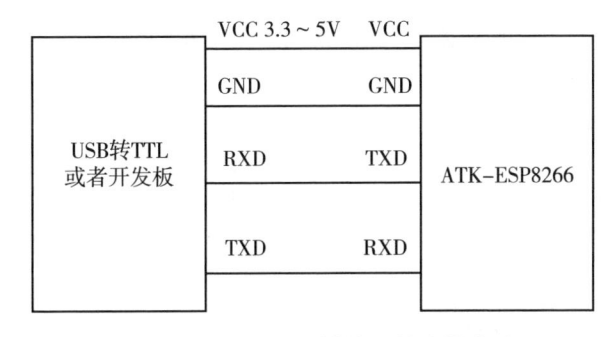

图 5-2 ESP8266 模块硬件连接方式

3）固件烧录

ESP8266 模块出厂自带 AT 固件，因此固件烧录步骤仅做补充了解。首先，使用 USB 转 TTL 模块与 ESP8266 模块的引脚对应连接（其中 IO_0 引脚需要在模块上电之前连接到 GND），然后打开固件烧写软件（ESP8266 FLASH_DOWNLOAD_TOOLS_V3.4.8），选中对应的固件（可从官网下载），按照图 5-3 的步骤来操作。

💡 提示：在使用 ESP8266 模块与单片机进行通信之前，建议先使用 USB 转 TTL 模块，通过串口调试助手对 ESP8266 模块进行简单的配置与调试，熟练各指令的使用以及回传的数据，之后再使用单片机控制模块。此外，ESP8266 模块默认的串口波特率为 115200bps，可根据需要做更改。

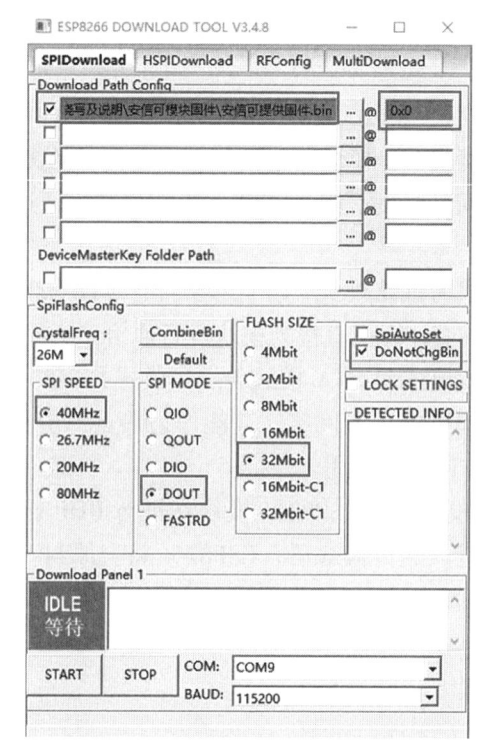

图 5-3　ESP8266 模块固件烧录步骤

（二）AT 控制指令

ESP8266 模块出厂自带 AT 固件，可使用串口调试助手发送对应的 AT 指令对其进行控制，以下为本项目中涉及的常用指令。

1. 基础 AT 指令

基础 AT 指令如表 5-2 所示。

表 5-2　基础 AT 指令

指　　令	功　　能	响　　应	说　　明
AT	检测是否正常工作	OK	
AT+RST	重启模块	OK	
ATE0/ATE1	关闭/打开回显	OK	
AT+RESTORE	恢复出厂设置	OK	
AT+CIOBAUD=\<baudrate\>	设置串口通信波特率	OK	\<baudrate\> 为模块串口通信波特率，范围 110 ~ 921600bps，默认 115200bps

2. WiFi 功能 AT 指令

WiFi 功能 AT 指令如表 5-3 所示。

表 5-3　WiFi 功能 AT 指令

指　令	功　能	响　应	说　明
AT+CWMODE=<mode>	选择 WiFi 应用模式	OK	<mode> 为模式选择位 1：STA 模式 2：AP 模式 3：AP+STA 模式 本设置掉电后仍保留
AT+CWJAP= <ssid>,<password>	加入 AP（接入热点）	WIFI CONNECTED WIFI GOT IP OK	<ssid>：字符串参数，接入点的名称 <password>：字符串参数，密码最长 64 字节 ASCⅡ，参数设置需要开启 STA 模式。 若 ssid 或者 password 中含有特殊符号，需要添加符号进行转义，如"\"和","
AT+CWQAP	断开与 AP 的连接	OK	
AT+CWSAP= <ssid>,<password>, <ch>,<ecn>	设置 AP 模式下的参数（自己作为热点）	OK	该指令只在 AP 模式开启后有效 <ssid>：字符串参数，即热点名称 <password>：字符串参数，热点密码 <ch>：通道号 <ecn>：加密方式 0：OPEN 1：WEP 2：WPA_PSK 3：WPA2_PSK 4：WPA_WPA2_PSK
AT+CWAUTOCONN= <enable><enable>	上电是否自动连接 AP	OK	<enable>：使能标志位 0：上电不自动连接 AP 1：上电自动连接 AP ESP8266 模块默认上电自动连接 AP

3. TCP/IP 工具箱 AT 指令

TCP/IP 工具箱 AT 指令如表 5-4 所示。

表 5-4　TCP/IP 工具箱 AT 指令

指　令	功　能	响　应	说　明
AT+CIPMUX=<mode>	设置多连接	OK	<mode> 为模式选择位 0：单连接模式 1：多连接模式 默认为单连接，且只有在非透传模式，才能设置为多连接；必须在建立 TCP 连接之前，设置好连接模式
AT+CIPMODE=<mode>	设置传输模式	OK	<mode> 为模式选择位 0：普通传输模式 1：透传模式，仅支持 TCP 单连接和 UDP 固定通信对端的情况

续表

指　　令	功　能	响　应	说　明
（1）单连接 AT+CIPSTART= <type>,<addr>, <port> （2）多连接 AT+CIPSTART= <id>,<type>, <addr>,<port>	建立 TCP 连接 或注册 UDP 端口号	CONNECT OK	<id>：网络连接 id（0～4），用于多连接情况 <type>：字符串参数，表明连接类型 "TCP"：建立 TCP 连接 "UDP"：建立 UDP 连接 <addr>：字符串参数，远程服务器的 IP 地址 0：上电不自动连接 AP 1：上电自动连接 AP <port>：远程服务器端口号
（1）单连接 AT+CIPCIOSE （2）多连接 AT+CIPCLOSE=<id>	断开 TCP 或 UDP 连接	OK	<id>：需要关闭的连接 id 当 id=5 时，关闭所有连接（开启 sever 后，id=5 无效）
（1）单连接 AT+CIPSEND= <length> （2）多连接 AT+CIPSEND= <id>,<length> （3）透传模式下 AT+CIPSEND	发送数据	OK	<id>：需要用于传输连接的 id 号 <length>：数字参数，表明发送数据的长度，最大长度为 2048 透传模式下的 "AT+CIPSEND" 命令，先换行返回 ">"，然后进入透传模式，每包数据以 20ms 间隔区分，每包 O 最大 2048 字节，当输入单独一包 "+++" 时，退出透传模式，返回指令模式
AT+CIPSERVER= <mode>,<port>	配置为服务器	OK	<mode>：模式选择位 0：关闭 server 模式 1：打开 server 模式 <port>：端口号，默认为 333
AT+CIFSR	获取本地 IP 地址	+CIFSR: APIP,<IP addr> +CIFSR: APMAC,<MAC addr> +CIFSR: STAIP,<IP addr> +CIFSR: STAMAC,<MACaddr> OK	<IP addr> 为本机目前的 IP 地址 显示对应 AP/STA 模式下的 IP <MAC addr> 为本机目前的 MAC 地址 显示对应 AP/STA 模式下的 MAC 地址
AT+CIPSTATUS	查询网络连接状态	STATUS: <stat> +CIPSTATUS: <link ID>, <type>, <remote IP>, <remote port>, <local port>, <tetype>	<stat>：ESP8266 Station 接口的状态 2：ESP8266 Station 已连接 AP，获得 IP 地址 3：ESP8266 Station 已建立 TCP 或 UDP 传输 4：ESP8266 Station 断开网络连接 5：ESP8266 Station 未连接 AP

续表

指　　令	功　　能	响　　应	说　　明
AT+CIPSTATUS	查询网络连接状态		\<link ID\>：网络连接 ID（0～4），用于多连接的情况 \<type\>：字符串参数，"TCP"或"UDP" \<remote IP\>：字符串，远端 IP 地址 \<remote port\>：远端端口值 \<local port\>：ESP8266 本地端口值 \<tetype\>： 0：ESP8266 作为客户端 1：ESP8266 作为服务器
AT+CIPCLOSE	退出 TCP/UDP 连接	CLOSED OK	

💡 提示：除"+++"外，以上命令发送时均需要在末尾加上回车换行符"\r\n"，"+++"功能为退出透传返回指令模式，其后不可加上换行符。

（三）基本调试步骤

本案例中调试 ESP8266 模块的工具为 USB 转 TTL 模块以及安信可官方提供两款调试软件（安信可串口调试助手、TCP/UDP 测试工具），下面讲解 ESP8266 模块分别作为客户端和服务器端时，与上位机端通信的基本步骤。

💡 提示：ESP8266 模块不管其为客户端还是服务器端，与上位机进行通信时，必须处于同一局域网络。

1. ESP8266 模块作为客户端（以透传模式为例）

在测试 ESP8266 模块之前，需要在 TCP/UDP 测试工具中创建一个服务器，设置好对应端口，然后运行对应服务器，步骤如图 5-4 所示，其中创建服务器是根据上位机（计算机）的 IP 地址连接的 WiFi 自动分配的，创建好服务器之后记录下来备用即可。

以下步骤为 USB 转 TTL 模块对 ESP8266 模块的测试过程。

（1）使用"AT"指令，检测模块是否可以正常通信。

（2）使用"AT+RST"指令，将模块复位，重置已有操作。

（3）使用"AT+CWMODE=1"指令，设置模块为 STA 模式。

（4）使用"CWJAP="Test","123456789""指令，将模块连接到上位机软件所处的网络。

（5）使用"AT+CIPMODE=1"指令，设置模块为透传模式。

（6）使用"AT+CIPMUX=0"指令，设置模块为单连接模式。

（7）使用"AT+CIPSTART="TCP","192.168.144.10",1234"指令，建立 TCP 连接，将模块连接到建立好的服务器上。

（8）使用"AT+CIPSEND"指令，使模块开始透传，其后发送的任何数据均被服务器判断为透传数据，服务器也同样可以发送数据给 ESP8266 模块。

（9）使用"+++"指令，结束模块的透传（此命令发送需取消发送新行选项）。

（10）使用"AT+CIPCLOSE"命令，结束模块与服务器之间的 TCP 连接。

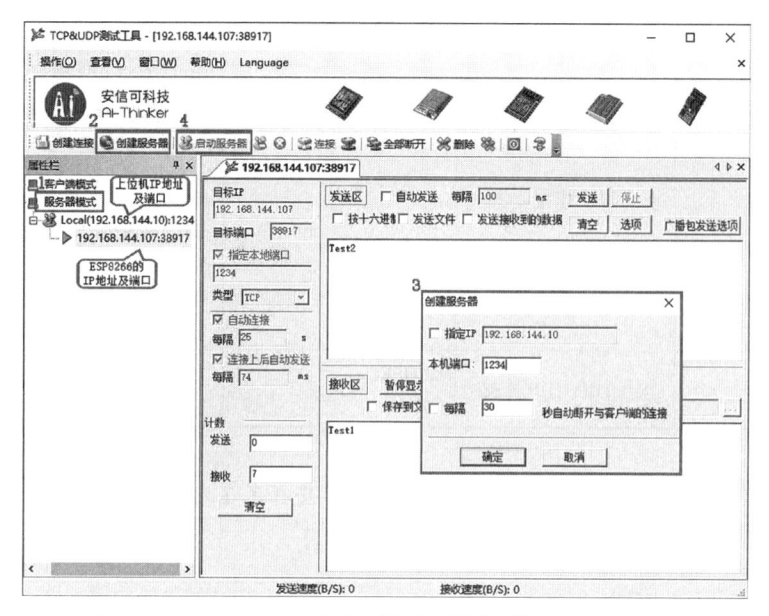

图 5-4 TCP/UDP 测试工具建立服务器端及通信步骤

对 ESP8266 的测试过程如图 5-5 所示，左侧画面包含了通信正确时模块回传的数据。

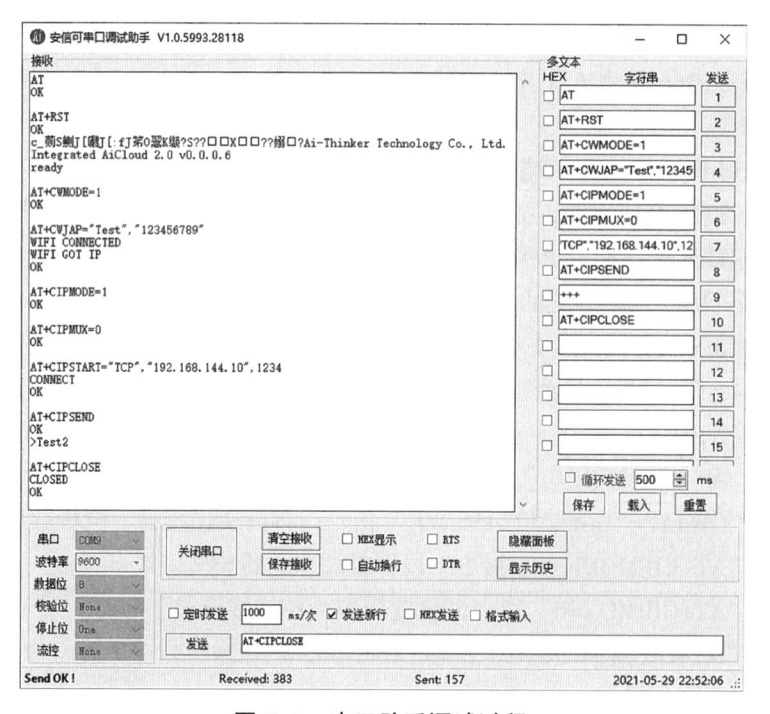

图 5-5 串口助手调试过程

2. ESP8266 模块作为服务器端

此处 ESP8266 作为服务器端，因此需要先对 ESP8266 模块进行设置，设置步骤如下。

（1）使用"AT"指令，检测模块是否可以正常通信。
（2）使用"AT+RST"指令，将模块复位，重置已有操作。
（3）使用"AT+CWMODE=2"指令，设置模块为 AP 模式。
（4）使用"AT+CWSAP="ESP8266","123456789",6,3"指令，设置模块作为热点的名称、密码、通道号以及加密方式，等待上位机的连接。
（5）使用"AT+CIPMODE=0"指令，设置模块为普通传输模式。
（6）使用"AT+CIPMUX=1"指令，设置模块为多连接模式（服务器端为多连接模式）。
（7）使用"AT+CIPSERVER=1,1234"指令，打开服务器，设置端口号为 1234。
（8）使用"AT+CIFSR"指令，查看此时服务器的 IP 地址，以备客户端建立 TCP 连接。
（9）在客户端与服务器端建立连接之后，使用"AT+CIPSTATUS"指令，可查看客户端网络连接的详细状态。
（10）使用"AT+CIPSEND=0,5"命令代表给 0 号客户端发送 5 个字节的数据，接下来输入的 5 字节数据将被发送给客户端，发送结束后便会退回指令控制模式（最多可有 5 个客户端接入服务器端，对应着客户端的 ID 为 0-4）。

ESP8266 设置详细步骤如图 5-6 所示，右侧指令的排序即为 ESP8266 模块设置的简要步骤，左侧为通信全过程。

图 5-6 ESP8266 作为服务器端的配置及通信过程

TCP/UDP 测试工具在 ESP8266 设置好 AP 名、密码以及服务器端口后（即 ESP8266 模块设置第 8 步查看过服务器的 IP 地址之后），便可以建立连接，具体步骤如图 5-7 所示。

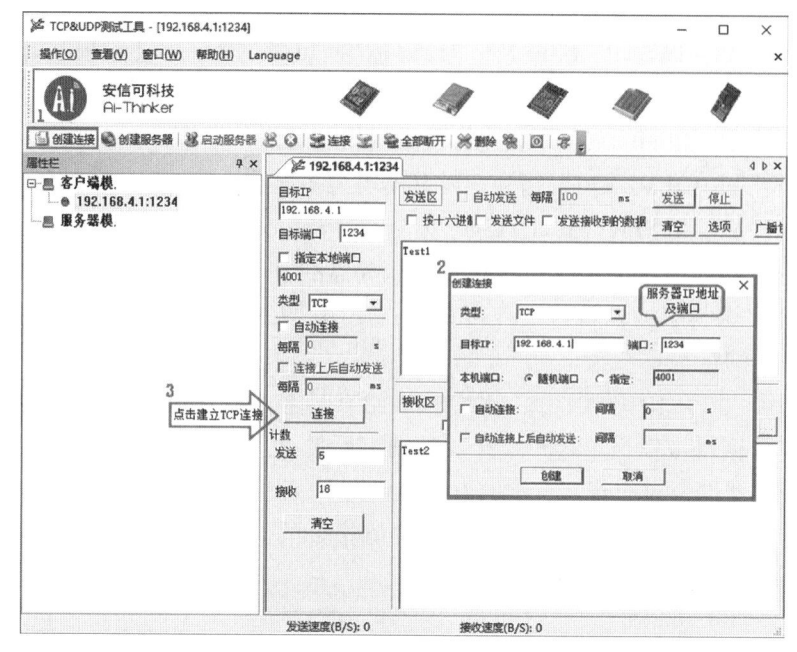

图 5-7 TCP/UDP 测试工具建立服务器客户端及通信步骤

（四）硬件电路设计

随书配套开发平台上提供的硬件电路如图 5-8 所示，该硬件电路与 GPS 模块的硬件电路一致，案例中外部模块与单片机之间使用串口通信的均采用该硬件电路。本节使用的 ESP8266 模块有 6 个基础引脚，其中 RST 以及 IO-0 引脚为悬空，实际使用了其中的 4 个引脚 VCC、GND、TXD 以及 RXD，VCC，GND 给模块供电，TXD/RXD 与单片机进行串口通信。

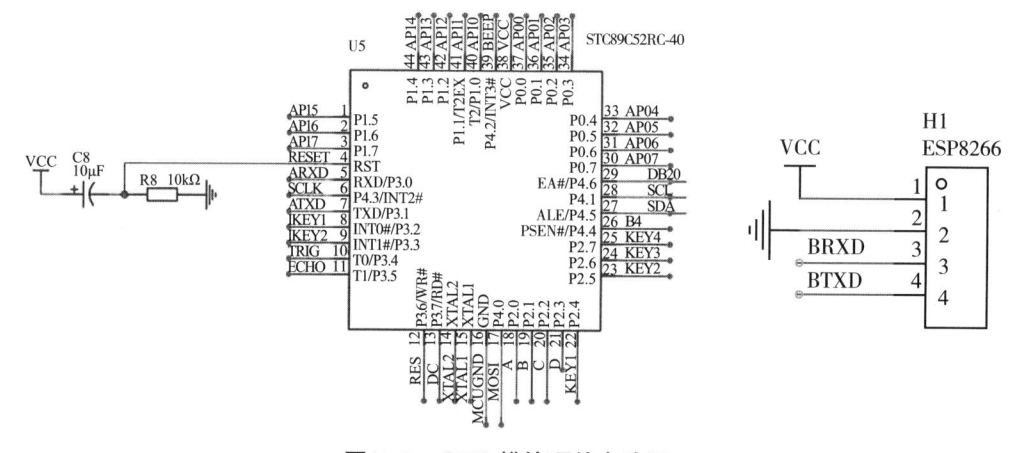

图 5-8 GPS 模块硬件电路图

（五）软件设计

本节案例要实现的功能是，利用开发平台上的 LED 模拟家用电器，使用手机端的 TCP/IP 网络调试工具，实现与 ESP8266 模块间的通信，控制开发平台上任意 LED 的开关。

实验功能的实现可分为手机端 App 设置和单片机程序设计两部分。

1. 手机端 App 设置

手机应用商城搜索"Socket 调试助手"App，会有对应或相似软件，加载后设置如下。

（1）在手机设置中点击连接的无线网，查看无线网分配到的 IP 地址，用以给 ESP8266 模块连接，如图 5-9 所示。

💡 提示：ESP8266 模块仅支持 2.4GHz 频段的网络，使用时确保手机和 ESP8266 模块连接在 2.4GHz 频段的无线网。

（2）在手机网络调试应用中，选择建立服务器端，并设置对应监测的端口号如图 5-10 所示，建立成功后如图 5-11 所示。

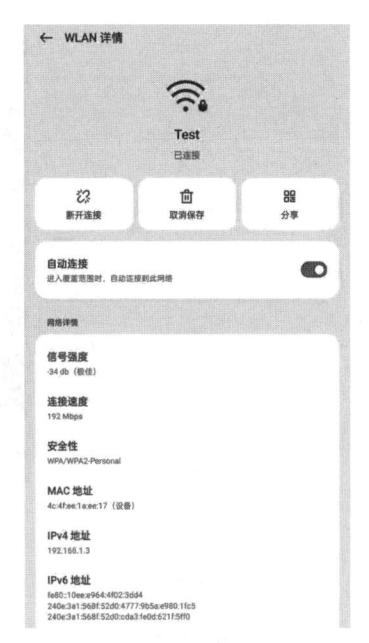

图 5-9　手机所连接的无线网 IP

图 5-10　建立服务器端

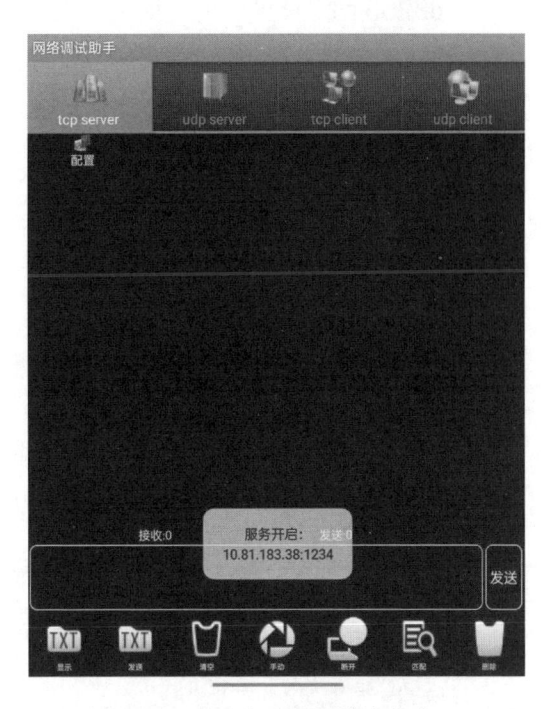

图 5-11　建立服务器端成功

（3）等待 ESP8266 接入服务器端，成功后接收到准备通知，如图 5-12 所示。

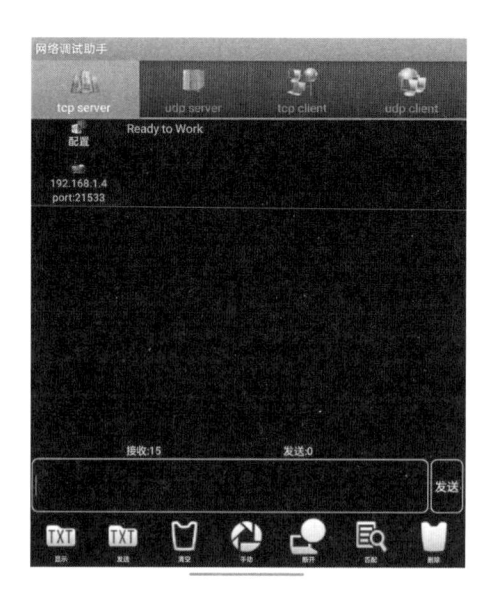

图 5-12 成功接入 ESP8266 模块

2. 单片机程序设计

1) ESP8266 模块源文件与头文件

```
esp8266.h
#ifndef _ESP8266_H_
#define _ESP8266_H_
void ESP8266_Connect_Server();
uint8_t ParseTCPServerData(uint8_t *Input_TCPServerData);
#endif


esp8266.c
#include "config.h"
void Delay100ms()            // 由 SC-ISP 软件生成
{......}
void Delay2000ms()           // 由 SC-ISP 软件生成
{......}
/*
功能描述：ESP8266 模块控制指令回执检测
CMD：控制指令，字符串
ACK：回执指令，字符串
Timeout: 超时次数，单位 0.1s/ 次
返回值：0，配置成功；1，配置失败
*/
uint8_t ESP8266_SendCmd(uint8_t *Cmd,uint8_t *Ack,uint8_t Timeout)
```

```c
{
    Uart_RData_Num = 0;
    memset(Uart_RBuff,0,sizeof(Uart_RBuff));// 将保存回执指令的数组全部清 0
    UART_SendString(Cmd); // 发送控制指令
    while(Timeout--){
        Delay100ms();          // 延时 100ms，等待接收到回执指令
        /*
        回执成功的字符串如果是包含已设置成功的字符串，则返回值不为空指针，
        代表该指令配置成功，
        反之，返回空指针则代表配置失败，const uint8_t* 表示指向的内容不可改，为只读
        */
        if(strstr((const uint8_t*)Uart_RBuff,Ack)!=NULL)
            return 0; // 返回 0，并跳出本函数
    }
    return 1;              // 返回 1，并跳出本函数
}

uint8_t code Get_Online[]="AT+CWJAP=\"Test\",\"STC89C52RC\"\r\n";
// 用于存放联网指令的数组
uint8_t code Get_Server[]="AT+CIPSTART=\"TCP\",\"192.168.1.3\",1234\r\n";
// 用于存放建立 TCP 连接指令的数组
/*
功能描述：ESP8266 模块联网并建立 TCP 连接
*/
uint8_t ESP8266_Connect_Server()
{
    if(ESP8266_SendCmd("AT\r\n","OK",10)){  // 检测串口是否可以正常通信
        return 1;  // 配置失败，返回 1
    }
    if(ESP8266_SendCmd("ATE0\r\n","OK",10)){// 关闭回显
        return 1;  // 配置失败，返回 1
    }
    if(ESP8266_SendCmd("AT+CWMODE=1\r\n","OK",10)){        // 设定模块为 STA 模式，客户端
        return 1;  // 配置失败，返回 1
    }
    if(ESP8266_SendCmd(Get_Online,"OK",60)){    // 连接 WiFi
        return 1;  // 配置失败，返回 1
    }
```

```c
    if(ESP8266_SendCmd("AT+CIPMODE=1\r\n","OK",10)){// 设定透传模式
        return 1;   // 配置失败, 返回 1
    }
    if(ESP8266_SendCmd("AT+CIPMUX=0\r\n","OK",10)){   // 设定为单连接模式
        return 1;   // 配置失败, 返回 1
    }
    if(ESP8266_SendCmd(Get_Server,"OK",50)){          // 连接服务器端
        return 1;   // 配置失败, 返回 1
    }
    if(ESP8266_SendCmd("AT+CIPSEND\r\n","OK",10)){    // 启动透传
        return 1;   // 配置失败, 返回 1
    }
    UART_SendString("Ready to Work\r\n");             // 提醒使用者准备完成
    return 0;
}
/*
功能描述: 初始化 ESP8266 模块
*/
void ESP8266_TCP_Client_Init()
{
    while(ESP8266_Connect_Server()){// 循环等待 ESP82266 客户端接入手机服务端
        Delay2000ms();
    }
    RxBusy_Flag = 0;              // 串口接收忙碌标志位
    FrameTime = 0;                // 接收数据期间帧间隔始终清 0
    Uart_RData_Num = 0;           // 清串口接收数据数目
    memset(Uart_RBuff,0,sizeof(Uart_RBuff));  // 将保存回执指令的数组全部清 0
}
/*
功能描述: 服务器端数据解析函数
Input_TCPServerData: 输入的服务器端一帧数据的地址, 供后续提取使用
返回值: 0, 成功, 1, 失败
控制 LED 自定义指令格式如下:
$TOx: 打开对应 LED, x 取值范围 (0~7,A), 0~7 对应开发板上的 LED0-7, A 对应全部 LED
$TFx: 打开对应 LED, x 取值范围 (0~7,A), 0~7 对应开发板上的 LED0-7, A 对应全部 LED
*/
uint8_t ParseTCPServerData(uint8_t *Input_TCPServerData)
{
    uint8_t Led_Num;
```

```c
if(strlen(Input_TCPServerData)!= 4)return 1;// 输入字符串长度不等于4，跳出
if(strstr(Input_TCPServerData,"$TO")!= NULL){// 确认数据帧命令无误
    if(Input_TCPServerData[3] >= '0' && Input_TCPServerData[3] <= '7'){
                                                // 检测指令并做出动作
        Led_Num = Input_TCPServerData[3] - '0';
        LED &= ~(0x01 << Led_Num);
        return 0;
    }else if(Input_TCPServerData[3] == 'A'){
        LED = 0x00;
        return 0;
    }
}else if(strstr(Input_TCPServerData,"$TF")!= NULL){// 确认数据帧命令无误
    if(Input_TCPServerData[3] >= '0' && Input_TCPServerData[3] <= '7'){
                                                // 检测指令并做出动作
        Led_Num = Input_TCPServerData[3]-'0';
        LED |= (0X01 << Led_Num);
        return 0;
    }else if(Input_TCPServerData[3] == 'A'){
        LED = 0xFF;
        return 0;
    }
}
return 1;
}
```

ESP8266 模块头文件包含了两个核心函数的声明，分别是 ESP8266 连接手机端服务器函数 ESP8266_Connect_Server( ) 以及服务器端数据解析函数 ParseTCPServerData(uint8_t *Input_TCPServerData)。

ESP8266 模块源文件包含了 4 个功能函数，下面分别对这 4 个函数作详细介绍。

（1）ESP8266_SendCmd(uint8_t *Cmd,uint8_t *Ack,uint8_t Timeout) 函数的功能是检测 ESP8266 模块的回执指令，判断是否配置成功。其内部定义了 3 个形参变量：CMD 代表输入的控制指令字符串；ACK 代表检测的回执指令字符串，Timeout 代表超时次数，0.1s/ 次可通过配置超时次数来给定超时时间。内部实现逻辑是基于 strstr 检索函数实现的，发送 ESP8266 配置指令，在超时时间以内检测到正确的回执指令即跳出，返回 0，超时未检测到正确的回执指令则返回 1。

（2）ESP8266_Connect_Server( ) 函数的功能是 ESP8266 模块联网并建立 TCP 连接。其内部逻辑是基于 ESP8266_SendCmd 函数实现的，按照第一节第（三）小节的调试步骤来下发配置指令，全部配置成功则返回 0，反之任意步骤配置失败则返回 1。

（3）ESP8266_TCP_Client_Init（）函数的功能是初始化 ESP8266 模块，其内部逻辑是基于 ESP8266_Connect_Server（）函数实现的，循环等待 ESP8266 所有指令配置成功，未成功则等待 2s 后重新进行下一轮的配置。

（4）ParseTCPServerData（uint8_t *Input_TCPServerData）函数的功能是解析服务器端的方法的自定义指令。其内部定义了一个形参变量 Input_TCPServerData，代表输入的服务器端一帧数据的地址，供后续解析使用。该函数的逻辑是基于自定义的 LED 控制指令实现的：① $TOx: 打开对应 LED，x 取值范围（0～7，A），0～7 对应开发板上的 LED 0～7，A 对应全部 LED。② $TFx: 打开对应 LED，x 取值范围（0～7，A），0～7 对应开发板上的 LED 0～7，A 对应全部 LED。每当接收到服务器端发来的一串数据帧后，便解析数据帧，首先判断数据帧字符串长度是否为 4，正确则继续解析，错误则返回 1。然后判断数据帧是否包含"$TO"/"$TF"指令，分别代表打开 LED 和关闭 LED 的命令字，判断成功后根据第 4 个字符来判断是打开/关闭第 x 个 LED（x 代表 0～7，全部）。

2）串口源文件

```
uart.c
#include "config.h"
......
/*
功能描述：串口数据解析函数
*/
void UART_DataAnalysis（）
{
    if（FrameTime >= 2）{        // 一帧数据接收完成后执行
        FrameTime = 0;           // 清字符间隔时长
        RxBusy_Flag = 0;         // 清起始标志位
        if（ParseTCPServerData（Uart_RBuff））// 检测服务端发送来的数据
            UART_SendString（"Wrong format!\r\n"）;// 格式错误
        else
            UART_SendString（"OK\r\n"）;// 配置成功
        Uart_RData_Num = 0;                       // 将记录接收到字符个数的变量清 0
        memset（Uart_RBuff, 0, sizeof（Uart_RBuff））;
                            // 清空实时串口数据数组 UartRXData，准备下次存储
    }
}
```

串口接收一帧数据并判断该帧数据是否结束由串口和定时器共同实现，实现思想与基础案例九 GPS 定位中的思想一致，在基础案例九串口解析函数基础上，仅修改了串口解析数据函数的内部解析逻辑，当接收到一帧数据后，开始解析数据。数据解析失败，回执字符串"Wrong format!"代表服务器端发送的数据格式错误；数据解析成功则回执字符串

"OK"，代表解析数据成功。而后将串口数据缓存数组 Uart_RBuff 与串口数据个数记录位 Uart_RData_Num 均清空，等待下次数据接收。

3）配置头文件与主函数源文件

```c
config.h
#ifndef _CONFIG_H_
#define  _CONFIG_H_
........
#include <STC89C5xRC.H>
#include <intrins.h>
#include <string.h>
#include "uart.h"
#include "timer.h"
#include "esp8266.h"
#define FOSC 11059200L        // 晶振频率
#define LED                P1
#endif


main.c
#include "config.h"
void main（）
{
    Timer0_Init（）;     // 定时器初始化
    UART_Init（）;       // 串口初始化
    ESP8266_TCP_Client_Init（）;//ESP8266模块连接手机端服务器
    while（1）
    {
        UART_DataAnalysis（）;// 串口数据解析
    }
}
```

配置头文件 config.h 仅增添了 ESP8266 模块的头文件以及 LED 宏定义，其余无改动。

主函数源文件 main.c 主要是对 ESP8266 模块库函数的调用，其实现逻辑就是在初始化 ESP8266 模块成功后，循环执行串口数据解析函数，并做出相应的动作。

WiFi 实验现象

二、触摸屏综合应用系统

【学习指南】

现如今，触摸屏在日常生活中随处可见，其个性化的 UI 界面和简单直接的控制方式提高了用户体验的同时也容易上手应用。本节案例将介绍一款串口触摸屏——迪文触摸屏，并学习创建触摸屏显示工程，以及实现与单片机之间的通信。

（一）迪文触摸屏高效入门

迪文触摸屏是迪文科技公司在自制 8051 内核 CPU 的基础上设计出的一款产品，具有完备的开发环境，因此迪文触摸屏的开发应用所涉及的相关知识是非常全面且繁杂的。本节仅针对迪文触摸屏的基础知识以及部分功能做讲解，后续深入的学习与应用需自行探索。

1. 基础准备

初次接触迪文触摸屏，首先要对迪文触摸屏的基础知识有大概的了解。下面对其整体开发框架做简单的介绍，以此作为初学者在学习迪文触摸屏之前的预备知识。

本节案例选用的迪文触摸屏型号为 DMG80480C043_01WTC，由型号命名规则可知，该触摸屏为 800 像素 ×480 像素的 4.3 寸宽温电容触摸屏，其实物如图 5-13 所示。迪文触摸屏的分辨率即为该款型号触摸屏可显示图片的最大分辨率，后续设计中选取的设计图片不可大于该分辨率。根据对应型号触摸屏的数据手册，获取触摸屏的工作电压为 5V。

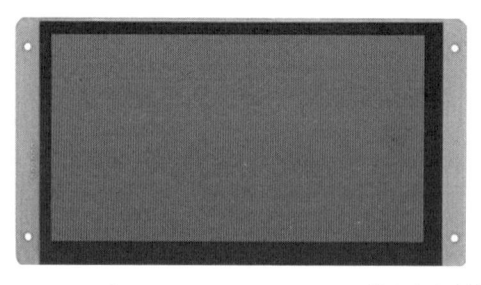

图 5-13　DMG80480C043_01WTC 型号迪文触摸屏

迪文触摸屏常用的内核芯片型号有两种，分别是 T5 和 T5L 内核芯片，本案例中选用的触摸屏是以 T5L 芯片为核心的。不同类别的内核芯片使用的开发环境也不同。迪文触摸屏的开发环境有两种，分别是图形界面开发软件以及系统开发软件。对于图形开发软件，T5 内核的触摸屏采用 DGUS Tool V7.3xx 系列的开发软件，T5L 内核的触摸屏采用的则是 DGUS Tool V7.6xx 系列的开发软件。DGUS 是迪文科技图形应用服务软件的简称，是迪文科技自主创新的智慧型 GUI 软件，为迪文触摸屏的专用软件。对于系统开发软件，T5 内核的触摸屏可采用 OS Build 软件（该软件基于汇编语言编程）开发，T5L 内核的触摸屏可采用 OS Build 软件或 DWIN C Compiler（该软件基于 C 语言编程）开发。无论是 T5 还是 T5L 芯片，都是双核 IC，即采用独立的 CPU 核来分别执行 DGUS 系统与 OS 系统，两个系统独立、互不影响。本案例主要是对 DGUS 做基础的教学，制作一款图形界面并与开发平台进行通信。

由于 DGUS 软件是基于各种图片素材来开发控制界面的，因此我们还需要使用到一款图片编辑软件（如 Photoshop 软件），图片编辑部分本项目中不作过多介绍，可自行设计所需的图片。

针对迪文触摸屏，不同的接口会有不同的串口连接工具与驱动环境，本案例中选用的迪文触摸屏是 10PIN 接口，所以采用 HDL662B 转接板、FCC1015A 连接线以及 HDLUSB 连接线，通过这 3 个工具与计算机连接，再安装 HDL662B 对应的串口驱动，之后就可以与上位机进行串口通信了。工具连接方式如图 5-14 所示。

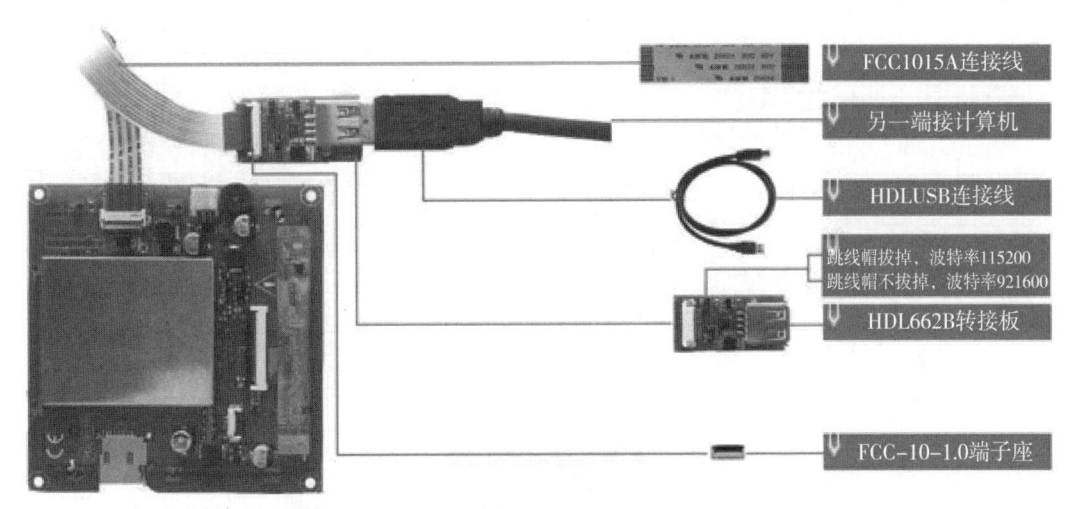

图 5-14　10PIN 接口触摸屏工具连接方式

最后，通过 DGUS 软件或 OS 软件开发出的核心文件（DWIN SET 文件夹）均需要借助 SD/TF 卡下载到触摸屏中，所以用户需自备一款 SD 卡，SD 卡的大小为 1 ~ 16G，详细要求会在后续小节中讲解，SD 卡如图 5-15 所示。

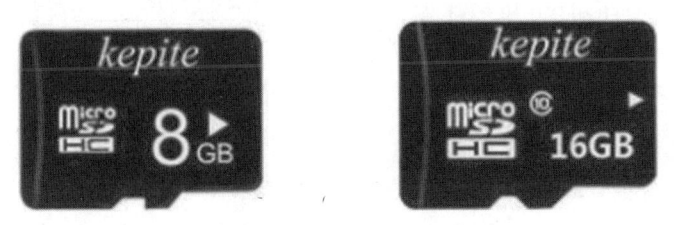

图 5-15　SD 卡

2. T5L_DGUS II 开发体系

1）开发体系简介

DGUS 开发体系是由 DGUS 屏和 DGUS 开发软件构成的。DGUS 是 DWIN Graphic Utilized Software（图形应用软件）的缩写。DGUS 屏是基于配置文件来工作的，所以整个开发过程是用户利用 PC 端 DGUS 开发软件辅助设计完成变量配置文件的过程。完整的开发体系如图 5-16 所示。

如图 5-16 所示，利用 DGUS 软件开发出图形界面后，会生成 3 个核心文件——13.BIN（触控配置文件）、14.BIN（显示变量文件）以及 22.BIN（初始化文件），这 3 个文件由

DGUS 软件手动生成，生成后不得更改其前缀数字，可在数字后添加其他命名。当然，在实际开发过程中，需要通过 SD 卡下载到迪文屏中的文件并不止这 3 个核心文件，可由配置工具生成其他必要的文件如字库文件、背景文件和图标库文件等，详细内容在后面会讲解。当所有的文件都被下载到迪文屏中后，就可以实现触摸屏串口与单片机串口之间的通信了。

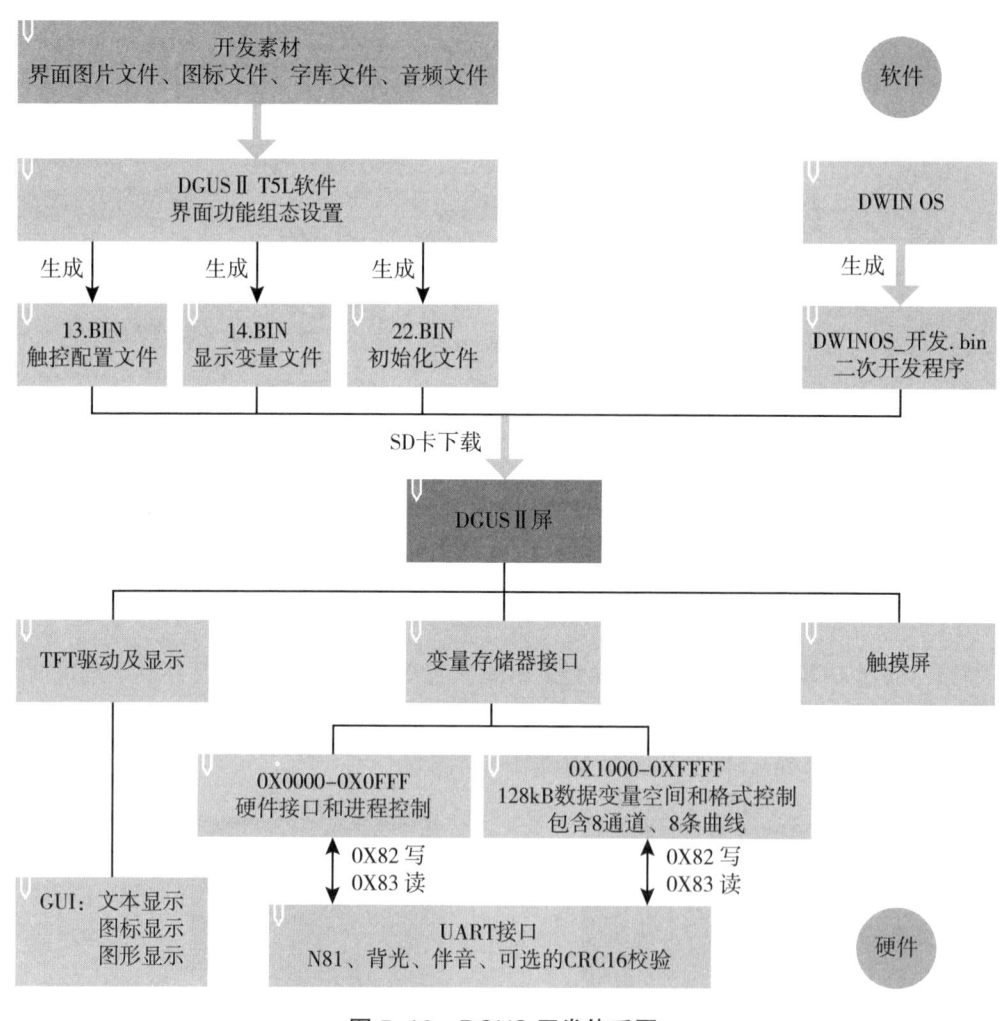

图 5-16 DGUS 开发体系图

T5L_DGUS II 开发体系的主要特点有：

（1）基于 T5L 双核 ASIC、GUI 和 OS 核均运行在 200MHz 主频，功耗极低。

（2）16Mbytes SPI Flash 低成本存储，JPEG 图片、图标压缩存储，可以指定背景图片存储空间大小。

（3）512kbytes Nor Flash 片内用户数据库。

（4）256kbytes 数据变量空间。

（5）每页多达 255 个显示变量。

（6）支持标准 T5 DWIN OS 平台或标准 8051 开发 OS CPU 核；硬件可以引出 20 个 IO、

4路UART、1路CAN接口、多路AD，提供定制服务。

（7）20ms DGUS周期，UI极流畅。

（8）显示变量可以在应用中开启、关闭或修改，实现复杂的显示组合功能。

（9）触控指令可以在应用中开启、关闭或修改，实现复杂的触控组合功能。

（10）支持SD接口下载和配置，下载文件统计显示。

2）SPI Flash存储器分配

16MB SPI Flash存储器可以看作分割成64个容量固定为256kB的子控件，存放文件的ID号范围为0~63，即每1个ID号的文件大小默认为256kB，若某ID号下的文件大小超过了256kB则根据容量大小顺序往后占用后面的ID号的空间，此时被占用的ID号需跳过，不得使用，否则会造成冲突黑屏。举例说明：如果文件ID为40号，该文件大小为500kB，此时ID为41的文件空间被占用，按顺序往后只可使用ID为42号命名的文件。若仍使用41号命名文件，则会导致冲突部分相关内容黑屏或花屏。16MB存储器空间划分图如图5-17所示。

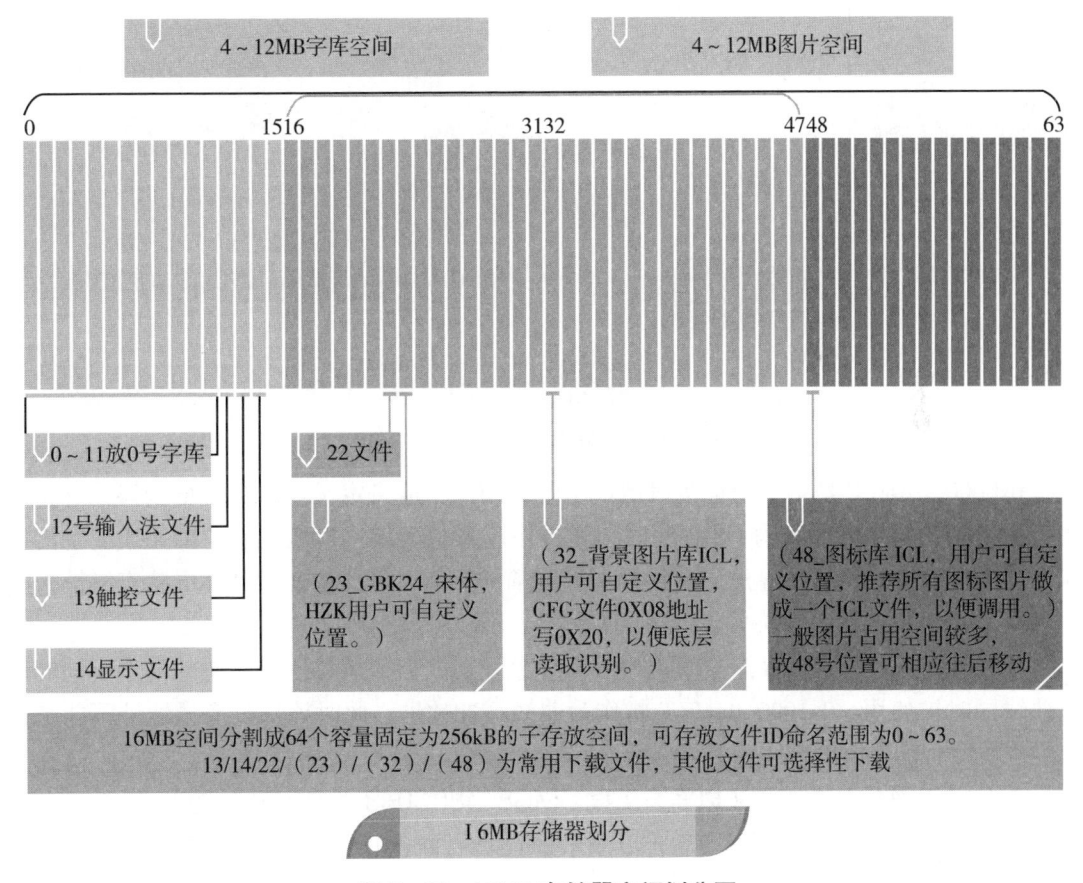

图5-17 16MB存储器空间划分图

如图5-17所示，存储器根据储存的文件内容不同，主要分为两个部分。

（1）4~12MB的字库空间，可以保存BIN、HZK、DZK格式文件，文件ID范围

00~31。

（2）4~12MB 的图片空间，可以保存背景图片库 ICL 文件、图标库 ICL 文件存储空间，文件 ID 范围 16~63。

注意：字库空间和图片空间有重叠部分，ID 命名时序要注意避免冲突。对图片库 ICL 文件的命名，建议从 32 开始，避开字库的空间，这样便不会出现冲突。

T5L 系列 CPU 对于图片文件的要求也有所不同。T5L1 CPU 平台生成的 ICL 文件，单个图片大小不可超过 256kB，T5L2 CPU 平台单个图片大小不超过 764kB。本项目中选用的触摸屏是基于 T5L1 CPU 平台。

3）RAM 存储器变量地址空间

RAM 空间固定 128kB，分割为 0x0000-0xFFFF 子空间范围，每 1 个变量地址对应空间大小为 2 字节，每 1 个字节对应 8 位。RAM 存储器空间划分如图 5-18 所示。

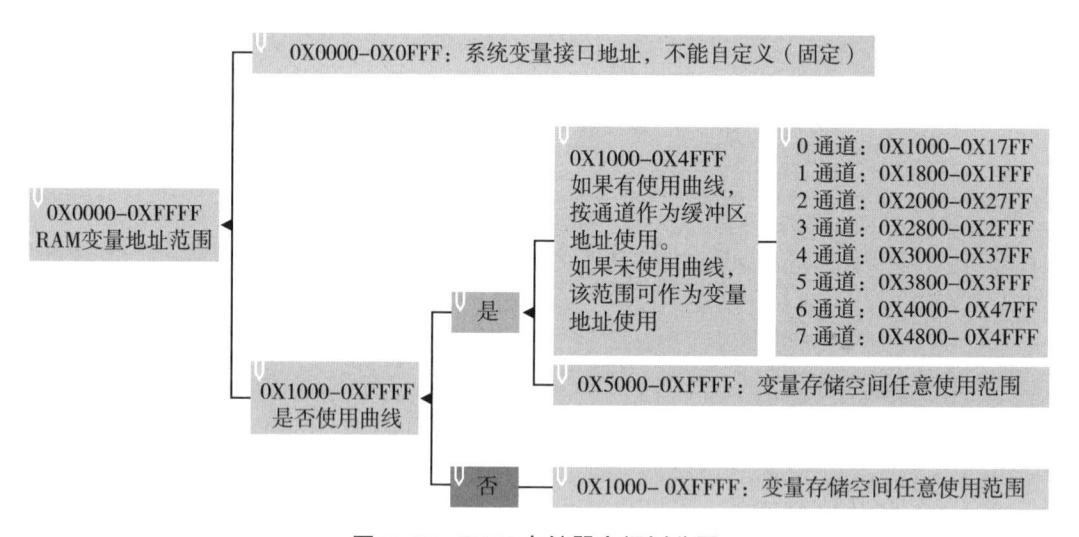

图 5-18　RAM 存储器空间划分图

0x0000-0x0FFF 是系统变量接口地址空间，用户不能自定义。系统变量接口地址常常用于为复杂的图形界面编写 OS 程序时，通过更改系统变量接口地址中的值完成复杂的操作，如上电后不显示初始界面，而是显示掉电前的页面，以此快速回到掉电状态继续按上次操作。

0x1000-0xFFFF 变量存储空间用户可以任意使用，但如果显示控件中的 8 个不同的动态曲线同时被使用，0x1000-0x4FFF 将作为曲线缓冲地址，此时该部分变量地址不能被其他控件使用，其他控件地址使用范围为：0x5000-0xFFFF。

3. DGUS 软件开发流程（以官方工程 DMG80480C043-01WTR 为例）

下面将介绍如何使用 DGUS 软件开发一款图形界面，并使用 SD 卡将对应文件下载到迪文触摸屏中。

1）新建 DGUS 工程

打开对应 T5L 芯片开发的 DGUS 软件，点击"新建工程"，根据选用的触摸屏屏幕尺寸设定工程界面的大小，本项目选用的触摸屏为 800 像素 ×480 像素，如图 5-19 所示。建立好工程后，对应 DGUS 源文件夹下会生成几个工程内部文件夹，其中"DWIN SET"文件夹为之后需要下载到触摸屏中的核心文件夹，如图 5-20 所示。

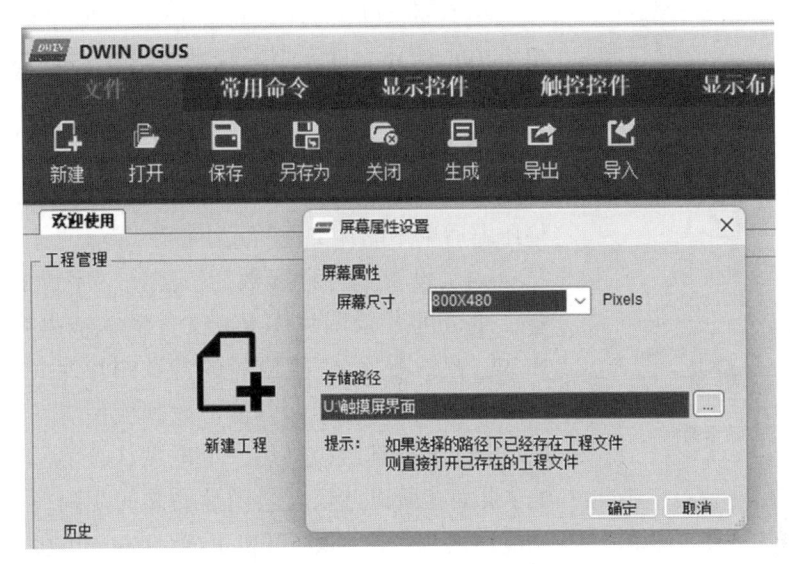

图 5-19　新建 DGUS 工程

图 5-20　DGUS 工程内部文件和文件夹

2）添加背景图片

图形界面需要根据选用触摸屏的分辨率来制作相同分辨率的图片作为背景使用，支持的图片格式有 JPEG、BMP 和 PNG。例程中选用的背景图片分辨率均与触摸屏分辨率一致，且图片格式为 BMP 格式。注意，添加背景图片前，需确定好工程中需要的功能，根据功能在背景图片上制作对应的控件图标，如图 5-21 所示（选自官方例程），其中添加了基础触控、数字录入功能控件。

点击 DGUS 软件右侧 Image View 框图中的"+"，添加自定义的背景图片，如图 5-22 所示，其后会在 DWIN SET 文件夹中自动加入该图片。

由于下载到触摸屏中的并不是 BMP 格式的图片，而是压缩后的 ICL 文件，此时需使用 DGUS 软件中集成的 DWIN ICL 生成工具将添加好的背景图片生成 ICL 文件，如图 5-23 所示。生成 ICL 文件步骤如下。

（1）在 DGUS 软件的欢迎使用界面将 DWIN ICL 生成工具打开，点击"选择图片目录"，将文件夹中准备好的背景图片选中加入。

图 5-21 主页背景图（图中已包含若干个控件图标）

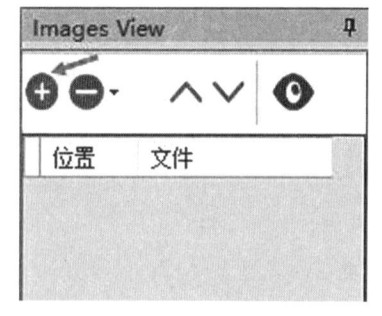

图 5-22 添加背景图片

（2）选中使用触摸屏的"内核类型"中的"T5L1/T5L2"，对于 T5L1 CPU 平台，ICL 文件中单个 JPG 图片文件大小不要超过 252kB，对于 T5L2 CPU 平台，ICL 文件中单个 JPG 图片文件大小不超过 764kB，本实验平台选用的触摸屏为 T5L1 内核 CPU。

（3）根据显示精度需要设置压缩参数，主要对背景图片的显示质量作出调整，将原图片进行适当地压缩，即调整压缩后单个图片文件的大小。

（4）设置完各种参数后，点击"生成 ICL"。此处注意，生成的背景图片库 ICL 文件默认前缀为数字 32（例如 32_背景图片）。生成后的背景图片库 ICL 文件添加到 DWIN SET 文件夹中，以待下载到触摸屏。等背景图片库 ICL 文件下载到触摸屏后，上电默认会显示 ICL 文件中的 0 号页面，所以建议背景图片命名时用阿拉伯数字按顺序功能命名，例如：00_开机页面、01_功能页面等。

💡 提示：工程文件中添加的背景图片主要是作为显示背景，辅助方便添加控件使用的，DGUS 工程生成的主要是 13.bin（触控文件）、14.bin（变量文件）以及 22.bin（变量初始化文件）这 3 个文件，而下载到触摸屏中用于显示的图片则是由 ICL 工具按照工程中背景图片的顺序来单独生成的 32.icl 文件，所以实际使用时，这两个步骤都是必要的。另外，背景图片分辨率与触摸屏的分辨率也要一致。

3）添加字库文件

DGUS 支持国际通用的多种字库编码：8-bit, ASCⅡ, GBK, GB2312, UNICODE。DGUS 屏出厂时已经预装了 ASCⅡ编码的 0 号字库，其中包含了点阵大小为（4×8）~（64×128）的全部 ASCⅡ字符，用户可直接调用 0 号字库来实现数字、字母、符号的显示。当需要使用其他编码的字库时，需通过字库生成器生成。DGUS 支持 BIN、DZK、HZK 3 种格式的字库文件。这里最常使用的是 0 号字库，常用来显示汉字字母，可根据项目要求对字体进行设置。建议先生成放置到 DWIN SET 文件夹中，这样后续对整个图形界面进行仿真时，可看到具体数据数字的变化，若 DWIN SET 文件夹中不包含该字库文件，则在仿真时无法观察到数据变化的效果。0 号字库生成步骤如下。

（1）在 DGUS 软件的欢迎使用界面将 0 号字库生成工具打开，点击"Font"，选择所需的字体；

（2）调整字符的比例与左右位置，使其在预览中显示完整；

（3）点击"Create 0_DWIN_ASC.HZK"，生成 0 号字库，字库在 DGUS 软件包的目录下，找到字库，移动到 DWIN SET 文件夹中，如图 5-24 所示。

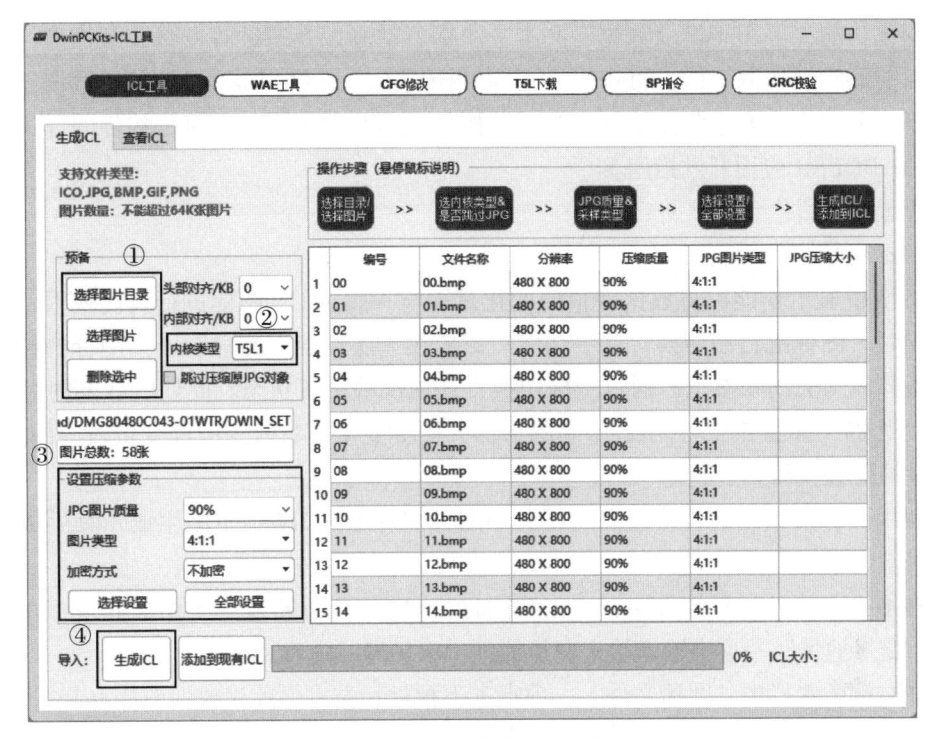

图 5-23 生成 ICL 文件

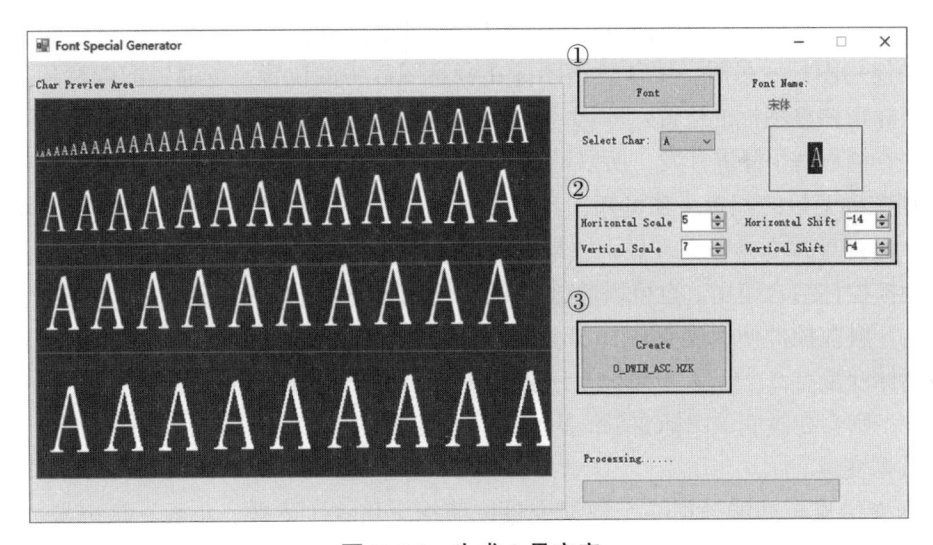

图 5-24 生成 0 号字库

    💡 提示：此处若无特殊需求，直接使用官方预装的 0 号 ASCⅡ 编码字库比较合适，显示较为平滑，迪文屏出厂即装载的官方 0 号字库。若个人生成的字库使用后想换回官方字库，可以在迪文社区下载官方的 0 号预装字库。

4）添加控件

    在 DGUS 软件中，控件被分为显示控件与触控控件两大类。显示控件对应图形界面中

-233-

的显示变化功能，可用于显示数据、文本、图标、动画以及时钟等变量；触控控件则对应图形界面中的触摸控制功能，可用于对不同触控要求的控制，如增量调节、数据录入、手势调节等。下面将选取这两类控件中的部分控件进行简单的讲解，全部控件的详细教程可查阅《T5L DGUSII 应用开发指南》。

（1）显示控件。

①图标变量。

图标变量显示功能可将数据变量的变化范围与一组 ICON 图标进行线性映射，当数据变量变化时，图标能自动切换，这一功能广泛应用于不同状态需显示不同图标的情形，例如在设备开启与关闭状态下，通过图标切换直观地反映设备状态。此处以官方例程"22 变量.bmp"为例，如图 5-25 所示，中间图形即为图标变量，右侧为图标变量对应的配置栏。图标变量的配置步骤如下。

a. 使用图标变量之前，将需要的相关小图标图片通过 DWIN ICL 生成工具生成对应的 ICL 文件；

b. 在 DGUS 软件显示控件中，点击"图标变量显示"，新建一个图标变量，在右侧配置栏中"变量地址"一项中输入给定变量地址（0x1000-0xFFFF）；

c. 在右侧配置栏中"图标文件"一项点击下拉框，选中之前生成的图标 ICL 文件；

d. 为该图标变量设定相应的变量上/下限以及对应的图标，并给定该图标变量一个初始值（默认为 0）。图标变量的上下限即限定该图标变量值的大小，当触摸控件或外部信号改变该图标变量地址下的对应值时，显示图标也会随之改变；

e. 在使用图标变量时，要注意该图标在背景图片中的位置，可通过配置栏顶部的 X/Y 像素点坐标来调整图标的位置。X、Y 坐标实际为图标左上角点在背景图片中所处的像素点位置，官方例程基于竖屏开发，所以可调整的范围为（0，0）-（480，800）像素点。

根据图标变量的配置步骤可知，其作为显示控件，仅是用来显示某一变量地址值对应的图片，而自身并不具备更改显示效果的功能，因此包括图标变量在内的很多显示控件都需要与触控控件结合使用，也可以通过串口通信更改其值。如图 5-25 中的"维修""保养"和"清洁"触控控件便会改变 0x1020 地址下图标变量的值，根据图标变量的变量上下限可知，该图标变量有 0、1、2 三种状态分别对应"维修""保养"和"清洁"触控控件，按下对应控件，则会在改变该图标变量值的同时，改变要显示的图标。

②数据变量。

数据变量显示功能是把一个数据变量按照指定格式（整数、小数、是否带 ASC Ⅱ 单位）用指定字体大小的阿拉伯数字显示出来，常用于显示某些需要直接观察到数据变化的场景，如手动输入数字时的显示、温度以及百分比的显示等。此处以官方例程"24 数字录入.bmp"为例，如图 5-26 所示，数字录入下面的显示框即为数据变量，右侧为数据变量对应的配置栏。数据变量的配置步骤如下。

a. 在 DGUS 软件显示控件中，点击"数据变量显示"，新建一个数据变量，在右侧配置栏中"变量地址"一项中输入给定变量地址（0x1000-0xFFFF）；

b. 根据需要，在右侧配置栏中的"字库大小"与"对齐方式"这两项调节所需字体大

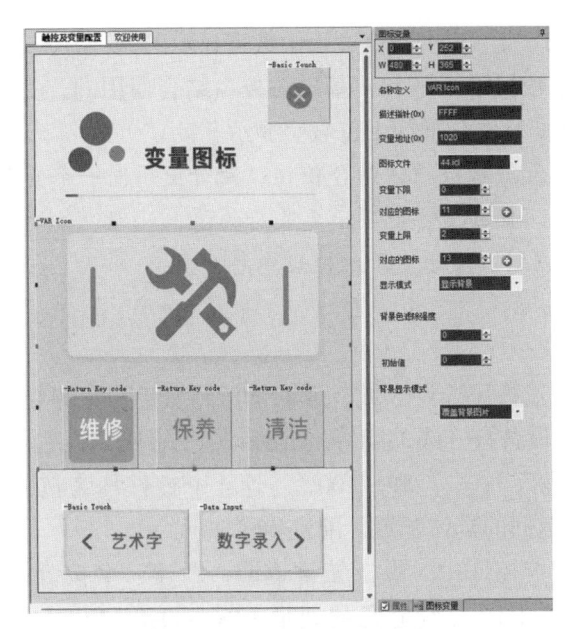

图 5-25 图标变量配置

图 5-26 数据变量配置

小与显示对齐方式;

c. 根据显示精度需要,设置显示数据的"变量类型""整数位数"以及"小数位数",并给定数据变量一个初始值。如图 5-26 中数据变量设定为 2 字节整数,整数位数为 5 位,小数位数为 0 位,则该显示变量最大可以显示 5 位整数,且无小数。若将整数位数设置为 3,小数位数设置为 2,变量初值设置为 12345,则显示为 123.45。

因为显示控件本身只可以显示,不会主动更改显示内容,因此数据变量除了与触控控件结合使用，更多地可作为单片机通信过程中数据显示的一种方式。图 5-26 中的数据变量则是与触控控件"变量数据录入"和"基础触控"结合使用的，其初始值为 0，每次点击下面的数字键盘，数据变量便会增加 1 位数字显示。

💡提示：显示控件常与触控控件结合使用，两者使用同一个变量地址，每当触控控件更改变量地址中的值时，显示控件便显示更改后的值。外部设备使用串口通信发送约定的数据帧给迪文屏也可以在对应显示变量的地址中写入值。

（2）触控控件。

①按键返回。

按键返回控件是通过按压控件区域，返回键值到变量，支持变量返回，常用于单一状态的触控控制，如控制设备打开或关闭等。此处以官方例程 31 亮度 .bmp 为例，如图 5-27 所示，其中"0%""30%""70%"和"100%"这 4 个控件均为按键返回触控控件，选取"100%"控件讲解按键返回的具体配置，配置步骤如下。

a. 在 DGUS 软件触控控件中，点击按键返回，新建一个按键返回控件，在右侧配置栏中"变量地址"一项中输入给定变量地址（0x1000-0xFFFF），以及需要返回的键值（0x0000-0xFFFF）；

b. 根据需要设定"按钮效果"（按下按键，按键颜色是否变化，需要添加并指定对比图）和"页面切换"（按下按键，是否需要切换页面，需指定切换的页面 ID）；

c. 根据需要设定按压时间，单位时间为 0.1s，取值范围为 0 ~ 255，如按压 5s 后反应，即设定为 50；

d. 根据需要勾选"数据自动上传"选框，如勾选，每次按键均会返回一串数据帧（包含键值），同时需要在 CFG 配置文件中打开该选项；如不勾选，则不会有回传的数据。

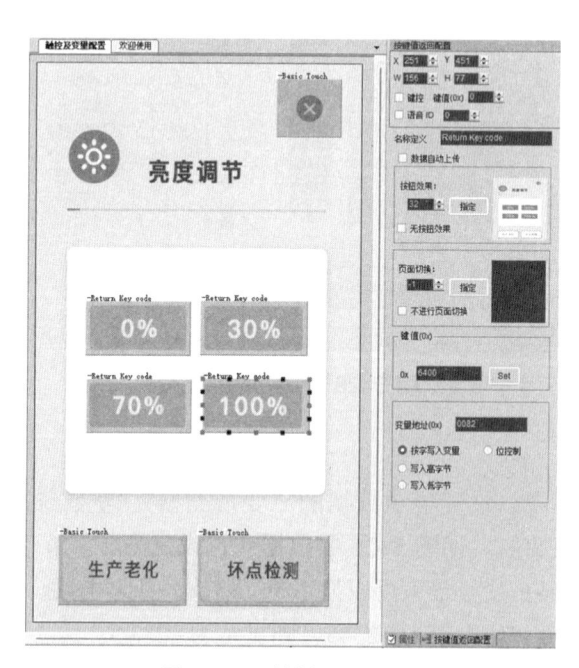

图 5-27 按键返回配置

在图 5-28 中的按键返回控件的地址是 0x0082，键值为 0x6400。0x0082 地址为系统变量地址，对应调节触摸屏的背光待机亮度，若背光待机亮度未打开则调节触摸屏显示亮度，此处未开启背光待机。按下"100%"按键返回控件，则会往地址 0x0082 中写入键值 0x6400，即设定当前显示亮度为 100%。

💡提示：0x1000-0xFFFF 变量地址为用户可用地址，此地址范围内的值被更改也不会对触摸屏的底层配置有任何影响，可以随意使用。0x0000-0x0FFF 变量地址为系统变量地址，此地址范围内的值被更改会修改触摸屏的底层配置，图 5-27 中的亮度调节使用到的便是系统变量地址。对于初学者而言，不建议使用触控控件修改系统变量地址中的值。

②增量调节。

增量调节控件是通过按压控件区域或持续按压控件区域实现数据的变化和调节，常用于某些多状态的触控控制，如对空调风速的三档调节等。此处则以官方例程 20 艺术字 .bmp 为例，如图 5-28 所示，选取图中控件"+"讲解增量调节控件的详细配置，配置步骤如下。

a. 在 DGUS 软件触控控件中，点击增量调节，新建一个增量调节控件，在右侧配置栏中"变量地址"一项中输入给定变量地址（0x1000-0xFFFF）；

b. 根据需要设定"按钮效果"（按下按键，按键颜色是否变化，需要添加并指定对比图）与是否勾选"数据自动上传"选框；

c. 设定增量调节控件的详细功能："调节方式"（++：按下按键，对应地址中的变量值增加；--：按下按键，对应地址中的变量值减少）、"调节步长"（按下按键，增加/减少的变量长度）、"调节上下限"（对应地址变量值增加/减少的总范围）、"逾限处理方式"（增量调节超出上下限后的调节方式，循环调节与停止调节两种方式）以及"按键效果"（按下按键后数据的改变方式，调节一次与持续调节）。

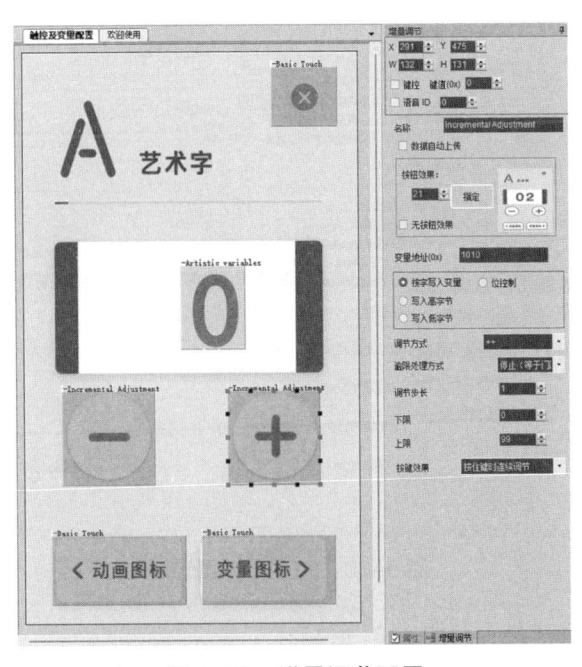

图 5-28 增量调节配置

在图 5-29 中，增量调节控件"+"地址与艺术字显示变量的地址相同，按下一次"+"控件，便会将地址 0x1010 中的值加 1，与之对应艺术字显示变量便显示后一个图标。根据图中对增量调节的详细功能的设定，该控件每次按下按键不松开会持续给地址 0x1010 下的变量值加 1，超出上限 99 后，会循环重复调节。

5）界面功能组态设置

在 DGUS 软件文件中，点击"保存"（保存整个工程的控件设置），再点击"生成"（生成的界面功能配置文件）。此时，DWIN SET 文件夹下会生成 3 个与界面功能组态有关的文件——13TouchFile.bin（触控配置文件）、14ShowFile.bin（显示配置文件）以及 22_Config.bin（控件变量初始化文件），如图 5-29 所示。

图 5-29　界面功能组态设置

6）生成 CFG 硬件参数配置文件

在 DGUS 软件欢迎使用页面下，点击 DGUS 配置工具选框中的"配置文件生成工具"，打开 CFG 生成工具，如图 5-30 所示，选取其中常用的几种设置进行讲解。

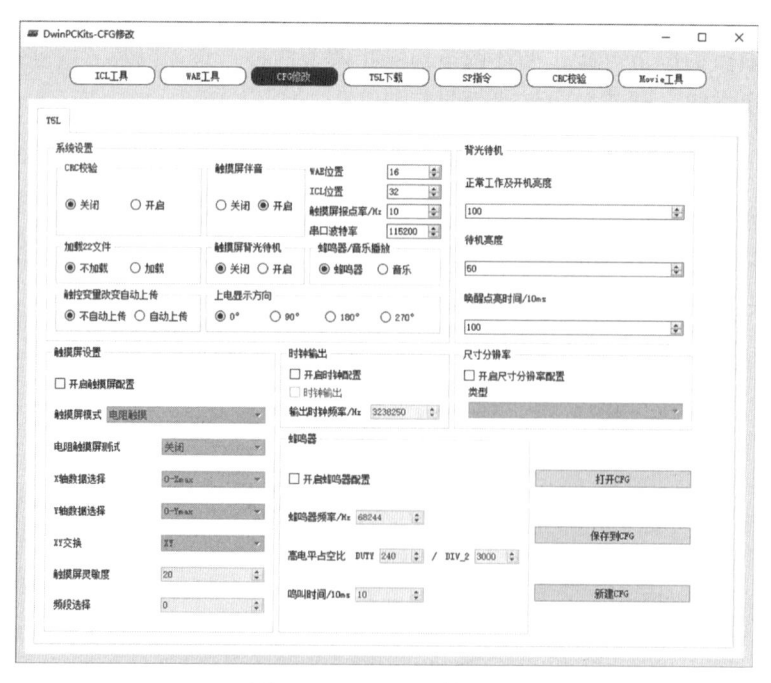

图 5-30　CFG 文件配置

（1）CRC 校验。选择是否使用 CRC 校验。

（2）加载 22 文件。此选项与 22_Config.bin 相关联，控件初始值被自定义后需打开该选项，建议常开。

（3）触控变量改变自动上传：此选项与前面讲过的触控控件的键值返回功能相关联，若需要键值返回功能，此处选中"自动上传"，否则不需要配置。

（4）上电显示方向：此设置具有4个选项，分别对应触摸屏显示正反横屏与正反竖屏两种方式。

💡提示：本案例中选取的DMG80480C043-01WTR触摸屏默认是竖屏，即上电显示方向为"0°"时，是以竖屏显示的，所以当选取上电显示方向为"0°"或"180°"时，需要选择基于400像素×800像素的背景图片上完成图形界面的设计。若需要将触摸屏作横屏显示，则可选择基于800像素×480像素的背景图片来完成整个图形界面，此时对应的上电方向则需要设置为"90°"或"180°"；

（5）触摸屏伴音：此选项控制触摸屏的声音开关。若选中该选项，则根据设置中的"蜂鸣器/音乐播放"选择一项来决定触控控件的伴音方式。

（6）ICL位置与串口波特率：ICL位置为触摸屏背景图片生成的ICL的命名，此处默认为32，即命名背景图片ICL需要以数字32为前缀；串口波特率则根据个人所需设置，此处默认为115200bps。

（7）新建CFG：将配置好的CFG文件生成保存到DWIN_SET文件夹中，CFG文件需要以T5LCFG为前缀命名，否则触摸屏无法解析该CFG文件。

上述为软件直接生成CFG文件的步骤，比较方便直接，缺点是配置不够全面。比较推荐的方式是在官方提供的CFG文件基础上，根据需要的功能，通过UltraEdit软件修改CFG文件上对应地址的数据，详细内容可自行查阅。

7）SD卡下载文件

完成以上6个步骤之后，我们就可以将生成的文件下载到迪文屏中。

首先，准备一个1~16G大小的MicroSD（TF）卡，将卡格式化为FAT32格式，非迪文官方购买的SD卡需要在DOS系统下格式化，不然下载现象通常只是蓝屏后显示下载文件数量为0，或者显示终端未能识别到卡不能正常进入下载界面。格式化操作方法如下。

（1）"WIN+R"快捷键打开运行界面，输入cmd进入DOS系统。

（2）键入指令：format/q g:/fs:fat32/a:4096，输入完成之后点击回车按键，如图5-31所示。

注：指令中q后面是一个空格，g是用户的计算机显示的SD卡的盘号，不同的SD卡

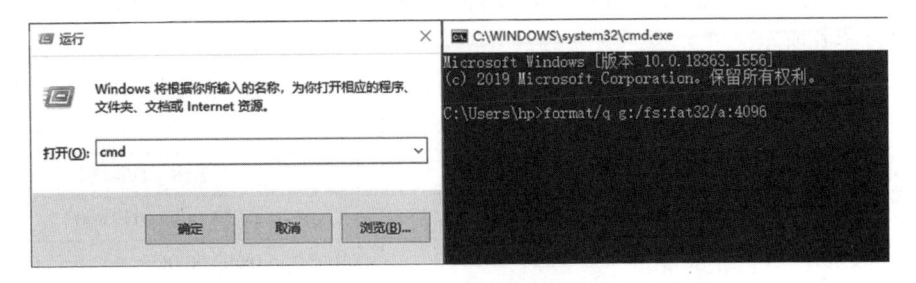

图5-31 SD卡格式化

通过读卡器插入计算机，生成的盘符是不固定的，有可能是 E 盘或 F 盘等，将对应的盘符号替换上面指令中的"g"即可。

然后，将工程文件中的 DWIN_SET 文件夹拷贝至 SD 卡，准备下载。下载步骤如下。

（1）给迪文屏断电，插入 SD 卡；

（2）迪文屏蓝屏，开始下载，等待显示"END"，代表下载结束；

（3）给迪文屏断电，取出 SD 卡；

（4）再次上电，迪文屏显示对应图形界面。

注：SD 卡升级不支持在线热插拔更新，为了防止热插拔对 Flash 操作影响，必须严格按照上述步骤，不可通电插卡，且在下载过程中，务必保持正常供电，中途断电可能导致黑屏异常。

4. UART2 串口通信协议

迪文触摸屏采用异步、全双工串口（UART），串口模式为"N81"（8 位数据位、1 位停止位、无校验），即每个数据传送采用十位，包括 1 个起始位，8 个数据位，1 个停止位。232/TTL 通信和主板 T/R 输入输出信号交叉接线，地线必须接上。

串口的所有指令或数据都是 16 进制（HEX）格式。对于字型（2 字节）数据，总是采用高字节先传送（MSB）方式，如 0x1234 先传送 0x12。一个 DGUS 周期能够传送的最大数据长度取决于用户界面的复杂程度，建议在一个 DGUS 周期内不要发送超过 4kB（约等于 230400 ~ 691200bps 波特率连续发送）的数据给迪文触摸屏。

1）数据帧结构

系统调试串口 UART2 模式固定为 N81，波特率可以设置，数据帧由 5 个数据块组成，如表 5-5 所示。

表 5-5 数据帧结构表

数据块	1	2	3	4	5
定义	帧头	数据长度（字节）	指令	数据	指令和数据的 CRC 校验（可选）
长度	2	1	1	最大 249 字节	2
说明	固定为 0x5AA5	指令 + 数据 + 校验的字节数目	0x82 写 0x83 读		CRC-16 （x16+x15+x2+1）

CRC 校验的开启 / 关闭由 .CFG 配置文件的 0x05.7 位控制。启用 CRC 校验后指令的对比举例如表 5-6 所示。

表 5-6 启用校验指令表

指令举例	不启用 CRC 校验	启用 CRC 校验
83 读指令	Tx:5AA5 04 83 000F 01	Tx:5A A5 06 83 000F 01ED 90
83 指令应答 82 写指令	Rx:5AA5 06 83 00 0F 01 14 10 Tx:5AA5 05 82 10 00 31 32	Rx:5AA5 08 83 00 0F 01 14 10 43 F0 Tx:5AA5 07 82 10 00 31 32 CC 9B

续表

指令举例	不启用 CRC 校验	启用 CRC 校验
82 指令应答	Rx:5A A5 03 82 4F 4B	Rx:5A A5 05 82 4F 4B A5 EF
83 触摸上传	Rx:5AA5 06 83 10 01 01 00 5A	Rx:5A A5 08 83 10 01 01 00 5A 0E 2C

2）指令介绍

迪文触摸屏采用变量驱动模式工作，屏的工作模式和 GUI 的状态完全由数据变量来控制。因此，串口指令也只需要对变量进行读、写即可，指令集非常简单，用户只需用到 82/83 指令即可。

（1）写变量存储器指令（0x82）。

此处以向 1000 变量地址里写数值 2 为例：

> 数据帧：5AA5 05 82 1000 0002

5AA5：帧头

05：数据长度

82：写变量存储器指令

1000：变量地址（2 个字节）

0002：数据 2（2 个字节）

解释：通过指令往 0x1000 地址里面赋值 2，屏上显示，数据变量整数类型 2。

注：DGUS 屏读、写变量的地址都可以看作起始地址，例如下面 a+b 指令的效果等于 c。

a: 5A A5 05 82 1001 000A

b: 5A A5 05 82 1002 000B

c: 5A A5 07 82 1001 000A 000B

（2）读变量存储器指令（0x83）。

此处以读 1000 变量地址里的数值（假设当前数值为 2）为例：

> 数据帧：5AA5 04 83 1000 01

5AA5 表示：帧头

04：数据长度

83：读数据存储区指令

1000：变量地址（两个字节）

01：从 1000 地址开始读 1 个字长度数据，数据指令最大容许长度 0x7c

发送读指令后，触摸屏会向串口返回读应答：

> 数据帧：5AA5 06 83 1000 01 0002

5AA5：帧头

06：数据长度

83：读变量存储器指令

1000：变量地址（2 个字节）

　　01：从 1000 地址开始读 1 个字长度数据

　　0002：1000 地址里的数据值是 2

（3）触摸按键返回到串口数据（0x83）。

　　此处以按返回变量地址 0x1001，键值 0x0002 为例：

> 数据帧：5AA5 06 83 1001 01 0002

　　5AA5：帧头

　　06：数据长度

　　83：读变量存储器指令

　　1001：变量地址（2 个字节）

　　01：1 个字长度数据

　　0002：键值 0002

　　按键返回（非基本触控）在系统配置 CFG 文件配置了数据上传之后，是可以通过串口发出来的。上述例子中的一帧指令即按键返回地址 1001 中的键值 0002。

　　💡提示：按键返回控件按下后，触摸屏不会自动清空该地址中存放的值，断电或认为写入才会改变该地址中的值。

（二）硬件电路设计

　　随书配套开发平台上提供的硬件电路如图 5-32 所示。本开发平台上搭载了一个迪文触摸屏的接口，通过该接口为触摸屏供电以及实现与 STC89C52RC 单片机之间的串口通信。

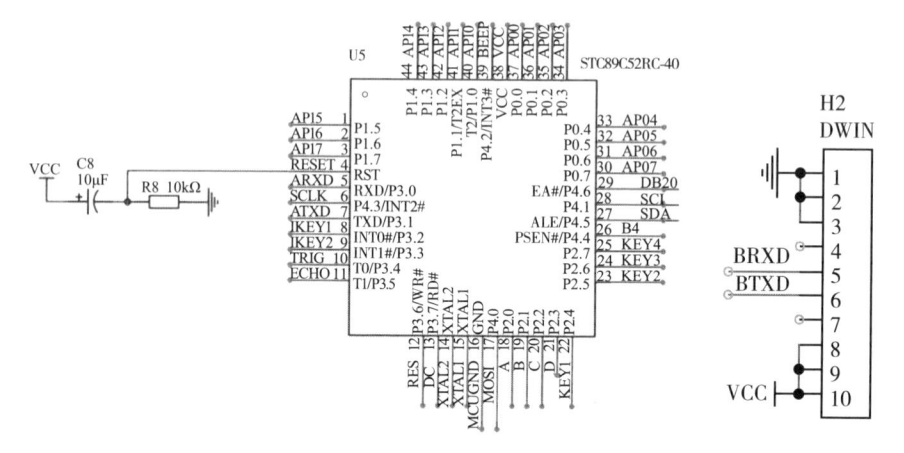

图 5-32　迪文触摸屏模块硬件电路图

（三）软件设计

　　本节案例将迪文触摸屏与实验平台结合起来使用。基于该章对应文件夹下提供的背景图片来设计一款迪文屏图形操作界面，背景图片如图 5-33 所示。将触摸屏生成的工程文件下载到触摸屏中，并通过串口通信来实现对迪文触摸屏与开发平台之间的双向控制。

（a）界面1

（b）界面2

图 5-33 背景图片展示

具体功能如下。

触摸屏控制开发平台：

（1）LED 灯闪烁（闪烁 5s 后关闭）。

（2）电机转动一圈后停止。

（3）走马灯执行 3 次循环后停止。

（4）蜂鸣器报警与关闭。

（5）触摸屏按键控制数码管和 LED 显示。

（6）LED 的开启与关闭。

开发平台控制触摸屏：

（1）显示矩阵键盘的按键值。

（2）显示 DS18B20 的温度值。

开发平台控制 OLED：显示温度。

示例代码如下：

1. 触摸屏部分

基于图 5-33 的背景图片，按照 DGUS 软件开发的步骤创建 DGUS 触摸屏工程。触摸屏界面设计比较简单，仅使用了按键返回控件、基础触控控件以及数据变量显示控件这 3 种控件。控件的基础配置如下：

1）触控控件

（1）界面 1 中的按键 1～4 使用按键返回控件，变量地址均为 0x1000，按键值分别对应 0x0001–0x0004。

（2）界面 1 中的闪烁灯使用按键返回控件，变量地址为 0x1000，按键值为 0x0005。

（3）界面 1 中的电机使用按键返回控件，变量地址为 0x1000，按键值为 0x0006。

（4）界面 1 中的走马灯使用按键返回控件，变量地址为 0x1000，按键值为 0x0007。

（5）界面 1 中的蜂鸣器使用按键返回控件，变量地址为 0x1000，按键值为 0x0008。

（6）界面 2 中的开灯使用按键返回控件，变量地址为 0x1000，按键值为 0x0009。

（7）界面 2 中的关灯使用按键返回控件，变量地址为 0x1000，按键值为 0x000A。

（8）界面 1 与界面 2 底部分别添加了基础触控按键，无返回值，仅可以切换页面，点击界面 1 底部的基础触控按键，触摸屏显示页会跳转到界面 2；界面 2 底部的基础触控按键同理。

可以看出以上所有的按键返回控件均使用同一个地址，按下不同的按键返回对应的键值，并发送数据帧给单片机，由单片机解析触摸屏数据，获取键值并执行键值对应的事件。

2）显示控件

（1）界面 1 中的按键显示与界面 2 中的键值显示使用数据变量显示控件，变量地址均为 0x1010，显示 1 位整数，无小数位，按下开发平台上的矩阵键盘，触发串口发送数据帧改变该地址下的值，显示矩阵键盘按键编号。

（2）界面 1 中的温度显示使用数据变量显示控件，变量地址为 0x1020，显示 2 位整数，1 位小数。开发平台每隔 1s 获取一次 DS18B20 的温度并通过串口发送数据帧改变该地址下的值，显示温度。

CFG 硬件参数配置如图 5-34 所示。其中勾选"加载 22 文件"的"加载"选项，"触控变量改变自动上传"的"自动上传"选项，"上电显示方向"的"90°"选项，以及更改串

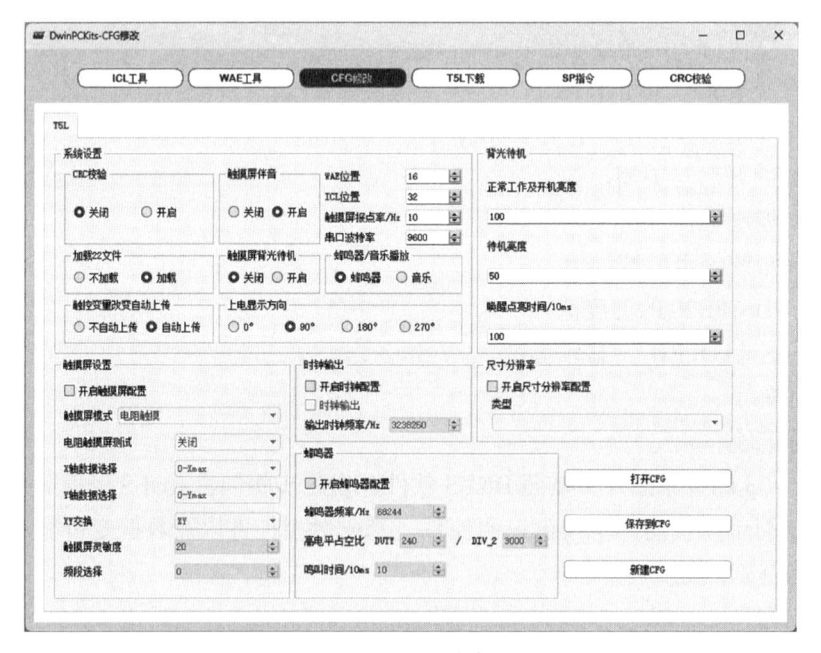

图 5-34 CFG 硬件参数配置

口波特率为常用的 9600，其余无改动，设定好后，点击"新建 CFG"，按照规定命名保存文件到工程"DWIN SET"文件夹中即可。

2. 单片机控制代码

1）数码管驱动头文件与源文件

```
nixie_tube.h
#ifndef _NIXIE_TUBE_h
#define _NIXIE_TUBE_h
#define SMG_NUM（m）            P0=SMG_TABLE[m]//送段码
#define SMG_POSN（n）            P2 =（P2 & 0xF0）|（~（1<<n）&0x0F）//送位码
void SMG_Display（uint8_t Num,uint8_t Posn）;
#endif


nixie_tube.c
#include "config.h"
const uint8_t code SMG_TABLE[]={0x3f,0x06,0x5b,0x4f,0x66,0x6d,
                                0x7d,0x07,0x7f,0x6f,0x00};// 共阴极段码 0123456789
/*
功能描述：数码管显示函数，在对应的位静态显示数字
*/
void SMG_Display（uint8_t Num,uint8_t Posn）
{
    SMG_POSN（Posn）;        // 送位码
    SMG_NUM（Num）;          // 送段码
}
```

数码管驱动头文件添加数码管显示函数声明，其余无改动。

数码管驱动源文件仅基于数码管位选和段选宏定义创建一个在指定位置显示指定数字的 SMG_Display（uint8_t Num,uint8_t Posn）函数。

2）LED 驱动头文件与源文件

```
led.h
#ifndef _LED_H_
#define    _LED_H_
#define LED                  P1
#define LED_SHIFT（x）        LED= ~（0x01 << x）
#define LED_ALL_ON（）        LED= 0x00
#define LED_ALL_OFF（）       LED= 0xff
void Marquee（uint8_t Marquee_Num）;
```

```
#endif
```

led.c
```c
#include "config.h"
const uint8_t code Marquee_Data[56]=
{
    0x01,0x02,0x04,0x08,0x10,0x20,0x40,0x80,
    0xC0,0x60,0x30,0x18,0x0C,0x06,0x03,0x07,
    0x0E,0x1C,0x38,0x70,0xE0,0x40,0x20,0x10,
    0x08,0x04,0x02,0x01,0x03,0x06,0x0C,0x18,
    0x30,0x60,0xC0,0xE0,0x70,0x38,0x1C,0x0E,
    0x07,0x11,0x22,0x44,0x88,0x44,0x22,0x11,
    0x18,0x24,0x42,0x81,0x42,0x24,0x18,0x00
};
/*
功能描述：跑马灯动作函数，根据跑马灯数据表，点亮对应的 LED
Marquee_Num: 调用走马灯数据表中对应的 LED 状态数据来显示
*/
void Marquee（uint8_t Marquee_Num）
{
    LED = ~Marquee_Data[Marquee_Num];
}
```

led 驱动头文件增添 LED 全关/开语句的宏定义和走马灯动作函数的声明，其余无改动。

led 驱动源文件中增添了走马灯数据表和走马灯动作函数。走马灯数据表中存放了 56 个 LED 显示状态数据，供走马灯动作函数调用。走马灯动作函数 Marquee（uint8_t Marquee_Num）内部定义了一个形参变量 Marquee_Num：代表调用走马灯数据表中对应的 LED 状态来显示。

3）按键驱动头文件与源文件

key.h
```c
#ifndef _KEY_H_
#define   _KEY_H_
......
void Key_Act（）;
#endif
```

key.c

```c
#include "config.h"
......
/*
功能描述：发送开发板按键值给触摸屏，写入开发板按键值到触摸屏按键显示变量地址中
*/
void SendKeyToScreen ( uint8_t key_value )
{
    uint8_t     send_buff[8];
    send_buff[0] = 0x5A;
    send_buff[1] = 0xA5;
    send_buff[2] = 0x05;
    send_buff[3] = 0x82;
    send_buff[4] = 0x10;
    send_buff[5] = 0x10;
    send_buff[6] = 0x00;
    send_buff[7] = key_value;
    UART_SendBuff ( send_buff,8 );
}
/***** 键值驱动函数 *****/
void KeyDrive ( uint8_t key_value )
{
        switch ( key_value )
    {
        case 1:      case 2: case 3: case 4:
        case 5:      case 6: case 7: case 8:
            SMG_Display ( key_value,1 );// 数码管显示开发板按键值
            LED_SHIFT (( key_value-1 ));// 点亮对应 LED
            SendKeyToScreen ( key_value );      // 发送开发板按键值给触摸屏
        default:     break;                     // 若是其余按键，退出此函数
    }
}
/*
功能描述：按键动作函数，包括按键扫描和动作执行
*/
void Key_Act ( )
{
    uint8_t key_value=0;
    if ( FSM_Scan_Time >= TIMER_10ms ) {       // 每隔 10ms 扫描检测按键并执行
```

```
            FSM_Scan_Time = 0;
            key_value = ReadKey ( );
            KeyDrive (key_value );
        }
}
```

按键驱动头文件中仅增添了按键动作函数的声明,其余无改动。

按键驱动源文件中增添了键值发送函数 SendKeyToScreen (uint8_t key_value),其内部形参 key_value 为输入的按键值,该函数功能是将键值发送到触摸屏,写入到按键显示变量地址来显示矩阵键盘按键值。在键值驱动函数 KeyDrive (uint8_t key_value) 中修改按键的执行动作为点亮对应 LED,数码管显示对应数字并发送键值给触摸屏。按键动作函数 Key_Act ( ) 中是对按键扫描函数和按键动作函数的调用,每 10ms 执行一次。

4) DS18B20 驱动头文件与源文件

ds18b20.h

```
#ifndef __DS18B20_H
#define __DS18B20_H
......
#define DS18B20_INIT            0
#define DS18B20_CONVERT         1
#define DS18B20_GET_TEMP        2
void DS18B20_Act ( );
void SendTempToScreen (sint16_t temp );
extern uint16_t GetTemp_TimeCnt;
extern uint8_t  State_DS18B20;
extern uint16_t Time_WaitConvert;
extern sint16_t temperature;
#endif
```

ds18b20.c

```
#include "config.h"
......
/*
功能描述:将 DS18B20 的实时温度发送给触摸屏
temp:输入的实际温度值
*/
void SendTempToScreen (sint16_t temp )
{
```

```c
        uint8_t send_buff[8];
        send_buff[0] = 0x5A;
        send_buff[1] = 0xA5;
        send_buff[2] = 0x05;
        send_buff[3] = 0x82;
        send_buff[4] = 0x10;
        send_buff[5] = 0x20;
        send_buff[6] = ( uint8_t )( temp >> 8 );
        send_buff[7] = ( uint8_t )temp;
        UART_SendBuff ( send_buff,8 );
}
    uint8_t  State_DS18B20 = 0;              //DS18B20 的状态位，0：初始化；1: 等待温度转换；2：获取温度
    uint16_t Time_WaitConvert = 0; // 等待 DS18B20 转换温度的时间
    uint16_t GetTemp_TimeCnt = 0; // 获取 DS18B20 温度的计时
    sint16_t temperature = 0;
    /*
    功能描述：DS18B20 动作函数
    */
    void DS18B20_Act ( )
    {
        uint8_t Temp_LByte,Temp_HByte;
        static uint8_t error_cnt=ERROR_MAX_CNT;
        if ( GetTemp_TimeCnt >= TIMER_1000ms ){
            switch ( State_DS18B20 ){
                case DS18B20_INIT:
                    EA=0;
                    if ( DS18B20_Init ( )==ACK_FALSE ){
                        if ( error_cnt > 0 )error_cnt--;
                        State_DS18B20 = DS18B20_INIT;
                        break;
                    }// 传感器初始化
                    WriteByte ( 0XCC );                    // 跳过读取序列号操作
                    WriteByte ( 0X44 );                    // 温度转换指令
                    EA=1;
                    State_DS18B20 = 1;
                    break;
                case DS18B20_CONVERT:
                    if ( Time_WaitConvert >= TIMER_750ms ){
```

```c
                        State_DS18B20 = DS18B20_GET_TEMP;
                        Time_WaitConvert = 0;
                    }
                    break;
                case DS18B20_GET_TEMP:
                    EA=0;
                    if(DS18B20_Init( )==ACK_FALSE){
                        if(error_cnt > 0){
                            error_cnt--;
                            State_DS18B20 = DS18B20_GET_TEMP;
                            break;
                        }else{
                            State_DS18B20 = DS18B20_INIT;
                            break;
                        }
                    }// 传感器初始化
                    WriteByte(0XCC);              // 跳过读取序列号操作
                    WriteByte(0xBE);              // 发送读取温度指令
                    Temp_LByte = ReadByte( );     // 读取温度值共16位,先读低字节
                    Temp_HByte = ReadByte( );     // 再读高字节
                    EA=1;
                    if(Temp_HByte > 0xF0){        // 温度值低于0时
                        temperature = Temp_HByte;// 先存高字节,后面通过移位存储低字节
                        temperature <<= 8;
                        temperature |= Temp_LByte;
                        temperature = ~temperature +1;
                        temperature = (int)((double)temperature * 0.0625 *10 *(-1));
                    }else{                        // 温度值高于0时
                        temperature = Temp_HByte; // 先存高字节,后面通过移位存储低字节
                        temperature <<= 8;
                        temperature |= Temp_LByte;
                        temperature = (int)((double)temperature * 0.0625 * 10);
                    }
                    SendTempToScreen(temperature); // 发送温度值给触摸屏
                    OLED_ShowCHinese(108,2,9);     // 显示当前温度值
                    OLED_ShowChar(99,2,0x30+temperature%10,16);
```

```
                            OLED_ShowString（90,2,".",16）;
                            OLED_ShowChar（81,2,0x30+temperature/10%10,16）;
                            OLED_ShowChar（72,2,0x30+temperature/100%10,16）;
                            GetTemp_TimeCnt = 0;              // 获取温度计时清 0
                            State_DS18B20 = DS18B20_INIT;
                            break;
            }
            if（error_cnt == 0）{
                    error_cnt = ERROR_MAX_CNT;
                    OLED_ShowCHinese（108,2,9）;              // 显示当前温度值
                    OLED_ShowString（72,2,"----",16）;
                    GetTemp_TimeCnt = 0;                      // 获取温度计时清 0
            }
        }
    }
```

DS18B20 驱动头文件中新增了几个宏定义、变量以及函数的声明。其中 DS18B20_INIT、DS18B20_CONVERT 和 DS18B20_GET_TEMP 这 3 个宏名分别代表 DS18B20 获取温度完整流程的 3 个状态：初始化、等待温度转换以及温度获取。

DS18B20 驱动源文件中新增多个变量和函数，下面就增添的变量和函数作详细介绍。

（1）State_DS18B20 变量：代表 DS18B20 的执行状态，作为 DS18B20 温度获取状态机的状态判断标志。

（2）Time_WaitConvert 变量：代表 DS18B20 转换温度等待时间，作为 DS18B20 温度转换是否结束的标志。

（3）GetTemp_TimeCnt 变量：作为执行一次 DS18B20 的计时判断依据。

（4）temperature 变量：用于存放 DS18B20 获取到的温度。

（5）SendTempToScreen（sint16_t temp）函数：内部定义了一个形参变量 temp，代表输入的温度值，该函数是将温度值发送给触摸屏，将温度值写入温度显示变量地址下显示。

鉴于 DS18B20 转化温度等待时间过长，需要等待 750ms，因此没有使用前面章节建立的温度获取函数，而重新编写基于状态机思想获取 DS18B20 温度的函数 DS18B20_Act（），避免等待时间过长造成其余模块执行动作的阻塞。

DS18B20_Act（）编写思路是：每次成功获取 DS18B20 温度值后间隔 1s 再次启动一次 DS18B20 模块获取温度。基于 DS18B20 获取温度完整流程的 3 个状态——初始化、等待温度转换以及温度获取来执行对应程序。

初始化状态 DS18B20_INIT: 成功获取到 DS18B20 温度之后间隔 1s 后再次启动一次 DS18B20 模块，初始化 DS18B20 模块并发送转换指令，若初始化失败超过 5 次，在 OELD 屏上显示"----"，若初始化成功，跳转到等待温度转换 DS18B20_CONVERT 状态。

等待温度转换状态 DS18B20_CONVERT：基于定时 0 中断计数来判断是否等待超过

750ms，满足等待时长后跳转到温度获取 DS18B20_GET_TEMP 状态。

温度获取状态 DS18B20_GET_TEMP：再次发送初始化指令给 DS18B20，若初始化失败超过 5 次在 OELD 屏上显示"----"。若再次初始化成功后，发送获取温度指令获取温度值，温度获取成功在 OLED 屏上显示出来，并发送到触摸屏上显示，此时清零 GetTemp_TimeCnt 变量并跳转到初始化 DS18B20_INIT 状态，等待下一次启动 DS18B20 模块的启动。

5）触摸屏头文件与源文件

```
touch_screen.h
#ifndef _TOUCH_SCREEN_H_
#define _TOUCH_SCREEN_H_
void ScreenData_ACT（）;
extern uint8_t ScreenKeyValue;
extern uint16_t TimeCnt;
#endif
```

```
touch_screen.c
#include "config.h"
uint16_t Cnt_2ms = 0;                //2ms 计数，闪烁灯／电机／走马灯执行的时基
uint8_t ScreenKeyValue = 0;          // 记录触摸屏控件值
uint16_t Marquee_Num = 0;            // 跑马灯执行计数
/*
功能描述：触摸屏动作函数
触摸屏上的控制变量地址均为 0x1000，根据触摸屏控件值来执行对应的动作
控件值：
0x01~0x04：为按键输入，可控制开发板上的数码管显示对应数字，并点亮 LED
0x05: LED 闪烁 5s
0x06: 步进电机旋转一圈
0x07: 跑马灯执行一段时间
0x08: 蜂鸣器打开与关闭
0x09: 打开全部 LED
0x0A: 关闭全部 LED
所有动作执行完成后，会将触摸屏按键值变量 ScreenKeyValue 清 0，即仅执行 1 次功能
*/
void ScreenData_ACT（）
{
    switch（ScreenKeyValue）
    {
        case 0x01: case 0x02:
        case 0x03: case 0x04:
```

```c
            SMG_Display(ScreenKeyValue,1);// 数码管显示数字
            LED = ~(0x11 << (ScreenKeyValue-1));//LED 点亮对应位
            ScreenKeyValue=0;
            break;
        case 0x05:
            if(++Cnt_2ms / TIMER_500ms %2 == 0) LED_ALL_OFF();
            else                                LED_ALL_ON();
            if(Cnt_2ms >= TIMER_5000ms){ //LED 闪烁 5s 后停止
                LED_ALL_OFF();
                ScreenKeyValue = 0;
            }
            break;
        case 0x06:
            if(++Cnt_2ms >= TIMER_2ms){ // 每 2ms 脉冲数加 1
                Cnt_2ms = 0;
                Stepper_Motor_OnePulse(POS_Direction,CirclePulse);
                if(++CirclePulse >=One_Circle_Pulse){
                            // 步进电机转动一圈脉冲数后停止
                    Stepper_Motor_Stop();
                    CirclePulse = 0;
                    ScreenKeyValue = 0;
                }
            }
            break;
        case 0x07:
            if(++Cnt_2ms >= TIMER_50ms){
                Cnt_2ms = 0;
                Marquee(Marquee_Num%56);
                if(++Marquee_Num / 56 >=3){// 跑马灯全部执行 3 次后关闭
                    Marquee_Num = 0;
                    ScreenKeyValue = 0;
                }
            }
            break;
        case 0x08:
            Beep = ~Beep;          // 翻转蜂鸣器状态
            ScreenKeyValue = 0;
            break;
        case 0x09:
```

```
                    LED_ALL_ON();              // 打开全部 LED
                    ScreenKeyValue = 0;
                    break;
            case 0x0A:
                    LED_ALL_OFF();// 关闭全部 LED
                    ScreenKeyValue = 0;
                    break;
        }
}
```

触摸屏头文件中包含了对触摸屏动作函数，触摸屏按键返回值变量和 2ms 计数变量的声明。

触摸屏源文件中核心函数即为 ScreenData_ACT( ) 触摸屏动作函数。ScreenData_ACT( ) 函数置于定时器 0 中断中每隔 2ms 执行一次，若由串口解析函数获取的触摸屏按键返回值为 0x01-0x0A，便执行对应动作，执行完动作后，将获取的按键返回值清 0，每次获取到数据仅执行一次。ScreenData_ACT( ) 函数中需要执行一定时长的动作均是基于 2ms 计数变量 Cnt_2ms 实现的，其实现逻辑并不复杂，详细实现过程可自行查看上面的代码。

6）定时器头文件与源文件

```
timer.h
#ifndef _TIMER_H_
#define  _TIMER_H_
#define TIMER_SETMS（x）   （65536-x*FOSC/12/1000）
// 基于 2ms 时基的定时宏定义
#define TIMER_2ms              1
#define TIMER_10ms             5
#define TIMER_50ms             25
#define TIMER_100ms            50
#define TIMER_500ms            250
#define TIMER_750ms            375
#define TIMER_1000ms           500
#define TIMER_5000ms           2500
void Timer0_Init（void）;     //2ms
#endif


timer.c
#include "config.h"
void Timer0_Init（void）         //2ms
{
```

```c
        TMOD &= 0xF0;              // 设置定时器模式
        TMOD |= 0x01;              // 设置定时器模式
        TL0 = TIMER_SETMS（2）%256;               // 设置定时初始值
        TH0 = TIMER_SETMS（2）/256;               // 设置定时初始值 5ms
        TF0 = 0;          // 清除 TF0 标志
        TR0 = 1;          // 定时器 0 开始计时
        ET0 = 1;          // 开定时器 0 中断
        EA = 1;           // 开总中断
}
void Timer0_Isr（）interrupt 1
{
    TL0 = TIMER_SETMS（2）%256;        // 重新设定初值 2ms
    TH0 = TIMER_SETMS（2）/256;        // 重新设定初值 2ms
    if（RxBusy_Flag）   FrameTime++;   // 数据接收帧超时检测
    FSM_Scan_Time++;              // 状态机检测间隔计时
    GetTemp_TimeCnt++;            //DS18B20 温度获取间隔计时
    if（State_DS18B20 == DS18B20_CONVERT）Time_WaitConvert++;
                      // 温度转换等待过程计时
    ScreenData_ACT（）;            // 触摸屏指令动作函数
}
```

定时器头文件中增添了多个基于 2ms 时基的宏定义，其余无改动。

定时器源文件中配置定时器 0 每隔 2ms 产生中断，作为整个系统运行的时基。其中串口数据接收帧超时时间为 10ms，按键扫描为 10ms 一次，DS18B20 模块为成功获取温度 1s 后启动，温度转换等待为 750ms，触摸屏动作函数为 2ms 执行一次。

7）串口头文件与源文件

```
uart.h
#ifndef _UART_H_
#define   _UART_H_
......
#endif


uart.c
#include "config.h"
......
/*
功能描述：串口数据解析函数
```

```c
*/
void UART_DataAnalysis( )
{
    if ( FrameTime >= TIMER_10ms ){      // 一帧数据接收完成后执行
        FrameTime = 0;                    // 清字符间隔时长
        RxBusy_Flag = 0;                  // 清起始标志位
        if ( Uart_RBuff[0]==0x5A&&Uart_RBuff[1]==0xA5 ){
            if ( Uart_RBuff[2]==0x06&&Uart_RBuff[3]==0x83 ){
                ScreenKeyValue=Uart_RBuff[8];   // 获取触摸屏发来的控件值
                if ( ScreenKeyValue >= 0x05 && ScreenKeyValue <= 0x07 )
                    Cnt_2ms      = 0;
            }
        }
        Uart_RData_Num = 0;               // 将记录接收到字符个数的变量清 0
        memset ( Uart_RBuff, 0, sizeof ( Uart_RBuff ));
                    // 清空实时串口数据数组 UartRXData，准备下次存储
    }
}
```

串口头文件增添了一个串口数据解析函数声明，其余无改动。

串口源文件增添了一个串口数据解析函数，该函数利用数据帧超时间隔来判断一帧数据是否接收完毕，接收结束后开始解析这一帧数据，获取其中触摸屏发来的有效键值字节以供定时器中断中触摸屏动作函数使用。

8）配置头文件与主函数源文件

```c
config.h
#ifndef _CONFIG_H_
#define  _CONFIG_H_
// 数据类型重定义
typedef    signed   char     sint8_t;
typedef signed   short int sint16_t;
typedef signed   long  int sint32_t;
typedef unsigned char     uint8_t;
typedef unsigned short int uint16_t;
typedef unsigned long  int uint32_t;
#include <STC89C5xRC.H>
#include <intrins.h>
#include <string.h>
#include "key.h"
```

```c
#include "led.h"
#include "oled.h"
#include "uart.h"
#include "timer.h"
#include "ds18b20.h"
#include "nixie_tube.h"
#include "stepper_motor.h"
#include "touch_screen.h"
#define FOSC 11059200L    // 晶振频率
sbit Beep = P4^2;
#define BUZZER_ON    Beep=0
#define BUZZER_OFF   Beep=1
#endif
```

main.c
```c
#include "config.h"
void main ( )
{
    OLED_Init ( );      //OLED 初始化
    OLED_ShowCHinese (0,0,0);      // 单
    OLED_ShowCHinese (18,0,1);     // 片
    OLED_ShowCHinese (36,0,2);     // 机
    OLED_ShowCHinese (54,0,3);     // 温
    OLED_ShowCHinese (72,0,4);     // 度
    OLED_ShowCHinese (90,0,5);     // 显
    OLED_ShowCHinese (108,0,6);    // 示
    OLED_ShowCHinese (0,2,7);      // 当
    OLED_ShowCHinese (18,2,8);     // 前
    OLED_ShowCHinese (36,2,3);     // 温
    OLED_ShowCHinese (54,2,4);     // 度
    UART_Init ( );     // 串口初始化
    Timer0_Init ( );   // 定时器初始化
    while (1)
    {
        UART_DataAnalysis ( );   // 串口数据解析函数
        DS18B20_Act ( );         //DS18B20 传感器动作函数
        Key_Act ( );             // 矩阵键盘动作函数
    }
}
```

配置头文件中包含了使用到的单个模块的头文件，其余无改动。

主函数源文件主要是对各个模块库函数的调用。开发平台上电后，初始化 OLED、串口以及定时器 0，而后便循环执行串口解析函数、DS18B20 动作函数和按键动作函数。

触摸屏实验现象

三、语音识别与播报系统

【学习指南】

当今物联网技术的大力发展，语音控制技术被广泛应用于智能家居系统，用户能够利用语音与家居设备进行交互，使用语音指令来控制灯光、温度、安全系统、家庭娱乐设备等。本节案例将学习使用一款智能语音模块，使用开发平台来模拟家居环境，通过语音指令来控制开发平台上的外围器件，体验语音控制技术的便捷与人性化。

（一）语音模块简介

本节案例采用的是基于 SU-03T 语音模组设计的一款 AI 智能语音识别模块，其实物如图 5-35 所示。SU-03T 语音模组是一款低成本、低功耗、小体积的离线语音识别模组，能快速应用于智能家居中各类智能家电等需要语音操控的产品。

SU-03T 模组采用 US516P6 芯片，该芯片是云知声智能科技股份有限公司针对大量纯离线控制场景和产品推出的低成本纯离线语音识别芯片，其离线识别算法与芯片架构深度融合，可以提供超低成本的离线语音识别方案，使用简易可靠。

图 5-35 语音模块实物图

US516P6 芯片采用 32bit RSIC 架构内核，并加入了专门针对信号处理和语音识别所需要的 DSP 指令集，支持浮点运算的 FPU 运算单元，以及 FFT 加速器。该方案支持 100 条本地指令离线识别，支持 RTOS 轻量级系统，具有丰富的外围接口，以及简单易用的客制化工具。

1. 功能特性

（1）32bit RISC 内核，运行频率 240M。

（2）支持 DSP 指令集以及 FPU 浮点运算单元。

（3）FFT 加速器：最大支持 1024 点复数或 2048 点实数 FFT/IFFT 运算。

（4）内置 242kB 高速 SRAM，内置 2MB FLASH。

（5）支持 1 路模拟 Mic 输入。

（6）Mono 音频输出。

（7）支持 5V 电源输入，内置 5V 转 3.3V。

（8）最多支持 10 个 GPIO，1 个 SPI 接口，1 个全双工 UART，1 个 IIC 接口，2 路 PWM 输出。

（9）基于 RTOS SDK，支持快速便捷的 UART、I2C 等控制协议开发。

2.管脚定义

SU-03T 模组管脚功能定义如表 5-7 所示。

表 5-7　SU-03T 模组管脚功能定义

序号	PIN 名称	功能说明
1	VCC	5V 供电
2	GND	数字地
3	3V3	芯片内部 LDO 输出 3.3V，外部负载不能超过 150mA
4	B8	打印信息引脚，不用可悬空
5	B7	ADC13/UART1_TXD/I2C_SCL
6	B6	ADC12/UART1_RXD/I2C_SDA
7	B2	UART1_TXD/I2C_SCL/TIM3_PWM
8	MIC-	驻极体麦负极
9	MIC+	驻极体麦正极
10	B3	UART1_RXD/I2C_SDA/TIM4_PWM
11	A27	ADC6/SPIS_MOSI/SPIM_MOSI/I2S0_DO/DMIC1_CLK/TIM3_PWM
12	A26	ADC5/SPIS_CLK/SPIM_CLK/I2S0_BCLK/I2S1_BCLK/DMIC0_CLK
13	A25	ADC4/SPIS_MISO/SPIM_MISO/I2S0_LRCLK/I2S1_LRCLK/DMIC_DAT
14	B0	UART0_TXD/I2C_SCL/TIM3_PWM
15	B1	UART0_RXD/I2C_SDA/TIM4_PWM
16	GND	数字地
17	SPK-	喇叭负极
18	SPK+	喇叭正极

💡 提示：从管脚定义可以看出，SU-03T 模组的使用与常见单片机无异，但本章开发 SU-03T 模组是基于云平台配置使用，简单易用，无须编写代码，极大地缩短了开发时间。

(二) SU-03T 模组配置流程

本节案例仅讲解 SU-03T 基础的配置方法，请自行探索剩余多样的开发内容。

1. 前期准备

（1）前往智能公元网站，注册个人账户，如图 5-36 所示。

图 5-36　智能公元配置平台

（2）选中下方快速智能化及创建产品选项中纯离线方案的 SU-03T 模组，点击"创建产品"，如图 5-37 所示。

图 5-37　创建 SU-03T 产品

（3）填写自定义的产品信息，点击下一步，如图 5-38 所示。

图 5-38　填写自定义产品信息

（4）进入配置界面，配置"前端信号处理"，SU-03T 模组麦克风固定为单 MIC，"距离识别"与"稳态降噪"根据使用场景自行设置，如图 5-39 所示。

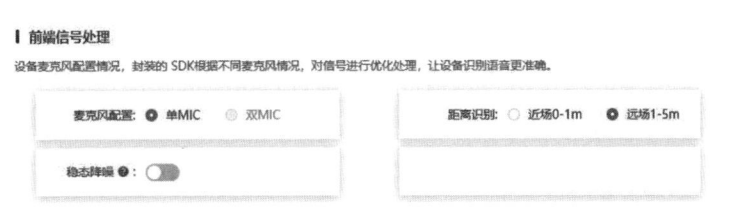

图 5-39　配置"前端信号处理"

2. 配置引脚功能——核心步骤

SU-03T 模组可配置的引脚共有 11 个，其中用于烧录固件的两个引脚，建议默认配置不改动，其余引脚均有复用功能，可根据需求自行配置。

本节案例是基于 SU-03T 模组与开发平台间的串口通信来实现对开发平台的控制，因此仅使用到了 B6 和 B7 引脚，选中配置引脚序号 7 和 8 对应的功能 GPIO_B6 和 GPIO_B7，点击下拉框，将其对应配置为 UART1_RX 和 UART1_TX 全双工通信串口，此处根据开发平台单片机常用的串口配置 SU-03T 模组的串口波特率为 9600、数据位为 8 位、1 位停止位、无校验位，如图 5-40 所示（可根据实际需要修改为其他配置）。SU-03T 模组的串口通信数据帧具有两种格式，分别是固定帧格式（帧头为 0xAA 0x55，帧尾为 0x55 0xAA）以及配置格式格式（自定义帧头与帧尾），此处默认固定帧格式。

SU-03T 模组的引脚除了可以配置为串口外，还可以配置通用 GPIO 输出/输入、ADC 输入、脉冲输入、PWM 输出以及红外发射/接收功能，此处可自行尝试探索。

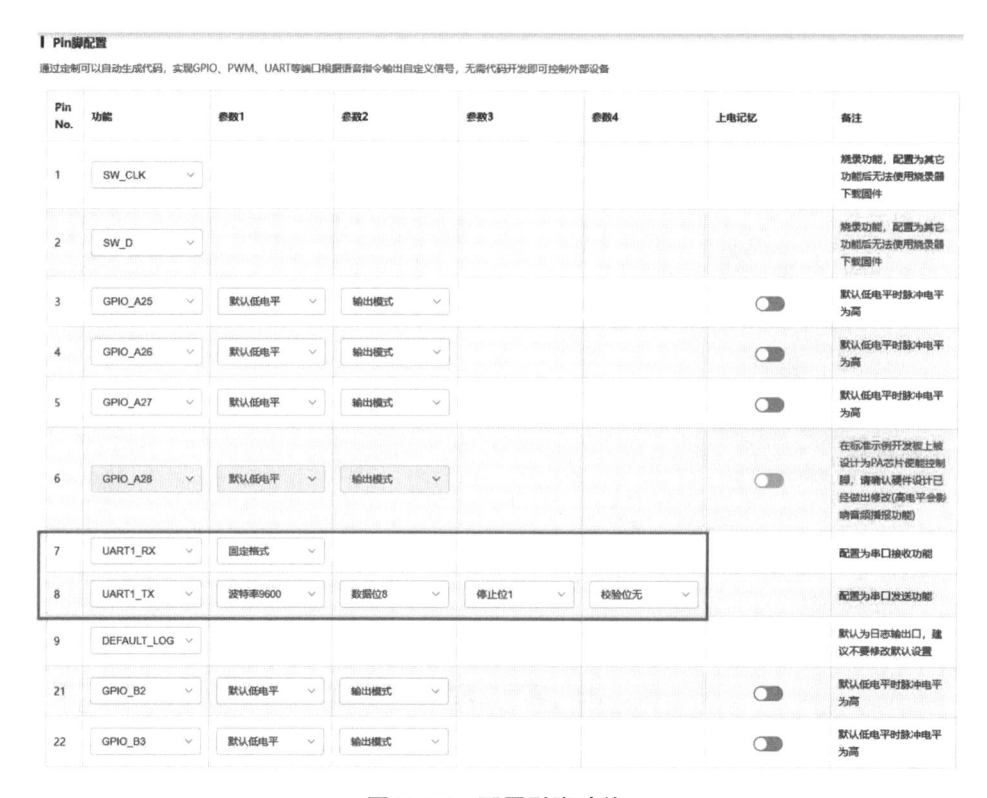

图 5-40　配置引脚功能

3. 配置唤醒词

唤醒词即唤醒模块的语音指令，根据需要配置自定义的唤醒语句与唤醒回复语句，一般默认即可，如图 5-41 所示。

图 5-41　配置唤醒词

4. 配置命令词——核心步骤

配置命令词即配置自定义语音指令，控制 SU-03T 模组完成预设动作。

1）配置基础信息

基础信息具有以下配置内容。

行为名称：类似单片机变量名，只允许字母数字和下划线，且首位必须为字母。

触发方式：命令词触发、串口输入、GPIO 输入、ADC 输入、脉冲输入以及事件触发，此处触发方式需提前配置好对应的引脚复用功能，否则"控制详情"中无法添加触发端口。

命令词与回复语：仅触发方式选择命令词触发时，才可设置命令词与回复语。对于同一个动作，可设置多条命令词或回复语，在不同的命令词或回复语之间添加"|"（C51 语言中的或运算符）。

2）配置控制详情

配置具体行为的触发条件、控制类型、动作以及动作参数。此处涉及的配置种类与细节较多，仅以命令词触发和串口输入这两种触发方式为例。

命令词触发方式：命令词触发方式的触发条件就是基础信息中配置好的语音命令词，所以此处无须再配置触发条件。点击"添加控制"，可配置具体的控制细节，如：是否条件执行、控制的具体方式、类型以及动作。本节 SU-03T 模组均是基于串口实现的，所以此处的控制方式便是选择"端口输出"中的串口发送动作，而后自定义发送的串口数据帧，建议与引脚功能中设置的串口接收数据帧采用统一的数据帧格式，方便后续开发。

串口输入触发方式：串口输入触发方式的触发条件为外部输入的符合串口接收数据帧格式的一帧数据，常用于 SU-03T 模组播报实时数据。点击"添加触发"配置具体的触发细节，如消息编号和输入参数等。点击"添加控制"，可配置具体的控制细节，即 SU-03T 接收到外部发送的正确数据帧后该执行的动作，如端口电平更改、指定格式语音播报和变量设置等。

举例：若需要通过 SU-03T 模组根据外部发送的数据帧播报指定内容，可在"添加触发"选项中设定播报动作的消息编号（假设为 1），并设定输入参数，给定参数名（假设为 a），参数的数据类型（假设为 char 型），下方的测试消息框会显示对应的数据帧格式（AA 55 01 00 55 AA，除帧头与帧尾外的核心数据即 01: 消息编号，00: 默认初始化的 char 型 a 变量值），在单片机软件开发时，按照该数据帧格式设置发送数据。然后，点击"添加控制"，选择控制方式为"播放语音"，添加语音文本"收到的数据是"，添加串口参数"a"，此时 SU-03T 若收到一帧数据帧（假设为 AA 55 01 00 55 AA），此时便会播报"收到的数据是 0"。

变量定义、定时器等其余功能在本节案例中未使用。

3）配置免唤醒命令词

免唤醒命令词与唤醒词的优先级相同，即无须先通过唤醒词唤醒模块之后再通过语音控制模块，而是只要模块通电之后就可以通过免唤醒命令词立即执行动作。注意唤醒词加上免唤醒的命令词，总数不能超过 10 条，如图 5-42 所示。

| 命令词自定义

想要控制自己的设备，快来配置自定义命令词吧，让你的设备智能起来。《命令词和回复语自定义规则》

图 5-42　配置免唤醒命令词

5. 配置语音播报类型

根据个人喜好，配置 SU-03T 模组的播报发音人类型、音量、语速以及亮度，如图 5-43 所示。

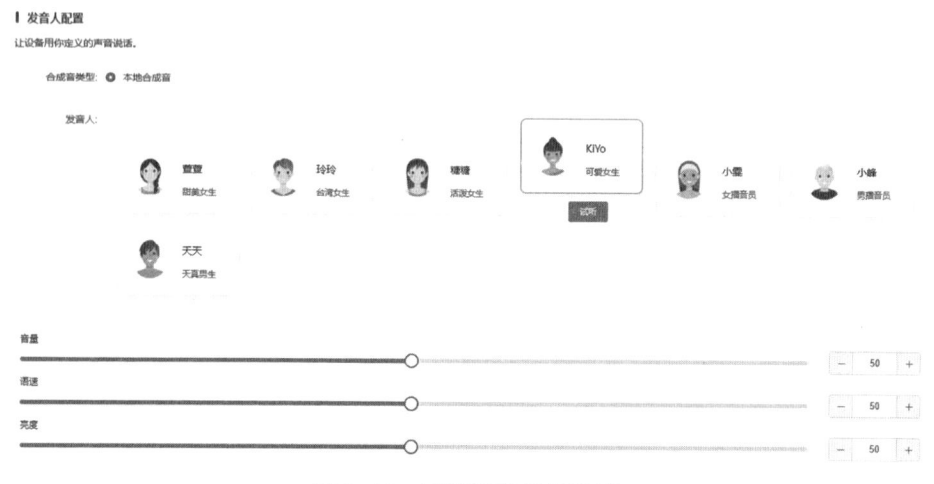

图 5-43　配置语音播报类型

6. 其他设置

配置开机播报语音、超时退出时间、退出回复以及主动退出语音命令等内容，如图 5-44 所示。

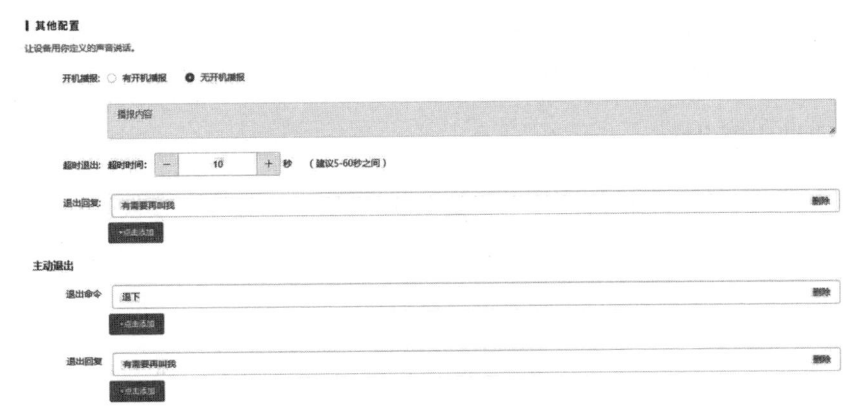

图 5-44　其他配置

7. 发布版本

配置完所有内容后，先点击右上角的"保存"，然后点击"检查配置"查看配置内容是否有错漏，确保无误后点击"发布版本"，发布版本分两种，普通版本与快速测试版本，这两者的区别在于前者生成时间较长但语音识别效果较为精准，后者生成时间短但语音识别效果差一些。点击发布版本之后会弹出 SDK 正在生成的界面，等待生成完成后，下载固件备用，如图 5-45 所示。

图 5-45　发布版本

8. 文件烧录

点击"jx_firm.tar.gz"压缩包，将工程文件夹解压到桌面，打开 SU-03T 模组烧录软件"UniOneUpdateTool.exe"，选择工程文件夹中的"jx_su_03t_release_update.bin"文件，点击"烧录"，此时点按模块上的红色复位按键，直到烧录软件提示开始烧录，等待下载完成的文件烧录完成即可，如图 5-46 所示。

图 5-46　bin 文件烧录成功

> 提示：对于计算机上有多个串口的情况，可等到烧录软件黄色高亮选中对应串口时，点按复位键即可连接到模块，并开始烧录。

（三）硬件电路设计

随书配套开发平台上提供的硬件电路如图 5-47 所示，与 GPS 模块硬件电路一致，此处不再赘述。

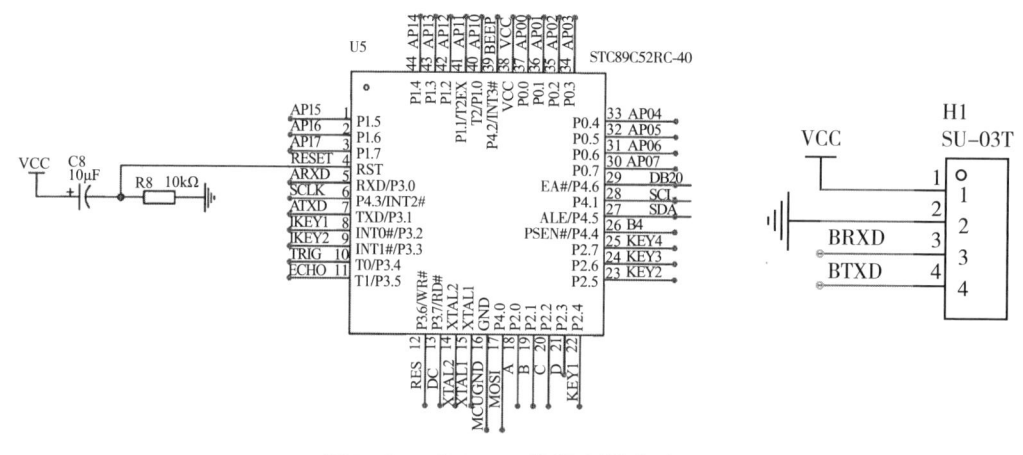

图 5-47　SU-03T 模块硬件电路图

（四）软件设计

本节案例要使用 SU-03T 语音模块控制单片机完成以下动作：启动 / 关闭流水灯、启动 / 关闭秒表倒计时（倒计时结束有提示音）、启动 / 关闭步进电机以及获取当前室温并播报。

案例功能实现可分为 SU-03T 模块配置和单片机程序设计两部分。

1. SU-03T 模块配置（仅核心步骤）

（1）登录 SU-03T 模块配置网页，按第三节第（二）小节中的步骤创建新项目。

（2）Pin 引脚配置配置 B6/B7 脚功能为串口接收 / 发送，设置串口波特率为 9600bps、8 位数据位、1 位停止位、无校验位。

（3）根据案例功能要求，使用两种触发方式实现，分别为命令词触发和串口输入触发。

①启动 / 关闭流水灯

命令词触发方式。

命令词："打开流水灯"，SU-03T 串口输出数据帧 0xAA 0x55 0x03 0x01 0x55 0xAA

命令词："关闭流水灯"，SU-03T 串口输出数据帧 0xAA 0x55 0x03 0x00 0x55 0xAA

②启动 / 关闭秒表倒计时

命令词触发方式。

命令词："打开秒表倒计时"，SU-03T 串口输出数据帧 0xAA 0x55 0x01 0x01 0x55 0xAA

命令词："关闭秒表倒计时"，SU-03T 串口输出数据帧 0xAA 0x55 0x01 0x00 0x55 0xAA

③启动/关闭步进电机

命令词触发方式。

命令词:"打开步进电机",SU-03T 串口输出数据帧 0xAA 0x55 0x04 0x01 0x55 0xAA

命令词:"关闭步进电机",SU-03T 串口输出数据帧 0xAA 0x55 0x04 0x00 0x55 0xAA

④获取当前室温并播报

命令词触发方式 + 串口输入触发方式。

命令词:"现在温度是多少",SU-03T 串口输出数据帧 0xAA 0x55 0x02 0x01 0x55 0xAA

串口输入:单片机串口输出数据帧 0xAA 0x55 0x02 temp 0x55 0xAA ,temp 为 char 型数据,语音播报内容"现在温度是 temp 度"。

(4)其余可自行配置。

2. 单片机程序设计

1)流水灯源文件与头文件

```
led.h
#ifndef _LED_H_
#define  _LED_H_
#define LED                P1
#define LED_SHIFT(x)       LED=~(0x01 << x)
void WaterLed_ACT();
extern bit WaterLed_Enable;
extern uint16_t WaterLed_Shift_Time;
#endif


led.c
#include "config.h"
bit WaterLed_Enable=0;// 流水灯使能位
uint16_t WaterLed_Shift_Time=0;// 流水灯移位计时
/*
功能描述:启动流水灯
*/
void WaterLed_On()
{
    static uint8_t Shift_Num=0;
    LED_SHIFT(Shift_Num);
    if(++Shift_Num >= 8)Shift_Num=0;
}
/*
功能描述:关闭 LED
*/
```

```c
void WaterLed_Off()
{
    LED=0xFF;
}
/*
功能描述：流水灯动作函数
*/
void WaterLed_ACT()
{
    if(WaterLed_Enable){
        if(WaterLed_Shift_Time>= TIMER_1000ms){
            WaterLed_Shift_Time=0;
            WaterLed_On();
        }
    }else{
        WaterLed_Shift_Time=0;
        WaterLed_Off();
    }
}
```

流水灯头文件 led.h 中包含了对流水灯 I/O 口和移位动作的宏定义以及相关变量和函数的声明。

流水灯源文件 led.c 中包含了 3 个功能函数。

（1）WaterLed_On() 函数的功能是点亮对应的 LED，其中定义了静态局部变量 Shift_Num，根据调用该函数的次数，来决定点亮 8 个 LED 中的具体某一个 LED。

（2）WaterLed_Off() 函数的功能是关闭所有的 LED。

（3）WaterLed_ACT() 函数为流水灯动作函数，根据 WaterLed_Enable 流水灯使能位变量决定执行具体动作。若此时流水灯使能，将每隔 1s 执行一次 WaterLed_On() 函数，循环点亮单个 LED。若此时流水灯未使能，则执行 WaterLed_Off() 函数。

2）数码管源文件与头文件

```c
nixie_tube.h
#ifndef _NIXIE_TUBE_h
#define _NIXIE_TUBE_h
#define SMG_NUM(m)           P0=SMG_TABLE[m]// 送段码
#define SMG_POSN(n)          P2 = (P2 & 0xF0)|(~(1<<n)&0x0F)// 送位码
extern bit   StopWatch_Enable;
```

```c
void StopWatch_ACT();
void Countdown_End_Beep();
extern uint16_t Cnt2ms;                    // 2ms 计数
extern uint8_t SetTime;                    // 设定的倒计时时间
#endif
```

nixie_tube.c

```c
#include "config.h"
const uint8_t code SMG_TABLE[]={0x3f,0x06,0x5b,0x4f,0x66,0x6d,0x7d,0x07,0x7f,0x6f,0x00};
                                                    // 共阴极段码 0123456789
bit  StopWatch_Enable=0;                   // 倒计时秒表使能位
uint16_t Cnt2ms=0;                         // 2ms 计数
uint8_t SetTime=0;                         // 设定的倒计时时间
uint8_t Time_Buff[2];                      // 存放秒表的十位数与个位数的数组
/*
功能描述：数码管显示函数，循环显示两位
Time_Cnt：输入的倒计时
*/
void SMG_Display(uint8_t Time_Cnt)
{
    static uint8_t i=0;
    Time_Buff[0]=Time_Cnt/10;
    Time_Buff[1]=Time_Cnt%10;
    SMG_POSN(i);                           // 送位码
    SMG_NUM(Time_Buff[i]);                 // 送段码
    if(++i>=2)i=0;
}
/*
功能描述：倒计时秒表动作函数
*/
void StopWatch_ACT()
{
    SMG_Display(SetTime);
    if(StopWatch_Enable){
        if(++Cnt2ms >= TIMER_1000ms){
            Cnt2ms = 0;
            if(SetTime >= 1)SetTime--;
        }
    }
}
```

```
}
/*
功能描述：倒计时结束蜂鸣器提示
*/
void Countdown_End_Beep ( )
{
    if ( StopWatch_Enable ) {
        if ( SetTime<=0 ) {
            BUZZER_Beep500ms ( );
            StopWatch_Enable=0;
        }
    }
}
```

数码管头文件 nixie_tube.h 中包含了对数码管送位码 / 段码动作的宏定义以及相关变量和函数的声明。

数码管源文件 nixie_tube.c 中包含了 3 个功能函数。

（1）SMG_Display（uint8_t Time_Cnt）函数的功能是循环显示数字，其中定义了一个形参变量 TimeCnt，代表输入的时钟倒计时。该函数内部定义了一个局部静态变量 i，与流水灯移位的操作一样，每当调用该函数时便开启对应数码管的位选并送段码。

（2）StopWatch_ACT（ ）函数的功能是显示秒表倒计时。该函数基于 2ms 的定时器 0 中断与 StopWatch_Enable 倒计时秒表使能位变量实现，若秒表倒计时使能，便每隔 1s，将 SetTime 时间设定变量减一，再由数码管显示出来，直到倒计时清 0 为止。

（3）Countdown_End_Beep（ ）函数的功能是倒计时结束蜂鸣器提示。该函数基于秒表 StopWatch_Enable 倒计时秒表使能位变量和 SetTime 时间设定变量的逻辑判断实现，当秒数倒计时被使能后，判断倒计时是否结束，若 SetTime 时间设定变量值为 0，则代表当前倒计时完成，此时蜂鸣器鸣叫 500ms 后关闭，并将倒计时秒表使能位清 0。

3）步进电机源文件与头文件

stepper_motor.h
```
#ifndef _STEPPER_MOTOR_h
#define _STEPPER_MOTOR_h
……
void Stepper_Motor_ACT ( );
extern uint16_t CirclePulse,SetCirclePulse;
extern bit  CircleDirection;
extern bit StepperMotor_Enable;
extern uint16_t StepperMotor_Rotation_Time;
```

```
#endif
```

stepper_motor.c
```c
#include "config.h"
......
/* 功能描述：步进电机正转 */
void Stepper_Motor_ACT（）
{
    static uint8_t Pulse = 0;
    if（StepperMotor_Enable）{
        if（StepperMotor_Rotation_Time >= TIMER_4ms）{
            Stepper_Motor_OnePulse（POS_Direction,Pulse）;
            if（++Pulse >= 8）Pulse=0;
            StepperMotor_Rotation_Time=0;
        }
    }else{
        StepperMotor_Rotation_Time = 0;
        Pulse = 0;
        Stepper_Motor_Stop（）;
    }
}
```

步进电机头文件 stepper_motor.h 仅增添步进电机使能位变量和步进电机动作函数的声明，其余无改动。

步进电机源文件 stepper_motor.c 的核心函数为 Stepper_Motor_ACT（），其功能是使步进电机正转。Stepper_Motor_ACT（）函数内部定义了静态局部变量 Pulse，通过该函数被调用的次数来循环执行 8 拍动作。该函数基于 2ms 的定时器 0 中断与 StepperMotor_Enable 步进电机使能位变量实现。若步进电机被使能，则每隔 4ms 提供一个脉冲给步进电机，使其循环转动；若步进电机未被使能，则使其停止转动。

4）温度传感器源文件与头文件

ds18b20.h
```c
#ifndef __DS18B20_H
#define __DS18B20_H
......
void DS18B20_ACT（）;
extern bit DS18B20_Enable;
#endif
```

ds18b20.c

```c
#include "config.h"
......
/*
功能描述：获取DS18B20的实时温度
返回值Temp：转换后的实时温度
*/
sint16_t Get_Temperature()
{
    uint8_t Temp_LByte,Temp_HByte;
    uint8_t error_cnt=ERROR_MAX_CNT;
    sint16_t Temp;
    while(error_cnt--){
        EA=0;
        if(DS18B20_Init()==ACK_FALSE)continue;    //传感器初始化
        WriteByte(0XCC);                          //跳过读取序列号操作
        WriteByte(0X44);                          //温度转换指令
        EA=1;
        Delay750ms();                             //延时750ms,等待温度转换
        EA=0;
        if(DS18B20_Init()==ACK_FALSE)continue;    //传感器初始化
        WriteByte(0XCC);                          //跳过读取序列号操作
        WriteByte(0xBE);                          //发送读取温度指令
        Temp_LByte = ReadByte();                  //读取温度值共16位,先读低字节
        Temp_HByte = ReadByte();                  //再读高字节
        EA=1;
        if(Temp_HByte > 0xF0){                    //温度值低于0时
            Temp = Temp_HByte;                    //先存高字节,后面通过移位存储低字节
            Temp <<= 8;
            Temp |= Temp_LByte;
            Temp = ~Temp +1;
            Temp = (int)((double)Temp * 0.0625 *10 *(-1));
        }else{                                    //温度值高于0时
            Temp = Temp_HByte;                    //先存高字节,后面通过移位存储低字节
            Temp <<= 8;
            Temp |= Temp_LByte;
            Temp = (int)((double)Temp * 0.0625 * 10);
        }
        break;
```

```
        }
        return Temp;                              // 返回温度
}

bit DS18B20_Enable=0; //DS18B20 模块使能位
/*
功能描述：将 DS18B20 的实时温度发送给语音模块播报
temp：输入的实际温度值
*/
void SendTempToPlay（sint8_t Temp）
{
    uint8_t     send_buff[6];
    send_buff[0]=0xAA;
    send_buff[1]=0x55;
    send_buff[2]=0x02;
    send_buff[3]=Temp;;
    send_buff[4]=0x55;
    send_buff[5]=0xAA;
    UART_SendBuff（send_buff,6）;
}
/*
功能描述：DS18B20 动作函数
*/
void DS18B20_ACT（）
{
    sint8_t temp;
    if（DS18B20_Enable）{
        DS18B20_Enable=0;
        temp =（sint8_t）（Get_Temperature（）/10）;
        SendTempToPlay（temp）;
    }
}
```

温度传感器头文件 ds18b20.h 中增添 DS18B20 使能位变量和 DS18B20 动作函数的声明，其余无改动。

温度传感器源文件 ds18b20.c 中新增两个功能函数并对原温度获取函数做了改动。

（1）SendTempToPlay（sint8_t Temp）函数的功能是将温度值发送给 SU-03T 模块播报，其中形参变量 Temp 即为需要发送的温度值。

（2）DS18B20_ACT（）函数为 DS18B20 动作函数，该函数根据 DS18B20_Enable 使能

位变量来执行，当 DS18B20 被使能获取温度时，获取温度值并发送给 SU-03T 模块，再将该使能位清 0。

原温度获取函数 Get_Temperature（ ）中发送指令步骤前后分别添加"EA=0;"和"EA=1;"语句，避免中断对温度转换过程的干扰，防止温度转换失败。

5）串口源文件

```
uart.c
#include "config.h"
......
/*
功能描述：串口数据解析函数
*/
void UART_DataAnalysis（ ）
{
    if（FrameTime >= TIMER_10ms）{              // 一帧数据接收完成后执行
        FrameTime = 0;              // 清字符间隔时长
        if（（Uart_RBuff[0]==0xAA）&&（Uart_RBuff[1]=0x55））{
            if（（Uart_RBuff[4]==0x55）&&（Uart_RBuff[5]=0xAA））{
                switch（Uart_RBuff[2]）{
                case 1:   if（Uart_RBuff[3]）   {StopWatch_Enable=1;Cnt2ms=0;SetTime=60;}
                          else                 {StopWatch_Enable=0;Cnt2ms=0;SetTime=0;}
                          break;
                case 2: if（Uart_RBuff[3]）   DS18B20_Enable=1;
                        break;
                case 3: if（Uart_RBuff[3]）   WaterLed_Enable=1;
                          else               WaterLed_Enable=0;
                        break;
                case 4: if（Uart_RBuff[3]）   StepperMotor_Enable=1;
                          else               StepperMotor_Enable=0;
                        break;
                default:break;
                }
            }
        }
        Uart_RData_Num = 0;              // 将记录接收到字符个数的变量清 0
        memset（Uart_RBuff, 0, sizeof（Uart_RBuff））;
                                         // 清空实时串口数据数组 UartRXData，准备下次存储
    }
}
```

串口相关文件仅修改 UART_DataAnalysis( ) 串口数据解析内部的函数逻辑，是根据 SU-03T 模块发来的数据帧使能或失能对应的模块实现的，逻辑较为简单，参考代码理解即可。

6）定时器源代码与头文件

timer.h
```c
#ifndef _TIMER_H_
#define  _TIMER_H_
#define TIMER_SETMS（x）     （65536-x*FOSC/12/1000）
// 基于2ms时基的定时宏定义
#define TIMER_2ms           1
#define TIMER_4ms           2
#define TIMER_10ms          5
#define TIMER_200ms         100
#define TIMER_1000ms        500
void Timer0_Init（void）;    //2ms
#endif
```

timer.c
```c
#include "config.h"
void Timer0_Init（void）        //2ms
{
    TMOD &= 0xF0;           // 设置定时器模式
    TMOD |= 0x01;           // 设置定时器模式
    TL0 = TIMER_SETMS（2）%256;                    // 设置定时初始值
    TH0 = TIMER_SETMS（2）/256;                    // 设置定时初始值 5ms
    TF0 = 0;                // 清除TF0标志
    TR0 = 1;                // 定时器0开始计时
    ET0 = 1;                // 开定时器0中断
    EA = 1;                 // 开总中断
}
void Timer0_Isr（）interrupt 1
{
    TL0 = TIMER_SETMS（2）%256;// 重新设定初值 2ms
    TH0 = TIMER_SETMS（2）/256;// 重新设定初值 2ms
    if（RxBusy_Flag）         FrameTime++;// 接收到数据后，帧间隔超时记录位开始记录
    if（WaterLed_Enable）     WaterLed_Shift_Time++;
    if（StepperMotor_Enable）StepperMotor_Rotation_Time++;
    StopWatch_ACT（）;
    WaterLed_ACT（）;
```

```
            Stepper_Motor_ACT();
}
```

定时器头文件 timer.h 中仅根据 2ms 的定时器时基修改了对应定时时间的宏定义值，其余未改动。

定时器源文件 timer.c 中设定定时器 0 为 2ms 中断一次，在定时器 0 中断服务函数中添加步进电机、倒计时秒表以及流水灯的动作函数，避免 DS18B20 转换延时过长而造成的干扰。

7）配置头文件与主函数源文件

```
config.h
#ifndef _CONFIG_H_
#define  _CONFIG_H_
......
#include <STC89C5xRC.H>
#include <intrins.h>
#include <string.h>
#include "uart.h"
#include "timer.h"
#include "led.h"
#include "buzzer.h"
#include "ds18b20.h"
#include "nixie_tube.h"
#include "stepper_motor.h"
#define FOSC 11059200L    // 晶振频率
#endif
```

```
main.c
#include "config.h"
void main()
{
    Timer0_Init();
    UART_Init();
    while(1)
    {
        UART_DataAnalysis();     // 串口数据解析函数
        DS18B20_ACT();           //DS18B20 传感器动作函数
        Countdown_End_Beep();    // 倒计时结束蜂鸣器提示
```

```
        }
    }
```

配置头文件 config.h 中包含了使用到的模块的库文件，其余无改动。

主函数源文件 main.c 中是对上述各个模块中定义的函数的调用，逻辑较为简单，参考代码理解即可。

语音识别实验现象

四、4G 通信综合应用系统

【学习指南】

4G 模块在物联网和工业等多个领域有着广泛的应用，可以为设备和系统提供无线连接和通信功能，如商场内常见的无人值守设备，便是通过扫码支付将信息传到云平台，再由云平台发送数据到 4G 模块控制设备工作。本节案例将学习掌握一款 4G 模块的基础应用，以实践教学为主，讲解具体的使用方法和常用配置。

（一）4G 模块简介

本节案例采用的 4G 模块为 YED-C724 核心板。YED-C724 核心板是由银尔达公司基于合宙 Air724 模组推出的低功耗，小体积，高性能的嵌入式 4G Cat1 核心板，其实物如图 5-48 所示。

图 5-48　4G 模块实物图

1. 功能特性

（1）支持 5 ~ 12V 供电或者 3.7V 电池供电。

（2）板载 BOOT 按键、电源指示灯、4G 天线和 WIFI Scan 天线。

（3）引出 TTL Uart 串口做了电平转换，可以直接与 3.3V MCU 的串口进行通信，与 VCC I/O 配合可以兼容 5V 串口电平。

（4）引出 RST 复位管脚、USB 调试接口、SIM 卡管脚、NET LED、STA LED、Reload 重置按键、一路 ADC。

（5）支持标准固件 AT 固件，支持功能电话语音、短信、TCP&UDP、TCP&UDP 透传、NTP、HTTP、FTP、MQTT 等。

（6）支持 lua 语言进行二次开发，提供全部功能的 demo，如 gpio 控制、阿里云、MQTT、uart、rs485、tcp/udp、http 等。

（7）支持 DTU 透传固件，通过服务器配置，支持 TCP/UDP、MQTT、阿里云实时采集等功能，实现透传功能。

2. 核心板硬件介绍

4G 模块功能区指示图如图 5-49 所示，各区功能见表 5-8。

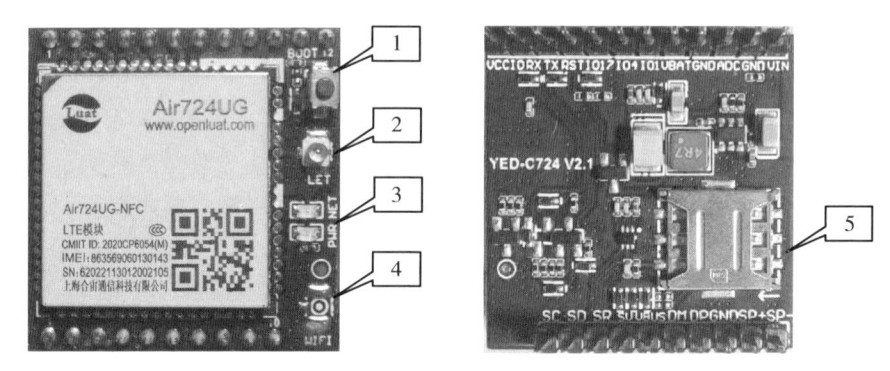

图 5-49　4G 模块功能区指示图

表 5-8　4G 模块硬件功能

序号	名称	功能说明
1	BOOT 按键	强制升级按键。按下按键，设备重新上电，模组进入下模式
2	4G 主天线	4G 主天线
3	PWR LED NET LED	PWR LED：设备电源指示 LED。在电池供电的时候，可以去掉或者把电阻调大，以降低不必要的功耗 NET LED：网络指示 LED。当 SIM 卡没有找到网络时，短亮长灭；当 SIM 卡注册到网络时，短灭长亮
4	WIFI Scan 天线	模组的 WiFi 天线，WiFi 主要用于扫描，用于 WiFi 定位功能，不能用于通信
5	SIM 卡槽	模块小卡卡槽，注意 SIM 卡缺口方向朝内

3. 管脚定义

由于本节案例是基于 AT 固件开发的，且仅讲解基础应用，所以实际使用了 YED-C724 核心板上的 4 个管脚，管脚定义如表 5-9 所示。

表 5-9　YED-C724 管脚定义

编号	管脚名称	功能描述
1	VIN	外部电源 5～12V，10W 功率
2	GND	地

续表

编号	管脚名称	功能描述
3	TX	通信串口，3.3V 电平
4	RX	通信串口，3.3V 电平

（二）AT 控制指令

本案例使用的 YED-C724 模块出厂自带 AT 固件，使用串口调试助手发送对应的 AT 指令对其进行控制，表 5-10 中为本项目中涉及的常用指令。

表 5-10　常用 AT 指令介绍

指令	功能	响应	说明
AT	确认模组启动	OK	可以正常通信
ATE0/ATE1	关闭/打开回显模式	OK	设置成功
AT+IPR=\<rate\>	设置 TE-TA 波特率	OK	\<rate\>: 波特率，单位 bps 可设置范围：0 ~ 921600 0：自适应波特率，缺省值
AT+IPR=?	查询当前模块支持的自适应波特率范围	+IPR:（自适应波特率取值列表），（固定波特率取值列表） OK	
AT+CPIN?	查询卡是否插好	+CPIN: \<code\> OK	\<code\> 为返回的状态值 READY：SIM 卡正常，不需要输入密码 SIM PIN/SIM PUK/PH_SIM PIN/PH_SIM PUK/SIM PIN2/ SIM PUK2：均表示需要输入 PIN/PUK 码解锁 SIM 卡 SIM REMOVED：SIM 卡未检出
AT+CSQ	查询信号质量	+CSQ: \<rssi\>,\<ber\> OK	\<rssi\>: 接收信号强度（10 ~ 30 为有效值） 　0　　　小于或等于 –115dBm 　1　　　–111dBm 　2 ~ 30　–109 ~ –53dBm 　31　　大于或等于 –51dBm 　99　　未知或不可测 \<ber\>：信道误码率 (bit error rate，只有通话建立后，才能获知该值） 　0 ~ 7　GSM 05.08 section 8.2.4 所示的 RXQUAL 值 　99　　未知或不可测

续表

指令	功能	响应	说明
AT+CREG?	查询网络注册状态	+CREG:\<n>,\<stat> OK	\<mode> 为 URC 上报状态 0：禁用网络注册非请求结果码 1：启用网络注册非请求结果码 2：启用网络注册和位置信息非请求结果码 \<stat> 为当前网络注册状态 0：没有注册到网络 1：已注册，本地网 2：未注册，寻找注册网络 3：注册被拒 4：未知 5：已注册，漫游
AT+CGATT?	查询附着 GPRS 网络	+CGATT: \<state> OK	\<state>:GPRS 附着状态 0：分离 1：附着
AT+SETVOLTE=\<setting>	打开 VOLTE 功能	OK	\<setting>：VOLTE 功能开关 0：关闭 VOLTE 功能 1：开启 VOLTE 功能，缺省值 对于只支持 4G 的 CAT1 模块（Air-720UG、Air724UG）而言，需要用本命令打开 VOLTE 功能才能进行语音通话
ATD\<dialstring>;	发起呼叫	命令成功，则返回： OK 成功建立连接，则返回： CONNECT 如果没检测到拨号音： NO DIALTONE 如果正在通话，则返回： BUSY 通话被挂断或建立失败： NO CARRIER 如果被叫无应答： NO ANSWER	\<dial string>：呼叫的号码 由以下字符组成：0 ~ 9，*，#，+，A，B，C 注：拨 112 可以建立紧急呼叫，不需要 SIM 卡
ATA	接听来电	OK	有 RING 上报，表示有来电
AT+CHUP	挂断通话	OK	通话过程中，输入执行命令会挂断所有电话，包括当前通话（active）、等待通话（waiting）和挂起通话（holding）
AT+CSCS=\<chset>	选择 TE 字符集	OK	\<chest> 为字符集类别参数 GSM：GSM 7 位缺省字符集 UCS2：16 位通用多字节编码字符集 IRA：国际参考字符集 HEX：仅仅由 16 进制数构成的字符集 PCCP：PC 字符集编码

续表

指令	功能	响应	说明
AT+CSMS=<service>	选择短消息服务	+CSMS:<mt>,<mo>,<bm> OK	<service>：短消息服务级别 0：GSM03.40 和 03.41（SMS 的 AT 指令语法与 GSM07.05 Phase 2 中的 4.7.0 版本兼容；支持不需要新指令语法的 Phase 2+ 特性） 1：GSM03.40 和 03.41（SMS 的 AT 指令语法与 GSM07.05 Phase2+ 版本兼容） 128：pdu 模式操作向前兼容于与 phase2 不一致的版本 <mt>：SMS-MO（发短信） 0：不支持 1：支持 <mo>：SMS-MT（收短信） 0：不支持 1：支持 <bm>：小区广播消息 0：不支持 1：支持
AT+CMGF=<mode>	设置短消息格式	OK	<mode>：显示消息发送、列表、读和写指令以及接收到消息时的主动汇报使用的格式 0：PDU 模式，缺省值 1：TEXT 模式
AT+CSMP=<fo>,<vp>,<pid>,<dcs>	设置短消息 TEXT 模式参数	OK	<fo>：短信首字节 取值范围：17，21，33，37，49，53 <vp>：短信有效期 0 ~ 143　　　(vp+1)×5 分钟 144 ~ 167　12 小 时 +（vp-143）×30 分钟 168 ~ 196　（vp-166）×1 天 197 ~ 255　（vp-192）×1 星期 <pid>：TP-协议-标识 <dcs>：短信内容编码方案 　0　　7bit GSM Default 　4　　8bit Data 　8　　UCS2（支持中文汉字）
AT+CMGS= ① <da> 文本模式 ② <length> PDU 模式	发送短消息	OK	<da> 为手机号，格式为"123XX-XX4576"，在此指令后收到">"即可开始发送内容，确认发送短信即结束此次短信内容编辑，需要单独发送十六进制的 0X1A <length> 为真实 TO 数据单位长度，在其后要发送的内容包含手机号和短信内容以及一些必要的参数（日常不推荐该方式）

💡 提示：以上配置指令，除发送短信的编辑内容和确认发送命令字节 0x1A 以外，均需在末尾加上回车符 '\r'。

（三）基本调试步骤

本案例中调试 YED-C724 模块的工具为 USB 转 TTL 模块以及中英文字符编码软件和银尔达官方提供的"格西调试精灵"。调试步骤如下。

（1）将 SIM 卡装入 YED-C724 模块，然后将 YED-C724 模块与 USB 转 TTL 模块连接，打开格西调试软件，4G 模块配置图如图 5-50 所示。

图 5-50　4G 模块配置图

（2）使用"AT"指令，检测模块是否可以正常通信，确认模块启动。

（3）使用"ATE0"指令，关闭模块的回显。

（4）使用"AT+CPIN?"指令，测试模块 SIM 卡是否插好。

（5）使用"AT+CSQ"指令，检测模块信号指令，天线是否接好。

（6）使用"AT+CREG"指令，检测 SIM 卡是否注册网络。

（7）使用"AT+CGATT?"指令，检测 SIM 卡是否已附着 GPRS 网络。

（8）使用"AT+SETVOLTE=1"指令，开启模块通话功能，而后分别使用"ATD< 手机号 >;""ATA"以及"AT+CHUP"分别测试模块拨打、接听以及挂断电话的功能。

（9）使用"AT+CSCS="USC2""指令，设置模块字符集为 UCS2 字符集。

（10）使用"AT+CSMS=1"与"AT+CMGF=1"指令，设置模块短信服务为 TEXT 格式。

（11）使用"AT+CSMP=17,167,0,8"指令，设置模块的 TEXT 参数为中文模式。

（12）使用"AT+CMGS="159xxxx3848""指令，准备发送短信，等到串口助手收到">"

后，发送十六进制的 4F60597D（由字符编码软件生成的"你好"UCS2 编码，如图 5-51 所示，软件中的 Unicode 编码格式即为 UCS2 编码格式），然后再点击发送十六进制的 1A 数据，此时手机会收到短信，短信内容为"你好"。

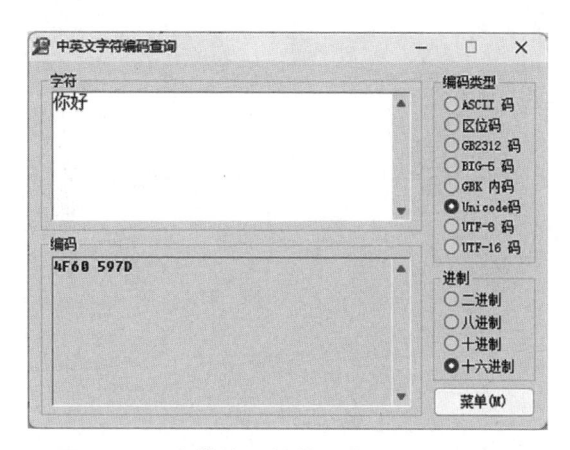

图 5-51 字符编码软件生成 Unicode 编码

（四）硬件电路设计

随书配套开发平台上提供的硬件电路如图 5-52 所示，该硬件电路与 GPS 模块的硬件电路一致，案例中外部模块与单片机之间使用串口通信的均采用该硬件电路。本节采用的 4G 模块共使用到其中的 4 个引脚：VCC、GND、TXD 以及 RXD，VCC 和 GND 给模块供电，TXD 和 RXD 与单片机进行串口通信。

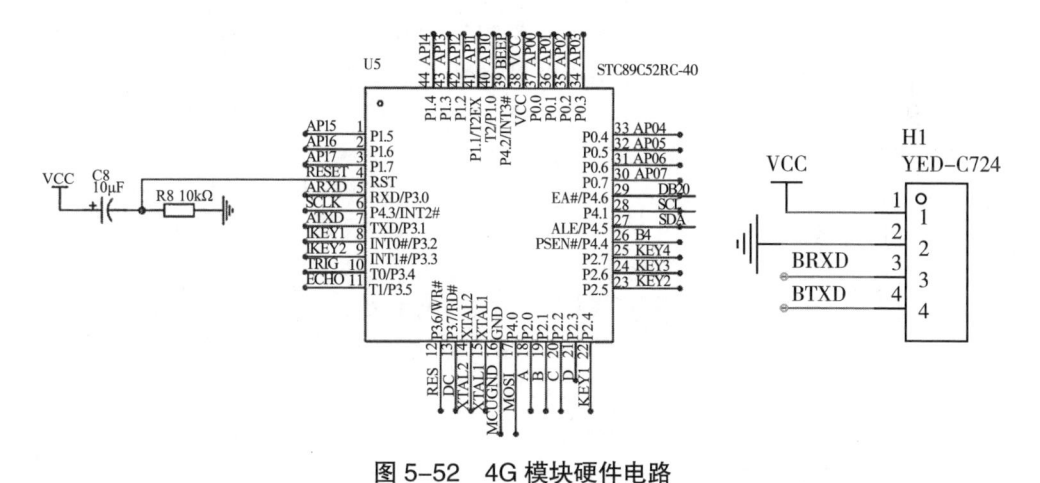

图 5-52 4G 模块硬件电路

（五）软件设计

本节案例要实现的具体功能是：①手机短信控制点亮/熄灭 1~8 个 LED，单片机回传确认短信；②手机短信控制数码管显示 0~9 与关闭数码管显示，单片机回传确认短信；③电话控制 LED 闪烁，打电话 LED 闪烁，挂电话 LED 熄灭；④按下开发平台按键，发送"按键"+数字编号短信给手机；⑤OLED 显示温度，当温度超过 30℃时，拨打手机电话报警。

示例代码如下：
1. YED-C724 模块源文件与头文件

YED_C724.h

```c
#ifndef _YED_C724_H_
#define _YED_C724_H_
void YEDC724_Init();
uint8_t ParseYEDC724ServerData(uint8_t *Input_YEDC724Data);
void SendOK_To_Phone();
void SendReady_To_Phone();
void SendKey_To_Phone(uint8_t KeyValue);
void Call_Phone();
extern bit Call_Flag;      // 拨打电话标志位
extern bit RING_Flag;      // 接收电话标志位
#endif
```

YED_C724.c

```c
#include "config.h"
const uint8_t code  ReadyCode[]={
    0x00,0x52,0x00,0x65,0x00,0x61,0x00,0x64,
    0x00,0x79,0x00,0x20,0x00,0x74,0x00,0x6f,
    0x00,0x20,0x00,0x77,0x00,0x6f,0x00,0x72,
    0x00,0x6b,0x00,0x21
};                                    // 字符串 "Ready to work!" 的 Unicode 编码
const uint8_t code  OKCode[]={0x00,0x4F,0x00,0x4B,0x00,0x21};
                                      // 字符串 "OK!" 的 Unicode 编码
const uint8_t code KeyCode[]={0x63,0x09,0x95,0x2e};
                                      // 汉字 "按键" 的 Unicode 编码
static void Delay100ms()              //STC-ISP 软件自动生成
{......}
static void Delay2000ms()             //STC-ISP 软件自动生成
{......}
/*
功能描述：ESP8266 模块控制指令回执检测
CMD: 控制指令，字符串
ACK: 回执指令，字符串
Timeout: 超时次数，单位 0.1s/次
返回值：0, 配置成功；1: 配置失败
*/
uint8_t YEDC724_SendCmd(uint8_t *Cmd,uint8_t *Ack,uint8_t Timeout)
{
```

```c
        Uart_RData_Num = 0;
        memset ( Uart_RBuff,0,sizeof ( Uart_RBuff ));      // 将保存回执指令的数组全部清 0
        UART_SendString ( Cmd );                            // 发送控制指令
        while ( Timeout-- ){
            Delay100ms ( );                 // 延时 100ms，等待接收到回执指令
            /*
            回执成功的字符串如果是包含已设置成功的字符串，则返回值不为空指针，
代表该指令配置成功，
            反之，返回空指针则代表配置失败 const uint8_t* 表示指向的内容不可改，为只读
            */
            if ( strstr (( const uint8_t* )Uart_RBuff,Ack )!=NULL )
                return 0; // 返回 0，并跳出本函数
        }
        return 1;                    // 返回 1，并跳出本函数
}
/*
功能描述：4G 模块配置
*/
uint8_t YEDC724_Config ( )
{
    if ( YEDC724_SendCmd ( "AT\r","OK",10 )){ // 检测模块是否可以正常通信
        return 1;           // 配置失败，返回 1
    }
    if ( YEDC724_SendCmd ( "ATE0\r","OK",10 )){// 关闭回显
        return 1;           // 配置失败，返回 1
    }
    if ( YEDC724_SendCmd ( "AT+CPIN?\r","READY",10 )){    // 查询卡是否插好
        return 1;           // 配置失败，返回 1
    }
    if ( YEDC724_SendCmd ( "AT+CSQ\r","+CSQ:",10 )){       // 查询设置信号质量
        return 1;           // 配置失败，返回 1
    }else{               // 收到 +CSQ 后，判断信号质量
        uint8_t *pa=strstr ( Uart_RBuff,":" );
        uint8_t CSQ = ( * ( pa+2 )-0x30 )* 10 + ( * ( pa+3 )- 0x30 );
        if ( CSQ <= 16 )     return 1;                  // 信号差，查看天线连接
    }
    if ( YEDC724_SendCmd ( "AT+CREG?\r","+CREG: 0,1",10 )){// 查询网络注册状态
        return 1;           // 配置失败，返回 1
    }
```

```c
        if ( YEDC724_SendCmd ( "AT+CGATT?\r","+CGATT: 1",10 )){    // 查询附着 GPRS 网络
            return 1;       // 配置失败，返回 1
        }
        if ( YEDC724_SendCmd ( "AT+SETVOLTE=1\r","OK",10 )){    // 通话要打开 VOLTE 功能
            return 1;       // 配置失败，返回 1
        }
        if ( YEDC724_SendCmd ( "AT+CSCS=\"USC2\"\r","OK",10 )){    // 设置字符
            return 1;       // 配置失败，返回 1
        }
        if ( YEDC724_SendCmd ( "AT+CSMS=1\r","+CSMS: 1,1,1,1",10 )){// 选择短信服务
            return 1;       // 配置失败，返回 1
        }
        if ( YEDC724_SendCmd ( "AT+CMGF=1\r","OK",10 )){    // 设置短信格式为 TEXT
            return 1;       // 配置失败，返回 1
        }
        if ( YEDC724_SendCmd ( "AT+CSMP=17,167,0,8\r","OK",10 )){
// 设置 TEXT 模式参数为中文模式
            return 1;       // 配置失败，返回 1
        }
        SendReady_To_Phone ( );
        return 0;
    }
    /*
    功能描述：初始化 4G 模块
    */
    void YEDC724_Init ( )
    {
        while ( YEDC724_Config ( )){// 循环等待 ESP82266 客户端接入手机服务端
            Delay2000ms ( );
        }
        RxBusy_Flag = 0;         // 串口接收忙碌标志位
        FrameTime = 0;           // 接收数据期间帧间隔始终清 0
        Uart_RData_Num = 0;      // 清串口接收数据数目
        memset ( Uart_RBuff,0,sizeof ( Uart_RBuff ));// 将保存回执指令的数组全部清 0
    }
    /*
    功能描述：发送准备成功给手机
    */
```

```c
void SendReady_To_Phone()
{
    UART_SendString("AT+CMGS=\"159xxxx3848\"\r");
    UART_SendBuff(ReadyCode,sizeof(ReadyCode));
    UART_SendByte(0x1A);
}
/*
功能描述：发送 OK 给手机
*/
void SendOK_To_Phone()
{
    UART_SendString("AT+CMGS=\"159xxxx3848\"\r");
    UART_SendBuff(OKCode,sizeof(OKCode));
    UART_SendByte(0x1A);
}
/*
功能描述：发送按键值给手机
*/
void SendKey_To_Phone(uint8_t KeyValue)
{
    UART_SendString("AT+CMGS=\"159xxxx3848\"\r");
    UART_SendBuff(KeyCode,sizeof(KeyCode));
    UART_SendByte(0x00);
    UART_SendByte(KeyValue+0x30);
    UART_SendByte(0x1A);
}
/*
功能描述：拨打手机
*/
void Call_Phone()
{
    UART_SendString("ATD159xxxx3848;\r");
}
bit RING_Flag=0;// 接收电话标志位
bit Call_Flag=0;// 拨打电话标志位
/*
功能描述：服务器端数据解析函数
Input_YEDC724Data：输入的服务器端一帧数据的地址，供后续提取使用
返回值：0，成功；1，失败
```

控制 LED 自定义指令格式如下：
$TO,LEDx：打开 1~8 个 LED，x 取值范围（1~8）
$TO,SEGx：数码管显示 0~9，x 取值范围（0~9）
$TF,LED：关闭所有 LED
$TF,SEG：关闭数码管显示
*/
uint8_t ParseYEDC724ServerData（uint8_t *Input_YEDC724Data）
{
    uint8_t *SubString;   // 定义指针 SubString
    if（strstr（Input_YEDC724Data,"$TO"）!= NULL）{// 确认数据帧命令无误
        SubString = strstr（Input_YEDC724Data,"$TO"）;
        if（strstr（SubString,"LED"）!= NULL）{
            LED =（0xFF <<（*（SubString+7）-'0'））;// 打开对应数量的 LED
            return 0;
        }else if（（SubString,"SEG"）!= NULL）{
            SMG_Display（*（SubString+7）-'0',1）;   // 数码管显示对应数字
            return 0;
        }else
            return 1;
    }else if（strstr（Input_YEDC724Data,"$TF"）!= NULL）{// 确认数据帧命令无误
        SubString = strstr（Input_YEDC724Data,"$TF"）;
        if（strstr（SubString,"LED"）!= NULL）{
            LED = 0xFF;   // 关闭所有 LED
            return 0;
        }else if（（SubString,"SEG"）!= NULL）{
            SMG_Display（10,1）;   // 关闭数码管显示
            return 0;
        }else
            return 1;
    }else if（strstr（Input_YEDC724Data,"RING"）!= NULL）{
                                                     // 接收到电话，将接收电话标志位置 1
        RING_Flag=1;
    }else if（strstr（Input_YEDC724Data,"DEACT"）!= NULL）{
        if（RING_Flag == 1）{   /* 接收到的电话被挂断，
                                                     将接收电话标志位清 0，且 LED 关闭 */
            RING_Flag=0;
            LED = 0xFF;
            LED_Flip_Time=0;
        }

```
            if ( Call_Flag ==1 ){                    /* 往外拨打的超限告警电话被挂断，
                                                        清 0 拨打标志位，并再次回拨 */
                        Call_Flag = 0;
                }
        }
        return 1;
}
```

YED-C724 模块头文件 YED_C724.h 中包含了供外部调用的功能函数和位变量的声明。

YED-C724 模块头文件 YED_C724.c 中包含了多个功能函数的定义，下面分别对使用的函数作详细介绍。

（1）YEDC724_SendCmd（uint8_t *Cmd,uint8_t *Ack,uint8_t Timeout）函数的功能是检测 YED-C724 模块的回执指令，判断是否成功，其内部定义了 3 个形参变量：CMD 代表输入的控制指令字符串；ACK 代表检测的回执指令字符串；Timeout 代表超时次数，0.1s/ 次可通过配置超时次数来给定超时时间。内部实现逻辑与 WiFi 模块中的回执指令检测函数一致，此处不再赘述。

（2）YEDC724_Config（）函数的功能是使用 YED-C724 模块之前的配置。其内部逻辑基于 YEDC724_SendCmd 函数实现，按照第四节第（三）小节中相关配置步骤来下发配置指令，全部配置成功则返回 0，反之任意步骤配置失败则返回 1。

（3）YEDC724_Init（）函数的功能是初始化 YED-C724 模块，其内部逻辑是基于 YEDC724_Config（）函数实现的，循环等待 ESP8266 所有指令配置成功，未成功则等待 2s 后重新进行下一轮的配置。

（4）SendReady_To_Phone（）函数的功能是发送短信"Read to work!"给手机，提示 YED-C724 模块初始化成功，可以开始工作。

（5）SendOK_To_Phone（）函数的功能是发送短信"OK"给手机，此为控制 LED 和数码管动作成功后的确认回执短信，通知用户动作执行成功。

（6）SendKey_To_Phone（uint8_t KeyValue）函数的功能是发送短信"按键 x"给手机，x 为按键编号数字，其内部定义的形参变量 KeyValue 即为输入的按键值，此函数供按键按下时调用。

（7）Call_Phone（）函数的功能是拨打手机电话，此函数供温度超限报警时调用。

（8）ParseYEDC724ServerData（uint8_t *Input_YEDC724Data）函数的功能是解析 YED-C724 发来的数据，其内部定义了一个形参变量 Input_YEDC724Data，代表输入的服务器端一帧数据的地址，供后续解析使用。该函数的实现逻辑是基于 YED-C724 模块收到短信或电话发出的数据指令实现的。

手机发送短信控制 LED/ 数码管的控制指令格式如下。

（1）$TO,LEDx: 打开 1 ~ 8 个 LED，x 取值范围（1 ~ 8)，通过语句 LED =（0xFF <<（*（SubString+7）-'0'））; 来点亮对应数量的 LED。

（2）$TO,SEGx：数码管显示 0～9，x 取值范围（0～9），通过语句 SMG_Display（*（SubString+7）-'0',1）；来控制数码管显示对应数字。

（3）$TF,LED：关闭所有 LED，通过语句 LED = 0xFF；关闭所有 LED。

（4）$TF,SEG：关闭数码管显示，通过语句 SMG_Display（10,1）；来熄灭数码管显示。

手机拨打 YED-C724 模块时，YED-C724 模块会通过串口发出字符串"RING"，此时将 RING_Flag 接收到电话标志位置 1，可通过判断该标志位的值来决定 LED 的闪烁。当手机拨打 YED-C724 模块的电话被挂断时，YED-C724 模块会通过串口发出一串包含"DEACT"的字符串，此处根据是否收到该字符串来关闭 LED 闪烁。

当温度超限时，YED-C724 模块会通过 Call_Phone（）函数给手机拨打电话，此时将 Call_Flag 拨打电话标志位置 1，同样无论是模块还是手机挂断电话，YED-C724 模块均会发出一串包含"DEACT"的字符串，尽管模块拨打电话和接收电话被挂断后输出的字符串一致，但是可通过 RING_Flag 和 Call_Flag 这两个不同标志位来判断具体是前者还是后者，从而做出不同的动作。

源文件开头的 ReadyCode、OKCode 和 KeyCode 数组中存放的分别是"Ready to Work!""OK!"和"按键"的 Unicode 编码，已通过 code 关键字将其存储到单片机 ROM 中。

💡 提示：使用示例代码测试时，需将 YED-C724 库文件中的手机号码改为测试手机号码。

2. LED 模块源文件与头文件

```
led.h
#ifndef _LED_H_
#define  _LED_H_
#define LED                P1
#define LED_SHIFT（x）      LED=~（0x01 << x）
void LED_Flip（）;
extern uint8_t LED_Flip_Time;
#endif


led.c
#include "config.h"
uint8_t LED_Flip_Time=0;
/*LED 闪烁 */
void LED_Flip（）
{
        if（RING_Flag）{
            if（LED_Flip_Time <= TIMER_500ms）   LED = 0x00;
            else if（LED_Flip_Time <= TIMER_1000ms）LED = 0xFF;
            else    LED_Flip_Time=0;
```

        }
    }

LED 模块头文件 led.h 中增添了 LED 闪烁函数 LED_Flip（）以及 LED 电平翻转计时变量 LED_Flip_Time 的声明，其余无改动。

LED 模块源文件 led.c 中的功能函数为 LED_Flip（），该函数的功能为每隔 500ms 翻转一次所有 LED 的电平值，供接收到外来电话后调用闪烁。

3. 数码管源文件与头文件

```
nixie_tube.h
#ifndef _NIXIE_TUBE_h
#define _NIXIE_TUBE_h
#define SMG_NUM（m）              P0=SMG_TABLE[m]// 送段码
#define SMG_POSN（n）              P2 =（P2 & 0xF0）|（~（1<<n）&0x0F）// 送位码
void SMG_Display（uint8_t Num,uint8_t Posn）;
#endif


nixie_tube.c
#include "config.h"
const uint8_t code SMG_TABLE[]={0x3f,0x06,0x5b,0x4f,0x66,0x6d,0x7d,
                                0x07,0x7f,0x6f,0x00};// 共阴极段码 0123456789
/*
功能描述：数码管显示函数，在对应的位静态显示数字
*/
void SMG_Display（uint8_t Num,uint8_t Posn）
{
    SMG_POSN（Posn）;       // 送位码
    SMG_NUM（Num）;         // 送段码
}
```

数码管头文件与源文件中包含的内容均在前面的章节中讲解过。

💡 提示：在 SMG_TABLE 段码表中除数字段码外，添加关闭数码管全部 LED 的段码 0x00。

4. 按键源文件与头文件

```
key.h
#ifndef _KEY_H_
#define   _KEY_H_
……
```

```
#endif

key.c
#include "config.h"
......
/***** 键值驱动函数 *****/
void KeyDrive ( uint8_t key_value )
{
    switch ( key_value )
    {
        case 1:      case 2: case 3: case 4:
        case 5:      case 6: case 7: case 8:
            SendKey_To_Phone ( key_value );
        default:     break;                          // 若是其余按键,退出此函数
    }
}
/*
功能描述:按键动作函数,包括按键扫描和动作执行
*/
void Key_Act ( )
{
    uint8_t key_value=0;
    if ( FSM_Scan_Time >= TIMER_10ms ){              // 每隔 10ms 扫描检测按键并执行
        FSM_Scan_Time = 0;
        key_value = ReadKey ( );
        KeyDrive ( key_value );
    }
}
```

按键模块头文件与源文件仅修改按键动作函数 KeyDrive(uint8_t key_value) 的内部逻辑,每次检测按键时,将会调用一次 SendKey_To_Phone(key_value) 函数,发送短信"按键 x(取值范围 1~8)"给手机。

5. DS18B20 模块源文件与头文件

```
ds18b20.h
#ifndef __DS18B20_H
#define __DS18B20_H
......
#define WarningTemp         300
```

```c
void DS18B20_Act();
void Overheat_Alarm();
extern uint16_t GetTemp_TimeCnt;
extern uint8_t   State_DS18B20;
extern uint16_t Time_WaitConvert;
extern sint16_t temperature;
#endif
```

ds18b20.c

```c
#include "config.h"
......
uint8_t State_DS18B20 = 0;        //DS18B20 的状态位，0：初始化；1：等待温度转换；2：获取温度
uint16_t Time_WaitConvert = 0; // 等待 DS18B20 转换温度的时间
uint16_t GetTemp_TimeCnt = 0; // 执行一次 DS18B20 模块的计时
sint16_t temperature = 0;
/*
功能描述：DS18B20 动作函数
*/
void DS18B20_Act()
{
    uint8_t Temp_LByte,Temp_HByte;
    static uint8_t error_cnt=ERROR_MAX_CNT;
    if (GetTemp_TimeCnt >= TIMER_1000ms){
        switch (State_DS18B20){
            case DS18B20_INIT:
                EA=0;
                if (DS18B20_Init()==ACK_FALSE){
                    if (error_cnt > 0) error_cnt--;
                    State_DS18B20 = DS18B20_INIT;
                    break;
                }// 传感器初始化
                WriteByte(0XCC);                    // 跳过读取序列号操作
                WriteByte(0X44);                    // 温度转换指令
                EA=1;
                State_DS18B20 = 1;
                break;
            case DS18B20_CONVERT:
                if (Time_WaitConvert >= TIMER_750ms){
                    State_DS18B20 = DS18B20_GET_TEMP;
```

```
                    Time_WaitConvert = 0;
                }
                break;
            case DS18B20_GET_TEMP:
                EA=0;
                if ( DS18B20_Init ( ) ==ACK_FALSE ) {
                    if ( error_cnt > 0 ) {
                        error_cnt--;
                        State_DS18B20 = DS18B20_GET_TEMP;
                        break;
                    }else{
                        State_DS18B20 = DS18B20_INIT;
                        break;
                    }
                }// 传感器初始化
                WriteByte ( 0XCC );              // 跳过读取序列号操作
                WriteByte ( 0xBE );              // 发送读取温度指令
                Temp_LByte = ReadByte ( );       // 读取温度值共16位，先读低字节
                Temp_HByte = ReadByte ( );       // 再读高字节
                EA=1;
                if ( Temp_HByte > 0xF0 ) {       // 温度值低于0时
                    temperature = Temp_HByte;    // 先存高字节，后面通过移位存储低字节
                    temperature <<= 8;
                    temperature |= Temp_LByte;
                    temperature = ~temperature +1;
                    temperature = ( int ) ( ( double )temperature * 0.0625 *10 * ( -1 ));
                }else{                           // 温度值高于0时
                    temperature = Temp_HByte;    // 先存高字节，后通过移位存储低字节
                    temperature <<= 8;
                    temperature |= Temp_LByte;
                    temperature = ( int ) ( ( double )temperature * 0.0625 * 10 );
                }
                Overheat_Alarm ( );
                OLED_ShowChar ( 99,0,0x30+temperature%10,16 );
                OLED_ShowString ( 90,0,".",16 );
                OLED_ShowChar ( 81,0,0x30+temperature/10%10,16 );
```

```
                    OLED_ShowChar（72,0,0x30+temperature/100%10,16）;
                    OLED_ShowCHinese（108,0,4）;           // 显示当前温度值
                    GetTemp_TimeCnt = 0;                    // 获取温度计时清 0
                    State_DS18B20 = DS18B20_INIT;
                    break;
            }
            if（error_cnt == 0）{
                    error_cnt = ERROR_MAX_CNT;
                    OLED_ShowCHinese（108,0,9）;            // 显示当前温度值
                    OLED_ShowString（72,0,"----",16）;
                    GetTemp_TimeCnt = 0;                    // 获取温度计时清 0
            }
        }
}
/* 功能描述：温度过热预警 */
void Overheat_Alarm（）
{
    if（temperature > WarningTemp && Call_Flag==0）{
            Call_Phone（）;
            Call_Flag = 1;
        }
}
```

ds18b20 模块头文件中增添过热报警值 300 的宏定义 WarningTemp，以及过热报警函数的声明。

ds18b20 模块源文件中的温度动作函数 DS18B20_Act（）与第五章进阶案例第二节中触摸屏综合应用系统案例中的一致，使用状态机的思想来实现温度获取，避免延时等待，仅在获取到温度的状态中添加过热预警函数 Overheat_Alarm（）。过热预警函数 Overheat_Alarm（）内部实现逻辑是：当测量温度值超过设定值时，便会发送拨打电话指令给 YED-724 模块拨打手机电话报警，并将 Call_Flag 拨打电话标志位置 1，此时表明正在通话中，不会再次发送拨打电话指令给 YED-724 模块，当温度过热状况未处理完，手机便将 YED-C724 模块呼出的预警电话挂断，此时便会再次发送拨打电话的指令给 YED-C724 模块拨打手机电话，直到过热情况被处理成功后才不会再次拨打手机电话。

6. 串口源文件

```
uart.c
#include "config.h"
......
/*
```

```
功能描述：串口数据解析函数
*/
void UART_DataAnalysis（）
{
    if（FrameTime >= 2）{          // 一帧数据接收完成后执行
        FrameTime = 0;              // 清字符间隔时长
        RxBusy_Flag = 0;            // 清起始标志位
        if（ParseYEDC724ServerData（Uart_RBuff）==0）// 检测服务端发送来的数据
            SendOK_To_Phone（）;                    // 配置成功
        Uart_RData_Num = 0;                         // 将记录接收到字符个数的变量清 0
        memset（Uart_RBuff, 0, sizeof（Uart_RBuff））;/* 清空实时串口数据数组 UartRXData,
准备下次存储 */
    }
}
```

串口相关文件仅修改串口数据解析函数 UART_DataAnalysis（）的内部逻辑，仅在收到一帧数据后调用 ParseYEDC724ServerData（uint8_t *Input_YEDC724Data）解析 YED-C724 数据函数，并将存放刚才发来的数据的串口缓存数组 Uart_RBuff 地址传入该函数解析数据即可，逻辑实现较为简单，参考代码理解即可。

7. 定时器源文件与头文件

```
Timer.h
#ifndef _TIMER_H_
#define   _TIMER_H_
#define TIMER_SETMS（x）    （65536-x*FOSC/12/1000）
// 基于 5ms 时基的定时宏定义
#define TIMER_5ms           1
#define TIMER_10ms          2
#define TIMER_100ms         20
#define TIMER_200ms         40
#define TIMER_500ms         100
#define TIMER_750ms         150
#define TIMER_1000ms        200
void Timer0_Init（void）;    //5ms
extern uint16_t TimeCnt;
#endif
```

```
Timer.c
#include "config.h"
```

```c
uint16_t TimeCnt=0;
void Timer0_Init ( void )          //5ms
{
    TMOD &= 0xF0;              // 设置定时器模式
    TMOD |= 0x01;              // 设置定时器模式
    TL0 = TIMER_SETMS（5）%256;        // 设置定时初始值
    TH0 = TIMER_SETMS（5）/256;         // 设置定时初始值 5ms
    TF0 = 0;          // 清除 TF0 标志
    TR0 = 1;          // 定时器 0 开始计时
    ET0 = 1;          // 开定时器 0 中断
    EA = 1;           // 开总中断
}
uint8_t LED_Flip_cnt;
void Timer0_Isr（ ）interrupt 1
{
    TL0 = TIMER_SETMS（5）%256;// 重新设定初值 5ms
    TH0 = TIMER_SETMS（5）/256;// 重新设定初值 5ms
    if（RxBusy_Flag）FrameTime++;
    if（RING_Flag）   LED_Flip_Time++;
    FSM_Scan_Time++;         // 状态机检测间隔计时
    GetTemp_TimeCnt++;       //DS18B20 温度获取间隔计时
    if（State_DS18B20 == DS18B20_CONVERT）Time_WaitConvert++;// 温度转换等待过程计时
}
```

定时器头文件 timer.h 中仅根据 5ms 的定时器时基修改了对应定时时间的宏定义值，其余未改动。

定时器源文件 timer.c 中设定定时器 0 为 5ms 中断一次，作为整个系统运行的时基。其中串口数据接收帧超时时间为 10ms，按键扫描为 10ms 一次，DS18B20 模块为成功获取温度 1s 后启动，温度转换等待为 750ms，LED 电平为每 500ms 翻转一次。

8. 配置头文件与主函数源文件

```c
config.h
#ifndef _CONFIG_H_
#define   _CONFIG_H_
// 数据类型重定义
......
#include <STC89C5xRC.H>
```

```c
#include <intrins.h>
#include <string.h>
#include "uart.h"
#include "ds18b20.h"
#include "oled.h"
#include "led.h"
#include "key.h"
#include "timer.h"
#include "YED_C724.h"
#include "nixie_tube.h"
#define FOSC 11059200L    // 晶振频率
#endif
```

main.c

```c
#include "config.h"
void main()
{
    OLED_Init();    //OLED 初始化
    OLED_ShowCHinese(0,0,2);   // 当
    OLED_ShowCHinese(18,0,3);  // 前
    OLED_ShowCHinese(36,0,0);  // 温
    OLED_ShowCHinese(54,0,1);  // 度
    Timer0_Init();   // 定时器初始化
    UART_Init();     // 串口初始化
    YEDC724_Init();//ESP8266 模块连接手机端服务器
    while(1)
    {
        UART_DataAnalysis();// 串口数据解析
        LED_Flip();              //LED 闪烁函数
        Key_Act();               // 按键动作函数
        DS18B20_Act();           //DS18B20 传感器动作函数
    }
}
```

配置头文件 config.h 中包含了使用到的模块的库文件，其余无改动。

主函数源文件 main.c 中是对上述各个模块中定义的函数的调用，逻辑较为简单，参考代码理解即可。

4G 通信实验现象

第六章 综合案例

【学习指南】

本章挑选了由作者指导并获十七届"挑战杯"省赛特等奖和国赛二等奖的项目进行讲解，使学生了解单片机在学科竞赛中的广泛应用。

本章案例内容更加综合，除前面单片机的应用知识外，本章还综合了机械、电子、通信、自动化等方面内容，有利于读者多学科的融会贯通。

由于本章内容无法在配套实验系统上调试，本章知识讲解的最大目的是为读者应用单片机提供借鉴和参考，并将本门所学知识应用于各类学科竞赛，不断提高知识的深度和广度，努力开拓眼界。

竞赛项目 全自动磁粉探伤机

导读：磁粉探伤是利用工件缺陷处磁导率与钢铁磁导率的差异，磁化后这些不连续的磁场将发生畸变形成漏磁场，从而吸引磁粉在缺陷处堆积形成磁痕。对轮对通电磁化后磁粉在缺陷处堆积，在紫光灯的照射下显现出缺陷的位置和形状。磁粉探伤能够十分直观地显示出缺陷信息，具有很高的灵敏度，不仅能检测工件表面的开口裂纹，还可以检测工件近表面的闭口缺陷，检测工艺简单，速度快，成本低。磁粉探伤机探伤简要步骤示意图如图 6-1～图 6-4 所示，图 6-1 为工件磁化前的状态，图 6-2 为通电磁化时的状态，图 6-3 为喷洒磁悬液时的状态，图 6-4 为磁化完成后显示磁痕状态。

本项目主要在传统磁粉探伤机的基础上，设计了一种基于 VM 视觉识别的全自动磁粉探伤机，集成自动上下料、自动喷淋磁化、自动探伤、自动打印探伤报告于一体，解决了

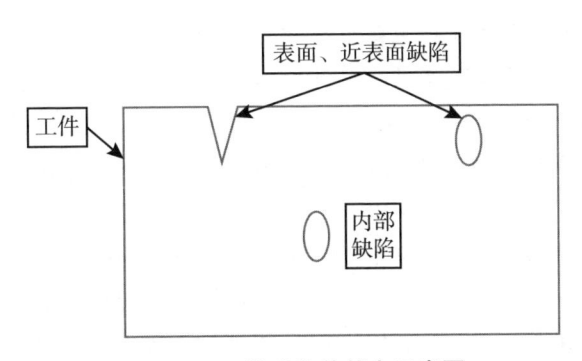

图 6-1 工件磁化前状态示意图

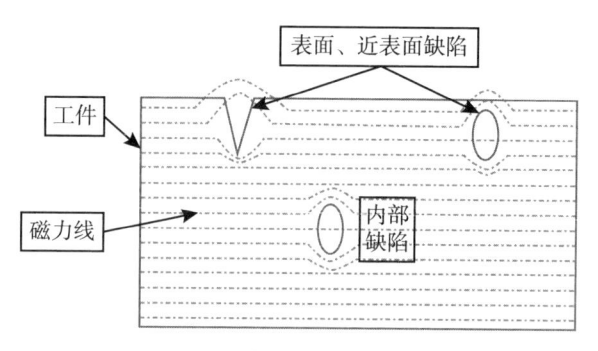

图 6-2 通电磁化时状态示意图

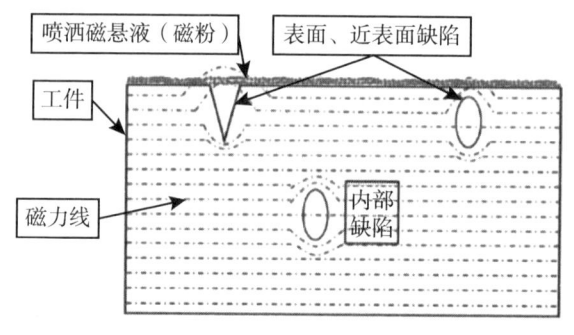

图 6-3 喷洒磁悬液时状态示意图

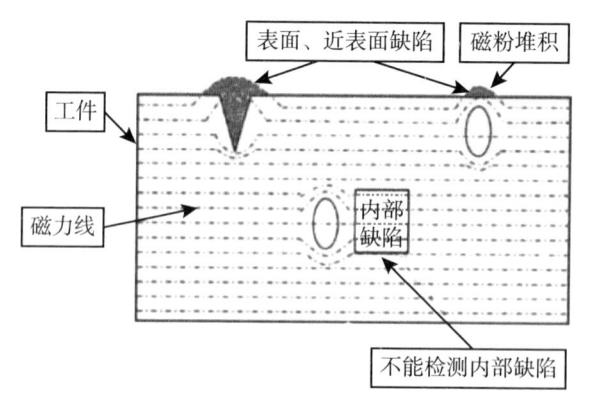

图 6-4 磁化完成后显示磁痕示意图

目前市场上主流荧光磁粉探伤机技术落后、自动化程度低、主要依靠人工完成磁粉探伤各工序、工人劳动强度大、探伤效率低、检测精度低、采购的国外先进探伤设备存在技术壁垒及价格垄断等问题。

本项目针对传统磁粉探伤机存在的问题进行了关键技术创新与突破。针对磁化电流实时性和准确性提出了牛顿预插值-PID智能控制模型，实时电流稳定时间由0.5s缩短至0.2s，电流显示误差由5%降至1.8%，大幅提高探伤精度的同时显著提升了探伤效率；利用机器视觉技术代替人眼对工件图像进行自动识别，实现裂纹最小长度0.6mm的自动检测与自动识别，误检率<0.5%，检出率达100%，机器视觉探伤时间缩短至3min，全流程探伤

时间缩短至15min，提高探伤效率的同时实现了稳定的探伤精度；将互联网技术应用到了磁粉探伤领域，结合网络通信技术，可以实现远程探伤、远程诊断和远程报告等功能，避免探伤人员直接接触荧光磁粉，保障工作人员的身体健康。

（一）需求分析

1. 功能需求分析

基于VM视觉识别的全自动磁粉探伤机主要应用于高铁轮对的无损探伤检测，帮助减轻探伤检测人员的工作负担，实现探伤工作的远程化、自动化和智能化。结合高铁轮对的实际工作需求，系统设计功能如下。

（1）设计探伤机主体功能，探伤参数满足设计要求，能通过磁化操作显现轮对裂纹等缺陷。

（2）能够自动上下料：探伤检测人员无须依靠人力将轮对移动至磁粉探伤机上，只需要通过行车将轮对移动到上料工位，自动上下料机构将自动进行上下料动作。

（3）能够自动验伤：搭载工业相机，利用VM算法进行视觉识别，能自动识别工件裂纹。

（4）能够进行人机交互：磁粉探伤机配置触摸屏，可通过触摸屏进行电流校准、磁化参数设置以及对探伤机机械动作的控制。

（5）具有远程服务端：本地客户端接收工业相机图片和探伤机的电流数据，本地客户端将数据通过互联网发送至远程服务端，远程服务端能自动生成并打印探伤报告。

2. 功能模块设计

根据功能需求与性能分析，基于VM视觉识别的全自动磁粉探伤机设计以下功能模块，模块图如图6-5所示。

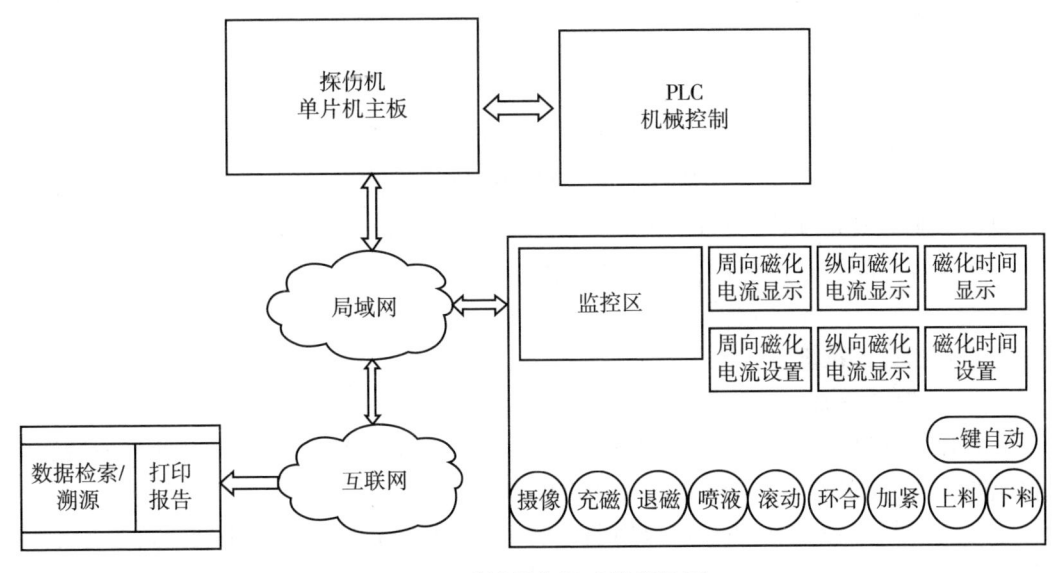

图6-5 磁粉探伤机功能模块图

（1）为实现磁粉探伤机的全自动流程，其功能模块包括自动上料模块、自动下料模块、自动磁化喷淋模块、相机移动模块、自动打印探伤报告模块。轮对到达上料工位后，上料机构将其推到磁粉探伤机上，磁粉探伤机上设置推料装置卸力，轮对静止在磁粉探伤机后进行探伤流程。

（2）为了使磁化电流显示精度和稳定速度达到要求，采用了3个独立的单片机：两片单片机分别独立控制周向和纵向通道可控硅、三相电零位检测及PID算法处理，另一片单片机负责控制命令执行、采样电流及与外设通信等。

（3）为了实现磁粉探伤机的自动探伤，设置工业相机参数及VM视觉识别算法配置，将海康威视MV-CE120-10GM/GC千兆以太网工业相机安装在探伤工件上方，由PLC控制系统控制其机械运动，视频信息传输到探伤室的VM视觉识别算法进行处理，处理结果通过互联网传输到远程服务器控制端。

（4）为了实现磁粉探伤机的远程控制，设置远程服务端，接收实时图像处理、诊断探伤结果、探伤机探伤参数以及探伤过程数据并采用数据库保存所有数据，探伤结束自动打印探伤报告，探测到裂纹后进行声光预警，可随时查询、验证和追溯探伤报告。

除此之外，磁粉探伤机还需要传感器检测模块，对传感器的检测信号进行接收与判断，判断工件的位置与状态。传感器包括机器视觉传感器、位移传感器、电流传感器等。

（二）总体结构模块设计

轮对探伤需要进行上料、下料、滚动喷淋等机械运动，由于机械运动单一，控制逻辑简单，要求工作状态稳定，因此选择PLC系统进行控制。

轮对磁粉探伤的重要步骤是充磁和退磁，磁化过程需要精确、稳定的电流控制，而且需要参数配置、自动传输探伤参数等功能，因此选择单片机进行控制。

传统的磁粉探伤机仅进行磁化喷淋工作，而探伤其他流程，如识别裂纹，主要依靠人工完成。由于人眼识别工件裂纹有一定难度，且容易疲劳，疲劳后会增加漏检率和误检率，因此本文采用机器视觉技术代替人眼，自动探伤，并记录和传输数据，利用互联网技术收集探伤数据并打印报告和预警，从而能实现整个探伤流程的自动化。

针对磁粉探伤机的全自动流程需求，设计总体结构模块如图6-6所示。探伤机主体部分包括工业触摸屏与PLC、单片机的协调控制、PLC机械动作控制、单片机磁化电流控制等。本地客户端通过局域网与探伤机主体和工业相机通信，通过互联网与远程服务端通信。

1.探伤机主体系统

1）PLC控制系统

磁粉探伤机中所有机械动作都通过PLC进行控制。通过PLC程序控制上下料机构运动、磁化线圈环合、磁化电极运动以及工业相机运动。

设计与触摸屏进行Modbus串口通信，设计探伤机械控制按钮，手动模式下，可控制磁粉探伤机的上料、环合、加紧、松开、滚动、喷液、工业相机运动等动作，自动模式下能实现自动控制整个机械流程，如图6-7所示。

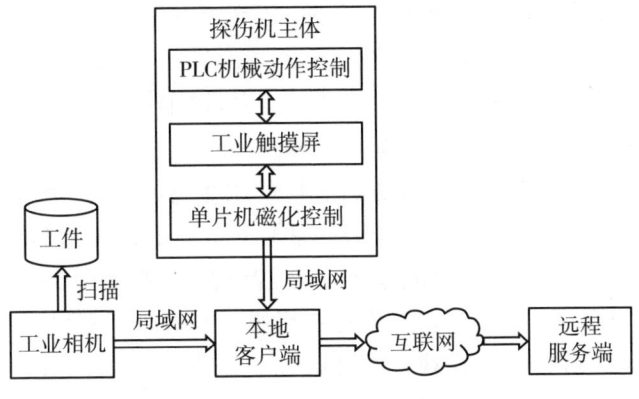

图 6-6 总体结构模块图

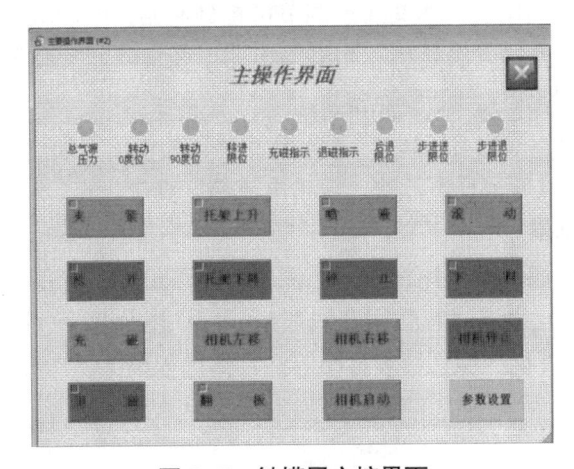

图 6-7 触摸屏主控界面

2）工业触摸屏

探伤机主体有单片机控制系统、PLC 控制系统和触摸屏，工业触摸屏如图 6-8 所示，触摸屏用来分别与 PLC 控制系统以及单片机控制系统进行通信，触摸屏可通过 PLC 系统控制机械动作，通过单片机系统控制工件的充退磁等工作。PLC 系统和单片机控制系统可以通过触摸屏内部的宏定义指令进行互相控制与通信。

图 6-8 工业触摸屏

3）单片机控制系统

本文所述的磁粉探伤机的电流磁化系统包括 3 片 STC15F2K61S2 单片机组成的电路系

统以及一个触摸屏，3片单片机系统既相互独立，又可以相互协调、同步工作，有效提高电流控制的实时性。触摸屏与主单片机通过串口通信相连，用于双方之间数据的传输与接收，主单片机接收到触摸屏传输来的磁化数据后，传输到辅助功能的两次级单片机，由两次级单片机分别控制被测工件两方向（周向和纵向）的磁化。

设计触摸屏通信模块，在触摸屏中输入相应的磁化电流参数，将数据传输到单片机中以进行磁化电流控制、可控硅控制以及PID算法处理。比起传统磁粉探伤机的旋钮式调节电流方式，触摸屏配合单片机控制电流方式具有更高的控制精度和更快的电流稳定速度。

设计可控硅控制模块，包括：单片机控制引脚、三极管、电阻、脉冲变压器等元件，单片机控制脉冲输入可控硅控制模块，通过调节控制脉冲的时序来改变可控硅的起始角，从而达到控制电流大小的目的。

设计三相电零位检测模块，本文通过调节可控硅起始角控制输出电流，需要找出三相电零点。寻找三相电零点的方法是将三相电输出的正弦波降压后整形为方波，并通过单片机程序寻找上跳沿和下跳沿来判断零点位置。

设计电流检测模块，采用CS5463芯片采集互感器的电流，通过I2C传输到单片机中进行计算。电流检测模块具有采样电流快，输出电流精度高等优点。

2.探伤机远程服务端

远程服务端主要功能是整理探伤数据、探伤数据可追溯、探伤报告可存档。远程服务端主要模块有：探伤磁化电流过程数据曲线显示、探伤图片显示、探伤裂缝数据显示、预警信息提示、探伤数据查询、探伤报表打印等。具体远程服务操作界面如图6-9所示。

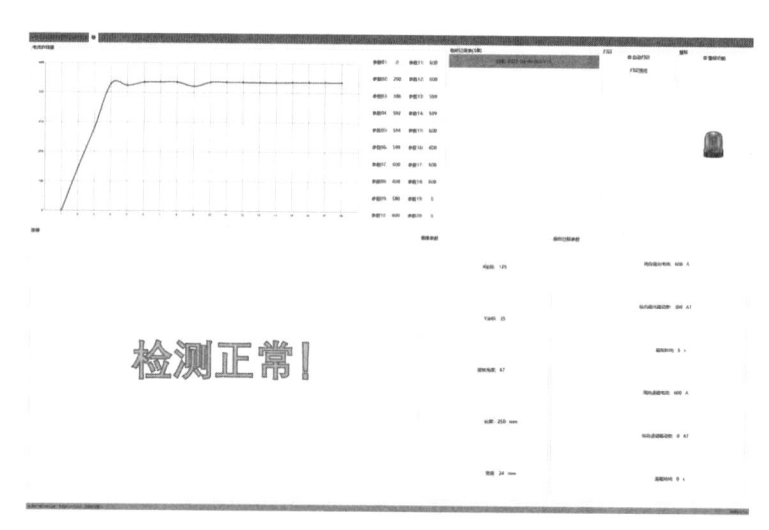

图6-9 远程服务端操作界面

（三）整机架构方案设计

1.总控制系统

总控制系统主要负责全自动磁粉探伤机的远程化、智能化和自动化功能的实现。探伤机主体负责被测工件的磁化操作以及与PLC系统和远程服务系统的通信；PLC系统控制磁粉探伤机的机械动作以实现机械流程自动化；机器视觉技术自动检测识别裂纹以实现探伤自动化；探伤信息通过远程信息传输技术传输到远程服务端中，远程服务端自动打印报告、远程信息实时监测和分析，实现探伤远程化。

2. 探伤机主体

探伤机主体包括：电流采样模块、触摸屏串口通信模块、单片机间并行通信模块、三相电零位检测模块和可控硅电流控制模块等。为提高控制算法效率和避免算法间时序的相互干扰，设置三单片机系统协同配合，三单片机内部功能图如图6-10所示。

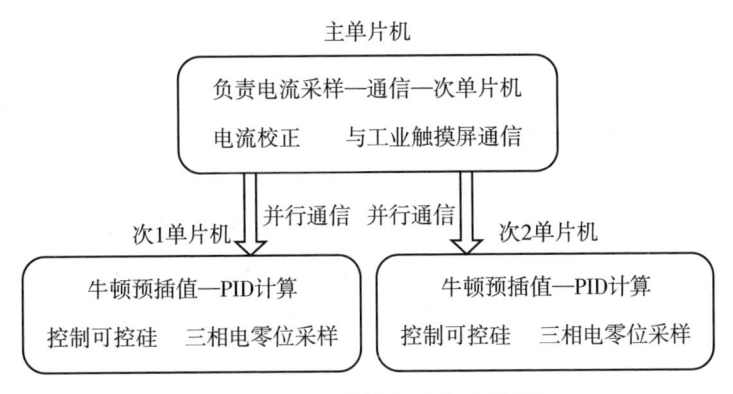

图6-10　三单片机内部功能图

3. 视觉识别系统

视觉识别系统采用视觉传感器采集图像并进行相应的图像处理，自动探伤，识别裂纹。工业相机动态扫描工件，VM视觉识别算法判断被测工件是否有裂纹，视觉识别系统结构图如图6-11所示。视觉识别系统检测数据为远程服务系统提供数据支撑。

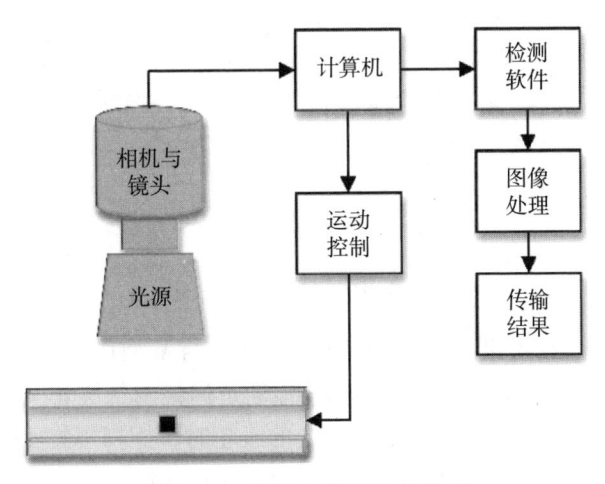

图6-11　视觉识别系统结构图

4. 远程服务系统

远程服务系统的目的是改善探伤工作人员的工作环境和提高整理探伤数据的效率，主要有以下功能。

（1）利用互联网技术远程传输探伤数据，办公环境不再局限于探伤室中，远离嘈杂和有污染的场景。探伤过程监控可随时随地进行，解决了探伤人员工作环境受限的问题并提高了办公效率。

（2）自动保存探伤数据，可查询、追溯历史数据，为分析工件寿命和探伤效果提供数据基础。

（3）能对有问题的工件做出实时预警，提醒探伤人员注意，并能通过传输的图像进行二次复核。

（4）能整理关键数据，形成纸质报告，有利于探伤工作汇报或存档。

（四）硬件选型与设计

1. 全自动磁粉探伤机工作流程

机械运动简图如图 6-12 所示。轮对 1 在轨道上转动上料，轮对 1 滚动到活动挡铁 2 位时，将其压下，通过后活动挡铁 2 自动复位，摆杆气缸 7 活塞处于退回状态，臂杆 8 摆倒，臂杆 9 摆起，轮对 1 被限制到检测工位 I。检测装置的提升气缸 3 和 4 的活塞退回将 V 型块 5 和 6 与轮对 1 接触，V 型块 5 和 6 检测轮对 1 上有无轴承，如有，该部分不进行喷淋；如无，则正常喷淋。

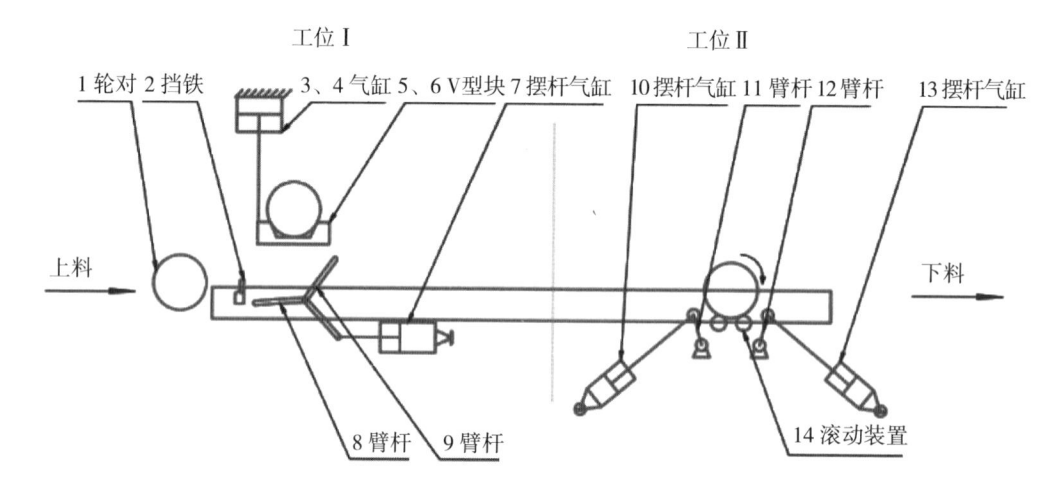

图 6-12 机械运动简图

检测装置的提升气缸 3 和 4 的活塞伸出，轮对 1 与 V 型块 5 和 6 脱开，摆杆气缸 7 的活塞伸出，臂杆 9 摆倒，臂杆 8 摆起，轮对 1 沿轨道向检测工位 II 滚动。摆杆气缸 13 的活塞伸出，臂杆 12 摆起，当轮对 1 接触臂杆 12 的滚轮时，摆杆气缸 13 随动后退，待轮对 1 的转速为零时，摆杆气缸 13 活塞伸出，推动轮对 1 向上料方向运动，将轮对 1 限位到滚动装置 14 上，摆杆气缸 13 的活塞退回，臂杆 12 摆倒。

两侧移动挡水板装置伸出，封闭检测工位 II，中部开合线圈的六对开合机构闭合，同时两端的磁化电极的推靠气缸活塞伸出，闭合线圈空套在轮对 1 两端的伸出轴上。喷淋系统启动，同时滚动装置 14 启动，向轮对 1 中间轴及两端轴喷淋磁悬液。喷淋结束后，喷淋系统关闭，滚动装置 14 停止，轮对 1 停止转动。两端电极机构伸出，并紧贴轮对 1 的伸出轴端面，磁化轮对 1。磁化结束后，两端电极机构退回，滚动装置 14 启动，轮对 1 转动半圈，滚动装置 14 停止。两端电极机构伸出，并紧贴轮对 1 的伸出轴端面，二次磁化轮对 1。二次磁化结束后，两端电极机构退回，中部开合线圈的六对开合机构打开，同时两端的磁化电极退回。

幕布开合机构工作，双层幕布封闭检测工位Ⅱ，照明装置打开，相机打开，滚动装置 14 启动，进行轮对 1 中间轴及两端轴的探伤检测。探伤检测完毕，滚动装置 14 关闭，相机关闭并返回原位，照明装置关闭，幕布开合机构工作，打开幕布。两侧移动挡水板装置退回，打开检测工位Ⅱ。摆杆气缸 10 活塞伸出，臂杆 11 摆起，推动轮对 1 沿轨道向下料工位滚动。

探伤机仿真图及实物图如图 6-13、图 6-14 所示。

图 6-13 探伤机仿真图

图 6-14 探伤机实物图

2. 单片机磁化电流控制系统

1) 电子元器件选型

(1) 变压器选型。单片机磁化电流控制系统需要 6V、-12V 和 12V 电压信号，其中 6V 信号用于单片机零位检测，-12V 和 12V 信号用于 LM339 比较器供电，选择变压器 BK-300VA，0～380V 输入，0V、6V、12V 和 24V 输出，实物如图 6-15 所示。磁化电流控制系统需要采样 AB 相和 BC 相的零位信号，所以采用两个变压器。KBP307 为整流桥，U28 为外部电源信号接线端子，24V 为外部输入直流信号，其他端子为变压器输出，KA7812 和 KA7912 为线性稳压器，图 6-16 为变压器供电电路。

图 6-15 变压器 BK-300VA

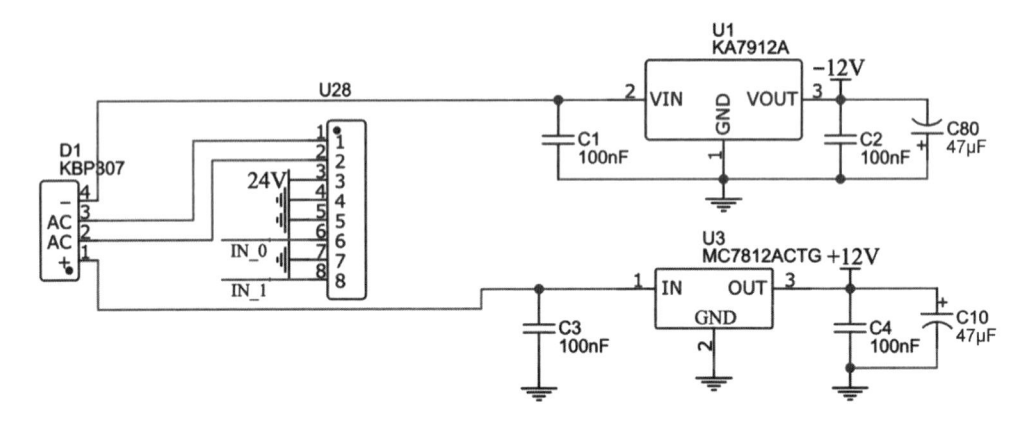

图 6-16 变压器供电电路

(2) 互感器。互感器又称为仪用变压器，能将高电压变成低电压、大电流变成小电流，用于测量或保护系统。其功能主要是将高电压或大电流按比例变换成标准低电压或标准小电流，以实现测量仪表、保护设备及自动控制设备的标准化、小型化。同时互感器还可用来隔开高电压系统，保证人身和设备的安全。

根据输入电流范围为 0～2000A 的设计要求，选择互感器 LMZJ1-0.5，电流比：2000/5A，精度 0.5，满足要求，如图 6-17 所示。

图 6-17　互感器 LMZJ1-0.5

（3）可控硅选型。磁粉探伤机控制输出电流 30A 左右，接三相电 380V，选择双向晶闸管 MTX3000A，其耐电压：1900～3000V，门极触发电压：3V，耐电流：25～200A，门极触发电流：30～100mA，如图 6-18 所示。

图 6-18　双向大功率晶闸管 MTX3000A

（4）脉冲变压器选型。脉冲变压器的初级电压为 24V，负载（可控硅）的触发电压为 3V，选择变压比 3∶1，可控硅控制极等效电阻为 17Ω，为了保证脉冲变压器的带载能力，选择 RL=7Ω，根据上述条件，选择 KCB-02B1 型号脉冲变压器，如图 6-19 所示。

（5）电流检测芯片选型。CS5463 是一款比较成熟的电能—脉冲转换装置，具有强大的功能，可以用来测量瞬间电流、瞬间电压、瞬间功率、能量、RSM 电流和 RMS 电压，实物如图 6-20 所示。

图 6-19　脉冲变压器 KCB-02B1　　　　图 6-20　CS5463 芯片

CS5463 采用 I2C 通信，共有 4 个引脚：CS、SDI、SDO、SCLK。CS 是芯片使能引脚。当 CS=0 时，CS5463 处于工作状态，否则芯片处于待机状态；SDI 是数据输入控制线，负责将接收的数据发送到控制器中去处理；SDO 为输出控制线；SCLK 为串行时钟接收信号线。

2）探伤机主体供电系统

通过三相电 AB 与 BC 给探伤机的周向及纵向磁化电路供电，周向或纵向电路的电流由双向可控硅控制，并通过变压输出指定电流供工件磁化使用，其电路连接图如图 6-21 所示。

单片机控制可控硅过程中需要确定 AB 和 BC 零相位置，直接把三相电通过变压器降压后送入单片机，检查三相电对应零位。

T3 为变压器，把 0～380V 电压转变为 24V 左右的低压，负载为感性元件或阻值接近 0 的阻性负载，负载电流可达 0～2000A。

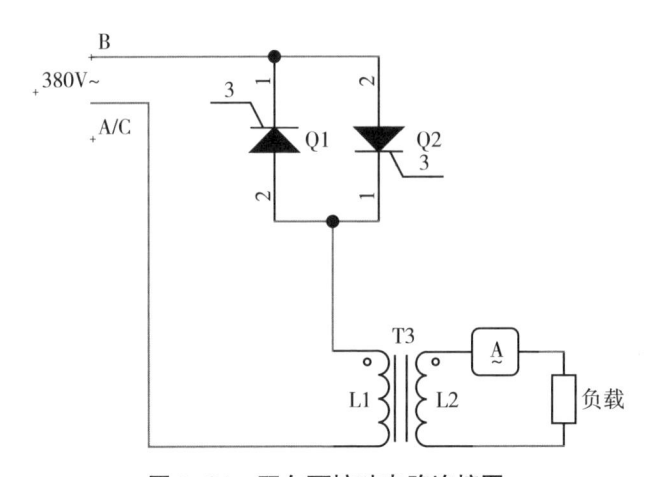

图 6-21 双向可控硅电路连接图

3）三相电零位检测电路

磁粉探伤机的磁化工作，是将单片机发出不同时序的触发信号接在三相电 AB 和 BC 相的可控硅上，通过调节可控硅的起始角来控制电路负载（即被测工件）上的电流，达到磁化被测工件的目的。其检测电路如图 6-22 所示。

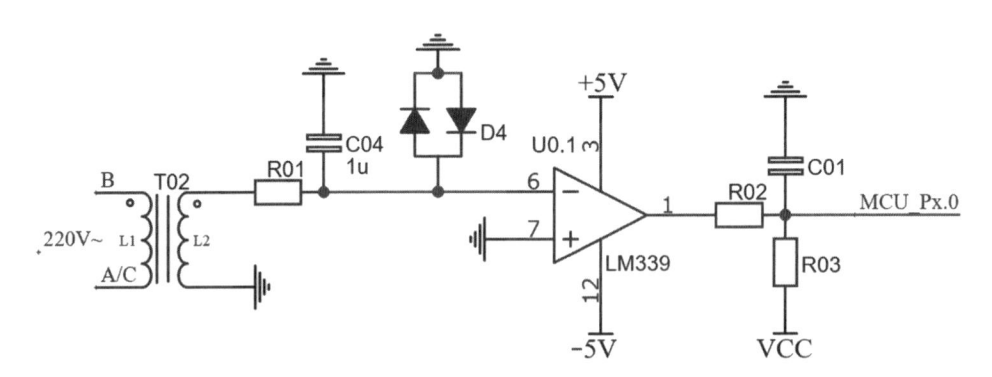

图 6-22 三相电零位检测电路图

4）磁化电流检测电路

电流检测芯片 CS5463 包含两个转换器，通过设置可自动输出电流有效值，由于磁粉探伤机的充/退磁输出较大的非直流电流信号，CS5463 芯片含有 CMOS 单片功率测量芯片，还可进行有功功率的计算，芯片包含两个运放和两个滤波器，运放有增益可编程的特点，滤波器为高通滤波器。因此，探伤行业常采用 CS5463 检测电流。单片机与 CS5463 通过 I2C 串行通信，电路原理如图 6-23 所示，R9 为采样电阻，阻值为 0.05Ω，把磁化操作产生的大电流值转换到 CS5463 允许的电流范围，电流通过 R7 送往 CS5463 检测，单片机把电流值送入 PID 计算，并送触摸屏实时显示。

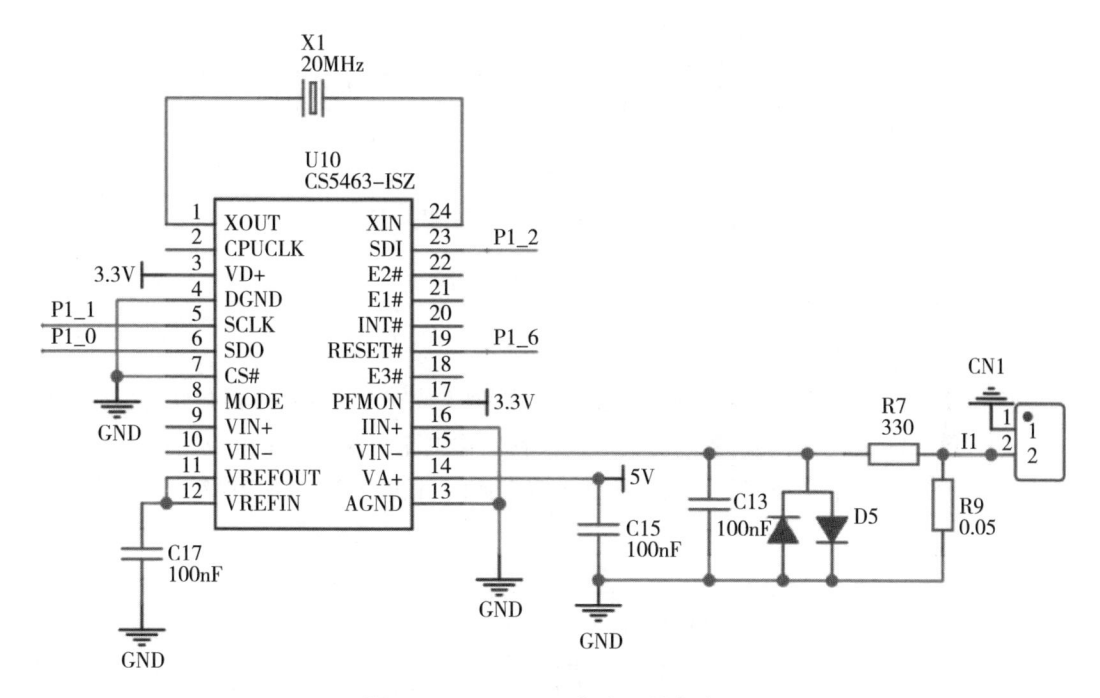

图 6-23　CS5463 电流采样电路图

5）可控硅控制电路

可控硅常用于调节电流大小，单片机 PWM1～PWM4 信号通过匝数比为 3∶1 的脉冲变压器对两个双向可控硅进行电压控制。其中 PWM1～PWM4 控制可控硅原理相同，PWM1 控制可控硅电路如图 6-24 所示（四路相同原理的电路只画一路）。单片机通过 PWM1～PWM4 控制磁化和退磁。

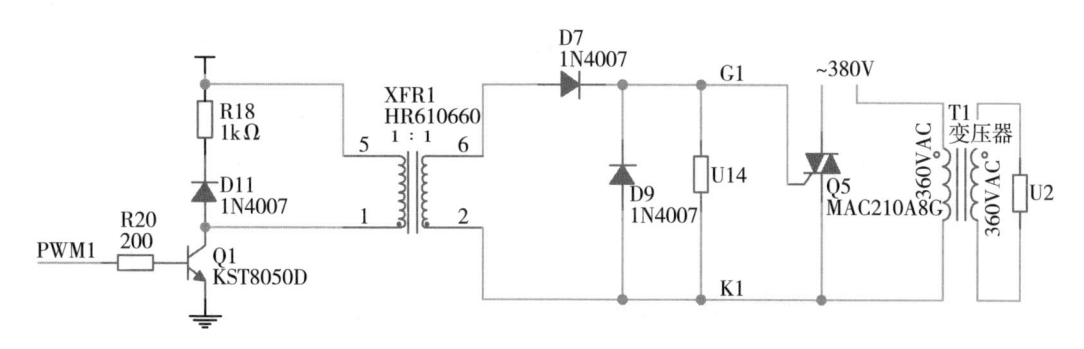

图 6-24　PWM1 控制可控硅电路图

3. 触摸屏串口通信

屏通触摸屏可以连接两个串口设备，通过 Modbus 协议与 PLC 系统进行串口连接，采用通用协议的宏指令方式与单片机磁化电流控制系统进行串口通信。

磁化电流控制系统与触摸屏连线图如图 6-25 所示。

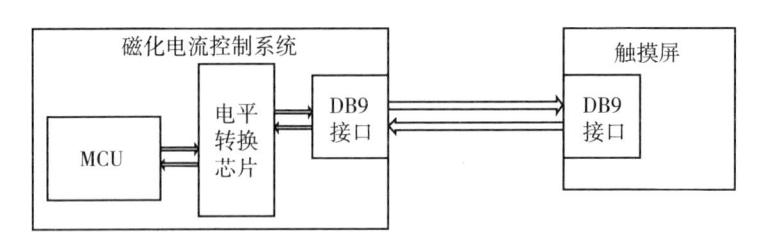

图 6-25 磁化电流控制系统与触摸屏连线图

（五）软件设计与实现

1. 单片机控制系统

被测工件的磁化过程就是设定磁化电流，使被测工件在磁场作用下磁化状态发生变化。MCU 输出可控硅的控制角来改变电流，通过检测磁化电流，并与设定电流比较，通过 PID 算法，调节控制角，来实现控制电流，达到设定电流的目的。PID 电流控制结构图如图 6-26 所示。

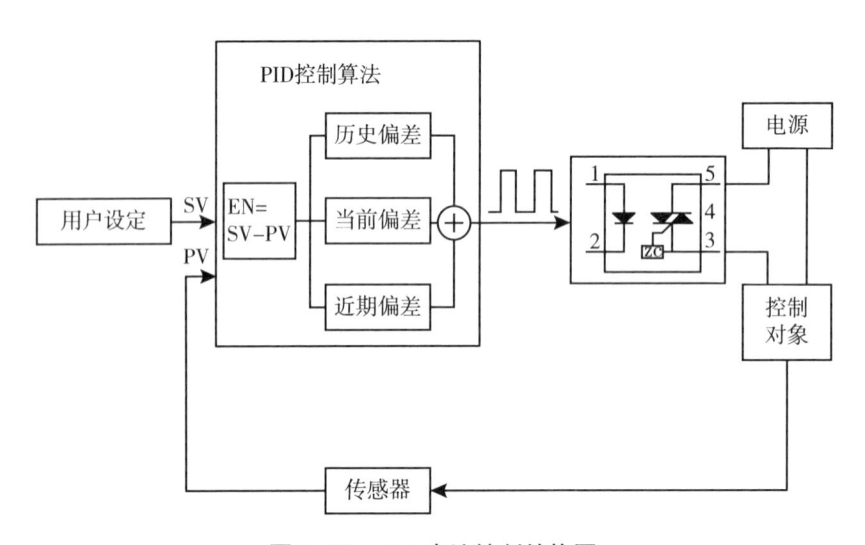

图 6-26 PID 电流控制结构图

1）牛顿预插值控制方法

所谓插值就是通过平面上给定 $n+1$ 个互异点，做出一条 n 次代数曲线 $y=P(x)$，近似地表示曲线 $y=f(x)$。插值的方法很多，其中，牛顿插值法可以根据工程精度要求选择不同的节点个数，可逐步构造插值多项式，具有较大的灵活性和较小的运算量，而且易于单片机编程实现。

牛顿等距插值是牛顿插值的一类特殊情况，其表达式为：

$$f(x) = P(t_{k-n+s}, n) + R_n(s) \tag{6-1}$$

其中，$R_n(s)$ 为插值余项，即牛顿插值的算法误差；$P(t_{k-n+s}, n)$ 为牛顿插值公式，其表达式为：

$$P(t_{k-n+s}, n) = P(t_{k-n} + s\delta t, n) = \Delta^1 F_0 + \frac{s}{1!}\Delta^2 F_0 + \cdots + \frac{s(s-1)\cdots(s-n+2)}{n!}\Delta^n F_0 \tag{6-2}$$

其中，$\Delta^m F_0 = \sum_{j=0}^{m-1}(-1)^{m-j-1} C_{m-1}^i f_{k-n+j}$ 为插值算子。

令 $s=n$，即利用前 n 个数据的函数值对当前数据的函数值进行插值，k 个数据函数 f 的插值为：

$$f_k = P(t_{k-n+s}, n) = J \cdot f_{(k-n, k-1)} = \sum_{i=1}^{n} J_{n-i+1} f_{k-i} \tag{6-3}$$

其中 $J_g = \sum_{i=g-1}^{n-1}(-1)^{i-g+1} C_i^{g-1} C_n^i$；$f_{k-n, k-1} = \left[f_{(k-n)}\ f_{(k-n+1)} \cdots f_{(k-1)} \right]^T$ 为前 n 个数据的函数值；$J = \left[J_1\ J_2 \cdots J_n \right]$ 为前 n 个数据函数值的插值算法系数。

牛顿向后插值的系数矩阵 J 和前 n 个数据的函数没有关系，只和系数的位置有关，因此在等距插值过程中可以提前计算系数矩阵 J。表 6-1 是 1<n<8 的系数矩阵 J 的值。

表 6-1 系数矩阵 J 数值

J 数值	$n=1$	$n=2$	$n=3$	$n=4$	$n=5$	$n=6$	$n=7$	$n=8$
J_1	1	−1	1	−1	1	−1	1	−1
J_2	—	2	−3	4	−5	6	−7	8
J_3	—	—	3	−6	10	−15	21	−28
J_4	—	—	—	4	−10	20	−35	−56
J_5	—	—	—	—	5	−15	35	−70
J_6	—	—	—	—	—	6	−21	56
J_7	—	—	—	—	—	—	7	−28
J_8	—	—	—	—	—	—	—	8

2）PID 快速检测控制方法

增量式 PID 算法的公式如下：

$$\Delta y_n = K_p(e_n - e_{n-1}) + \frac{T}{T_i}e_n + \frac{T_d}{T}(e_n - 2e_{n-1} - e_{n-2}) \tag{6-4}$$

为了编程方便，把式（6-4）改成下列形式：

$$\Delta y_n = Ae_n + B \times e_{n-1} + C \times e_{n-2} \tag{6-5}$$

式中：

$$A = K_p \left(1 + \frac{T}{T_i} + \frac{T_d}{T}\right)$$

$$B = -K_p \left(1 + \frac{2T_d}{T}\right)$$

$$C = K_p \times \frac{T_d}{T}$$

从增量式 PID 的算式中可知，只要知道 3 次采样周期内的偏差信号 e_n，e_{n-1}，e_{n-2} 即可计算出本次采样周期内的控制变量 y 的增量。

探伤机的磁化过程就是单片机控制可控硅控制角输出指定大小的电流的过程，这个过程需要不断调节控制角，直到电流符合要求。如果单纯采用 PID 算法，从初始值 0 匹配到设定值所需的时间较长，通过优化算法，在 PID 计算前端加入电流值插值预判过程；插值数据可从最初的经验值到匹配电流后得到的数值获得，磁化次数越多，得到的插值数据越多，预判就越准确。图 6-27 为设定电流 1000A 的 PID 的输出值。

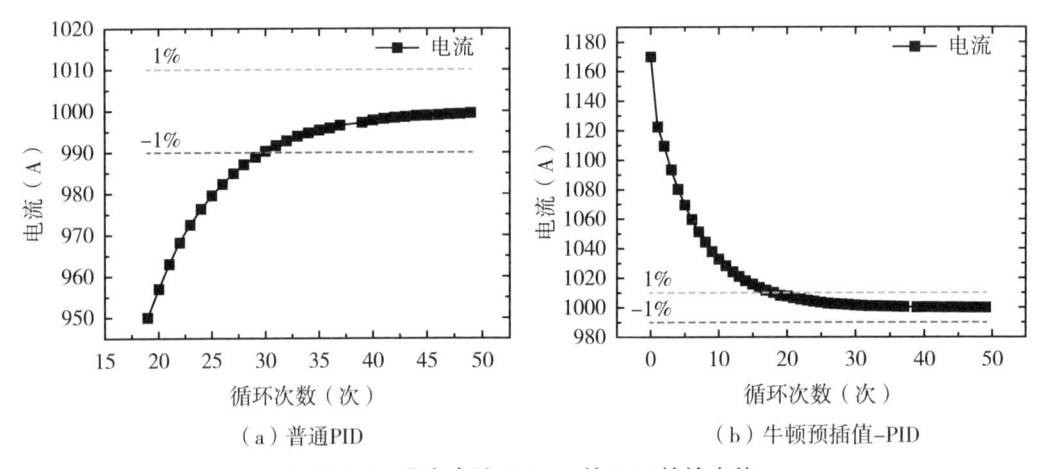

（a）普通PID　　（b）牛顿预插值-PID

图 6-27　设定电流 1000A 的 PID 的输出值

本文对设定电流为 400、600、800、1000 分别进行了两组实验，实验值如图 6-28 和表 6-2 所示。从实验数据可以看出：

（1）在 0.5s 内，实际电流达到了设定电流的要求范围，一般工业环境要求实际电流的误差变化范围不超过设计电流的 5%，即设计电流 100A，实际电流的波动在 95～105A，设计电流 1000A，实际电流的波动在 950～1050A。显然，实验数据的误差范围处于 -2%～2%，满足设计工艺要求。

（2）表 6-2 是 0.5s 内电流采样多次的数据，采样间隔几乎一致，可以看出在 0.2s 左右，实际电流值就达到了设计要求。这是因为在 PID 算法初期采用了预判初值算法，用牛顿插值算法计算出经验值，让 PID 匹配电流时不是从 0 开始，而是从经验值开始，大大提高了匹配速度。

（3）设定电流较小时，实际电流仍然很好地达到了设定要求，这说明采用了电流真有效值算法后，即使在小电流的情况下，电流的测试值仍然保持较高的准确度。

(a) 设定值为400A

(b) 设定值为600A

(c) 设定值为800A

(d) 设定值为1000A

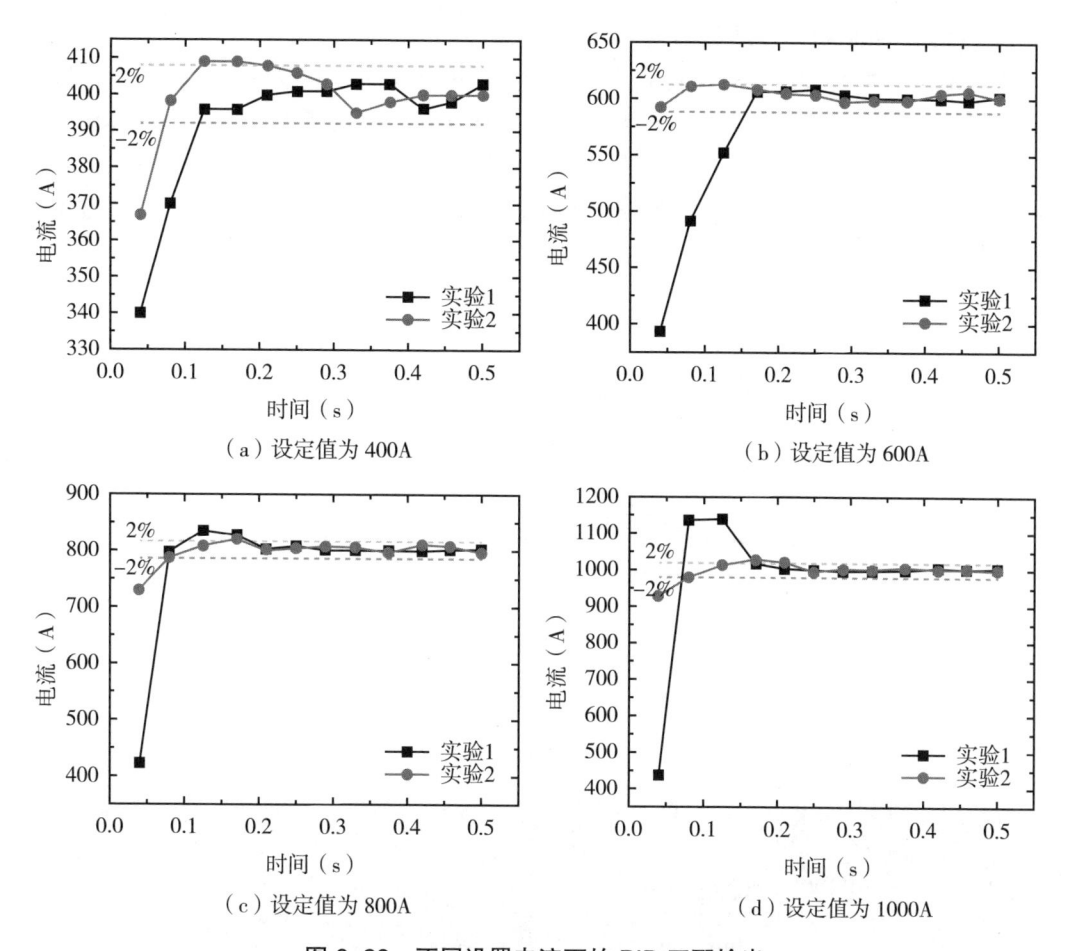

图 6-28　不同设置电流下的 PID 匹配输出

表 6-2　磁化/退磁电流匹配过程数据图

设定电流 /A	实验组	实时电流 /A											
		1	2	3	4	5	6	7	8	9	10	11	12
400	1	340	370	396	396	400	401	401	403	403	396	398	403
	2	367	398	409	409	408	406	403	395	398	400	400	400
600	1	393	491	551	606	606	608	603	600	600	600	598	601
	2	592	611	612	608	604	603	597	598	598	604	606	600
800	1	423	798	836	827	803	808	801	801	800	800	798	803
	2	730	787	809	820	800	804	808	806	797	811	808	798
1000	1	437	1138	1140	1019	1005	1001	998	1000	1001	1006	1003	1005
	2	929	982	1014	1030	1022	997	1005	1003	1008	1003	1003	1000
1500	1	1181	1381	1487	1551	1529	1517	1502	1505	1510	1501	1496	1509
	2	1293	1523	1575	1548	1523	1501	1502	1507	1505	1505	1499	1502

2. Vision Master 视觉识别算法

若轮对近表面有裂纹,在磁化完成后,荧光磁粉会聚集在裂纹处周围,在紫光灯照射下呈荧光色,与周围黑暗环境形成明显对比。工业相机拍摄的图像源输入后在 VM 视觉识别算法中进行 BLOB 分析与高精度匹配等算法识别裂纹,并得出裂纹数据,格式化后通过 TCP 协议传输到远程服务端当中,检测工件探伤的主算法流程如图 6-29 所示,视觉识别算法流程图如图 6-30 所示。

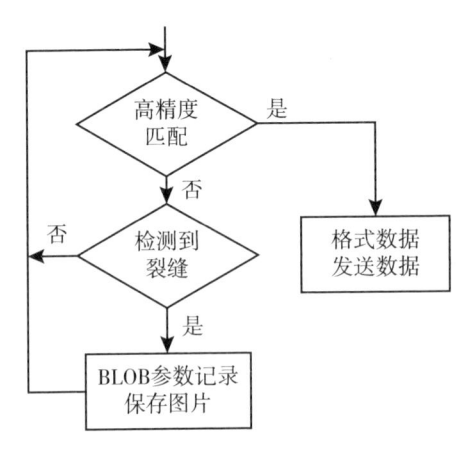

图 6-29 探伤的主算法流程图

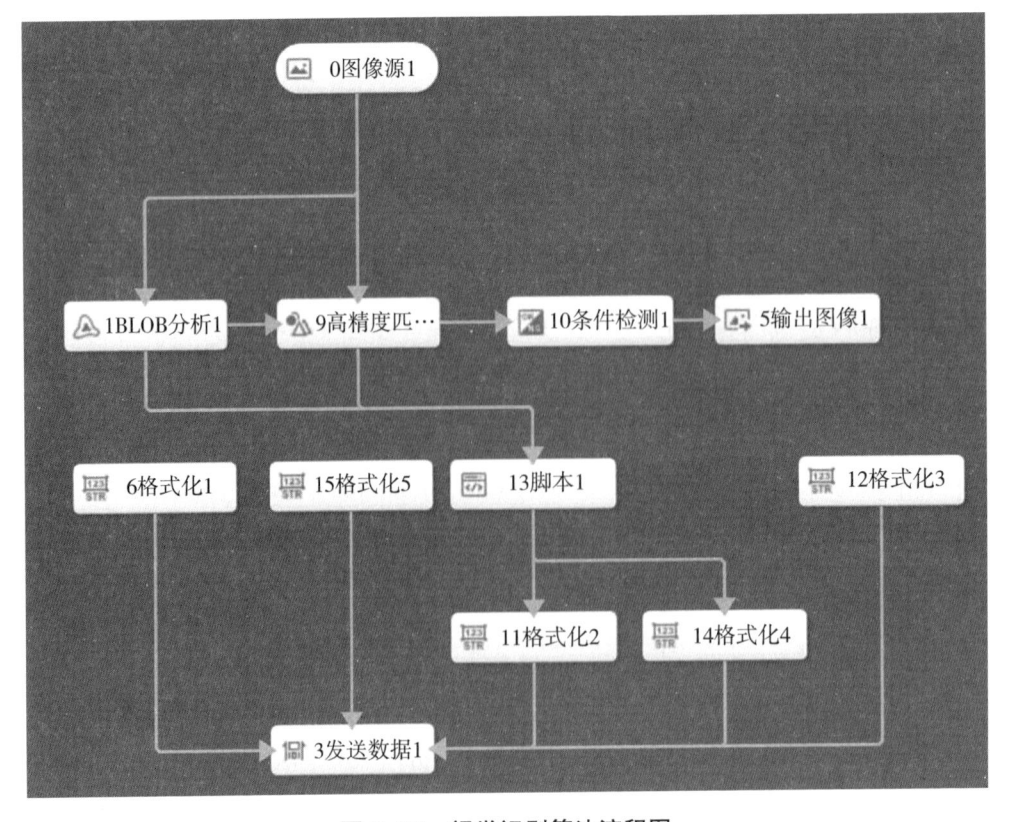

图 6-30 视觉识别算法流程图

1）高精度匹配算法

高精度匹配算法的功能是在一幅图像中提取出某个区域，将该区域中的图像特征提取出来并离线建立模板，在后续的待匹配图像中，如果包含该离线模板的区域图像，则会定位该区域并输出像素坐标和角度。在本文中，预先建立轮对探伤结束的特殊五星图案，扫描到该图案后表示该探测流程结束，如果在检测过程中，BLOB 探测到裂缝，发送裂缝坐标和面积参数到 TCP 服务端，否则向 TCP 服务端发送"检测正常"信息。

采用高精度匹配算法的优点是通过软件去鉴别探伤流程是否结束，优于用硬件去控制工业相机的启停，节省了较烦琐的控制硬件系统，同时与视觉识别算法无缝结合。

在特征模板里建立新的模板，高精度匹配模板创建界面如图 6-31 所示，模板特征可以通过图 6-32 界面提取，在算法运行过程中，如果匹配到模板里的特征，会引起参数变化，可利用条件语句去判断和控制下一流程。

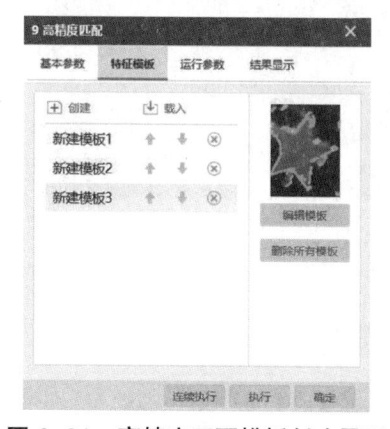

图 6-31　高精度匹配模板创建界面 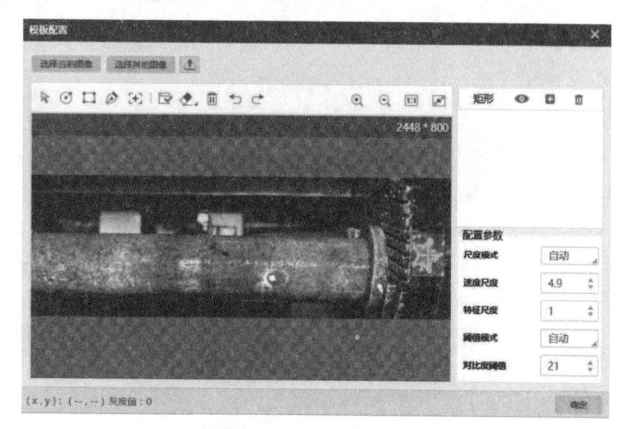　　　图 6-32　高精度匹配模板配置图

2）BLOB 分析算法

图像二值化的目的是最大限度地将图像中需要的部分保留下来，在很多情况下，也是进行图像分析、特征提取与模式识别之前的必要的图像预处理过程。

BLOB（Blob Analysis）分析算法即在像素是有限灰度级的区域中检测、定位或分析目标物体的过程。BLOB 分析工具可以提供图像中目标物体的某些特征，如存在性、形状、数量、方向、位置以及 BLOB 间的拓扑关系。

BLOB 分析算法的二值化算法有：单阈值、双阈值、自动阈值；极性方式为亮于背景和暗于背景，二值化分析后的图片如图 6-33 所示。

本文中，BLOB 分析运行参数如图 6-34 所示，设置后可探测工件的裂缝并分析探伤过程中扫描到的缺陷面积和坐标。

3）格式化输出

本软件需要传输两类数据，一个是 BLOB 分析的裂纹数据，另一个探伤流程结束数据。由于远程服务端采用 internet 传输数据，而 VM 视觉识别算法中的数据传输格式不符合传输要求，因此利用格式化设计了五段 16 进制传输的数据进行融合传输：第一段数据如图 6-35 所示，为固定数据，是这串数据流的起始标志；第二段数据如图 6-36 所示，

(a）原图　　　　　　　　　　　　　（b）软阈值

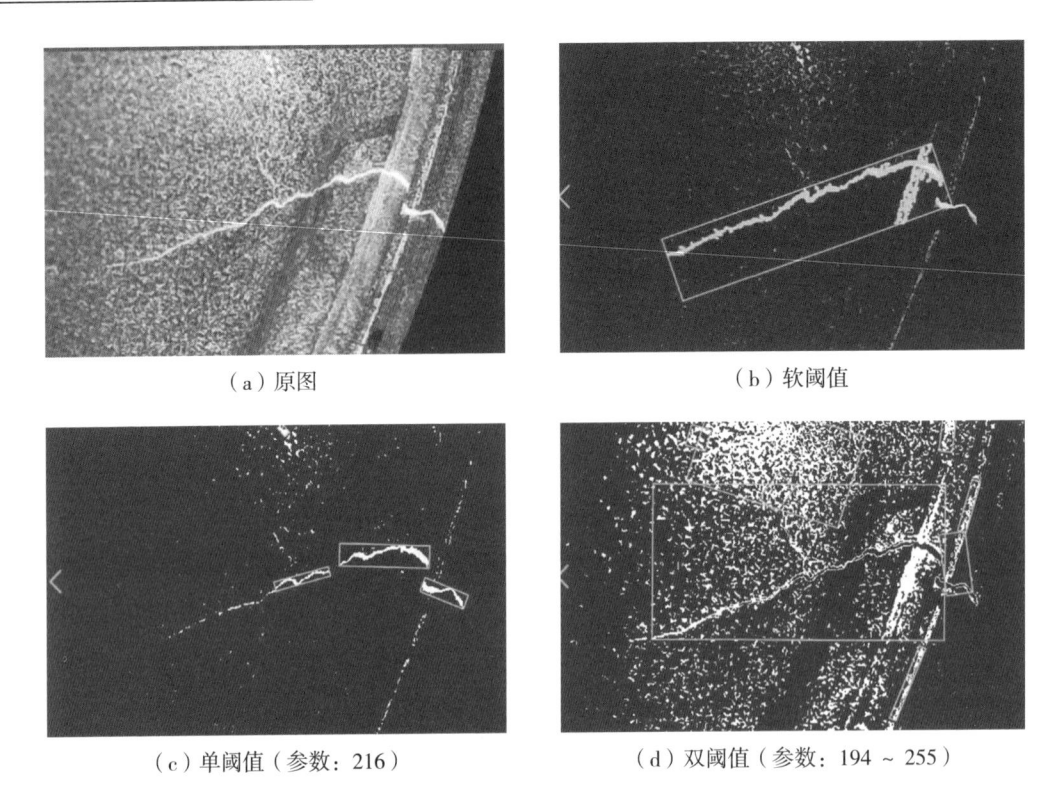

(c）单阈值（参数：216）　　　　　　（d）双阈值（参数：194～255）

图 6-33　二值化分析后的图片

图 6-34　BLOB 分析运行参数

为 BLOB 算法得出的裂纹数据；第三段数据如图 6-37 所示，为固定数据，用于隔开两个传输的变量数据；第四段数据如图 6-38 所示，为探伤工作流程结束数据；最后一段数据如图 6-39 所示，为固定数据，是这串数据流的结束标志。最终合成的数据流如图 6-40 所示。

4）TCP 输出模块

VM 视觉识别算法支持 UDP、TCP 客户端、TCP 服务端和串口通信等传输方式，支持

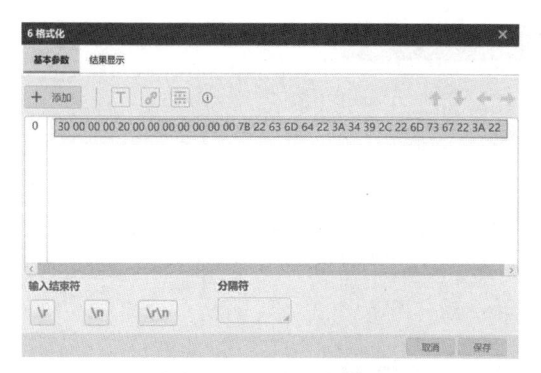

图 6-35 帧头格式化数据

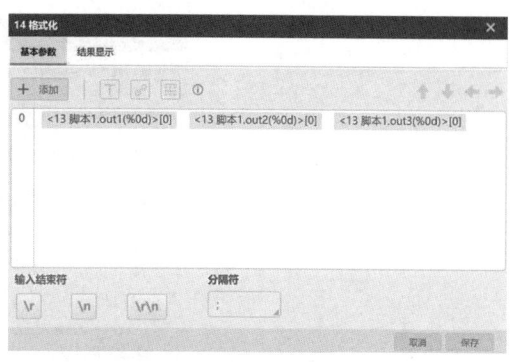

图 6-36 裂纹参数数据格式化

图 6-37 固定数据内容格式化

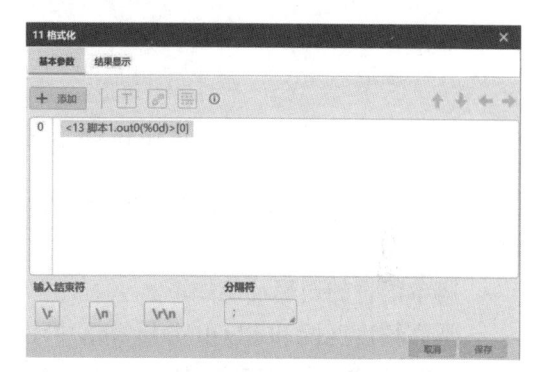

图 6-38 流程结束参数格式化

图 6-39 帧结束数据格式化

30 00 00 00 20 00 00 00 00 00 00 00 7B 22 63 6D 64 22 3A 34 39 2C 22 6D 73 67 22 3A 22 39 39 39 22 2C 22 74 79 70 65 22 3A 35 30 7D 00 00 00 00 00 00 00 00↵

图 6-40 一帧数据的合成图

通过字符串来控制方案流程。提供了发送和接收的调试接口。本节选用 TCP 客户端模式，VM 视觉识别算法虽然提供了 TCP 传输接口，但仅支持透传模式，无法实现向远程服务端发送一帧原始格式探伤数据。最终通过"分解数据 + 格式化数据 + 脚本语言"解决问题，数据采用 16 进制发送，满足了网络传输的一帧完整数据，数据分解见格式化流程。TCP 发送数据参数设置如图 6-41 所示。

图 6-41　TCP 发送数据参数设置

打开 TCP 客户端的启用按钮,输入目标 IP 地址和目标端口,完成 TCP 输出配置,如图 6-42 所示。

脚本语言的逻辑功能如下:

从高精度匹配和 BLOB 分析算法中引入 4 个输入参数,通过脚本语言将输入变量进行逻辑处理为指定输出变量,其中 out0 为检测流程结束和检测到裂纹标志,out1～out3 输出裂纹面积,脚本语言如图 6-43 所示。当未检测到裂纹时,in2 即 input2 = 0,则 out0 = 30;当检测到裂纹时,in2 即 input2 = 1,则 out0 = 31;当高精度匹配到终止符(特征编号为 1 或 2)时,in1 即 input1 = 2,同时 in0 即 input = 1,则 out0 = 31+1 = 32。在远程服务端程序中,当 out0 = 30 时,即未检测到裂纹,同时探伤流程未结束;当 out0 = 31 时,检测到裂纹,格式化数据并发送数据和预警;当 out0>31 时,检测流程结束,但没检测到裂纹。

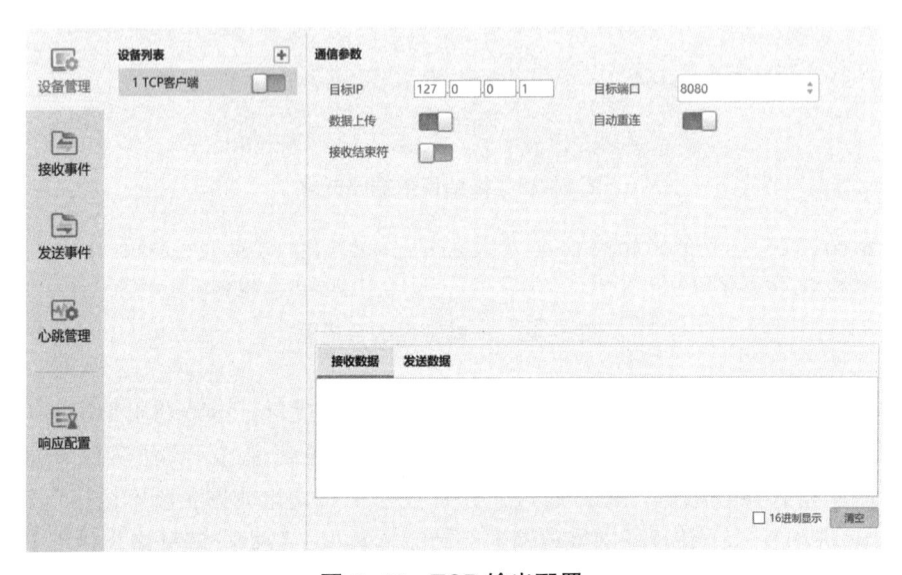

图 6-42　TCP 输出配置

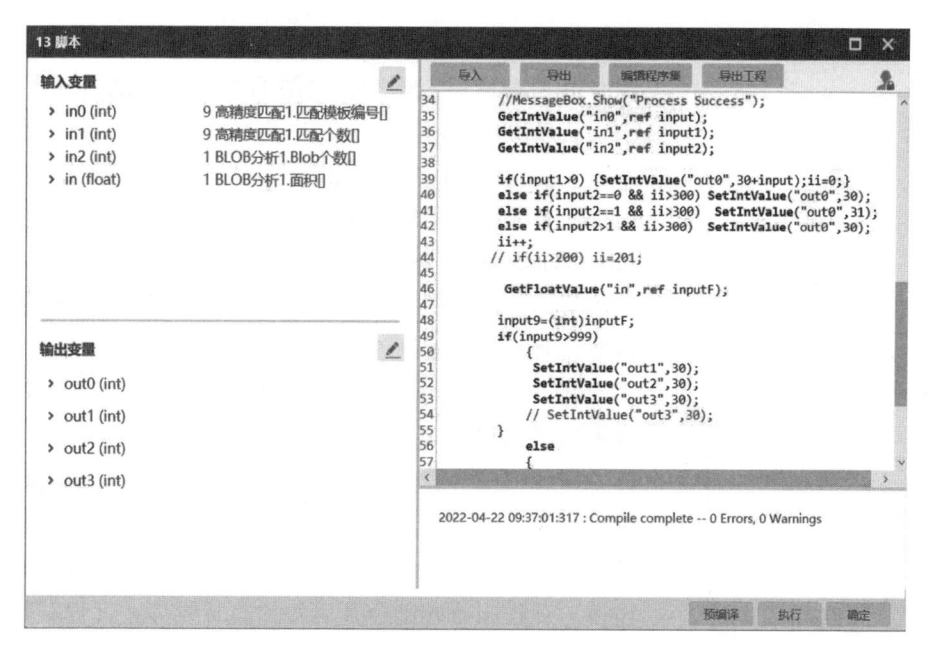

图6-43 脚本语言

VM视觉识别工作流程测试运行图如图6-44所示。

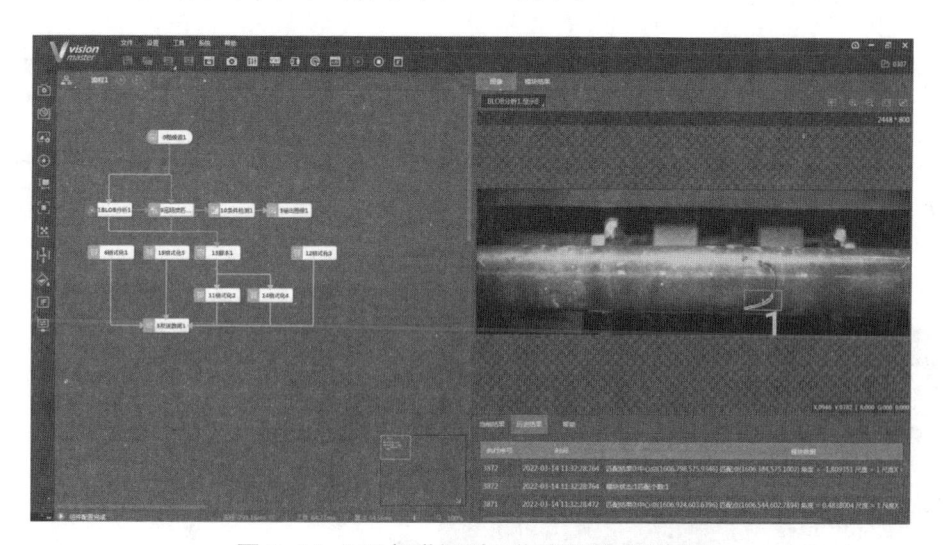

图6-44 VM视觉识别工作流程测试运行图

（六）远程服务系统

接收实时图像处理和诊断探伤结果、探伤机探伤参数、探伤过程数据和采用数据库保存所有数据，探伤结束自动打印探伤报告，并且探测到裂纹后进行声光预警，可随时查询、验证和追溯探伤报告。

远程服务端的网络通信模块是最核心的部分，主要负责完成探伤机端与MH5000-315G的数据收发。探伤机端与远程服务端的通信过程中，交换数据的主要内容是探伤机端的命

-321-

令指令与远程服务端发送的数据库数据。MH5000-315G 在与服务器的通信过程中，交换的数据主要是 Host Link 命令帧与 MH5000-315G 发送的探伤机的实时数据。对于服务器来说，这是两种需要加以区分的数据。因此，选择两个 Socket 接口分别完成与探伤机和 MH5000-315G 的通信。

远程服务端开启监听时，首先进行通信初始化，在开启监听后，远程服务端将会等待探伤机端的连接请求，服务器的监听流程图如图 6-45 所示。

探伤机端请求连接是指探伤机端的 Socket 请求连接到远程服务端的 Socket。探伤机端与远程服务端建立连接时，首先向远程服务端发送连接请求，当远程服务端接收到探伤机端的连接请求后，会把自己的 Socket 信息发送给探伤机端，在探伤机端确认了远程服务端的信息后，双方即建立了连接，远程服务端则会开启新的监听线程。远程服务端界面如图 6-46 所示。

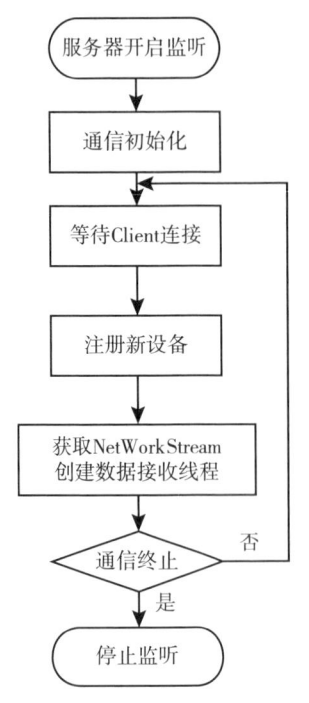

图 6-45 服务器的监听流程图

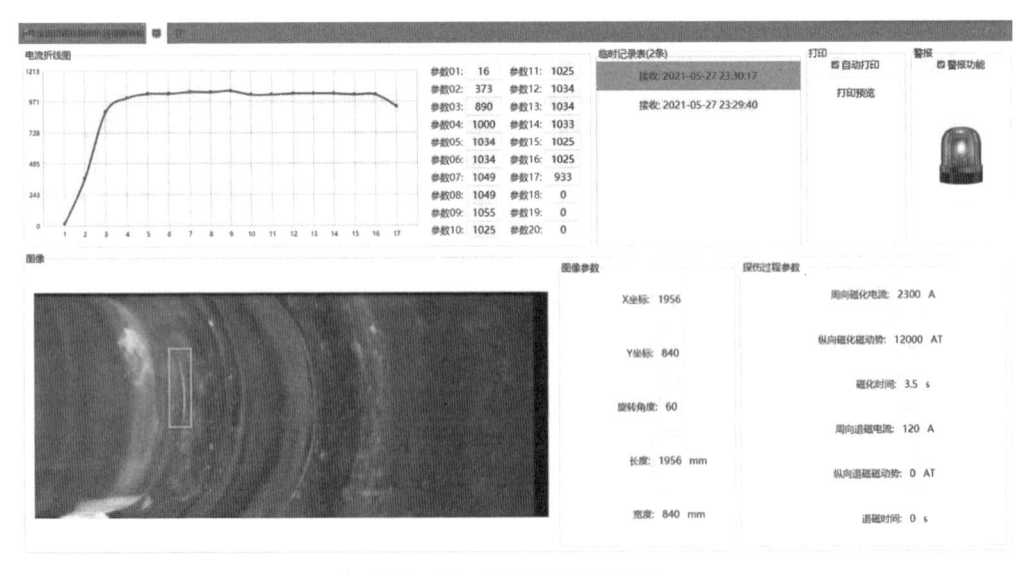

图 6-46 远程服务端界面

新疆煤炭资源绿色开采教育部重点实验室自主课题（KLXGY-Z2503）
2025年自治区高校基本科研业务费科研项目（XJEDU2025J140）
中央引导地方科技发展资金项目（ZYYD2024JD16）

煤柱群-顶板系统协同作用机制及其稳定性控制研究

李敬凯　杨长德　李春阁　王志强／著

四川大学出版社
SICHUAN UNIVERSITY PRESS

前　言

　　长期以来对煤炭资源的大力开发，会使矿区存留大量地下采空区，其中房式采空区占有一定比例。早些时候，由于矿井规模小、技术装备落后、组织管理制度不成熟、规划设计不合理等，西部矿区多采用房式采煤法，导致大量煤柱被遗留在采空区内形成煤柱群。这不仅造成了资源浪费，而且阻碍了矿区井上及井下空间的健康发展。房式采空区内的煤柱群与顶板相互影响，形成一个整体协同作用的煤柱群－顶板系统。该系统的整体失稳会引发冲击地压、溃水溃沙、煤与瓦斯突出等一系列灾害，给水平邻近及上覆或下伏煤层的安全开采带来威胁，还会导致地表大面积塌陷，给矿区生态环境造成极大破坏。因此，本书综合运用实验室实验、理论分析、计算机数值模拟、现场勘测等方法，对房式采空区煤柱群－顶板系统的失稳展开研究，以期为相关研究成果提供补充。

　　本书的研究内容主要包括四个方面：①从小尺度结构层面证明煤柱群－顶板系统链式失稳特征的存在，查明该系统链式失稳的根本诱因，分析失稳过程中的承载特性；②从二维平面结构层面反演煤柱群－顶板系统的链式失稳模式，揭示荷载在煤柱群内的转移规律；③从三维空间结构层面阐明煤柱群－顶板系统的链式失稳机制，再现该系统链式失稳三维空间全过程，对比分析不同因素对该系统链式失稳的影响；④从评价与防控层面提出煤柱群－顶板系统链式失稳的评价方法和防控技术，并结合工程背景进行验证讨论。

　　由于作者的水平所限，书中的缺点和不妥之处在所难免，恳请读者批评指正！

著　者

2025 年 1 月

目 录

第1章 绪论 ··· 1
  1.1 研究背景 ··· 1
  1.2 研究现状 ··· 3
  1.3 研究内容及技术路线 ··· 8

第2章 煤柱群－顶板系统链式失稳特征及承载特性研究 ········· 12
  2.1 煤柱群－顶板系统结构模型 ·································· 12
  2.2 双煤柱－顶板组合体失稳特征实验研究 ·················· 16
  2.3 双煤柱－顶板组合体失稳特征数值研究 ·················· 25
  2.4 煤柱群－顶板系统失稳特征及诱因 ·························· 39

第3章 煤柱群－顶板系统链式失稳模式及荷载转移规律研究 ··· 42
  3.1 煤柱群－顶板系统失稳相似模拟试验 ····················· 42
  3.2 采空区煤柱群荷载转移机制 ·································· 53

第4章 煤柱群－顶板系统链式失稳机制及影响因素研究 ········· 62
  4.1 煤柱群－顶板系统链式失稳空间力学机制 ················ 62
  4.2 煤柱群－顶板系统链式失稳空间力学分析算例 ········· 72
  4.3 煤柱群－顶板系统链式失稳数值模拟研究 ················ 82

第5章 煤柱群－顶板系统链式失稳评价方法及防控技术研究 ··· 90
  5.1 单一煤柱稳定性评价 ·· 90
  5.2 顶板稳定性评价 ·· 97

1

5.3 煤柱群-顶板系统链式失稳评价方法 …………………………… 102
5.4 煤柱群-顶板系统链式失稳防控技术 …………………………… 106
5.5 工程验证 …………………………………………………………… 112

参考文献 ………………………………………………………………… 124

第 1 章　绪论

1.1　研究背景

煤炭资源一直是我国经济社会发展的重要保障,为满足生产和消费需求,我国对煤炭资源进行了长期大规模的高强度开发[1-3]。然而,煤炭资源开发在促进经济社会发展的同时,也在开采范围内留下了大量地下采空区。这些采空区不仅给煤矿高效生产带来了不利影响,也给地表稳定带来巨大安全隐患[4-7]。数据统计发现,受煤矿开采活动影响,我国有多个地区出现地表塌陷[8-9]。例如,山东省济宁市任城区总面积 651km^2,截至 2018 年底因煤炭开采导致的地表塌陷面积就已高达 70.94km^2,且现在仍以 2km^2/年的速度增加[10]。宁夏回族自治区石嘴山市含煤地区总面积约为 56.8km^2,受开采影响的地表塌陷面积达 9.1km^2,最大塌陷深度达到 24.39m[11]。安徽省每年煤炭产量约为 1.1 亿吨,截至 2022 年底因煤矿开采已经形成 105 个地表塌陷区,塌陷面积达到 759km^2[12]。由此可见,因煤炭开采而形成的地下采空区已成为限制矿区生态环境健康发展的极大阻碍。

在各类采空区中,房式采空区占有一定比例,尤其在西部的榆林神府矿区分布广泛[13-15]。榆林神府矿区煤炭资源赋存丰富,是我国现阶段能源战略的重要承载地,但在开发初期以及相当长的一段时间内,由于矿井规模小、技术装备落后、组织管理制度不成熟、规划设计不合理等,矿区多采用房式采煤法,因此房式采空区广布[16-17]。尽管房式采煤法具有设备投资少、建设周期短、可实现采掘合一等优点,但此法煤炭采出率仅为 30% 左右。如图 1.1 所示,煤房回采完成后,大量煤柱以群落形式存在于采空区内而形成煤柱群。在一定时间周期内,煤柱群不失稳能对采空区顶板进行有效支撑,除薄弱伪顶冒落外,其余顶板不破断垮落。此时,未失稳煤柱群与稳定顶板构成煤柱群-顶板系统，此系统对承担上覆岩层荷载、维持采空区乃至整个采场到地表的安全起到重要作用。随着时间的推移，在众多因素的影响下，某些煤柱率先失稳并将其上方覆岩中稳定的平衡应力状态打破，进而引发一系列"多米诺"式链式反应，导致更多的煤柱失稳和大范围的顶板垮落。在此期间，可能引发冲击地压、溃水溃沙、煤与瓦斯突出等一系列灾害，给水平邻近及上覆或下伏煤层的安全开采带来威胁。除此之外，煤柱群—顶板系统的整体失稳更会引发地表沉陷，对矿区地表生态环境造成破坏。据不完全统计，榆林神府矿区的房式采空区面积超过 $550km^2$，2004—2016 年共计发生 2 级以上塌陷矿震 96 起[18-19]。采空区失稳后地表塌陷如图 1.2 所示，部分房式采空区失稳灾害案见表 1.1。

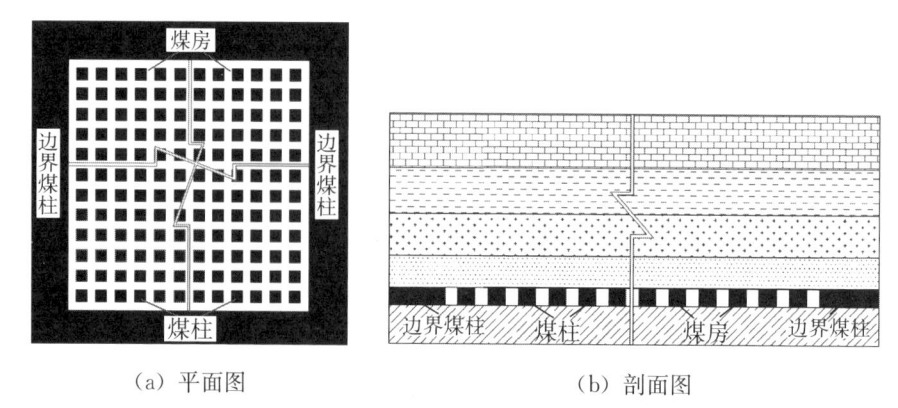

(a) 平面图　　(b) 剖面图

图 1.1　房式采空区煤柱群—顶板系统[20]

图 1.2　房式采空区地表裂缝及塌陷[22]

表 1.1 榆林神府矿区部分房式采空区失稳灾害案例[21]

矿井名称	所在地区	采空区失稳时间	矿震等级	地表塌陷面积/km²
敬老院煤矿	鄂尔多斯市	2018年11月4日	3.2	约0.1350
十八墩煤矿	榆阳区	2012年6月23日	2.8/3.2	约0.0667
金牛煤矿	榆阳区	2012年2月19日	2.1	约0.0464
常兴煤矿	榆阳区	2011年12月7日	2.8	约0.5599
宋家沟煤矿	神木市	2008年10月26—27日	3.8	0.04
赵家梁煤矿	神木市	2008年7月31日	3.4	0.12
府榆煤矿	府谷县	2005年11月16—17日	4.1/3.7	0.26
园则沟峰联煤矿	府谷县	2004年11月29日	3.4	0.12
马家盖沟煤矿	神木市	2004年11月21日	3.2	0.02
高石崖联办煤矿	府谷县	2004年10月14日	4.2	0.2

"绿水青山就是金山银山",房式采空区煤柱群-顶板系统"多米诺"式链式失稳问题亟待解决,这不仅能有效防止采空区灾害发生,保证矿区生态环境健康发展,而且能为随着技术装备发展而重新进入采空区回收遗留煤柱提供支持。基于此,本书以房式采空区链式灾害的预测及防治为研究目标,首先,从小尺度结构层面,通过岩石力学实验证明煤柱群-顶板系统链式失稳的存在,并查明其根本诱因;其次,通过二维相似模拟物理试验,从二维平面结构层面探究煤柱群-顶板系统的链式失稳模式,并结合结构力学知识理论分析煤柱间的荷载传递规律;再次,建立煤柱群-顶板系统空间力学模型,从三维结构层面理论研究其链式失稳机制,通过数值模拟再现该系统链式失稳的空间全过程;最后,针对性地提出煤柱群-顶板系统链式失稳的评价方法和防控技术,将研究成果结合实际工程背景进行验证讨论。

1.2 研究现状

遗留煤柱群和顶板稳定是采空区整体稳定与否的决定性因素,长期以来众多专家学者对煤柱群和顶板的稳定性展开了一系列研究和实践,并在此基础上给出了诸多房式采空区失稳的评价方法及防控技术,这些丰富的研究成果为房式采空区的安全提供了重要保障。本节主要从煤柱群稳定性、煤柱－顶板系统稳定性、房式采空区失稳评价及防控技术三个方面回顾学者们的研究成果。

1.2.1 煤柱群稳定性研究现状

单一煤柱的稳定性一直是人们关注和研究的重点，专家学者们在单一煤柱的自身强度、平均应力、破坏特征、影响因素等方面取得了丰硕的研究成果[23-26]，在此不再赘述。然而，单一煤柱的稳定性研究并不能完全适用于煤柱群。例如，在条带采空区[27]、刀柱采空区[28]、房式采空区[29]、旺采采空区[30]内，遗留煤柱以群落的形式大量存在，煤柱群内的各组分煤柱互相依赖、互相影响，各组分煤柱的承载及失稳特征不同于传统单一煤柱[27-30]。

专家学者们首先对煤柱群的失稳特征进行了研究探讨。Zhou Nan 等[31]研究发现，房式采空区房柱群内的煤柱由于受到顶板非均匀变形的影响，不同位置的煤柱受到的应力不同，根据受力特征不同，可将煤柱群分为均匀变形区、过渡区和亚均匀变形区，其中受偏心荷载影响严重的煤柱最先容易失稳，在偏心荷载作用下，煤柱的应力状态可分为非均匀压缩状态、临界状态和拉应力状态。刘欣欣等[32]通过现场勘察和数值模拟研究发现，房柱式采空区内的遗留煤柱群虽然因蠕变效应支撑强度会逐渐降低，但在一定时间内仍对覆岩具有一定支撑能力，在新的外荷载作用下，采空区中部的遗留煤柱将首先发生破坏，进而引发更多的煤柱失稳破坏，最终导致采空区的大面积垮落和地表沉降。高超等[33]通过对韩家湾房式采空区内遗留煤柱群的钻探勘察分析发现，在空气和水的影响下，各煤柱均出现风化和劈裂现象，从而导致自身稳定性变差，同时外界荷载的扰动会加剧各煤柱的塑性破坏，引发大规模群柱失稳。黄庆享等[34]通过相似模拟实验研究下煤层工作面开采对房式采空区煤柱群稳定的影响，实验结果表明，集中房式采空区内煤柱的最大应力由下煤层工作面回采的超前支承压力引起，应力集中程度最大的房柱是煤柱群稳定的关键。何志伟[35]利用自主设计研发的三维相似模拟实验平台反演了房式采空区煤柱群的动态失稳过程，实验结果表明，煤柱群的失稳表现为"由点及面"的特征，顶板中心位置的煤柱破坏后将引发邻近煤柱破坏，且破坏逐渐向四周持续扩展，各失稳煤柱的破坏形态以"锁腰型"和"倒锥型"为主。此外，吴文达等[36]、许猛堂等[37]、关瑞斌[38]、Zhang 等[39]、Yu 等[40]、Liu 等[41]、Li 等[42]研究了上覆或下伏煤层工作面开采时房式采空内煤柱群的应力演化及塑性破坏特征。

为明确煤柱群的失稳原因，专家学者们还探究了煤柱群的失稳机理。朱卫兵等[43]为解决近距离煤层群回采时下煤层开采引起上覆房式采空区煤柱群失稳的安全隐患，通过相似模拟实验和计算机数值实验还原了煤柱群的失稳过程，结果表明煤柱群的失稳存在动态演化特征，煤柱群内荷载的动态迁移是煤柱群整体失稳的根本原因。刘亚明等[44]通过室内相似模拟实验和PIV图像处理技术研究了不同回采率下煤柱群失稳时房式采空区顶板岩层及松散层的失稳特征，结果表明随回采率增大，顶板岩层的变形规律基本不变，而松散层的变形增加明显。田文辉等[45]以"载荷三带理论"为基础建立了煤柱群的应力估算模型，分析煤柱群内不同区域的应力分布特征，研究表明煤柱尺寸是影响单一煤柱应力的关键因素，各单一煤柱尺寸的不同会导致煤柱群不同区域的应力分布不均，单一煤柱尺寸较小的区域，煤柱群的应力叠加最明显，发生冲击性失稳的风险最高。冯国瑞等[46]以元宝矿6107工作面和上覆房式采空区为工程背景，研究了下煤层工作面回采对上覆煤柱群失稳的影响，研究发现受6107工作面回采影响，上覆采空区内的前方煤柱群存在超前回弹现象，而部分煤柱率先失稳引起的荷载转移将增加邻近煤柱的应力集中程度，进而导致整体性的链式失稳。李海清等[47]研究了品字形房式采空区的煤柱群受力及地表变形特征，结果表明在充分采动条件下，煤柱群主要承担上覆岩层压力，煤柱自身抗压能力是影响煤柱群稳定的重要因素。此外，Dong等[48]、周子龙等[49-50]、白锦文[51]、朱万成等[52]、Wang等[53]、Poulsen等[54]通过多煤柱或多矿柱体系单轴压缩实验，采用声发射、数字散斑、应力监测等手段推演了不同条件下煤柱群或矿柱群的失稳机制。

1.2.2 煤柱-顶板系统稳定性研究现状

煤房回采完成后，大量煤柱被遗留在房式采空区内，煤柱群与顶板耦合作用、相互影响，共同组成一个承载系统，因此，应该将煤柱群-顶板系统视为一个整体进行研究。截至目前，专家学者们对由单一煤柱与顶板组成的单一煤柱-顶板系统进行了大量研究[55-57]。

对于单一煤柱-顶板系统失稳特征的研究现下主要以煤岩组合体的压缩实验为主。左建平等[58-63]、陈岩等[64]、赵毅鑫等[65]、陈绍杰等[66-67]、尹大伟等[68-69]、陈见行等[70]、陈光波等[71-72]、李春元等[73]、杨科等[74]通过大量的煤岩组合体实验及数值模拟压缩实验，研究了不同埋深、不同围压、不同加卸载方式、不同加载速率、不同水化环境等条件下的强度特征、声发射信息特征、裂纹发育规律和能量演化特征等，直观反映了煤柱-顶板系统的破坏模式。

对于煤柱-顶板系统失稳机理的研究主要从理论分析展开。贺广零等[75-78]以温克尔假定为基础，将顶板假定为边界固定的弹性矩形平板，将单个煤柱假定为相同的受压弹性直杆，依据非线性动力学理论和板壳理论，研究煤柱-顶板系统的失稳特征和机制，研究发现影响该系统稳定的因素主要有顶板尺寸、煤柱尺寸和上覆荷载。秦四清等[79]也将温布尔假定引入煤柱-顶板系统的稳定性分析中，但其将顶板进一步简化为二维弹性固支梁，通过突变理论对煤柱-顶板系统失稳过程进行理论演化发现，该系统的稳定性主要与系统的刚度比和材料的脆性指标有关。张彦宾等[80]研究了动力载荷对条带煤柱-顶板系统稳定性的影响，理论推导出顶板四边固支时的煤柱-顶板系统动力控制微分方程，发现该系统的阻尼、刚度和煤层采出率对其稳定性起到关键作用。此外，相关研究发现煤柱-顶板系统的失稳具有明显的流变特性。因此，煤柱（或矿柱）最先被专家学者简化为黏弹性的伯格斯流变模型[81-85]。在此基础上，专家学者们又建立了煤柱-顶板系统的伯格斯流变力学模型，分析发现随时间流逝，煤柱（或矿柱）都会产生流变，而顶板也会因煤柱（或矿柱）的流变产生变形，风化、水蚀等作用对该系统的整体流变失稳具有影响作用。但在煤柱（或矿柱）的流变过程中会产生塑性变形，尤其当外界荷载较大时，煤柱（或矿柱）将产生明显不可恢复的塑性变形，而应用伯格斯流变模型建立煤柱（或矿柱）-顶板系统力学模型时不能将塑性变形考虑在内。针对此问题，孙琦等[86]将西原模型引入煤柱-顶板系统流变力学模型的建立中，理论分析发现引发煤柱-顶板系统失稳的主要原因是煤柱的黏弹塑性流变变形，随着时间的流逝，煤柱的流变变形增大，煤柱-顶板系统最终失稳。

在煤柱-顶板系统失稳防控方面，专家学者们首先对该系统的稳定性评价进行了大量研究。已由煤柱-顶板系统的失稳机制研究发现，该系统的失稳主要表现出非线性特征，因此，突变理论成为对该系统失稳评价应用最广泛的理论。郭文兵等[87]、高明仕等[88]、李新泉[89]、曹胜根等[90]、黄昌富等[91]分别应用突变理论对煤柱-顶板系统的稳定性进行了评价，基于能量守恒原理或煤柱弹性区段与塑性区段的刚度比等给出了该系统的失稳判别条件。除此之外，综合指数法[92]、层析分析法[93-94]、弹性地基理论[95-96]等方法或理论也被应用于煤柱（或矿柱）-顶板系统的稳定性评价中。进一步地，专家学者们提出了诸多煤柱-顶板系统失稳防控技术，这些防控技术大多围绕该系统中的薄弱单元（即煤柱）展开。提高煤柱自身强度是最重要的出发点之一，主要包括锚杆加固和注浆加固两种方法。谢宗保等[97]、白二虎[98]、任建华等[99]、张彦禄等[100]研究表明，锚杆支护不仅能有效将煤柱塑性区与弹性区紧密连接，而且能将煤柱与顶板锚固在一起，使煤柱和顶板成为一个稳定的整体。注浆加固是一种绿色高效的提高煤柱稳定性的技术[101]。付中华[102]、周贤等[103]、吴秉臻[104]研究发现，对煤柱进行注浆，一方面能有效闭合已有裂隙，阻止新的裂隙产生；另一方面能将破碎煤体连为一体增加整体性，通过注浆还能有效提高煤柱的内摩擦角和内聚力。近年来，通过在煤柱旁进行充填来保证煤柱-顶板系统稳定的方法也被提出，这种方法既可以分担煤柱的承载，又能对煤柱提供侧向支承压力，使其由煤层回采后的单向或二向受力状态恢复为回采前的三向受力状态，煤柱的承载能力因此得到提高[105-108]。除通过提高煤柱自身强度来保证煤柱-顶板系统的稳定性外，顶板切割预裂技术也常被应用于现场生产，其主要原理是对高煤柱应力集中区域的顶板进行切割，不仅能阻断邻近顶板应力向煤柱传递，还能有效起到卸压释能的作用[109-111]。

1.2.3 煤柱群失稳评价及防控技术研究现状

煤柱群-顶板系统的稳定性评价和失稳防控是保证整个采空区稳定的前提，但目前研究主要集中在煤柱群的稳定性评价和失稳防控上。在煤柱群失稳评价方面，太原理工大学冯国瑞教授团队进行了大量研究并取得了丰硕成果，团队定义了采空区遗留煤柱群"关键柱"的概念[112]，提出了以"关键柱"为切入点的煤柱群失稳评价方法[113]，开发了煤柱群失稳评价的应用软件[114]。此外，朱德福等[115]、张淑坤等[116]、宋凯[117]提出了利用重整化群方法计算采空区煤柱群失稳概率的方法，并以计算机数值模拟和现场实验对该方法的可靠性进行验证。崔希民等[118-120]构建了基于煤柱有效承载面积和荷载转移距离的煤柱群稳定性评价方法，证明此法对各类煤柱都具有普适性。王同旭等[121]定量和定性建立了煤柱群稳定评价指标，提出以综合指数法与模糊评价法综合分析的煤柱群失稳方法。陈炳乾等[122]、于洋等[123-125]提出了改进的煤柱剥离破坏模型，并基于此提出煤柱长期稳定性的评价方法，进一步研究了房式采空区内某单一煤柱失稳对剩余煤柱群稳定的影响。李昊城等[126]基于房式采空区的承载特点，建立了二维煤柱元胞模型，从能量演化的角度分析了煤柱群的稳定性。刘彩平等[127]在考虑房式采空区煤柱群内各煤柱非均匀分布特点的基础上，利用模糊理论集分析了单一煤柱失稳对煤柱群整体失稳的影响。在煤柱群失稳防控方面，目前主要以太原理工大学冯国瑞教授团队的研究成果为主，主要包括对遗留煤柱群中的"关键柱"进行充填加固、FRP包裹强化、薄层喷涂表面、卸压释能等技术[51,128-130]。

1.2.4 发展动态

煤柱群－顶板系统的失稳特征和机制以及评价方法和防控技术研究是保证房式采空区稳定的重要前提，现有成果综合运用了理论分析、实验室试验、数值模拟和现场实践等方法，研究成果可为保证煤柱及顶板的稳定提供有益参考，但仍存在以下不足：

（1）房式采空区内煤柱群－顶板系统是一个煤柱与煤柱之间、煤柱与顶板之间相互作用和影响的耦合系统，但现有研究未能全面建立系统内部的整体联系，一方面，仅将重点放在单一煤柱－顶板系统上，没有考虑煤柱与煤柱之间的相互影响；另一方面，仅将重点放在煤柱群上，忽略了煤岩之间的相互影响。

（2）煤柱群－顶板系统的失稳是一个渐进变化过程，具有"多米诺"式链式失稳特征，但现有研究成果缺乏对该系统整体失稳及致灾全过程的研究。

（3）煤柱群－顶板系统失稳是矿井更大灾害发生的诱因和前兆，但现有研究成果缺少以煤柱群－顶板系统为整体对象建立的失稳判据，不能为矿井采空区灾害的有效预测提供依据。

（4）煤柱群－顶板系统的稳定是矿井高效生产和地表安全的重要保障，但现有研究成果对存在失稳风险煤柱群－顶板系统的防控技术尚不丰富。

1.3 研究内容及技术路线

1.3.1 主要研究内容

1. 煤柱群－顶板系统链式失稳特征及承载演化特性研究

（1）构建相同力学性能和不同力学性能的两种双煤柱－顶板组合体表征煤柱群－顶板系统，分别对两种双煤柱－顶板组合体开展单轴压缩实验，并监测分析各组合体的强度特征、变形特征、声发射信息特征、裂纹演化特征。

（2）基于研究内容（1），根据双煤柱－顶板组合体的破坏特征和失稳顺序，从小尺度结构层面证明房式采空区内煤柱群－顶板系统链式失稳特征的存在，并查明该系统链式失稳的根本诱因。

(3) 基于研究内容（1），计算分析两种不同组合方式双煤柱－顶板组合体的承载能力，反推得到房式采空区内各遗留煤柱几何及力学性质相同和不同时煤柱群－顶板系统的承载特性。

2. 煤柱群－顶板系统链式失稳模式及煤柱群内荷载转移规律研究

(1) 根据房式采空区煤柱群－顶板系统的实际赋存条件，进行二维相似模拟试验，监测煤柱群－顶板系统的链式失稳过程，从二维平面结构层面反演煤柱群－顶板系统的链式失稳模式。

(2) 基于研究内容（1），分析煤柱群－顶板系统链式失稳过程中各煤柱承载能力的变化，推断荷载在煤柱群内的转移路径。

(3) 以二维相似模拟试验为原型，利用结构力学知识建立煤柱群－顶板系统二维多跨梁力学模型，挖掘荷载在煤柱群内的转移规律，分析煤柱间距对荷载转移规律的影响。

3. 煤柱群－顶板系统链式失稳空间力学机制及影响因素研究

(1) 建立煤柱群－顶板系统弹性地基薄板三维力学模型，基于虚功原理推导系统整体失稳的控制方程，基于拉格朗日插值函数建立任意位置单一煤柱承载及顶板挠度的求解公式，并以实际算例进行分析，从三维空间结构层面揭示煤柱群－顶板系统的链式失稳机制。

(2) 建立煤柱群－顶板系统三维数值模型，再现煤柱群－顶板系统链式失稳的三维空间全过程，监测分析煤柱群的应力特征及顶板的变形情况。

(3) 基于研究内容（2），对比分析煤房尺寸、煤柱尺寸、煤柱弹性模量以及顶板厚度对该系统链式失稳的影响。

4. 煤柱群－顶板系统链式失稳评价方法及防控技术研究

(1) 基于煤柱群－顶板系统链式失稳的空间力学机制，考虑时间效应对煤柱稳定性的影响，引入煤柱剥落参数，对基于安全系数法的单一煤柱失稳判据进行修正。

(2) 将顶板变形问题简化为薄板小挠度弯曲变形问题，应用能量变分法解析四边固支和四边简支顶板的受力情况，结合最大拉应力理论对顶板的破断判据进行优化。

(3) 凝练煤柱群－顶板系统链式失稳的动态过程，融合修正单一煤柱失稳判据，优化顶板破断判据，建立煤柱群－顶板系统链式失稳评价方法，并将最先可能失稳的煤柱定义为"触发柱"。

(4) 总结现有煤柱群－顶板系统失稳防控技术，提出以"触发柱"为切入点的柱内注浆及柱旁充填"内强外束"煤柱群－顶板系统链式失稳联合防控技术。

(5)将煤柱群－顶板系统链式失稳评价方法和防控技术代入实际矿井进行数值模拟验证和讨论。

1.3.2 研究方法

本书的研究方法主要包括理论分析、室内实验室实验、计算机数值模拟、现场勘察等。

1. 理论分析

（1）建立相同力学性能和不同力学性能的双煤柱－顶板组合体力学模型，分析计算不同双煤柱－顶板组合体的承载特征，为房式采空区煤柱群－顶板系统整体承载能力的评价提供依据。

（2）利用结构力学知识建立煤柱群－顶板系统二维多跨梁力学模型，理论分析荷载在煤柱群内的转移规律。

（3）建立煤柱群－顶板系统三维空间力学模型，基于弹性地基薄板理论、虚功原理和位移插值函数，理论分析该系统链式失稳的空间机制。

（4）基于弹性地基薄板理论，对单一煤柱的失稳判据进行修正；应用能量变分法，对顶板的破断判据进行优化；融合前述两者，建立煤柱群－顶板系统链式失稳评价方法。

（5）将最先可能失稳的煤柱定义为"触发柱"，提出对"触发柱"进行柱内注浆和柱旁充填的煤柱群－顶板系统联合失稳防控技术，通过理论计算得到充填体墙的合理强度和宽度。

2. 室内实验室实验

（1）开展相同力学性能和不同力学性能的双煤柱－顶板组合体单轴压缩实验，监测双煤柱－顶板组合体整体及内部组合体的宏观破坏特征、声发射特征、强度特征。

（2）开展二维相似模拟物理试验，获取煤柱群－顶板系统的链式失稳过程，明确该系统的链式失稳模式。

3. 计算机数值模拟

（1）通过PFC2D数值模拟，研究单轴压缩条件下双煤柱－顶板组合体整体及内部组合体的宏观破坏特征、变形特征、强度特征和裂隙扩展特征，与实验室实验互相验证和补充。

（2）通过FLAC3D数值模拟，再现煤柱群－顶板系统链式失稳的空间全过程，对比分析不同因素对该系统链式失稳的影响规律。

（3）结合实际工程背景，通过 FLAC3D 数值模拟，模拟验证煤柱群-顶板系统链式失稳评价方法的准确性，对比分析对"触发柱"进行"内强外束"加固前、后煤柱群-顶板系统的稳定情况，验证防控技术的可靠性。

4. 现场勘察

对用于工程验证的房式采空区的顶板导水裂隙带发育情况及地表塌陷情况进行现场勘察，反推该采空区内煤柱群-顶板系统的稳定情况。

1.3.3 技术路线

本书的技术路线如图 1.3 所示。

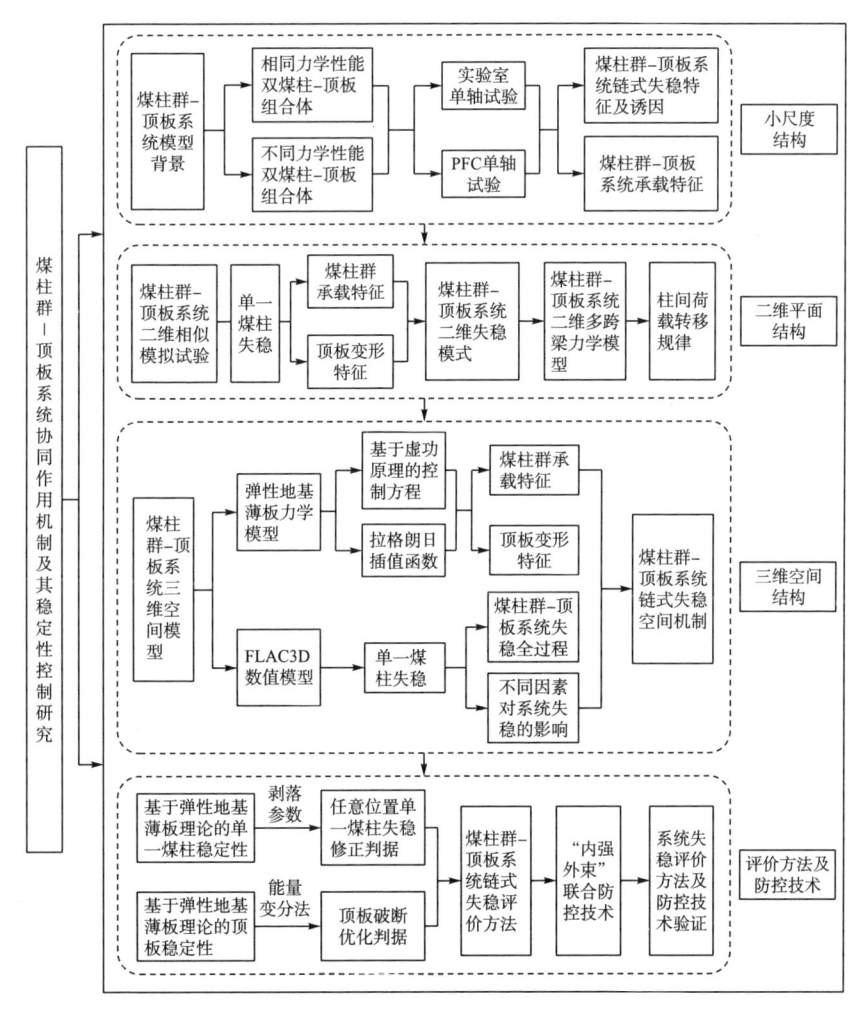

图 1.3 技术路线图

第 2 章　煤柱群－顶板系统链式失稳特征及承载特性研究

房式采空区形成后，大量遗留煤柱密集存在而形成煤柱群，煤柱群与顶板构成煤柱群－顶板系统。在煤柱群－顶板系统内，煤柱与顶板共存，两者共同影响系统整体的破坏，煤柱与煤柱之间也互有联系，任意煤柱或顶板的破坏都有可能引发系统的整体失稳。当前，对单一煤柱－顶板系统及煤柱群系统稳定性的现有研究成果较为有效地指导了现场生产[131-135]。然而，这些成果仅考虑了煤柱与顶板之间的联系或煤柱与煤柱之间的作用，鲜有将煤柱群和顶板作为一个整体系统进行研究，难以全面揭示煤柱群－顶板系统的失稳特征。基于此，本章遵循煤岩共存的工程原则，构建煤柱群－顶板系统的简化结构模型，通过实验室和 PFC 数值模拟单轴压缩实验，系统研究该模型的破坏过程和失稳特征，从小尺度结构层面证明煤柱群－顶板系统链式失稳特征的存在，查明该系统链式失稳的诱因，分析该系统失稳过程中的承载特性。

2.1　煤柱群－顶板系统结构模型

2.1.1　模型背景及来源

房式采煤法的普遍应用使得榆林神府矿区存留有大量房式采空区，这些房式采空区对整个矿区剩余煤层的安全高效开采和地表生态环境健康良好发展造成巨大威胁。例如，某矿早年开采形成的房式采空区已成为制约矿井积极发展的重要因素。

某矿地处毛乌素沙漠南缘与陕北黄土高原接壤地带，位于陕北侏罗纪煤田榆林神府矿区金鸡滩－麻黄梁详查区内，矿区大部分被第四系松散堆积物覆盖。现井田东西长约 5.2km，南北宽约 3.3km，矿区面积为 9.7621km²，核定生产能力 120 万吨/年。井田范围内共含可采煤层 4 层，分别为 3 煤、3-1 煤、4 煤和 7 煤，其中 3 煤层为主采煤层。3 煤埋深 52~130m，煤层厚度 5.28~8.31m，平均煤厚 7.19m。3 煤顶板以细砂岩为主，次为粉砂岩、中砂岩、砂质泥岩；底板以砂质泥岩为主，次为粉砂岩，少量细粒长石砂岩、炭质泥岩。某矿早前主要采用房式采煤法、条带式采煤法和综采 3 种采煤方式，房式采煤法主要应用于井田西部及南部。根据现场勘察结果，受地表地形及采空区积水等因素影响，西部房式采空区出现局部失稳，而南部房式采空区则已大范围失稳且发育至地表，其间发生塌陷矿震数次，造成了极大不良影响，矿区地表破坏情况如图 2.1 所示。开展房式采空区的失稳防治研究成为亟待解决的问题。

(a) 地表裂隙　　　　　　　　(b) 地表下沉

图 2.1　某矿南部房式采空区地表塌陷情况

不同于其他采空区，房式采空区形成后，其内部遗留有大量密集存在的煤柱，这些煤柱平行分布且形成煤柱群。煤柱群及顶板是房式采空区的基本构成单元，两者形成煤柱群-顶板系统，此系统的稳定性是房式采空区失稳的决定性因素。因此，需要对煤柱群-顶板系统的稳定性展开研究。

2.1.2　模型建立

受制于成本投入高、操作实施难度大、破坏过程透明程度低等因素的影响，现阶段难以直接对煤柱群-顶板系统的实际工程模型进行全面研究，构建煤岩体结构模型进行实验室实验是研究煤岩体工程破坏的主要手段之一。对于煤柱群或矿柱群失稳特征的研究，太原理工大学冯国瑞教授团队[51]和中南大学周子龙教授团队[49]分别设计了如图 2.2（a）和图 2.2（b）所示的"分离式"双煤柱结构模型和双矿柱结构模型表征煤柱群系统和矿柱群系统。在此系统中，煤（矿）柱之间的距离被设计为一个固定值。对于实际工程中煤柱-顶板系统失稳特征的研究，山东科技大学陈绍杰教授团队[68-69]设计了如图 2.3 所示的煤柱-顶板结构模型表征煤柱-顶板系统。上述两类模型各自为煤柱群系统及煤柱-顶板系统的研究提供了参考，但目前在煤矿开采中鲜有将煤柱群-顶板系统视为一个整体的结构模型。在非煤矿山的研究中，中南大学周子龙教授团队[50]和东北大学徐帅教授团队[136]建立了如图 2.4 所示的"整体式"矿柱群-围岩结构模型来表征矿柱群-围岩系统。这个矿柱群-围岩结构模型虽然同时考虑了矿柱之间的相互联系和矿柱与围岩之间的相互作用，但其为"整体式"结构模型，它将矿柱和围岩设计为一个不可分割的整体，导致每个矿柱的独立承载难以被单独监测。综合上述专家学者设计的煤岩体结构模型，本书将两个单煤柱-顶板组合体按恒定间距平行放置，形成如图 2.5 所示的"分离式"双煤柱-顶板结构模型表征煤柱群-顶板系统，这一结构模型不仅能兼顾煤柱与煤柱之间、煤柱与顶板之间的相互影响，而且能同时实现模型整体和内部组分组合体承载的监测。此外，煤柱群内各煤柱的力学性能可能相同或相近，也可能相差很大，参考已有"分离式"多煤柱或多矿柱结构模型的设计思路[49,51-54,112]，本书设计模型内部两组分组合体强度相同和强度不相同的两种双组合体模型。

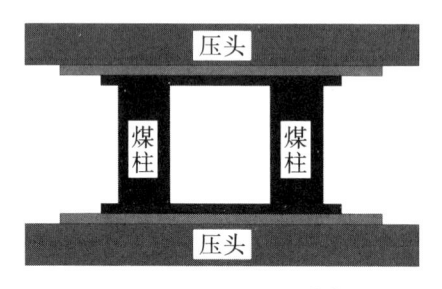

（a）双煤柱结构模型[51] 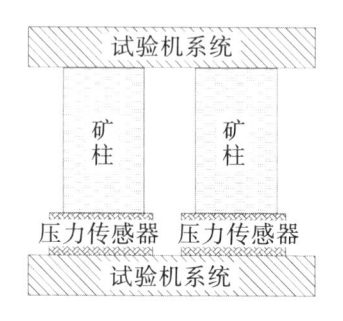　　（b）双矿柱结构模型[49]

图 2.2　"分离式"双煤（矿）柱结构模型

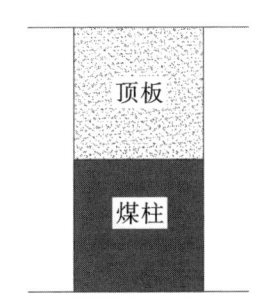

第 2 章 煤柱群－顶板系统链式失稳特征及承载特性研究

图 2.3 单煤柱－顶板结构模型

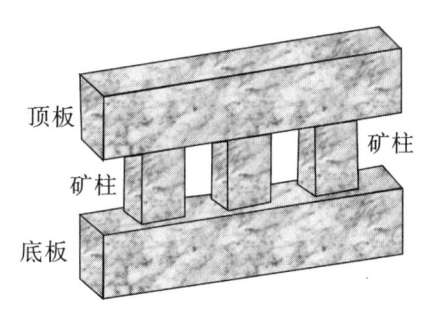

图 2.4 "整体式"矿柱群－围岩结构模型[50]

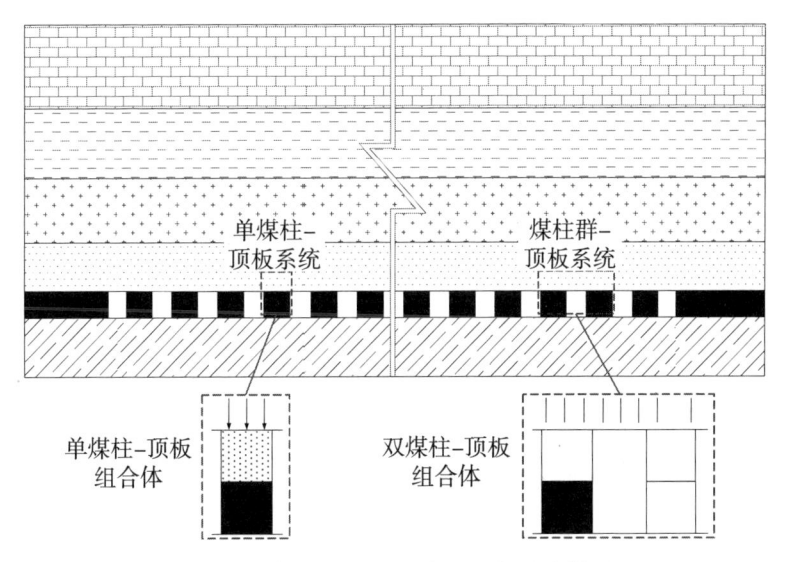

图 2.5 "分离式"双煤柱－顶板结构模型

2.2 双煤柱-顶板组合体失稳特征实验研究

2.2.1 试件制备

本次实验所用煤样及岩样取自前述某矿，根据模型设计，实验需选用两种不同强度的煤体试件和同一种岩体试件，各实验试件由取自现场的完整煤块或岩块加工制成。煤样 A 取自前述某矿北部未受采动影响的 3 煤，煤样 B 及岩样（砂岩）则取自西部的 3202 房式采空区内。为减小同一种样品力学参数的差异性和离散性，同一种样品在同一地点选取，且在取样过程中尽可能减少对样品的人为损坏[137]。各试块取回后，按照国际岩石力学学会规定的试件制作方法[138]，在实验室内经切割、钻取、打磨后制成直径 50mm、高度 100mm 的标准煤岩单体试件和直径 50mm、高度 50mm 的圆柱形试件，将有明显缺陷的煤岩试件剔除。

为确保两种煤体试件强度存在明显差异，在实验前首先对两种煤样标准单体试件进行 CT 扫描，扫描结果如图 2.6 所示，图中白色为裂隙。由图可知，煤样 A 试件（以下简称"煤 A"）内部仅含少量微小裂隙，说明未受采动影响的煤样 A 结构完整，煤体内部连续性好；而煤样 B 试件（以下简称"煤 B"）内部裂隙数量及长度明显增加，说明取自房式采空区内的煤样 B 受采动影响严重，且随着时间发展，其结构完整性变差。裂隙数量及长度与煤体强度呈反比，通过 CT 扫描结果可知煤 B 的强度低于煤 A，因此，选取的两种煤体试件可用于本次实验研究。

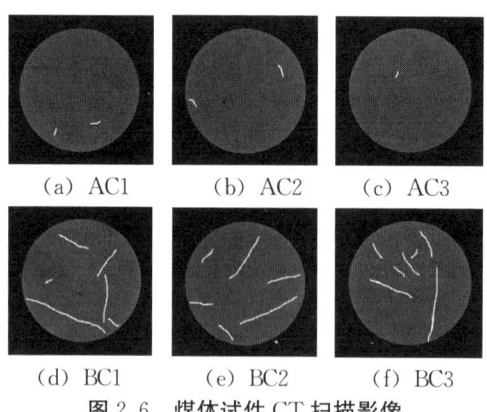

(a) AC1　(b) AC2　(c) AC3

(d) BC1　(e) BC2　(f) BC3

图 2.6　煤体试件 CT 扫描影像

根据文献［67］和［69］的煤岩体连接方法，采用 AB 强力胶分别将直径 50mm、高度 50mm 的煤 A 和煤 B 与直径 50mm、高度 50mm 的岩体试件黏合在一起，分别形成单一组合试件 A 和单一组合试件 B。在后续实验时，首先将各标准煤岩单体试件进行单轴压缩实验，测得各试件的强度，然后将各单一组合试件按照实验内容两两组合并按固定间距平行放置形成双煤柱－顶板组合体。部分煤岩试件如图 2.7 所示，各煤岩标准试件的强度见表 2.1，煤 A、煤 B 和砂岩试件的平均强度分别为 23.96MPa、8.73MPa 和 42.99MPa，单轴压缩试验结果与 CT 扫描结果一致，两种煤样试件强度差异较大，砂岩试件强度明显大于煤样试件。

图 2.7　部分煤岩试件

表 2.1　标准煤岩单体试件强度

类型	编号	峰值强度/MPa	平均强度/MPa
煤 A	AC1	23.98	23.96
	AC2	22.60	
	AC3	25.29	
煤 B	BC1	8.29	8.73
	BC2	10.04	
	BC3	7.86	
砂岩试件	R1	44.49	42.99
	R2	42.43	
	R3	42.05	

2.2.2　实验设备

如图 2.8 所示，本次实验采用的实验设备主要包括加载控制监测系统、声发射监测系统和荷载监测系统。

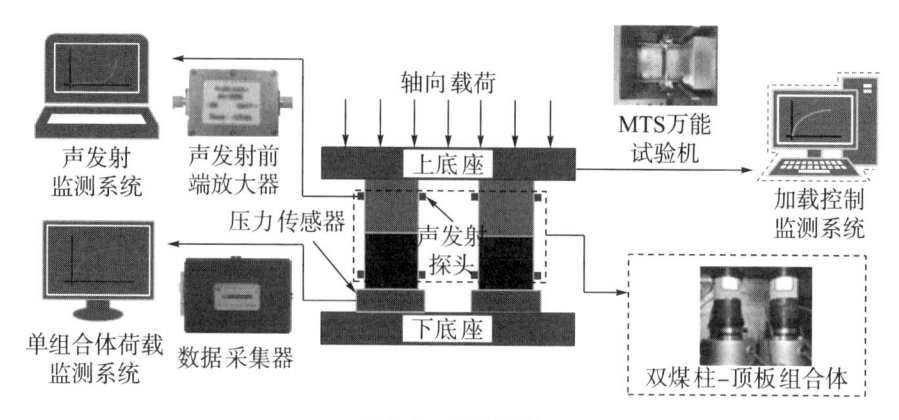

图 2.8　实验设备

加载控制监测系统为 MTS816 型岩石伺服系统，该系统能通过电脑端控制实现煤岩试件的单轴压缩和数据采集。本次实验选用位移加载的方式，加载速率恒定设置为 0.05mm/s。

声发射监测系统选用 PCI-2 声发射系统，该系统具有 4 个高通滤波器和 6 个低通滤波器，采用 18 位 A/D 转换器实现对数据的实时分析，实验时主放设置为 40dB，门槛值设置为 45dB，浮动门槛值设置为 6dB。实验过程中，为实现对试件声发射信号的全方位监测，在每个组合体上布置 4 个声发射探头，探头与试件之间涂抹凡士林以确保传感器与煤岩试件的耦合效果。其中，两个探头布置在煤体的垂向中心位置，且两者沿试件轴线对称，另外两个探头以同样的方式布置在岩体部分，煤体与岩体的探头沿煤岩交界面对称。通过对声发射振铃计数的监测和破裂点的定位，可揭示煤岩体由其内部微观裂纹萌生、发育及扩展造成的损伤特征。

荷载监测系统主要包括 MTS816 型岩石伺服系统自带的数据采集分析系统和单组合体荷载监测系统。单轴压缩实验过程中，MTS816 型岩石伺服系统自带的数据采集分析系统用于监测分析双煤柱-顶板组合体的整体承载变形情况。同时，在每个组分组合体的底部放置一个压力传感器，以单独记录各组分组合体所承受荷载的变化情况。

实验过程中，为保证各系统的时间参数相同，各系统同步进行，压至试件破坏后实验停止。

2.2.3　实验方案

为研究各组分煤柱力学性质相同和各组分煤柱力学性质不同煤柱群-顶板

系统的失稳特征，分别进行两组不同的双煤柱－顶板组合体单轴压缩试验。如图 2.9 所示，在第一组双煤柱－顶板组合体单轴压缩实验中，组成双煤柱－顶板组合体的两组分单一组合体的力学性质相同，其又包含两种类型：一种由两个单一组合体 A 构成；另一种则由两个单一组合体 B 构成。在第二组双煤柱－顶板组合体单轴压缩中，组成双煤柱－顶板组合体的两组分组合体具有不同的力学性质，即其是由单一组合体 A 和单一组合体 B 组成。上述实验中，双组合体之间的间距恒定不变，所有实验均分别进行 3 次。

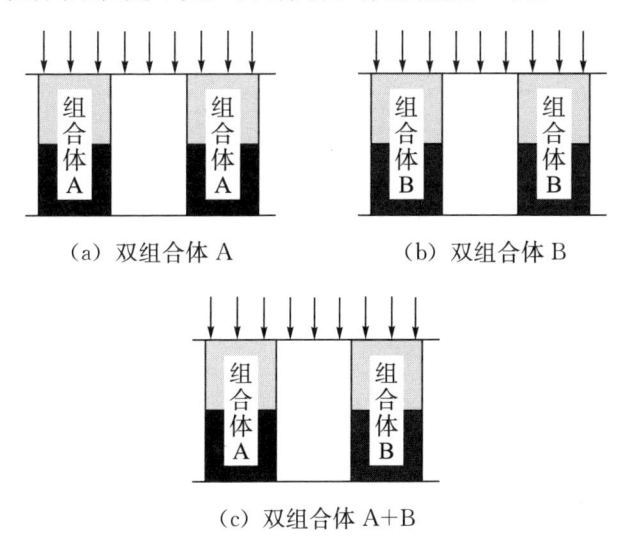

（a）双组合体 A

（b）双组合体 B

（c）双组合体 A+B

图 2.9 双煤柱－顶板组合体实验方案

2.2.4 相同力学性能双煤柱－顶板组合体实验结果

由两个单一双组合体 A 组成的相同力学性双煤柱－顶板组合体典型承载能力及声发射特征如图 2.10 所示，在荷载－时间曲线上选取不同特征点绘制声发射三维定位图分析各组合体的破坏过程，双组合体 A 的典型声发射事件三维定位图及最终破坏形态如图 2.11 所示，左、右两组分组合体分别命名为 RSAC1 和 RSAC2。双组合体 B 典型承载及声发射特征和典型声发射事件三维定位图及最终破坏形态分别如图 2.12 和图 2.13 所示，左、右两组分组合体分别命名为 RSBC5 和 RSBC6。虽然两组双煤柱－顶板组合体的强度表现出差异性，但其破坏过程和模式基本一致，均与单煤柱－顶板组合体相似。根据两组双煤柱－顶板组合体内各组分组合体的声发射特征，将相同力学性能双煤柱－顶板组合体的破坏分为三个阶段，具体分析如下。

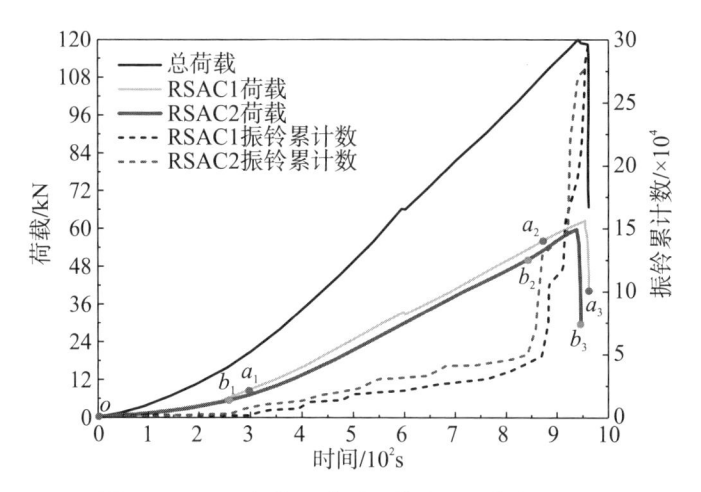

图2.10 双组合体A典型承载能力及声发射特征

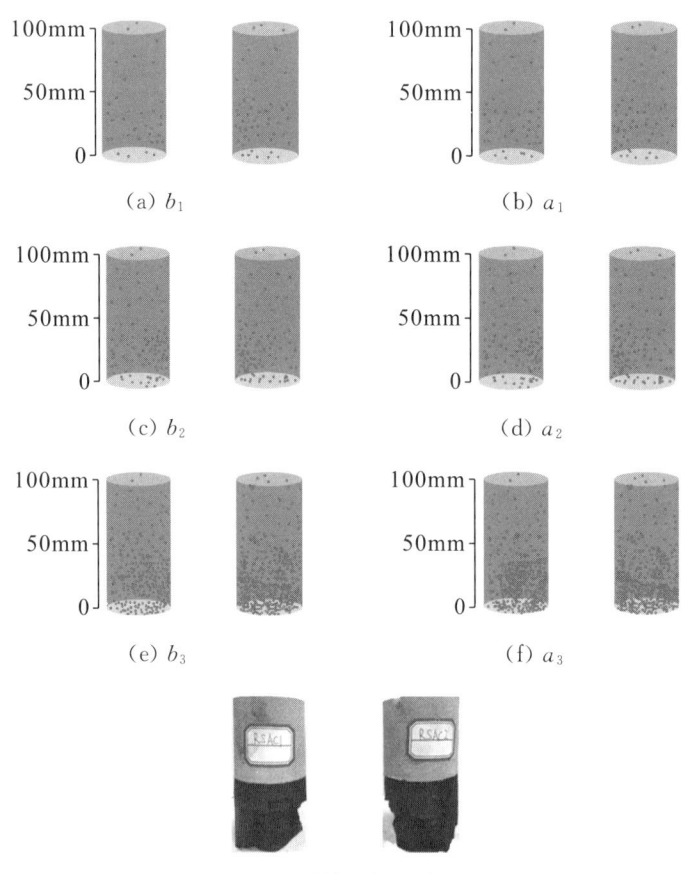

(a) b_1

(b) a_1

(c) b_2

(d) a_2

(e) b_3

(f) a_3

(g) 最终破坏形态

图2.11 双组合体A典型实验破坏过程

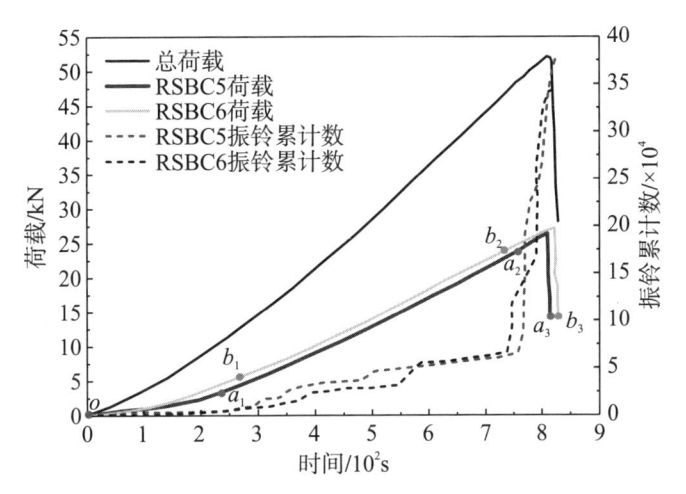

图 2.12　双组合体 B 典型承载能力及声发射特征

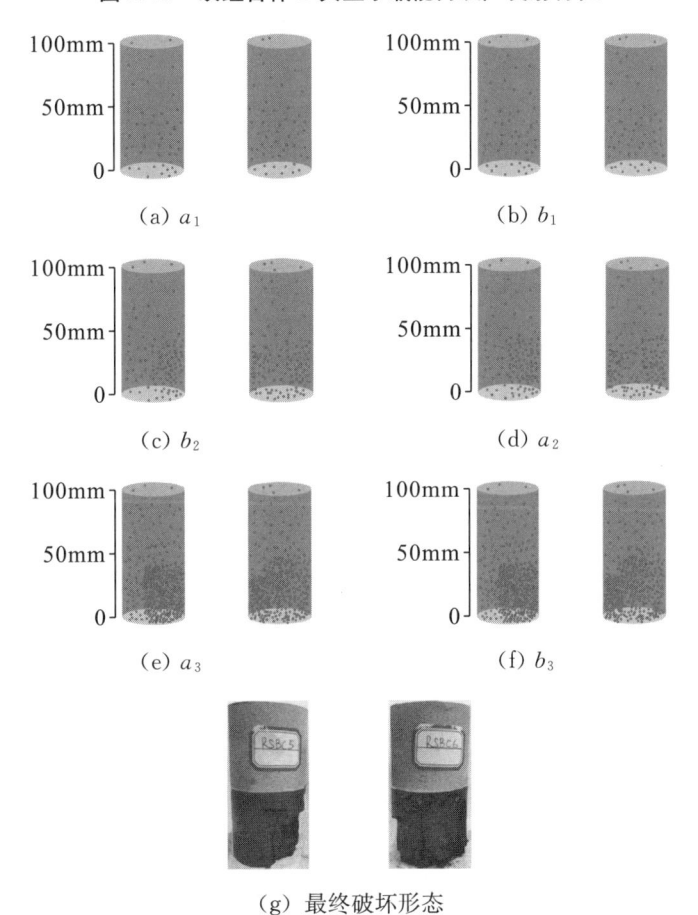

图 2.13　相同力学性能双组合体 B 典型实验破坏过程

阶段一（$o \sim a_1, b_1$）：声发射事件平静阶段。

在此阶段，各组分组合体的原始空隙被逐渐压密，声发射试件累计数较少，声发射事件整体平静。同时，声发射事件零星随机分布在各试件的煤体和岩体中，这与煤岩内部原始缺陷、空洞及裂隙的无序分布密切相关。各组分组合体及系统整体的载荷－时间曲线呈上凹式缓慢增加。

阶段二（$a_1, b_1 \sim a_2, b_2$）：声发射事件缓慢增长阶段。

在双煤柱－顶板组合体的三个破坏阶段中，阶段二的持续时间最长。在此阶段，各组分组合体的声发射事件均开始逐渐活跃，尤其是煤体部分的声发射事件发生明显，开始由随机分布向局部集中发展，而岩体部分的声发射事件仍零星随机分布。此外，在煤岩交界面处也局部出现集中的声发射事件。总体来看，尽管累计声发射试件的曲线增加，但其增加相对缓慢，且数量不大。此阶段各组分组合体和系统整体主要发生线弹性变形，试件所承担的荷载近乎直线增长。截止到该阶段末期，各试件仍未发生明显破坏。

阶段三（$a_2, b_2 \sim a_3, b_3$）：声发射事件快速增长阶段。

在此阶段内，各组分组合体中煤体部分的声发射事件迅速大量发生并扩展，煤岩交界面处也出现声发射事件的显著增加，因此，累计声发射事件数曲线呈跳跃式突增，煤体部分开始迅速破坏。加载末期，声发射事件充满煤体部分，且在煤体下端或一侧大量集中，这些部分的煤体出现破碎及脱落。岩体部分声发射事件的数量和范围虽然都有少量增加，但仍呈随机无序零星分布的态势，仅在靠近煤岩交界面处数量相对较多。岩体部分整体没有宏观破坏，仅在靠近煤岩交界面处有轻微损伤。在这个阶段，随外部加载增加，各组分组合体及整体的承载也同步增加并达到峰值，之后急剧下降。随着左、右两组分组合体的同步完全破坏，整体系统也同时失稳。

总体来看，相同力学性能双煤柱－顶板组合体的整体承载规律与其内部任意一个组分组合体一致，但数值远大于两者。尽管设计了同一双煤柱－顶板组合体内两组分组合体的力学性质相同，但同一相同力学性能双煤柱－顶板组合体中左、右两组分组合体的荷载－时间及声发射时间演化曲线并不能完全重合，两组分组合体各自的三个破坏过程也不完全一致，左、右两组分组合体的声发射定位信息和最终破坏形态同样存在一定差异。这种结果是由原生缺陷不同及制样误差等因素造成的，但它们整体吻合度较高。在单轴受压过程中，每一组双煤柱－顶板组合体左、右两组分组合体均匀承载、协同变形，损伤破坏同步发生。

2.2.5 不同力学性能双煤柱－顶板组合体实验结果

由高强度单组合体 A 和低强度单组合体 B 组成的不同力学性能双煤柱－顶板组合体典型承载能力及声发射特征如图 2.14 所示，在荷载－时间曲线上选取不同特征点绘制声发射三维定位图分析各组合体的破坏过程，各特征点的声发射事件三维定位图及试件最终破坏形态如图 2.15 所示。在不同力学性能双煤柱－顶板组合体中，左侧组分组合体为高强度组合体，命名为 RDAC1，右侧组分组合体为低强度组合体，命名为 RDBC1。不同力学性能双煤柱－顶板组合体中任意一个组分单组合体的荷载—时间曲线与前文中相同力学性能双煤柱－顶板组合体的荷载—时间曲线呈现相同的演化规律，但总荷载—时间曲线与两者表现出差异，系统整体的破坏过程和模式与相同力学性能双煤柱－顶板组合体也不一样。根据不同力学性能双煤柱－顶板组合体的总荷载—时间曲线演化规律，将不同力学性能双煤柱－顶板组合体的受载过程分为五个阶段，具体分析如下。

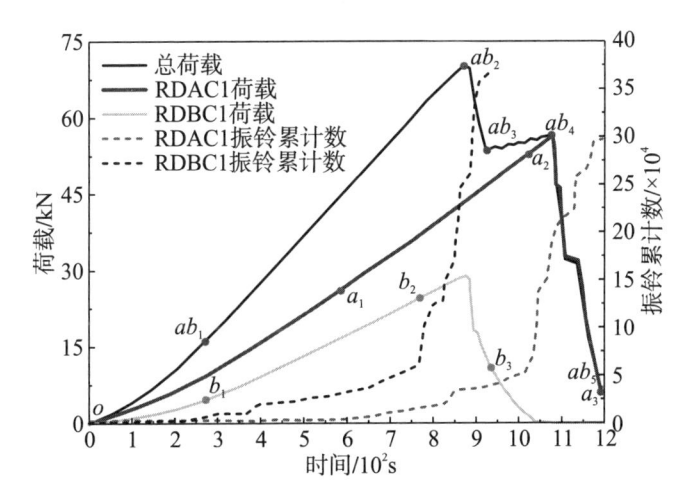

图 2.14 不同力学性能双煤柱－顶板组合体典型承载能力及声发射特征

(a) b_1

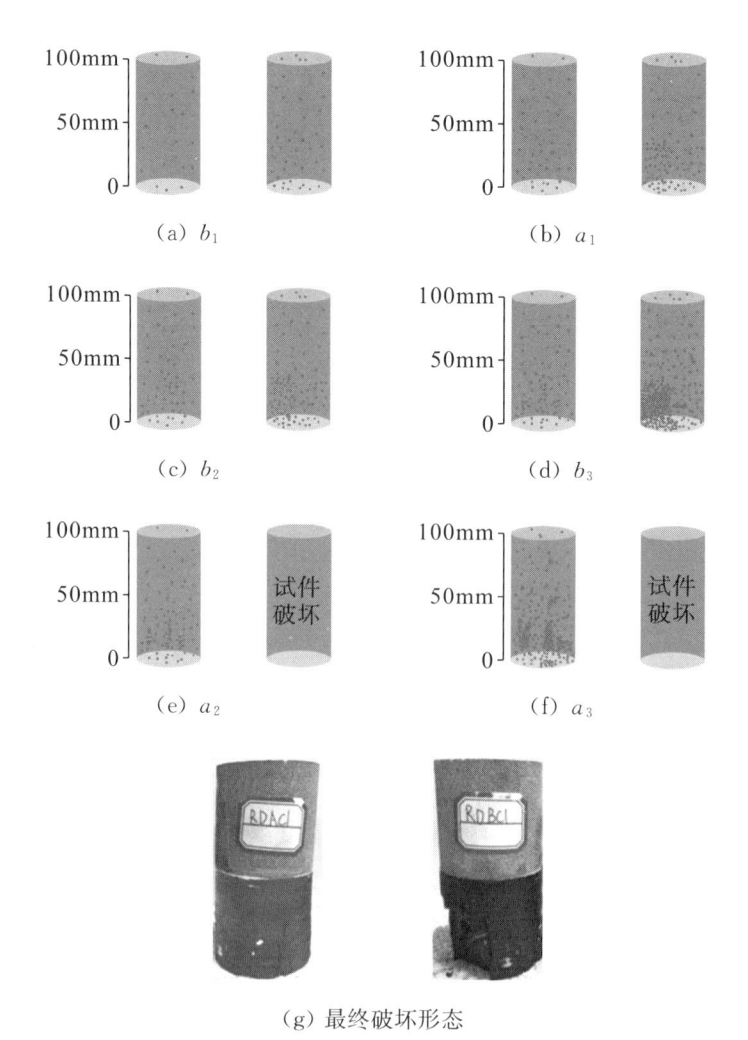

(b) a_1

(c) b_2

(d) b_3

(e) a_2 （试件破坏）

(f) a_3 （试件破坏）

（g）最终破坏形态

图 2.15　不同力学性能双煤柱－顶板组合体典型实验破坏过程

阶段一（$o \sim ab_1$）：总荷载非线性增长阶段。

两组分组合体的原始孔隙被压密，高强度左侧组合体的原始孔隙率先被压密，其荷载转化为线性增长后，低强度右侧组合体的荷载仍呈非线性增长。因此在这个阶段，不同力学性能双煤柱－顶板组合体的整体荷载表现为上凹式非线性增长，两组分组合体的声发射事件都较平静，声发射事件累计数总体较少。

阶段二（$ab_1 \sim ab_2$）：总荷载线性增长阶段。

两组分组合体各自的荷载与系统总荷载均呈现线性增长，随外荷载增加，右侧组合体的声发射事件首先逐渐活跃起来，声发射事件累计数缓慢增加，直至达到84.8%峰值荷载后，右侧组合体的声发射事件急剧持续增加，声发射事件开始在其煤体部分的左下端大量聚集。煤体部分其他区域的声发射事件也有所增加，但数量相对较少，岩体部分则在靠近交界面处出现少量的声发射事件聚集。其后，右侧组合体达到峰值荷载，系统整体承载也同步达到峰值，而此时左侧组合体声发射事件仍相对平静，声发射事件整体数量较少，且在试件整体均匀随机分布。

阶段三（$ab_2 \sim ab_3$）：总荷载下降阶段。

低强度右侧组合体在峰值荷载后承载能力开始下降，高强度左侧组合体的荷载仍呈线性增加，但右侧组合体承载能力的降幅大于左侧组合体承载能力的增幅，因此，双煤柱－顶板组合体的整体承载能力也呈现下降趋势。此阶段左侧组合体的声发射事件仍呈缓慢增长趋势，累计数量较少。

阶段四（$ab_3 \sim ab_4$）：总荷载二次缓增阶段。

低强度右侧组合体的承载能力继续下降，左侧组合体逐渐成为承载主体，且左侧组合体的承载仍呈线性增加。在这个过程中，左侧组合体承载能力的增幅大于右侧组合体承载能力的降幅，因此，双煤柱－顶板组合体的整体总荷载演化虽轻微振荡，但总体呈增加趋势。随外荷载加载进行，左侧组合体的声发射事件也由缓慢增长转变为突变式陡增，之后左侧组合体的承载能力也达到峰值，双煤柱－顶板组合体整体同时出现第二个荷载峰值。

阶段五（$ab_4 \sim ab_5$）：总荷载快速下降阶段。

在高强度左侧组合体达到荷载峰值后，其承载能力也迅速下降，此时低强度右侧组合体已不具备承载能力，系统承载能力也快速下降。高强度左侧组合体失稳后，系统整体也同步失稳。

2.3 双煤柱－顶板组合体失稳特征数值研究

实验室单轴压缩实验可以从宏观角度反映煤岩体的力学行为和破坏特征，为现场安全生产提供理论支持，但实验室的实验结果往往会因煤岩体中存在的大量不可控离散原始裂隙的孔洞及人为影响因素等其他原因存在误差，而计算机数值模拟恰好能利用其建模优势有效克服这一缺陷。在众多计算机数值软件中，Particle Flow Code（PFC，颗粒流程序）被广泛应用于煤岩试件力学性质和破坏特征的研究[139-141]。PFC数值软件采用离散单元的方法以大量细小颗粒生成数值模型，而地下煤岩体是由大量矿物颗粒构成且具有一定结构的自然集合体，因此，PFC建成的煤岩数值模型能与煤岩体实际形态相匹配[142]。同时，煤岩体的破坏失稳是一个渐进过程，即煤岩体的宏观失稳破坏是由其内部微裂纹的产生、扩展和贯通引起的，PFC数值软件能通过模型内部细观颗粒之间的相互作用和变形破坏来实现煤岩体宏观力学行为的演化[143]。因此，本节进一步采用PFC2D数值软件模拟研究双煤柱－顶板组合体在单轴受压条件下的力学行为及破坏特征，与前述实验室单轴压缩实验相互补充验证。

2.3.1 细观参数校核

参考已有研究成果，本次模拟中颗粒之间的接触选用平行黏结模型[144]。为使PFC数值模型与实际煤岩体的宏观力学行为一致，模拟前先结合实验室实验采用"试错法"进行细观参数标定。当煤岩体数值模型的应力－应变曲线及破坏形态与实验室实验结果吻合度均较高时，则认为该细观参数满足模拟要求[145]。各煤岩试件数值模型设定为50mm×100mm的二维长方形，其对应的实验室原型为φ50mm×100mm的煤岩试件。此次标定分别以煤A标准单体试件、煤B标准单体试件、砂岩标准单体试件、单一组合体A和单一组合体B进行，各试件的数值模拟与实验室实验结果对比如图2.16所示，峰值强度和峰值应变见表2.2。分析可知，各试件峰值强度的实验与模拟结果基本一致，但峰值应变存在一定差异，这是因为试件的数值模型由若干刚性体颗粒构成，这些颗粒均匀分布、紧密接触且被赋予相同的细观参数，其应力－应变曲线不存在原始空隙压密阶段，而实验室试件自身矿物颗粒组分及力学参数存在差异，同时其自身存在大量随机分布的原生裂隙和孔洞，其应力－应变曲线存在原始空隙压密阶段，因此，模拟结果的应变稍小于实验结果。总体来讲，虽然实验室实验与数值模拟的应力－应变曲线并不能完全重合，但实验与模拟结果数值较为接近。同时，实验室实验与数值模拟的最终试件破坏形态吻合度较高，因而标定的细观参数可用于模拟实验室各试件的力学行为，具体细观参数见表2.3。

(a) 煤 A 标准单体试件

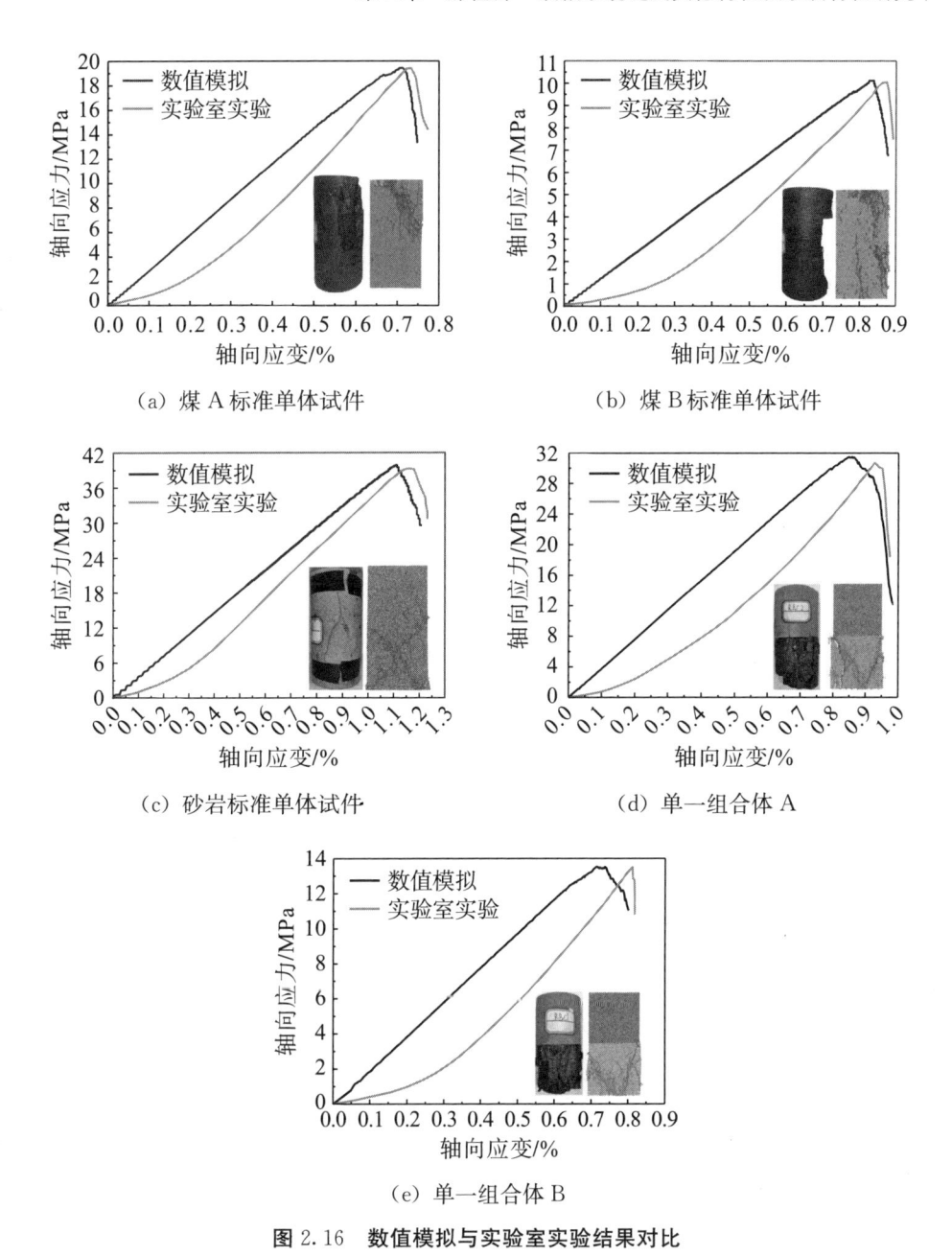

(b) 煤 B 标准单体试件

(c) 砂岩标准单体试件

(d) 单一组合体 A

(e) 单一组合体 B

图 2.16　数值模拟与实验室实验结果对比

表 2.2　数值模拟与实验室实验峰值强度和峰值应变

试件名称	模拟峰值强度/MPa	实验峰值强度/MPa	模拟峰值应变/%	实验峰值应变/%
煤 A 标准单体试件	19.44	19.21	0.71	0.74
煤 B 标准单体试件	10.14	10.02	0.84	0.87
砂岩标准单体试件	39.89	39.35	1.14	1.17
单一组合体 A	31.49	30.71	0.85	0.93
单一组合体 B	13.56	13.50	0.71	0.81

表 2.3　煤岩体细观参数

细观力学参数	砂岩标准单体试件	煤 A 标准单体试件	煤 B 标准单体试件
颗粒密度/(kg·m^{-3})	2850	1800	1300
颗粒半径范围/mm	0.28～0.46	0.28～0.46	0.28～0.46
摩擦系数	0.7	0.5	0.4
颗粒接触模量/GPa	20.2	3.5	2.4
平行黏结模量/GPa	20.2	3.5	2.4
切向黏结强度/MPa	38	24	12
法向黏结强度/MPa	36	14	8

2.3.2　数值模型构建

如图 2.17 所示，本次 PFC 单轴压缩实验中，数值模拟的组合试件模型与实验室实验保持一致，每一双组合体内各组分组合体的总尺寸为 ϕ50mm×100mm，组合体下部为煤体，上部为砂岩，煤岩高度比为 1∶1，两个组分组合体之间的间距与实验室实验一致。

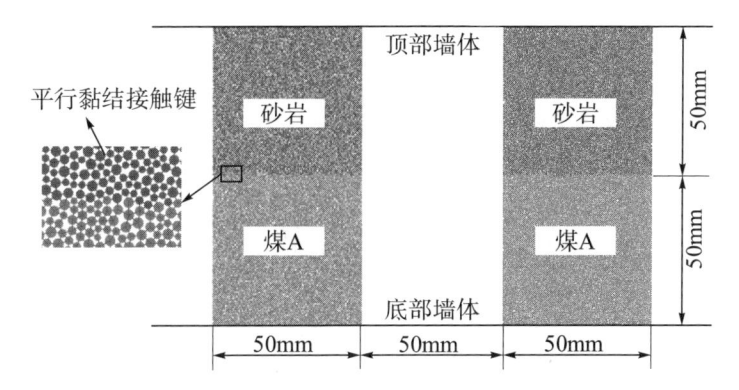

第 2 章 煤柱群－顶板系统链式失稳特征及承载特性研究

（a）相同力学性能双组合体 A

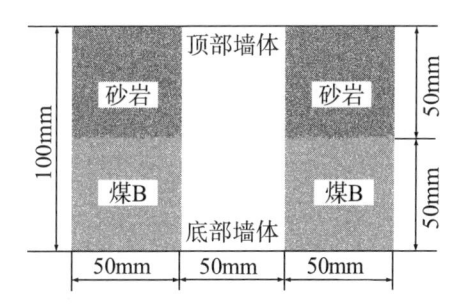

（b）相同力学性能双组合体 B

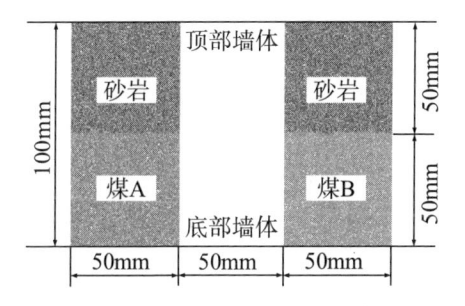

（c）不同力学性能双煤柱－顶板组合体

图 2.17 PFC 数值模型

为了避免建模过程中因模型的颗粒大小、自由分布方式等几何参数不同造成的模拟误差，首先建立尺寸为 $\phi50\text{mm}\times100\text{mm}$ 的单个煤岩组合体，在对其预压后保存模型。其后所有双煤柱－顶板组合体的建模都先调用保存的单煤岩组合体作为左侧的组分组合体，再通过 FISH 语言复制左侧组分组合体并右移预定间距作为右侧组分组合体。双煤柱－顶板组合体模型的侧边为自由边界，顶部和底部分别设置墙体约束，在顶部墙体施加处置荷载。

29

2.3.3 数值模拟过程

数值模型建成后同样进行相同力学性能和不同力学性能两组双煤柱－顶板组合体单轴压缩实验，根据实验要求对各组分组合体赋予力学参数。通过位移加载实现单轴压缩试验的模拟，加载速率与实验室实验一致。在模拟过程中，分别监测双煤柱－顶板组合体内部各组分单一组合体承担的应力，用应力乘以单一组合体的横截面积获得各单一组分组合体承担的荷载；通过监测加载墙体的反力，得到双煤柱－顶板组合体整个系统承担的总荷载。同时，通过FISH语言监测各组分组合体中煤体部分和岩体部分的平均应变和裂隙类型及数量。

2.3.4 相同力学性能双煤柱－顶板组合体模拟结果

双组合体A的承载及变形规律如图2.18所示，在荷载—运算步数曲线上选取不同特征点以分析各组合体的破坏特征，双组合体A的破坏过程如图2.19所示。在双组合体A的数值模型中，左侧单一组分组合体命名为RSACL，其煤体部分命名为ACL，岩体部分命名为RL；右侧单一组分组合体命名为RSACR，其煤体部分命名为ACR，岩体部分命名为RR。双组合体B的承载及变形规律如图2.20所示，双组合体B的破坏过程如图2.21所示。同样，在双组合体B的数值模型中，左侧单一组分组合体命名为RSBCL，其煤体部分命名为BCL，岩体部分命名为RL；右侧单一组分组合体命名为RSBCR，其煤体部分命名为BCR，岩体部分命名为RR。在各组合体的破坏过程图中，组合体内的黑色点线表示张拉裂纹，红色点线则表示剪切裂纹。与前文相同力学性能双煤柱－顶板组合体的实验结果类似，尽管数值模拟中两组相同力学性能双组合的荷载不同，但两组双煤柱－顶板组合体的承载特性及破坏规律相似。区别于实验室实验，数值模拟在建模时能控制左、右两组分组合体的几何参数和力学性能基本完全一致，因此，在每一组相同力学性能双煤柱－顶板组合体中，左、右两组分组合体的承载及变形均各自高度重合，裂纹演化种类、位置及数量也基本一致。同时，双煤柱－顶板组合体的总荷载—步数曲线演化规律与左、右单一组分组合体一致，但荷载远大于两者。同一组内的两组分组合体同步经历"裂纹萌生—裂纹扩展—裂纹贯通—宏观破坏"的过程，根据各组分组合体内不同位置和不同类型裂纹的发育规律，可将数值模拟相同力学性能双煤柱－顶板组合体的破坏细分为 5 个阶段。

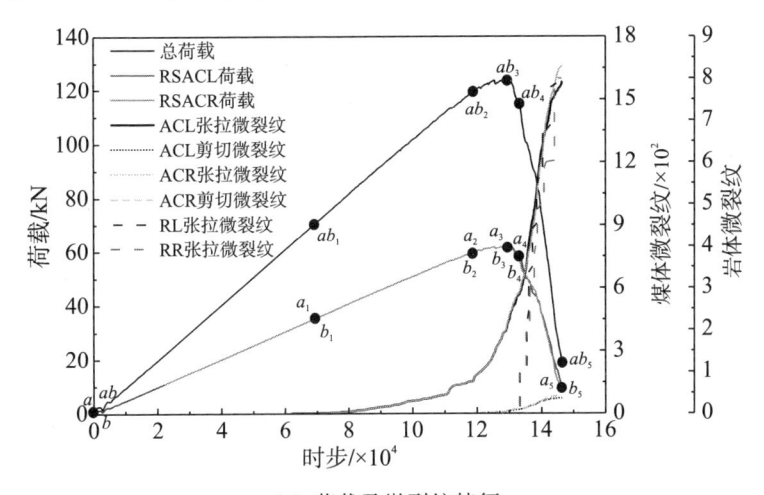

(a) 荷载及微裂纹特征

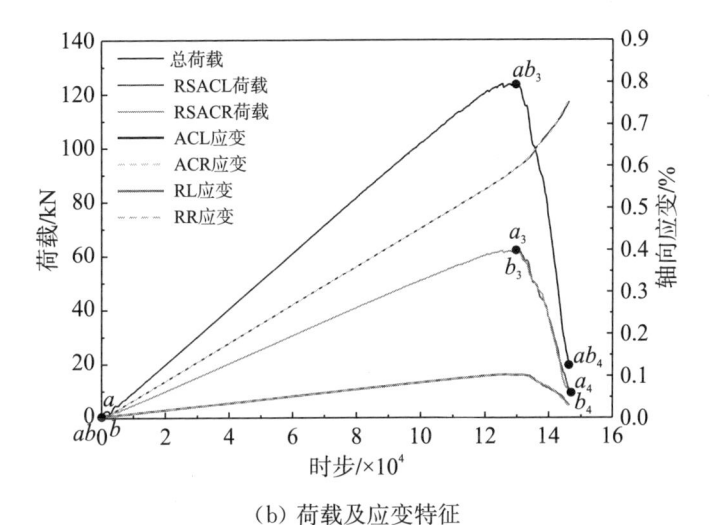

(b) 荷载及应变特征

图 2.18　双组合体 A 模拟承载及变形特征

(a) a, b, ab

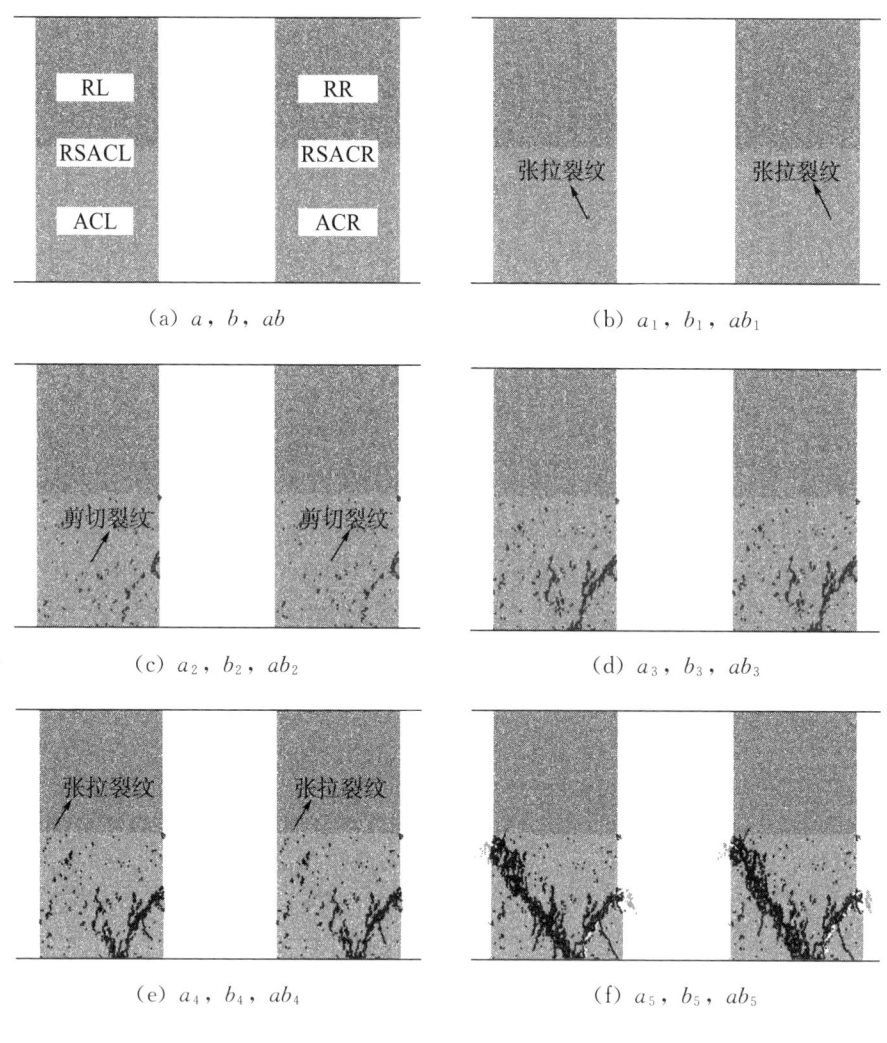

(b) a_1, b_1, ab_1 张拉裂纹 张拉裂纹

(c) a_2, b_2, ab_2 剪切裂纹 剪切裂纹

(d) a_3, b_3, ab_3

(e) a_4, b_4, ab_4 张拉裂纹 张拉裂纹

(f) a_5, b_5, ab_5

图 2.19 双组合体 A 模拟破坏过程

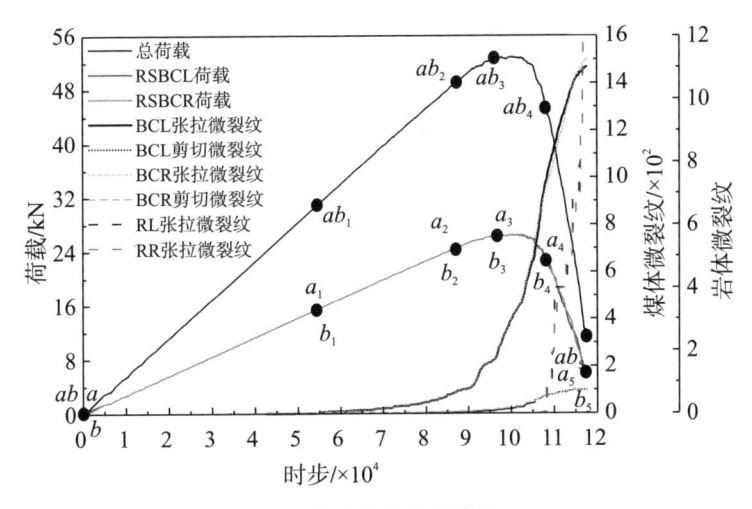

第 2 章 煤柱群－顶板系统链式失稳特征及承载特性研究

(a) 荷载及微裂纹特征

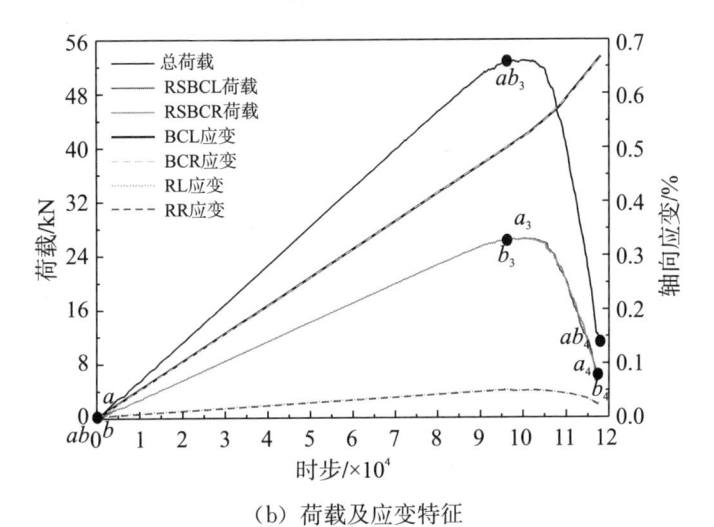

(b) 荷载及应变特征

图 2.20 双组合体 B 模拟承载及变形特征

(a) a, b, ab

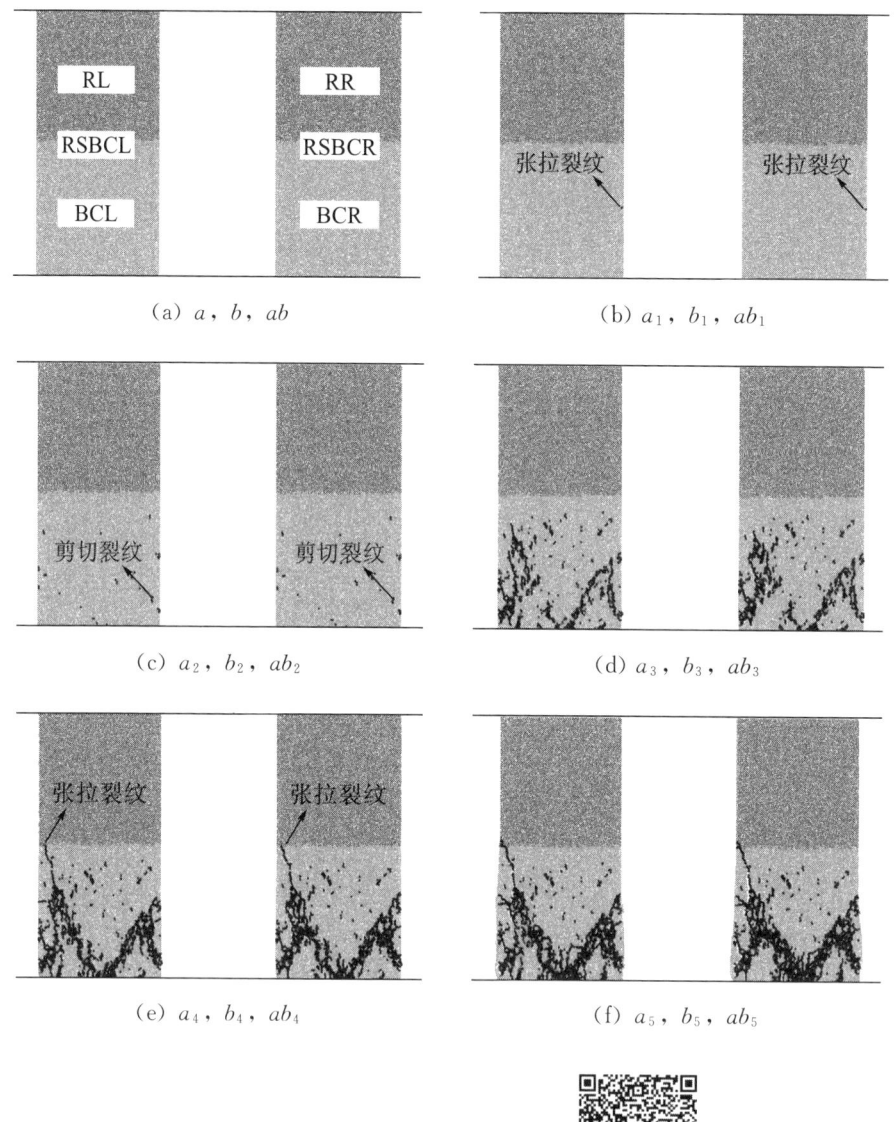

(b) a_1, b_1, ab_1

(c) a_2, b_2, ab_2

(d) a_3, b_3, ab_3

(e) a_4, b_4, ab_4

(f) a_5, b_5, ab_5

图 2.21　双组合体 B 模拟破坏过程

阶段一（a，b，$ab \sim a_1$，b_1，ab_1）：煤体张拉裂纹同步萌生阶段。

轴向压缩初期，外荷载尚不能使各组分组合体模型颗粒间的黏结键断裂，但随着外荷载加载进行，颗粒间作用力的增大使煤体部分出现拉应力集中，应力集中处，颗粒间的黏结键出现张拉型破断，左、右两组分组合体的煤体部分同步开始产生张拉裂纹。

阶段二（a_1，b_1，$ab_1 \sim a_2$，b_2，ab_2）：煤体剪切裂纹同步萌生阶段。

在此阶段，左、右两组分组合体煤体部分的张拉裂纹同步缓慢扩展并出现局部贯通，同时颗粒间的黏结键出现剪切型破断，剪切裂纹开始同步产生。

阶段三（a_2，b_2，$ab_2 \sim a_3$，b_3，ab_3）：煤体裂纹同步缓慢扩展贯通阶段。

双煤柱－顶板组合体内左、右两组分组合体的承载达到峰值前，左、右两煤体裂纹的数量及贯通量同步持续增加，但增加速度仍较缓慢。

阶段四（a_3，b_3，$ab_3 \sim a_4$，b_4，ab_4）：岩体张拉裂纹同步萌生阶段。

峰值荷载后，左、右两煤体裂纹数量及贯通量同步以高速率显著增加，左、右两岩体也均在靠近煤岩交界面处同步产生张拉裂纹，各组分组合体及系统整体承载能力逐渐下降。

阶段五（a_4，b_4，$ab_4 \sim a_5$，b_5，ab_5）：裂纹同步快速贯通阶段。

左、右两岩体的裂纹同步持续增加并扩展，但整体数量及长度均较小，而左、右两煤体的破坏速度和程度同步加剧明显，尤其剪切裂纹数量增加、速率显著提高，微裂纹在左、右煤体内均扩展贯通形成"V"形宏观裂纹，两组分组合体同时失稳，双煤柱－顶板组合体整体也同步失去承载能力。

此外，由图 2.18（b）及图 2.20（b）可知两组分组合体内煤体的应变均远远大于岩体，且煤、岩体两部分应变呈现不同的演化形式。煤体的应变一直呈递增趋势，且在试件承载达到峰值后增长速率明显增加，而岩体的应变演化趋势与荷载演化趋势一致，即在峰值荷载前线性增加，但达到峰值荷载后以相对小的速率呈抛物线下降。

2.3.5 不同力学性能双煤柱－顶板组合体模拟结果

对由不同力学性能的单组合体 A 和单组合体 B 组成的双煤柱－顶板组合体进行单轴压缩模拟，不同力学性能双煤柱－顶板组合体的承载及变形演化规律如图 2.22 所示，破坏过程如图 2.23 所示。其中，左侧组分组合体命名为 RDACL，左侧煤体命名为 ACL，左侧岩体命名为 RL；右侧组分组合体别命名为 RDBCR，右侧煤体命名为 BCR，右侧岩体命名 RR。与不同力学性能双煤柱－顶板组合体的实验室实验结果类似，不同力学性能双煤柱－顶板组合体的单轴压缩模拟中，任意一个组分组合体的荷载—步数曲线与前文相同力学性能双煤柱－顶板组合体的荷载—步数的模拟曲线呈现相同的演化规律，但总荷载—步数曲线表现出明显差异。根据不同力学性能双煤柱－顶板组合体的总荷载—步数曲线模拟演化规律，将不同力学性能双煤柱－顶板组合体的失稳过程分为4个阶段。

阶段一（$ab \sim ab_1$）：总荷载线性增长阶段。

加载初期，双煤柱－顶板组合体的总荷载及两组分组合体的荷载均线性增加，各煤体和岩体的应变也呈线性增加。结合不同力学性能双煤柱－顶板组合体的破坏过程可以看出，强度较低的右侧煤体先依次萌生张拉微裂纹和剪切微裂纹，且随加载进行，这些微裂纹扩展贯通并最终形成宏观裂纹，而强度较高的左侧煤体仅出现少量随机均匀分布的张拉微裂纹。随右侧组合体的荷载达到峰值，双煤柱－顶板组合体的整体荷载也同步达到峰值。

阶段二（$ab_1 \sim ab_2$）：总荷载逐渐弱化阶段。

随加载进行，强度较低的右侧组合体在其峰值荷载后承载能力开始下降，而左侧组合体的承载仍处于线性增长阶段，但右侧组合体承载的降幅大于左侧组合体承载的增幅，因此，双煤柱－顶板组合体的整体荷载下降，但趋势相对缓慢。随右侧煤体破坏，其应变增长速率增大，右侧岩体应变则在达到峰值后回弹，且右侧岩体在靠近煤岩交界面处出现张拉微裂纹。左侧煤体与左侧岩体的应变线性增加，左侧煤体中的张拉微裂纹随机均匀分布且数量较少。

阶段三（$ab_2 \sim ab_3$）：总荷载二次增长阶段。

在此阶段，强度较高的左侧组合体的荷载增加并逐渐达到峰值。双煤柱－顶板组合体的整体总荷载演化虽出现轻微振荡现象，但总体呈增加趋势，且在左侧高强度组合体达到峰值荷载的同时，系统整体总荷载出现第二个荷载峰值点。这是因为右侧低强度组合体逐渐完全失稳而不再具备承载能力，左侧高强度组合体逐渐成为承载主体，其承载增幅大于右侧组合体承载降幅。左侧煤体和左侧岩体的应变仍呈线性增加，左侧煤体中的张拉微裂纹持续发展，且在局部开始形成宏观裂纹。

阶段四（$ab_3 \sim ab_4$）：总荷载快速降低阶段。

加载末期，随着左侧组合体的荷载达到峰值，其煤体部分的裂纹快速增长，导致煤体破坏，左侧岩体也出现张拉微裂纹，左侧组合体整体破坏失稳，双煤柱－顶板组合体的整体荷载也快速下降并最终丧失承载能力。

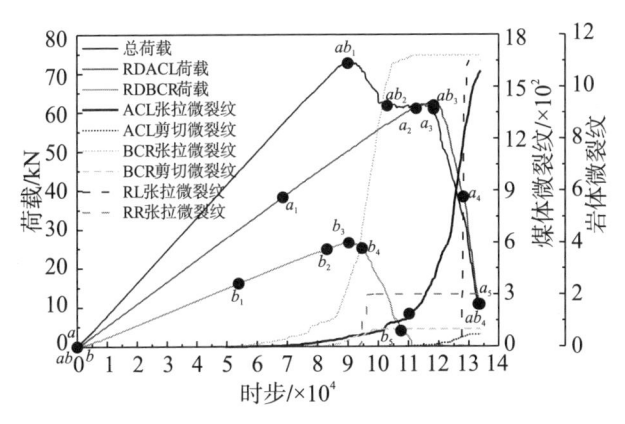

(a) 荷载及微裂纹特征

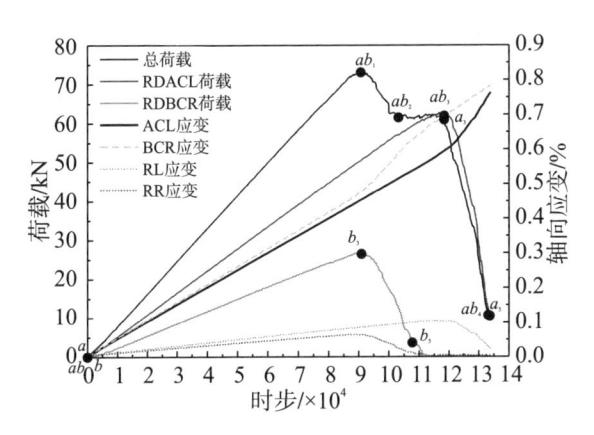

(b) 荷载及应变特征

图 2.22 不同力学性能双煤柱－顶板组合体模拟承载及变形特征

(a) a，b，ab

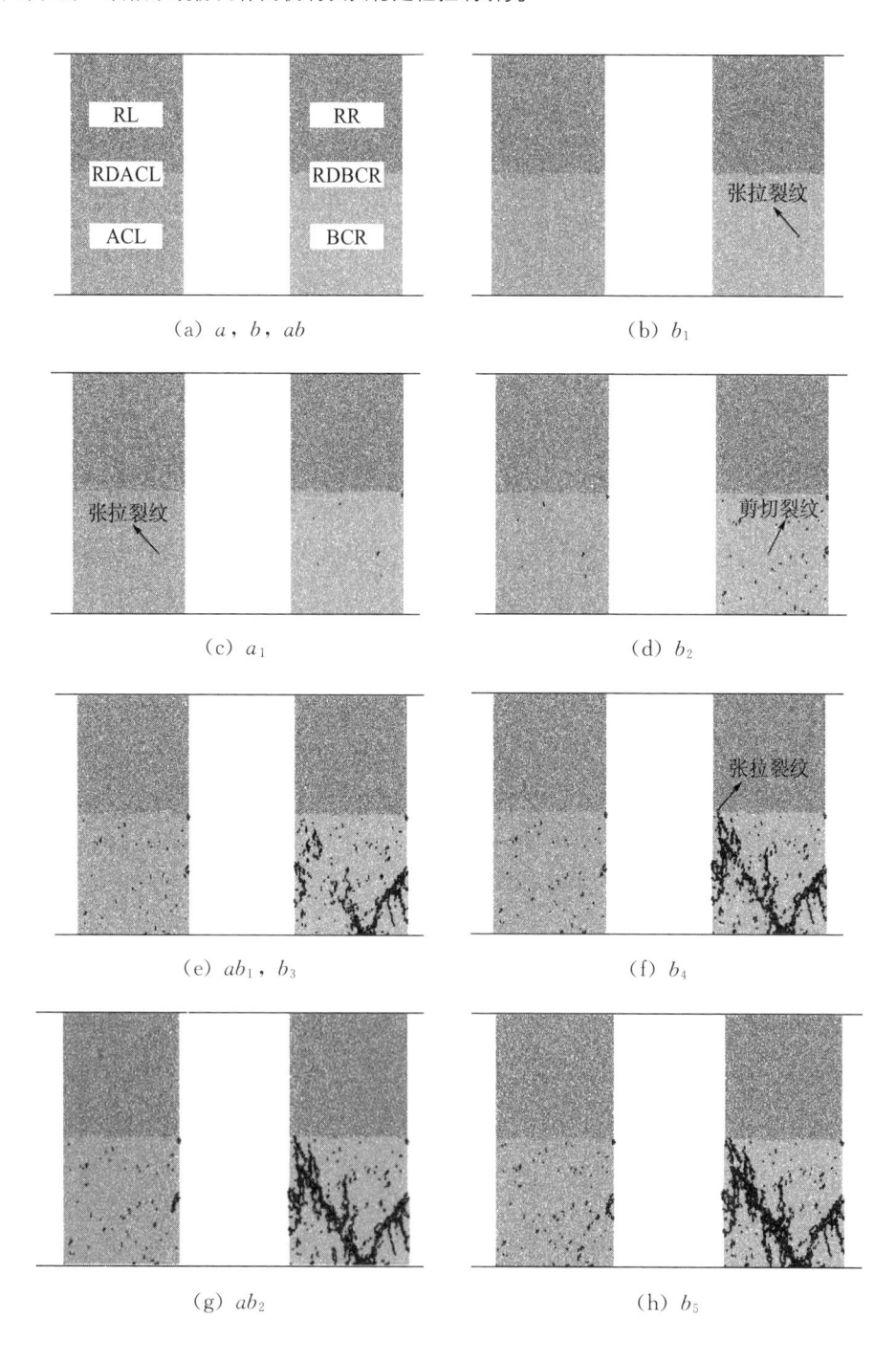

(b) b_1 张拉裂纹

(c) a_1 张拉裂纹

(d) b_2 剪切裂纹

(e) ab_1，b_3

(f) b_4 张拉裂纹

(g) ab_2

(h) b_5

(i) a_2

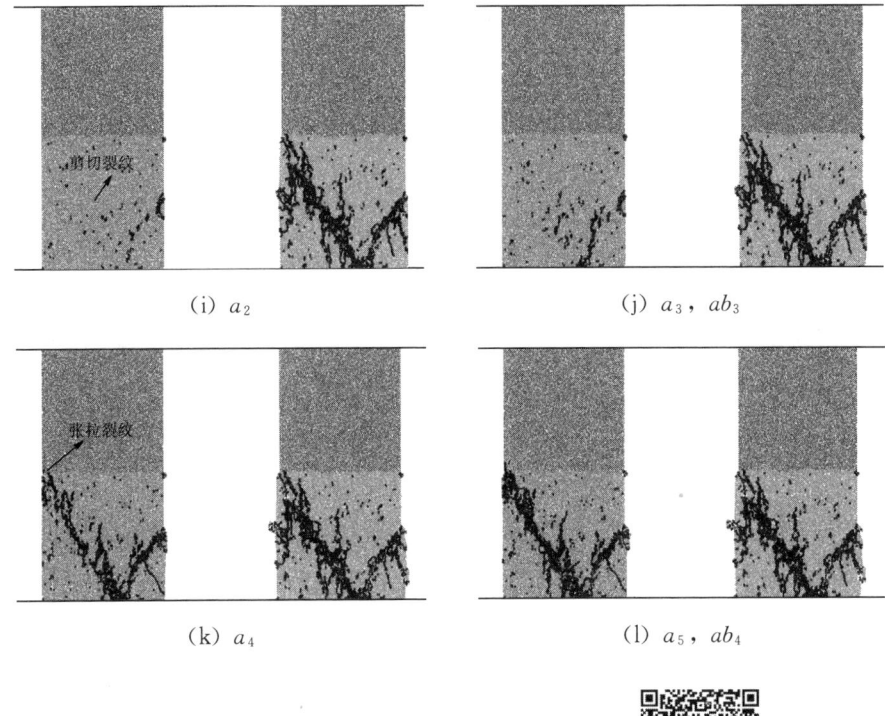

(j) a_3, ab_3

(k) a_4

(l) a_5, ab_4

图 2.23 不同力学性能双组合体模拟破坏过程

2.4 煤柱群－顶板系统失稳特征及诱因

由两个力学性能相同组分组合体组成的双煤柱－顶板组合体失稳过程如图 2.24 所示，由两个力学性能不同组分组合体组成的双煤柱－顶板组合体失稳过程如图 2.25 所示。对于相同力学性能的双煤柱－顶板组合体，因其内部左、右两组分组合体的力学性能一致，故两组分组合体在单轴受压过程中均匀受载、协调变形，最终系统整体与两组分组合体同步破坏失稳。尽管相同力学性能双煤柱－顶板组合体单轴受压时两组分组合体同步失稳破坏，但其失稳本质是内部某单一组分组合体失稳后瞬间引发另一组分组合体和系统整体同步失稳。对于不同性能的双煤柱－顶板组合体，单轴抗压强度较弱的单一组分组合体率先破坏失稳，之后单轴抗压强度较强的单一组合体也失稳破坏，随着高强度单一组分组合体失稳，双煤柱－顶板组合体整体同步失稳。

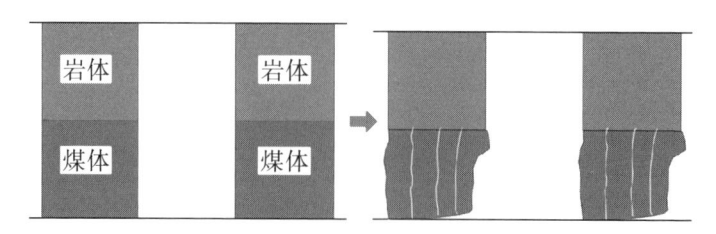

图 2.24　相同力学性能双煤柱－顶板组合体失稳过程

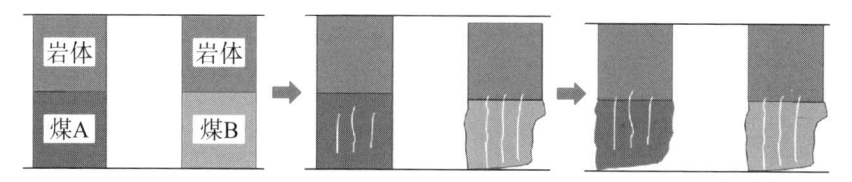

图 2.25　不同力学性能双煤柱－顶板组合体失稳过程

综合上述分析可以发现，尽管受制于实验条件和加载方式，相同力学性能双煤柱－顶板组合体内部的组分组合体表现出瞬间同步失稳特征，但实际上，不管双煤柱－顶板组合体的组合方式如何，其系统的整体失稳都是由其内部某一组分组合体的失稳引起的，也就是说，单一组合体的失稳是双煤柱－顶板组合体失稳的前提。对于单一组合体的失稳机理和过程，已有大量的可靠研究[61-64]。如图 2.26 所示，单一组合体中煤体部分的损伤破坏先于岩体部分，且煤体的损伤破坏程度更明显。具体损伤过程表现为：自加载开始，外界载荷对组合体做功，煤、岩体内部细小颗粒的形态及颗粒之间的结构形式逐渐发生变化，煤岩体也因此产生弹性变形且在各自内部积聚弹性能。煤体自身固有力学性质相对较弱，其变形程度和内部积聚的弹性能均明显大于岩体，煤体内部也首先产生裂纹并逐渐扩展贯通。随着加载持续进行，当组合体达到峰值强度时，煤体内部积聚的大量弹性能瞬间释放，而岩体因强度远大于煤体，仍处在弹性阶段且未产生损伤，但煤体的失稳破坏使岩体不再承载，从而诱发岩体发生回弹变形。煤体内部瞬间释放的大量弹性能，一部分加剧了煤体的变形，破坏了煤体的承载结构而使其失去承载能力；另一部分则越过煤岩交界面对岩体产生扰动损伤。岩体回弹变形同样释放出弹性能，这些弹性能一部分造成岩体的自身损伤，另一部分同样越过煤岩交界面加剧了煤体的损伤。

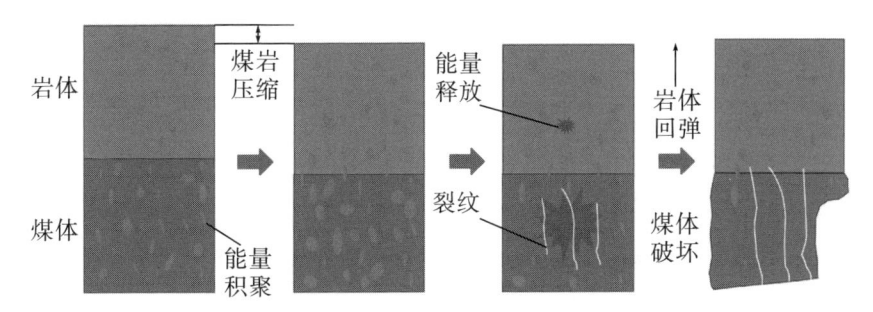

图 2.26 单一组合体失稳过程

总之，在双煤柱－顶板组合体中，某一组分组合体中煤体率先失稳后引发一系列的"多米诺反应"，最终导致系统整体失稳。由此可知，双煤柱－顶板组合体的失稳具有链式特征，某一薄弱煤体的率先破坏是双煤柱－顶板组合体链式失稳的根本诱因。由此推断，在房式采空区内，若某单一遗留煤柱率先发生破坏，将导致其上方顶板变形，从而加剧该煤柱破坏。更进一步，该煤柱彻底失稳就相当于触发了房式采空区煤柱群－顶板系统这副"多米诺骨牌"中的第一张牌，该煤柱的最先失稳将引发更多煤柱失稳，在大范围内失去煤柱的有效支撑后，顶板也产生大面积垮落，顶板垮落产生的动载冲击又加剧了更多煤柱的失稳。以此发展，直至煤柱群－顶板系统达到新的失稳平衡为止，采空区灾害伴随煤柱群－顶板系统的链式失稳形成。

因此，房式采空区煤柱群－顶板系统的失稳具有明显的链式特征，某煤柱的率先失稳是房式采空区煤柱群－顶板系统失稳的根本诱因。

第3章 煤柱群－顶板系统链式失稳模式及荷载转移规律研究

第2章通过相同力学性能和不同力学性能的双煤柱－顶板组合体单轴压缩实验，从小尺度空间证明了煤柱群－顶板系统链式失稳特征的存在，查明了该系统链式失稳的根本诱因。本章在第2章的研究基础上，首先通过相似模拟试验从二维平面结构层面反演获得煤柱群－顶板系统的链式失稳模式，掌握该系统链式失稳中煤柱和顶板的破坏特征，获得荷载在煤柱群内的转移特征；其次，采用结构力学知识建立煤柱群－顶板系统二维多跨梁力学模型，理论分析不同位置煤柱失稳后相邻煤柱的承载响应特征，得到荷载在煤柱群中的转移规律。

3.1 煤柱群－顶板系统失稳相似模拟试验

实验室相似模拟试验是以相似理论和相似准则为基础，将生产现场的实际工程模型按照一定相似比进行简化与缩放，在实验室内搭建与研究背景相似的模型，通过煤层的开挖并辅以相应的监测手段，进而实现直观观察煤柱、顶板等的变形破坏过程，准确监测位移、应力等演化特征，克服现场实际生产研究中透明度的技术难题。

3.1.1 试验目的

本节以房式采空区煤柱群－顶板系统的实际工程背景为原型，通过相似模拟实验，主要实现以下目的：

（1）模拟房式采空区煤柱群内单一煤柱失稳后剩余煤柱和顶板的破坏响应特征，反演获得煤柱群－顶板系统的链式失稳模式。

(2) 掌握房式采空区煤柱群内单一煤柱失稳后剩余煤柱的承载变化特征，推断煤柱群－顶板系统链式失稳过程中的载荷转移特征和路径。

3.1.2　试验装备

本次试验采用的二维平面相似模拟试验台尺寸为 250cm×18cm×160cm（长×宽×高）。试验过程中，在每一预留房柱的底板埋设应变砖，以监测房柱承载，通过应变箱和应力数据采集和分析系统对各应变砖的荷载数据进行采集和分析；数字散斑技术能够通过追踪物体表面散斑图案的变形过程实现对物体表面位移数据的监测，本次试验通过 DIC 数字散斑采集和分析系统实现对模型表面位移的监测。相似模拟试验装备如图 3.1 所示。

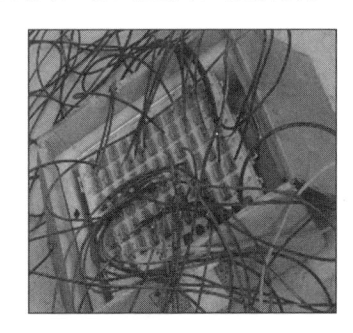

(a) 应变箱

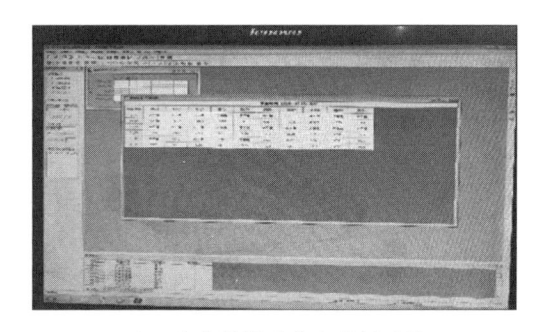

(b) 应力数据采集和分析系统

(c) DIC 数字散斑采集装置

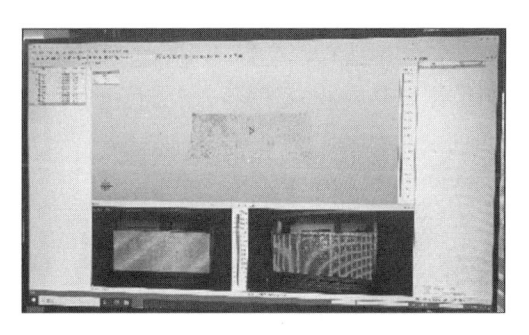

(d) DIC 数字散斑采集和分析系统

(e) 总体图

图 3.1 相似模拟试验装备

3.1.3 试验模型参数

本次试验以第 2 章所述某矿西部 3202 房式采空区的地质和生产条件为工程背景展开，从二维平面角度反演得到煤柱群—顶板系统的链式失稳模式。忽略地表地形的影响，以研究区域煤层的平均埋深为准，根据相似理论和相似准则，设计确定本次试验中模型几何相似系数为 1/100，应力和强度相似系数为 1/150，时间相似系数为 1/10，容重相似系数为 1/1.5。根据实际工程背景和试验几何相似比，此次模型中煤岩体的高度累计为 93cm。试验模型中的相似材料选用优质河砂为骨料，选用石膏和碳酸钙为胶结物。试验模型煤岩层材料配比见表 3.1。

表 3.1 试验模型煤岩层材料配比

层序	岩层名称	模型厚度/cm	配比	河沙/kg	碳酸钙/kg	石膏/kg
1	黄土层	13	9∶5∶5	57.9	3.2	3.2
2	中砂岩	6	8∶6∶4	36.7	2.8	1.8
3	砂质泥岩	4	9∶6∶4	24.6	1.6	1.1
4	粉砂岩	9	8∶5∶5	54.0	3.4	3.4
5	细砂岩	5	9∶4∶6	31.0	1.4	2.1
6	砂质泥岩	8	9∶6∶4	48.9	3.3	2.2
7	粉砂岩	11	8∶5∶5	66.9	4.2	4.2

续表

层序	岩层名称	模型厚度/cm	配比	河沙/kg	碳酸钙/kg	石膏/kg
8	细砂岩	12	9∶4∶6	74.4	3.3	5.0
9	中砂岩	3	8∶6∶4	18.4	1.4	0.9
10	煤层	7	9∶7∶3	25.5	2.0	0.9
11	粉砂岩	6	8∶5∶5	36.2	2.3	2.3
12	砂质泥岩	9	9∶6∶4	55.4	3.7	2.5

3.1.4 模型开挖及监测方案

铺设完成的相似试验模型如图 3.2 所示，应变砖在预定位置沿模型厚度方向的中线位置布设，模型自然晾干至预定强度后，在模型正面均匀喷涂黑色斑点，利用 DIC 数字散斑采集和分析系统对顶板岩层位移进行监测。根据已有研究成果，当遗留煤柱群内的煤柱几何及力学性能相同且均匀分布时，位于采空区中心位置的煤柱最先失稳[32,35,44]。考虑时间成本，为方便研究，本次试验采用将模型中部单一煤柱开挖的方式模拟其失稳，其后监测剩余煤柱和顶板的响应机制。

(a) 模型正面　　　　(b) 模型背面

图 3.2　铺设完成的相似试验模型

如图 3.3 所示，按照工作面实际回采参数，采用采 6cm 留 8cm 的房式采煤法对煤层进行开挖。为消除尺寸效应，在模型左、右两侧边界各留设尺寸为31cm 的边界煤柱。根据试验目的，具体开挖及监测方案如下：

(1) 模型晾干至预定强度后，工作面回采前对各预定位置的房柱进行编号，监测各房柱的初始应力，即监测原岩应力。

(2) 按预定位置和尺寸开挖煤房，形成房式采空区，待覆岩发育稳定后再次监测各遗留煤柱的应力和顶板的位移。

(3) 将模型中部的单一煤柱开挖，以模拟其失稳，监测其余各煤柱的失稳和承载特征及顶板岩层的位移变化。

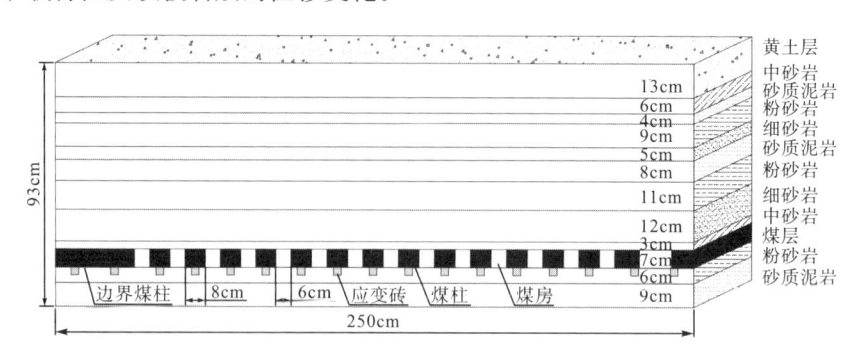

图 3.3 模型开挖及监测方案

3.1.5 煤柱群失稳过程及顶板位移特征

不同阶段煤柱群失稳及顶板破断特征如图 3.4 所示，7 号煤柱失稳后引发剩余煤柱和顶板的一系列失稳。由于模型以 7 号煤柱为中心左右对称分布，因此，两侧煤柱对应同步对称失稳，顶板破坏情况也大致对称。由图 3.4（a）可知，所有煤房开挖完成后，顶板稳定无破坏发生，仅在煤房上方局部范围内出现微小位移。7 号煤柱失稳后，剩余煤柱也相继出现破坏失稳。距离 7 号煤柱最近的 6 号和 8 号煤柱最先失稳，两者失稳后直接顶随之垮落。如图 3.4（b）所示，当 5 号和 9 号煤柱失稳后，直接顶大范围垮落，且上方厚硬基本顶也产生明显离层，顶板位移增大。如图 3.4（c）所示，因厚度较大且硬度较高，基本顶在 4 号和 10 号煤柱失稳后才因悬顶面积过大而中部破断，并初次垮落失稳，顶板位移显著增加。如图 3.4（d）所示，当 3 号和 11 号煤柱失稳后，基本顶上方的另一厚硬砂岩也出现破断失稳，并与上方岩层产生明显离层，采空区进一步被压实。如图 3.4（e）所示，靠近边界煤柱的 1 号和 13 号煤柱失稳后，系统整体的链式失稳停止，并达到一个新的平衡状态，此时顶板岩层出现大面积破断垮落并发育至地表，地表出现明显下沉。

总体来讲，本次试验模型中部的单一煤柱失稳后，在煤岩体的共同作用下剩余煤柱相继破坏失稳，顶板随煤柱失稳个数增加而破断垮落，系统的链式失稳破坏发展至尺寸较大的边界煤柱停止，此时系统达到一个整体失稳的平衡状态。因此，煤柱群－顶板系统的链式失稳呈现以最先失稳煤柱为起点向外放射发展失稳的模式，直至系统整体再次形成平衡状态后该链式失稳才停止。

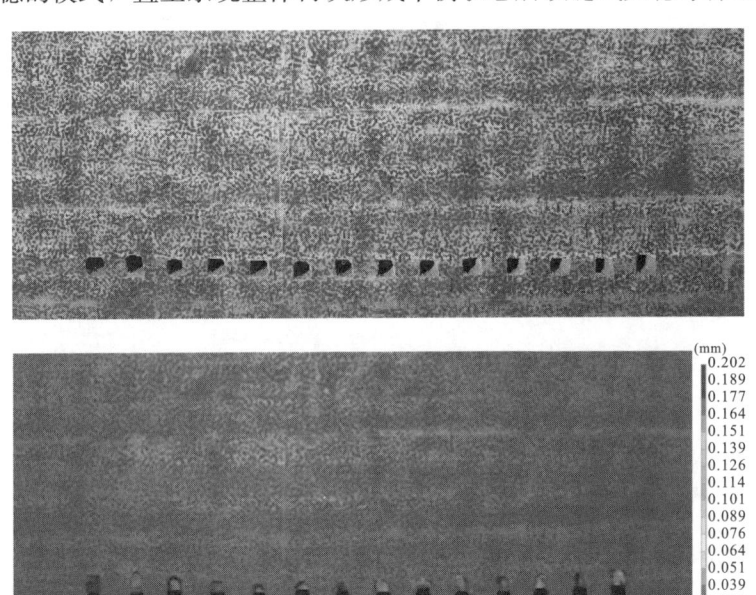

(a) 煤房开挖完成

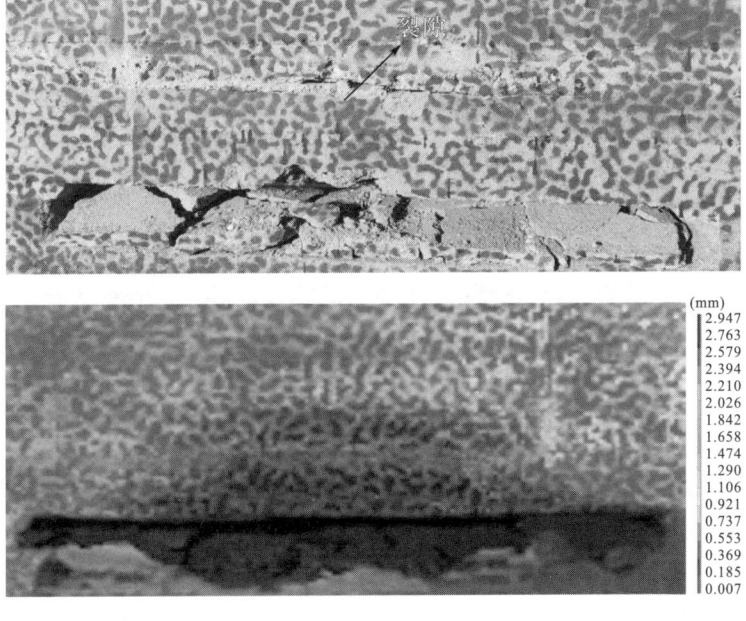

(b) 基本顶离层

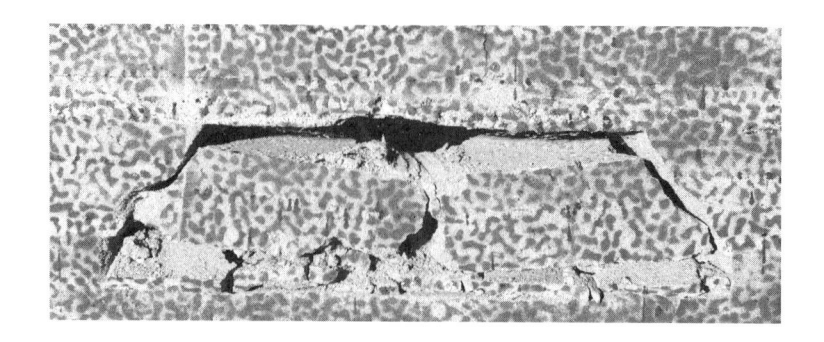

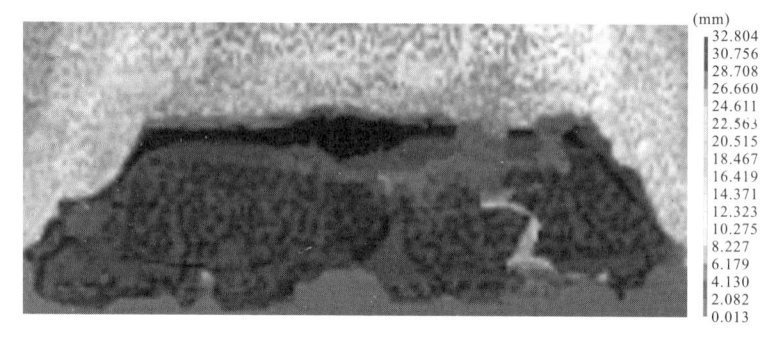

(c) 基本顶初次破断

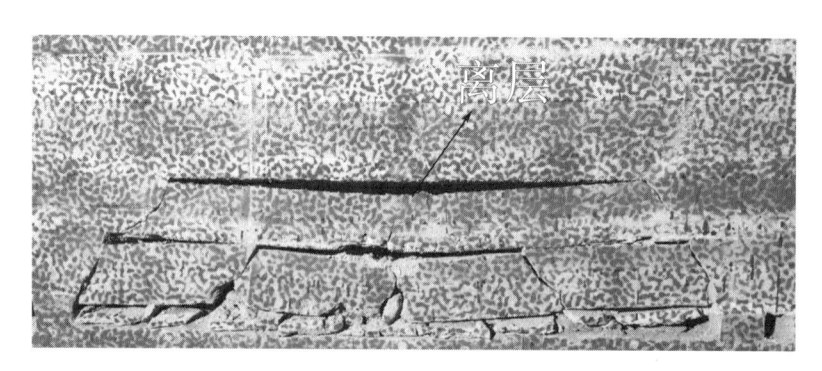

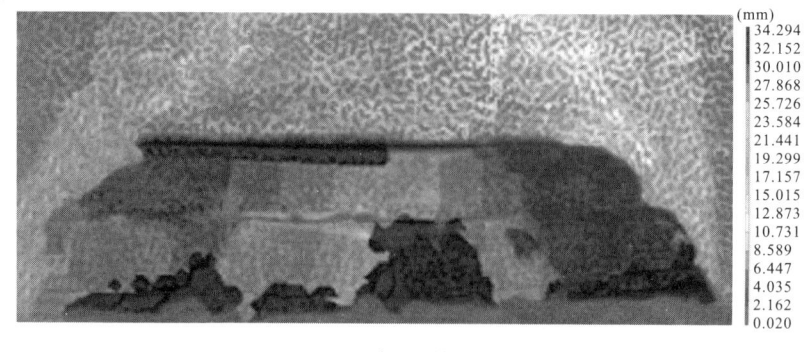

(d) 基本顶周期破断

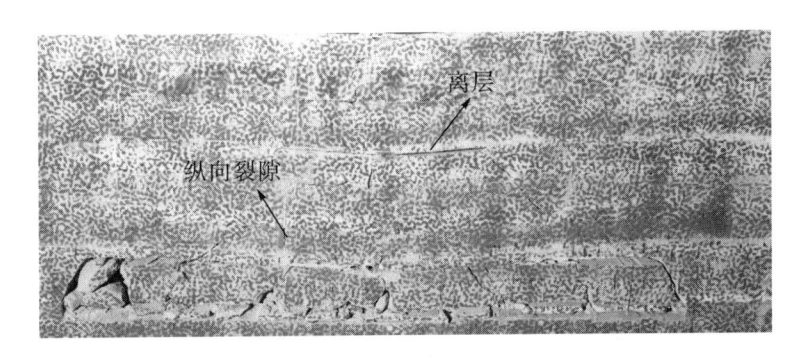

(e) 煤柱全部失稳

图 3.4 煤柱群失稳及顶板破断特征

3.1.6 煤柱群承载变化特征

在左、右两边界煤柱及各遗留房柱底板埋设应变砖测量不同阶段煤柱的应力情况，其中两边界煤柱底板各埋设两个应变砖，每个房柱底板各埋设一个应变砖，所有应变砖从左至右依次编号为 1 号至 17 号。不同阶段各应变砖的应力变化如图 3.5 所示，柱状图表示各应变砖监测到的应力，折线图表示各应变砖的应力较上一阶段的增长值。在此说明，尽管各应变砖在对应房柱失稳后也会因垮落顶板作用而能测出应力数值，但为符合实际采空区内煤柱失稳后不再具有承载能力的事实，将本次试验中煤柱失稳后对应应变砖测得的应力都视为 0。

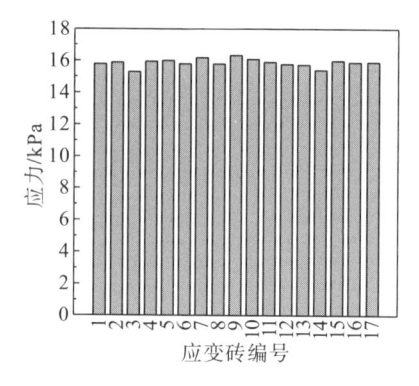

(a) 初始应力

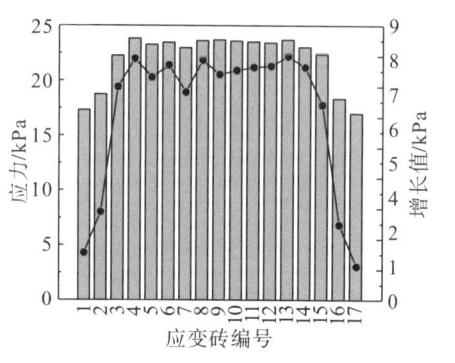

(b) 煤房全部开挖完成

(c) 7号煤柱失稳

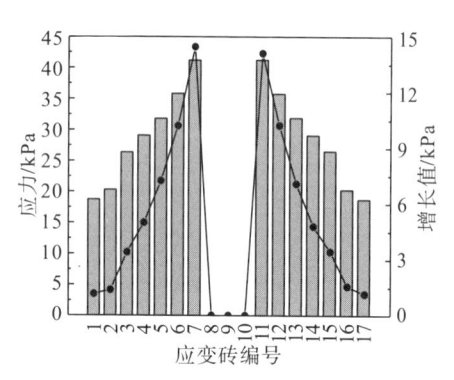

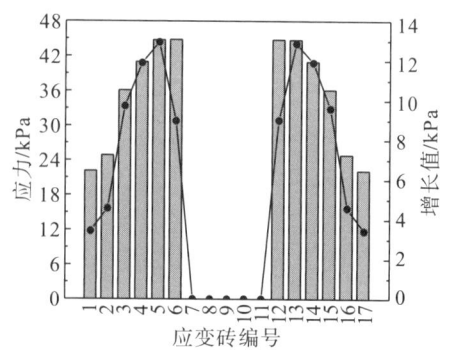

(d) 6号和8号煤柱失稳

(e) 5号和9号煤柱失稳

(f) 4号和10号煤柱失稳　　　　　　(g) 3号和11号煤柱失稳

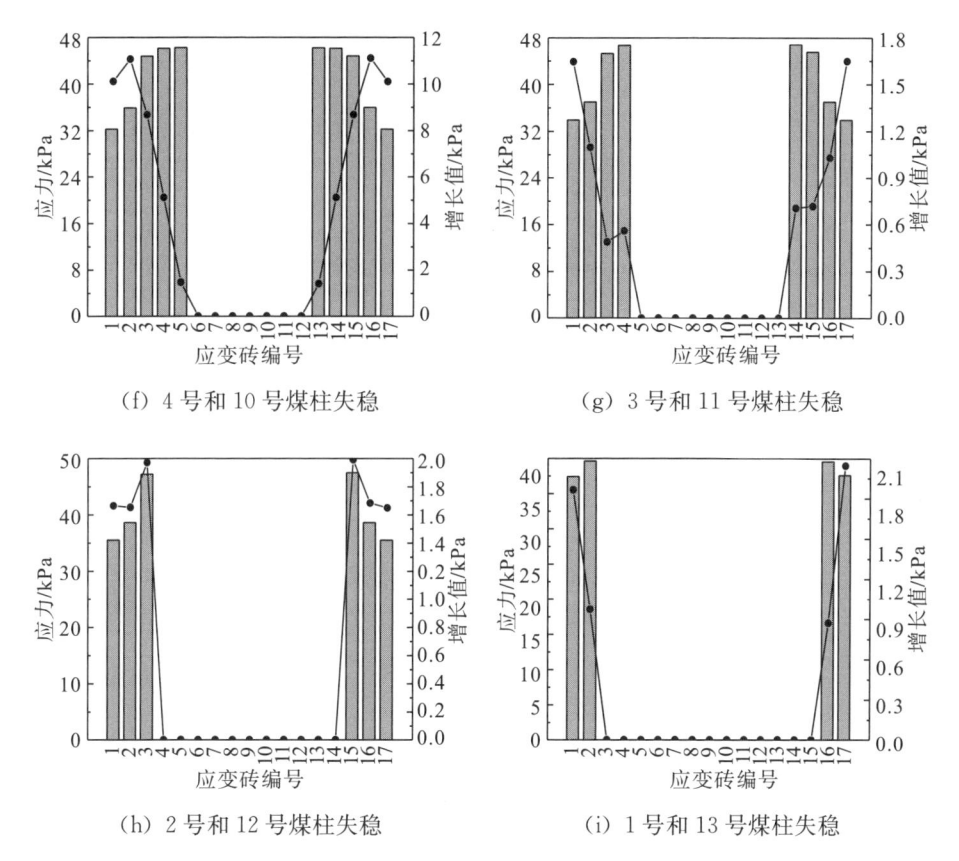

(h) 2号和12号煤柱失稳　　　　　　(i) 1号和13号煤柱失稳

图3.5　不同阶段煤柱承载特征

如图3.5（a）所示，煤房开挖前，各应变砖监测到的应力大致相等，最大应力值为15.88kPa，最小应力值为14.53kPa，平均应力值为15.83kPa。

如图3.5（b）所示，煤房全部开挖完成后，各煤柱的承载均呈增长趋势。其中，各房柱的增加幅度差别不大，各房柱承载基本相同，说明煤房开挖完成后，各房柱共同均匀承担上覆荷载。受尺寸影响，边界煤柱承载增加较小。

如图3.5（c）所示，模型中部的7号煤柱失稳后不再具备承载能力，剩余煤柱承载则呈现不同程度的增加。因模型左右对称，故以7号煤柱为对称中心的两侧对应煤柱承载变化趋势大致相同。与失稳7号煤柱相邻最近的6号和8号煤柱应力增长值最高，往模型两侧各房柱的应力增长值逐渐降低，所有房柱的最大应力增长值为7.06kPa，最小应力增长值为0.31kPa。

如图3.5（d）所示，6号和8号煤柱同步失稳后，剩余未失稳煤柱的承载继续增加，且与失稳煤柱越近，荷载增长值越高。未失稳煤柱的荷载增长最大值为14.46kPa，最小值为3.45kPa，增长值明显大于7号煤柱失稳后剩余煤

51

柱的增长值，这是因为随失稳煤柱个数增加，顶板悬露面积增加，作用在煤柱上的荷载增加。

如图3.5（e）所示，5号和9号煤柱失稳后，剩余未失稳煤柱的承载依然继续增加，与失稳房柱距离最近的煤柱承载数值仍然最大。然而，不同于前述煤柱失稳，与失稳煤柱距离最近的未失稳煤柱荷载增长值不再是最高。这是由于虽然5号和9号煤柱失稳后其失稳前承担的荷载仍优先转移至邻近煤柱，但受基本顶破断影响，垮落矸石堆积在与5号和9号煤柱距离最近的4号和10号煤柱一侧，垮落矸石对4号和10号煤柱提供了一定侧向约束，从而提高了其承载能力。同时，垮落矸石因碎胀性充满采空区，一定程度上也分担了4号和10号煤柱的承载。与5号和9号煤柱间隔一个煤柱的3号和11号煤柱荷载增长值最大，且往模型边界逐渐减小。

如图3.5（f）所示，4号和10号煤柱失稳后，各未失稳煤柱的承载仍呈现增加趋势，但与前述现象不同，越靠近未失稳煤柱，荷载增加值越高。这是因为，一方面采空区冒落矸石分担了上覆岩层荷载；另一方面采空区侧顶板断裂切断了采空区上方岩层荷载向模型两端的传递，使得模型两端上方未垮落顶板岩石成为未失稳煤柱的主要荷载来源。

如图3.5（g）所示，3号和11号煤柱失稳后，剩余未失稳煤柱的承载比上一阶段增加较小，荷载增加最大值仅为0.72kPa，说明当煤柱个数失稳达到一定范围后，上覆岩层作用在煤柱上的荷载已经趋于临界值，煤柱继续失稳对剩余未失稳煤柱的承载已经影响不大。

如图3.5（h）所示，2号和12号煤柱失稳后，剩余煤柱的荷载增加值仍然较小，靠近采空区侧未失稳煤柱的承载最大，两未失稳煤柱的应力值分别为47.37kPa和47.64kPa，荷载增长值较小。

如图3.5（i）所示，最后两个煤柱失稳后，煤柱群－顶板系统的链式失稳终止，左、右两边界煤柱不发生失稳，边界煤柱的承载较上一阶段仍有小幅增加，最大增长值为2.05kPa。

综上所述，在某煤柱失稳后引发煤柱群－顶板系统链式失稳的过程中，剩余未失稳煤柱的承载逐渐增高。由此获知，在煤柱群－顶板系统的链式失稳过程中，煤柱群内存在荷载转移现象，煤柱失稳前承担的荷载将在其失稳后转移至剩余未失稳煤柱。当不受采空区堆积冒落矸石和顶板断裂影响时，失稳煤柱的荷载优先转移至邻近煤柱，且邻近煤柱承载增长值最高；当受到堆积冒落矸石和顶板断裂影响时，失稳煤柱的荷载仍优先转移至邻近煤柱，但邻近煤柱的承载增长值不再最高。

尽管煤柱群－顶板系统链式失稳过程中，未失稳煤柱受失稳煤柱荷载转移的响应程度不同，但煤柱间的荷载转移是煤柱群－顶板系统链式失稳的根本驱动力。

3.2 采空区煤柱群荷载转移机制

由前述煤柱群－顶板系统相似模拟试验可知，在煤柱群－顶板系统的链式失稳过程中，煤柱群内存在荷载转移规律，本节在此基础上建立煤柱群－顶板系统二维多跨梁力学模型，进一步理论推导煤柱群内的荷载转移机制。文献［51］和［117］已对相关内容进行了部分研究，但研究主要集中在固定位置煤柱的失稳上。在房式采空区内，各煤柱的自身物理力学性质、所受上覆岩层荷载和扰动荷载、被风化或水蚀程度等存在差异，各不同位置的煤柱均有可能率先失稳，由此引发的荷载转移规律也可能存在差异。因此，本节在前人的研究基础上，重点研究不同位置煤柱失稳后邻近煤柱的承载响应特征，探寻荷载在煤柱群内的转移规律。

3.2.1 煤柱群－顶板系统二维力学模型

房式采空区内遗留煤柱群－顶板系统的局部示意图如图 3.6 所示，各煤柱由左至右依次编号 A、B、C、D、E。参考已有研究成果[51, 117, 146]，根据煤柱群－顶板系统的结构特点，将其简化为如图 3.7 所示的多跨连续梁力学模型。其中，顶板被简化为连续梁，各煤柱从左至右依次被简化为支座 A、B、C、D、E，各支座与对应煤柱的垂直中心线重合。前述相似模拟试验中各房柱承担均匀上覆岩层荷载，且各房柱之间的距离相同，为方便研究，在此将力学模型中假设结构整体承受均匀上覆岩层荷载 q，各支座之间的距离均设为 l。图 3.7 中的多跨连续梁为超静定结构，其存在多余附加约束使结构复杂不利于求解，根据结构力学中力法的基本思路，需将超静定结构转化静定结构求解。如图 3.8 所示，将超静定结构中支座 B、C、D 的多余附加约束解除，并分别用多余约束的未知力 X_1、X_2、X_3 代替。

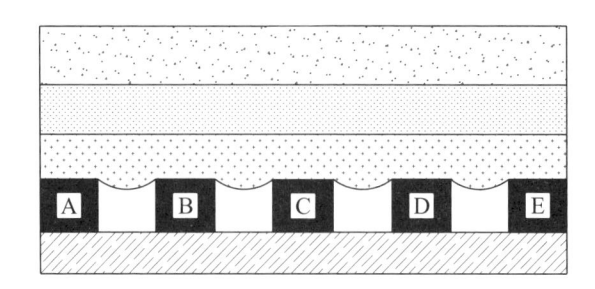

图 3.6 煤柱群－顶板系统局部示意图

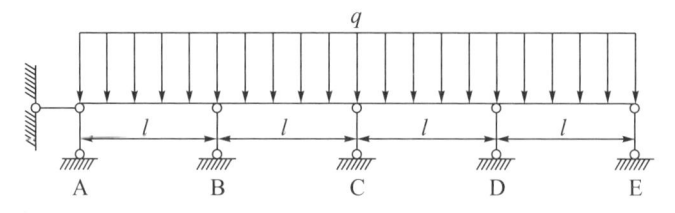

图 3.7 等距煤柱群－顶板系统超静定力学模型

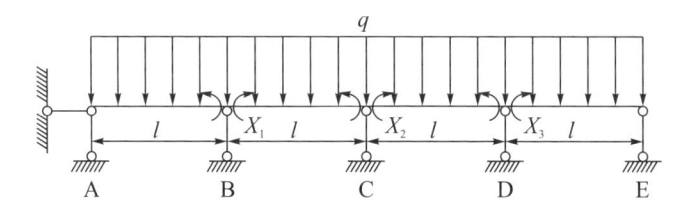

图 3.8 等距煤柱群－顶板系统静定力学模型

3.2.2 左部单一煤柱失稳后的荷载转移规律

如图 3.9 所示，根据力法基本原理，用支反力 F_B 代替煤柱群－顶板系统静定力学模型中的支座 B，通过分析 F_B 的变化来研究左部单一煤柱失稳过程中其承载变化对邻近煤柱承载的影响。

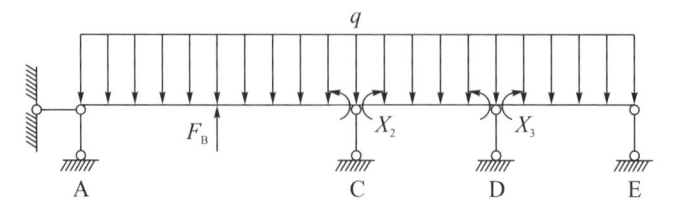

图 3.9 代替左部单一支座的力法基本结构

根据上述力法基本结构，列出力法典型方程如下：

第 3 章 煤柱群-顶板系统链式失稳模式及荷载转移规律研究

$$\begin{cases} \delta_{22}X_2 + \delta_{23}X_3 + \Delta_{2P} = 0 \\ \delta_{32}X_2 + \delta_{33}X_3 + \Delta_{3P} = 0 \end{cases} \quad (3.1)$$

式中，δ_{ij} 为柔度系数，表示在 $X_j=1$ 单独作用时引起的基本结构沿 X_i 方向的位移，其中，i 表示位移的方向，j 表示产生位移的原因；X_n 为代替第 n 个支座的多余约束的未知力；Δ_{nP} 为自由项，表示已知荷载引起的基本结构在 X_n 方向的位移。

依次画出 X_2、X_3、q 和 F_B 单独作用时代替左部单一支座力法基本结构的弯矩图如图 3.10 所示。

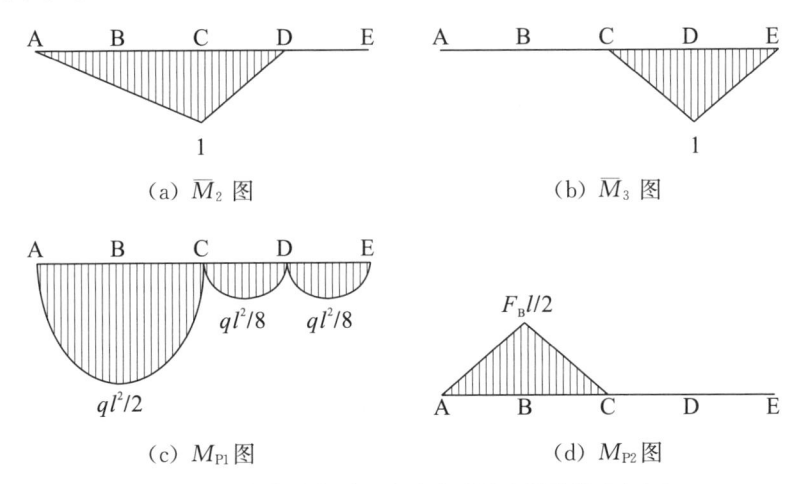

图 3.10　代替左部单一支座力法基本结构的弯矩图

通过图乘法可依次求出式（3.1）中各系数的值，具体如下：

$$\delta_{22} = \left(\frac{1}{2} \times l \times 1 \times 1 \times \frac{2}{3} + \frac{1}{2} \times 2l \times 1 \times 1 \times \frac{2}{3}\right) \times \frac{1}{EI} = \frac{l}{EI} \quad (3.2)$$

$$\delta_{33} = \left(\frac{1}{2} \times l \times 1 \times 1 \times \frac{2}{3} + \frac{1}{2} \times l \times 1 \times 1 \times \frac{2}{3}\right) \times \frac{1}{EI} = \frac{2l}{3EI} \quad (3.3)$$

$$\delta_{23} = \delta_{32} = \left(\frac{1}{2} \times l \times 1 \times 1 \times \frac{1}{3}\right) \times \frac{1}{EI} = \frac{l}{6EI} \quad (3.4)$$

$$\Delta_{2P} = \left(\frac{2}{3} \times \frac{ql^2}{8} \times l \times 1 \times \frac{1}{2} + \frac{2}{3} \times \frac{ql^2}{2} \times 2l \times 1 \times \frac{1}{2} - \frac{1}{2} \times \frac{F_B l}{2} \times \right.$$
$$\left. 2l \times 1 \times \frac{1}{2}\right) \times \frac{1}{EI} = \left(\frac{3ql^3}{8} - \frac{F_B l^2}{4}\right)\frac{1}{EI} \quad (3.5)$$

$$\Delta_{3P} = \left(\frac{2}{3} \times \frac{ql^2}{8} \times l \times 1 \times \frac{1}{2}\right) \times 2 \times \frac{1}{EI} = \frac{ql^3}{12EI} \quad (3.6)$$

式中，E 为弹性模量；I 为界面惯性矩；EI 为抗弯刚度。

将上述各系数代入力法典型式（3.1），可求得支座 C 和支座 D 多余约束的未知力分别为：

$$\begin{cases} X_2 = \dfrac{6F_B l}{23} - \dfrac{17ql^2}{46} \\ X_3 = -\dfrac{3F_B l}{46} - \dfrac{3ql^2}{92} \end{cases} \tag{3.7}$$

利用叠加法依次求得相邻支座的支反力与 F_B 的关系为：

$$F_A = \dfrac{1}{2l} \times X_3 + 0 \times X_2 + ql - \dfrac{F_B}{2} \tag{3.8}$$

$$F_C = -\dfrac{3}{2l} \times X_2 + \dfrac{1}{l} \times X_3 + \dfrac{3}{2}ql - \dfrac{F_B}{2} \tag{3.9}$$

综上可得：

$$\begin{cases} F_A = -\dfrac{17F_B}{46} + \dfrac{75ql}{92} \\ F_B = F_B \\ F_C = -\dfrac{22F_B}{23} + \dfrac{93ql}{46} \end{cases} \tag{3.10}$$

在单一煤柱的失稳过程中，其承载能力逐渐下降，因此，在煤柱群－顶板力法基本结构中，可通过降低已知支反力表示煤柱承载能力的弱化，并可进一步推导该煤柱承载能力弱化对相邻煤柱承载的影响。由式（3.10）可知，相邻煤柱的承载与已知煤柱的承载、上覆岩层荷载 q 及煤柱间距 l 有关。本节主要分析已知煤柱承载变化对相邻煤柱承载的影响规律，根据假设条件，参数 q 和 l 为固定值，所以为方便计算，将 q 和 l 均设置为 1 且保持不变。同时，在对式（3.10）的计算中，也将 F_B 的初始值假定为 1。将 F_B 作为横坐标，将其相邻支座的支反力作为纵坐标，绘制 F_B 逐渐减小时其相邻支座支反力的演化规律如图 3.11 所示。由图可知，支座 B 两相邻支座的支反力均与 F_B 呈线性负相关。虽然因支座 A 和支座 C 的边界条件不同，两者支反力的变化数值不同，但随 F_B 逐渐减小，相邻煤柱 A 和 C 的支反力 F_A 和 F_C 均呈线性增加，当 F_B 衰减至最小值 0 时，F_A 和 F_C 达到最大值。边界条件对煤柱群内荷载转移的影响将在第 4 章详细展开。

(a) F_A

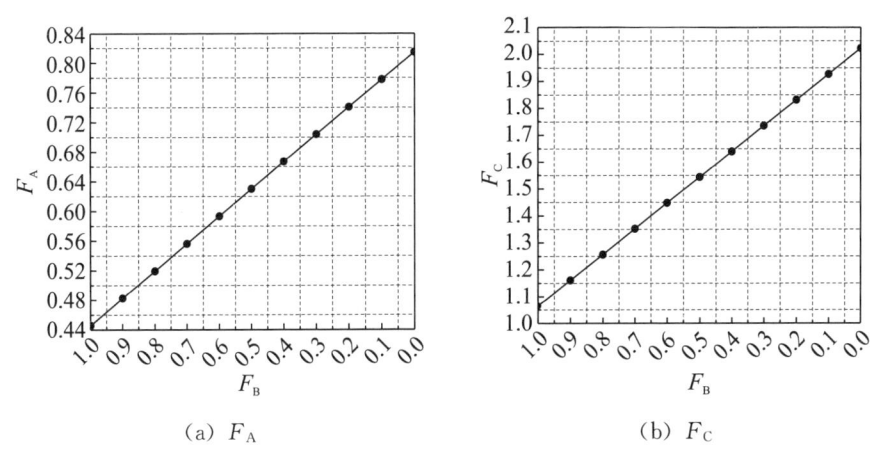

(b) F_C

图 3.11 代替左部单一支座时相邻支座支反力的演化规律

3.2.3 中部单一煤柱失稳后的荷载转移规律

如图 3.12 所示，用支反力 F_C 代替模型中部的支座 C，通过分析 F_C 的变化来研究中部单一煤柱失稳过程中其承载变化对其相邻煤柱承载的影响，此时模型的几何参数和受力情况沿 F_C 左右对称。

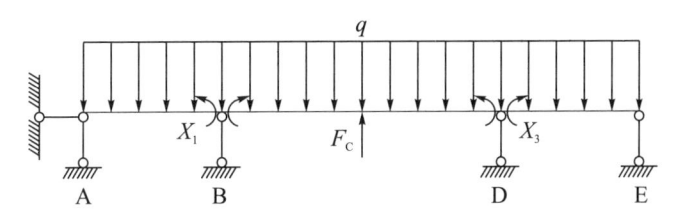

图 3.12 代替中部单一支座的力法基本结构

列出代替中部单一支座基本结构的力法典型方程如下：

$$\begin{cases} \delta_{11}X_1 + \delta_{13}X_3 + \Delta_{1P} = 0 \\ \delta_{31}X_1 + \delta_{33}X_3 + \Delta_{3P} = 0 \end{cases} \tag{3.11}$$

依次画出 X_1、X_3、q 和 F_C 单独作用时力法基本结构的弯矩图如图 3.13 所示。

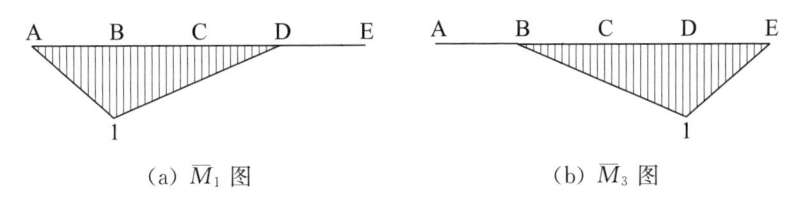

(a) $\overline{M}_1$ 图

(b) $\overline{M}_3$ 图

(c) M_{P1} 图　　　　　　　　(d) M_{P2} 图

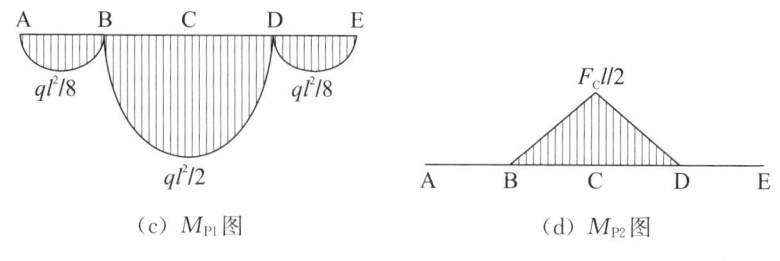

图 3.13　代替中部单一支座力法基本结构的弯矩图

利用图乘法求出式（3.11）中的各系数如下：

$$\delta_{11} = \delta_{33} = \left(\frac{1}{2} \times l \times \frac{2}{3} + \frac{1}{2} \times 2l \times \frac{2}{3}\right) \times \frac{1}{EI} = \frac{l}{EI} \quad (3.12)$$

$$\delta_{13} = \delta_{31} = \left(\frac{1}{2} \times 2l \times \frac{1}{3}\right) \times \frac{1}{EI} = \frac{l}{3EI} \quad (3.13)$$

$$\Delta_{1P} = \Delta_{3P} = \left(\frac{1}{2} \times \frac{ql^2}{8} \times l \times \frac{2}{3} + \frac{1}{2} \times ql^2 \times 2l \times \frac{2}{3} - \frac{F_C l}{2} \times 2l \times \frac{1}{2} \times \frac{1}{2}\right) \times \frac{1}{EI} = \left(\frac{3}{8}ql^3 - \frac{F_C l^2}{4}\right)\frac{1}{EI} \quad (3.14)$$

将上述系数代入式（3.11），求得：

$$\begin{cases} X_1 = \dfrac{3F_C l}{16} - \dfrac{9ql^2}{32} \\ X_3 = \dfrac{3F_C l}{16} - \dfrac{9ql^2}{32} \end{cases} \quad (3.15)$$

利用叠加法求得支座 C 相邻两支座的支反力为：

$$F_B = -\frac{3}{2l} \times X_1 + \frac{1}{2l} \times X_3 + \frac{3}{2}ql - \frac{F_C}{2} \quad (3.16)$$

$$F_D = \frac{1}{2l} \times X_1 - \frac{3}{2l} \times X_3 + \frac{3}{2}ql - \frac{F_C}{2} \quad (3.17)$$

综上可得各支座的支反力为：

$$\begin{cases} F_B = -\dfrac{11F_C}{16} + \dfrac{57ql}{32} \\ F_C = F_C \\ F_D = -\dfrac{11F_C}{16} + \dfrac{57ql}{32} \end{cases} \quad (3.18)$$

根据式（3.18）绘制支座 C 相邻两支座各支反力随 F_C 的演化规律如图 3.14 所示。由图可知，随 F_C 逐渐减小，其相邻支座的支反力 F_B 和 F_D 均呈线性增加。同时，由于所建结构模型以支座 C 为对称中心，左右两侧支座的几何及力学参数对称，因此，结构左右两侧支座的承载演化规律也呈现对称演化特征。

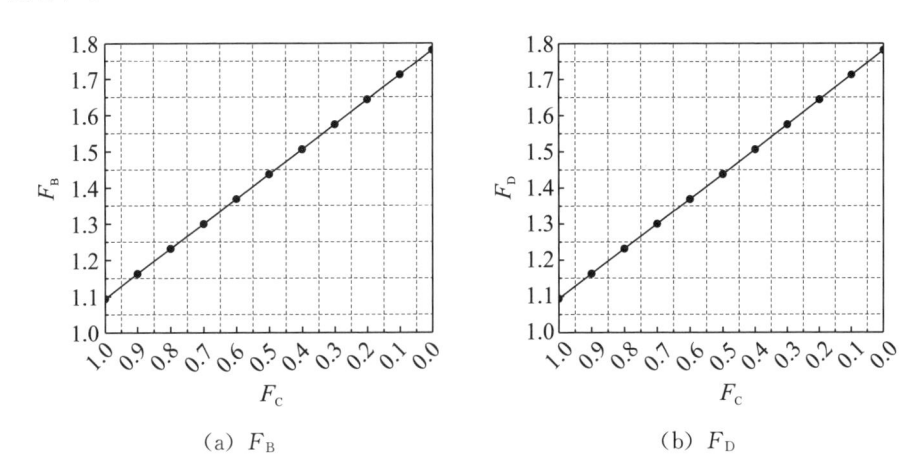

(a) F_B

(b) F_D

图 3.14　代替中部单一支座时相邻支座支反力的演化规律

3.2.4　右部单一煤柱失稳后的荷载转移规律

如图 3.15 所示，将煤柱群－顶板力法基本结构中的支座 D 去掉并用支反力 F_D 代替，通过降低 F_D 的数值分析右部单一煤柱失稳对其相邻煤柱承载的影响。

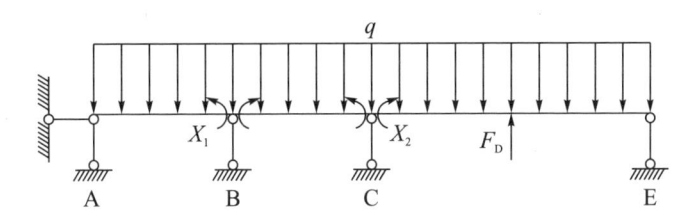

图 3.15　代替右部单一支座的力法基本结构

列出代替右部单一煤柱的煤柱群－顶板力法基本结构的典型方程如下：

$$\begin{cases} \delta_{11}X_1 + \delta_{12}X_2 + \Delta_{1P} = 0 \\ \delta_{21}X_1 + \delta_{22}X_2 + \Delta_{2P} = 0 \end{cases} \quad (3.19)$$

画出 X_1、X_2、q 和 F_D 单独作用时力法基本结构的弯矩图如图 3.16 所示。

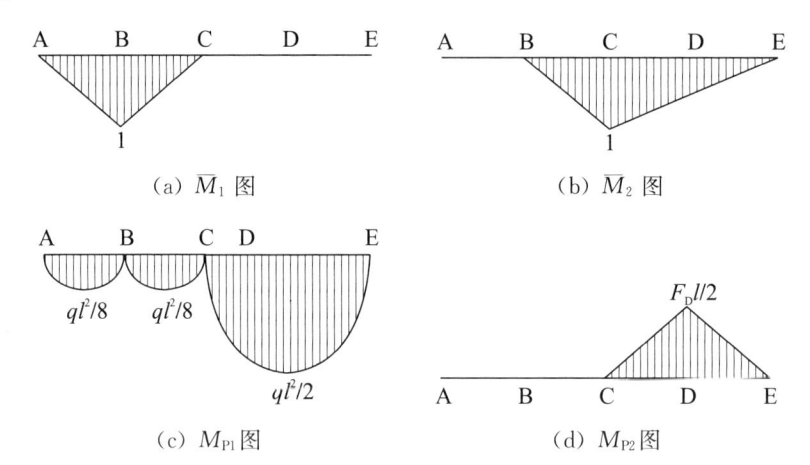

(a) $\overline{M}_1$ 图

(b) $\overline{M}_2$ 图

(c) M_{P1} 图

(d) M_{P2} 图

图 3.16 代替右部单一支座力法基本结构的弯矩图

利用图乘法分别求出力法典型方程式（3.19）中的各系数如下：

$$\delta_{11} = \left(\frac{1}{2} \times l \times 1 \times \frac{2}{3} + \frac{1}{2} \times l \times 1 \times 1 \times \frac{2}{3}\right) \times \frac{1}{EI} = \frac{2l}{3EI} \tag{3.20}$$

$$\delta_{22} = \left(\frac{1}{2} \times l \times 1 \times 1 \times \frac{2}{3} + \frac{1}{2} \times 2l \times 1 \times 1 \times \frac{2}{3}\right) \times \frac{1}{EI} = \frac{l}{EI} \tag{3.21}$$

$$\delta_{12} = \delta_{21} = \left(\frac{1}{2} \times l \times 1 \times 1 \times \frac{1}{3}\right) \times \frac{1}{EI} = \frac{l}{6EI} \tag{3.22}$$

$$\Delta_{1P} = \left(\frac{2}{3} \times \frac{ql^2}{8} \times l \times 1 \times \frac{1}{2}\right) \times 2 \times \frac{1}{EI} = \frac{ql^3}{12EI} \tag{3.23}$$

$$\Delta_{2P} = \left(\frac{2}{3} \times \frac{ql^2}{8} \times l \times 1 \times \frac{1}{2} + \frac{2}{3} \times \frac{ql^2}{2} \times 2l \times 1 \times \frac{1}{2} - \frac{1}{2} \times \frac{F_D l}{2} \times 2l \times 1 \times \frac{1}{2}\right) \times \frac{1}{EI} = \left(\frac{3ql^3}{8} - \frac{F_D l^2}{4}\right)\frac{1}{EI} \tag{3.24}$$

将以上系数代入力法典型方程（3.19），求得：

$$\begin{cases} X_1 = -\dfrac{3F_D l}{46} - \dfrac{3ql^2}{92} \\ X_2 = \dfrac{6F_D l}{23} - \dfrac{17ql^2}{46} \end{cases} \tag{3.25}$$

利用叠加法求得各支座的支反力为：

$$F_C = -\frac{3}{2l} \times X_2 + \frac{1}{l} \times X_1 + \frac{3}{2}ql - \frac{F_D}{2} \tag{3.26}$$

$$F_E = \frac{1}{2l} \times X_2 + 0 \times X_1 + ql - \frac{F_D}{2} \tag{3.27}$$

最终求得各支座的支反力为：

$$\begin{cases} F_C = -\dfrac{22F_D}{23} + \dfrac{93ql}{46} \\ F_D = F_D \\ F_E = -\dfrac{17F_D}{46} + \dfrac{75ql}{92} \end{cases} \tag{3.28}$$

同样根据式（3.28）绘制支座 D 相邻支座的支反力随 F_D 降低的演化规律如图 3.17 所示，各支反力呈现的演化规律与前述研究结论一致，均随失稳支座承载力的降低而逐渐增高。同时，因所建力学模型的对称性，代替右部单一支座力法基本结构与代替左部单一支座力法基本结构时剩余各对应支座的承载演化特征也左右对称。此理论分析结果与前文相似模拟试验结果一致，在验证前后研究可靠性的同时，也说明在受载及分布均匀的采空区内，采空区中部煤柱失稳后，荷载在剩余煤柱内的转移呈对称特性。

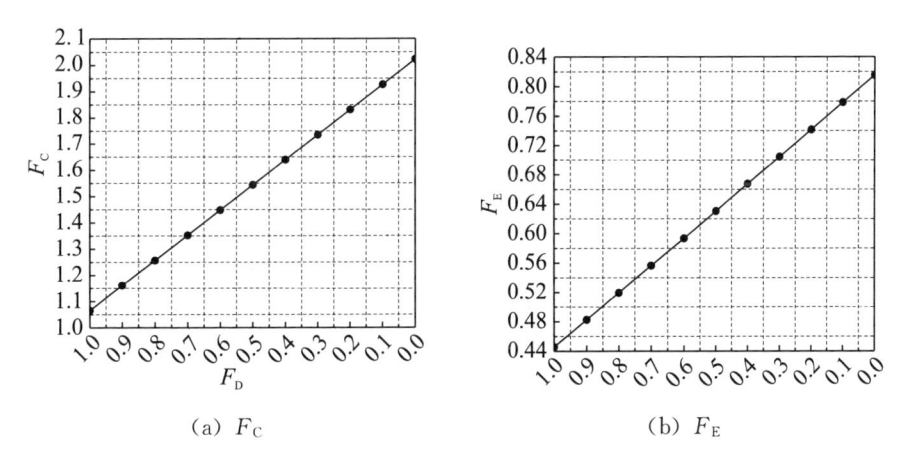

(a) F_C

(b) F_E

图 3.17 代替右部单一支座时相邻支座支反力的演化规律

第4章 煤柱群－顶板系统链式失稳机制及影响因素研究

第3章通过二维相似模拟试验反演了煤柱群－顶板系统的链式失稳模式，基于二维多跨梁力学模型推导了荷载在煤柱群内的转移规律，从二维平面结构层面为煤柱群－顶板系统链式失稳机理的研究提供了一定支持。然而，煤柱群－顶板系统的链式失稳更是一个三维空间动态过程。因此，本章首先建立煤柱群－顶板系统弹性地基薄板力学模型，基于虚功原理推导系统整体失稳的控制方程，结合二维拉格朗日插值函数实现对任意位置顶板挠度和任意位置煤柱承载的求解，并以实际算例进行分析，揭示该系统的链式失稳空间力学机制。此外，本章还通过 FLAC3D 模拟软件建立煤柱群－顶板系统度三维数值模型，动态展示该系统的链式失稳的空间全过程，并对比分析不同因素对该系统链式失稳的影响规律。

4.1 煤柱群－顶板系统链式失稳空间力学机制

4.1.1 煤柱群－顶板系统弹性地基薄板力学模型

4.1.1.1 基本顶薄板模型

基于弹性力学理论，将由两个平行的平面和与这两个平面垂直的柱面构成的结构称为板，利用板理论在借鉴梁理论的基础上对平板力学展开描述，其具有空间效应[147-149]。房式采空区内的煤房被采出后，顶板由遗留煤柱群支撑，煤柱群与顶板形成三维空间结构，因此，顶板的失稳变形可通过板理论进行分析。如果板的厚度与其短边长度之比满足式（4.1），则可将这个板视为薄板[150]。

$$\left(\frac{1}{100} \sim \frac{1}{80}\right) \leqslant \frac{h_b}{b} \leqslant \left(\frac{1}{8} \sim \frac{1}{5}\right) \tag{4.1}$$

式中，h_b 表示板的厚度，m；b 表示板的短边长度，m。

在对煤柱和上覆岩层的作用关系进行分析时，常选取基本顶作为研究对象[20]。将房式采空区的基本顶简化为如图 4.1 所示的矩形薄板模型，平分薄板厚度的 xy 平面是板的中面，中面上的点满足 $z=0$。

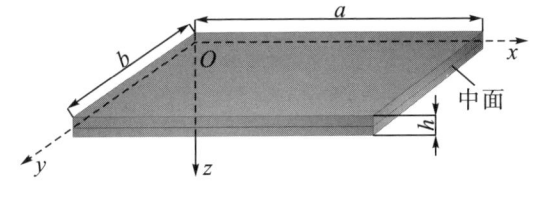

图 4.1 薄板模型

1. 基本假设

将基本顶简化为薄板时，其中面内各点在上覆荷载作用下产生沿 z 轴垂直向下的位移，这个位移称为挠度。当最大挠度小于板的自身厚度（一般认为最大挠度不超过板厚的 1/5）时，可以把板的变形看作小挠度弯曲变形问题。如图 4.2 所示，采用弹性薄板小挠度理论分析房式采空区基本顶稳定情况时需满足如下三个假设条件。

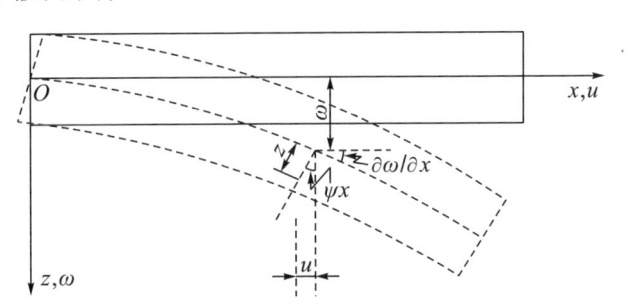

图 4.2 薄板模型的基本假设条件

（1）中性面假设。

垂直于中面的法线在板的弯曲变形过程中无伸长或缩短，中面始终呈中性状态，在中面的任一根法线上，薄板全厚度内的各点均具有相同的 z 方向位移，并且仅是关于 x 和 y 的函数。此时正应变分量可以忽略不计，即 $\varepsilon_z=0$。

(2) 直法线假设。

薄板弯曲变形之前与中面垂直的直线在薄板弯曲变形后仍然保持直线状态，且与中曲面垂直，长度伸缩变形忽略不计。在此假设条件下，中面内任意一点的切应变等于 0，即中面内的点都满足 $\gamma_{xz}=\gamma_{yz}=0$。

(3) 不挤压假设。

板内介质在弯曲变形过程中不产生相互挤压，板的中面在弯曲变形过程中始终保持为中性曲面，不产生面内位移，即中面内的各点仅产生与 z 方向平行的位移，而不产生与 x 和 y 方向平行的位移。

2. 边界条件

在应用弹性力学知识对薄板弯曲变形情况进行求解时，边界条件设置不同，求解结果也会出现差异[151]。若房式采空区内基本顶及其周遭工程结构均处于稳定状态，房式采空区基本顶边界连续不破断，则将基本顶的边界约束视为固支边界。但若随采矿活动进行时间推移，房式采空区基本顶的边界可能发生破断，此时将基本顶的边界约束视为简支边界。以图 4.3 为例，假设 OA 边为固支边界，OC 边为简支边界，则相应边界条件分别为式（4.2）和式（4.3）。房式采空区基本顶的边界条件可能存在多种形式，本章后续将探讨不同边界条件下煤柱群－顶板系统的稳定及变形情况。

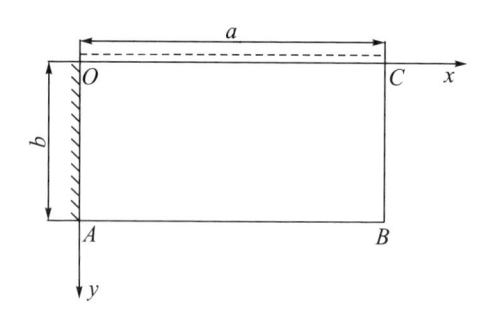

图 4.3 边界条件示意图

固支边 OA（$x=0$）的挠度及转角为 0，即：

$$(\omega)_{x=0}=0,\ \left(\frac{\partial \omega}{\partial x}\right)_{x=0}=0 \tag{4.2}$$

简支边 OC（$y=0$）的挠度为 0 及弯矩为 0，同时由于挠度在整个 OC 边上都等于 0，在整个 OC 边上挠度关于 x 的一阶和二阶导数都恒为 0，因此，化简可得 OC 边的边界条件为：

$$(\omega)_{y=0} = 0, \left(\frac{\partial^2 \omega}{\partial y^2}\right)_{y=0} = 0 \tag{4.3}$$

3. 基本方程

以图 4.1 为研究模型，根据上述薄板理论的基本假设，可以得到薄板的几何方程为：

$$\begin{cases} \varepsilon_x = \dfrac{\partial u}{\partial x}, \; \gamma_{yz} = \dfrac{\partial \omega}{\partial y} + \dfrac{\partial v}{\partial z} = 0 \\ \varepsilon_y = \dfrac{\partial v}{\partial y}, \; \gamma_{xz} = \dfrac{\partial \omega}{\partial x} + \dfrac{\partial u}{\partial z} = 0 \\ \varepsilon_z = \dfrac{\partial \omega}{\partial z} = 0, \; \gamma_{xy} = \dfrac{\partial v}{\partial x} + \dfrac{\partial u}{\partial y} \end{cases} \tag{4.4}$$

提取式（4.4）中横向剪切应变 γ_{xz} 和 γ_{yz} 的表达式，分别对 u 和 v 积分得：

$$\begin{cases} u = C_1 - z\dfrac{\partial \omega}{\partial x} \\ v = C_2 - z\dfrac{\partial \omega}{\partial y} \end{cases} \tag{4.5}$$

式中，C_1 和 C_2 均为常数。

由前述基本假设中的不挤压假设可知 $(u)_{z=0} = 0$，$(v)_{z=0} = 0$，由此求得 $C_1 = C_2 = 0$，则进一步化简式（4.5）求得沿 x、y 方向的位移分别为：

$$\begin{cases} u = -z\dfrac{\partial \omega}{\partial x} \\ v = -z\dfrac{\partial \omega}{\partial y} \end{cases} \tag{4.6}$$

将式（4.6）代入式（4.4），得到应变表示为挠度的曲率，即：

$$\begin{Bmatrix} \varepsilon_x \\ \varepsilon_y \\ \gamma_{xy} \end{Bmatrix} = -z \begin{Bmatrix} \dfrac{\partial^2 \omega}{\partial x^2} \\ \dfrac{\partial^2 \omega}{\partial y^2} \\ 2\dfrac{\partial^2 \omega}{\partial x \partial y} \end{Bmatrix} \tag{4.7}$$

由板为线弹性材料，可得到板内任意点的应力、应变关系为：

$$\left\{\begin{array}{c}\sigma_x\\ \sigma_y\\ \tau_{xy}\end{array}\right\}=\frac{E_b}{1-\mu_b^2}\begin{bmatrix}1 & \mu_b & 0\\ \mu_b & 1 & 0\\ 0 & 0 & \dfrac{1-\mu_b}{2}\end{bmatrix}\left\{\begin{array}{c}\varepsilon_x\\ \varepsilon_y\\ \gamma_{xy}\end{array}\right\} \quad (4.8)$$

式中，E_b 为薄板的弹性模量，GPa；μ_b 为薄板的泊松比。

将式（4.7）代入式（4.8），可得：

$$\left\{\begin{array}{c}\sigma_x\\ \sigma_y\\ \tau_{xy}\end{array}\right\}=\frac{E_b}{1-\mu_b^2}\begin{bmatrix}1 & \mu_b & 0\\ \mu_b & 1 & 0\\ 0 & 0 & \dfrac{1-\mu_b}{2}\end{bmatrix}(-z)\left\{\begin{array}{c}\dfrac{\partial^2\omega}{\partial x^2}\\ \dfrac{\partial^2\omega}{\partial y^2}\\ 2\dfrac{\partial^2\omega}{\partial x\partial y}\end{array}\right\} \quad (4.9)$$

在式（4.9）左右两边都乘 z，然后沿着薄板厚度的方向积分，得到薄板弯矩与挠度的关系式为：

$$\left\{\begin{array}{c}M_x\\ M_y\\ M_{xy}\end{array}\right\}=-D_b\begin{bmatrix}1 & \mu_b & 0\\ \mu_b & 1 & 0\\ 0 & 0 & \dfrac{1-\mu_b}{2}\end{bmatrix}\left\{\begin{array}{c}\dfrac{\partial^2\omega}{\partial x^2}\\ \dfrac{\partial^2\omega}{\partial y^2}\\ 2\dfrac{\partial^2\omega}{\partial x\partial y}\end{array}\right\} \quad (4.10)$$

式中，D_b 为薄板的抗弯刚度，N/m，其表达式为：

$$D_b=\frac{E_b h_b^3}{12(1-\mu_b^2)} \quad (4.11)$$

4.1.1.2 煤柱群弹性地基模型

温克尔地基模型认为地基是由若干竖向弹簧组成的，每根弹簧受到的作用力与其下沉变形呈正相关[152]。房式采空区的遗留煤柱大量存在，这些煤柱失稳前与顶板直接紧密接触，并对顶板起到支撑作用，此时煤柱群内的煤柱便可假定为若干竖向弹簧[20]。同时，在顶板荷载的作用下，煤柱的竖向变形与其受到的顶板作用力呈正相关。综上，可将煤柱群假设为弹性地基模型。

4.1.1.3 煤柱群－顶板系统弹性地基薄板力学模型建立

假定煤柱群－顶板系统受到上覆岩层均匀荷载 q 的作用，建立煤柱群－顶板系统弹性地基薄板力学模型如图 4.4 所示。图 4.4 仅表示了顶板受到上覆荷载及下方煤柱的支撑作用，因边界条件不唯一，故未标明边界条件。顶板在上覆荷载的下压及若干房柱和边界煤柱的支撑下保持稳定，当下方煤柱失稳后，顶板便会变形破坏。因此，后续研究主要以顶板的弯曲变形求解为切入点。

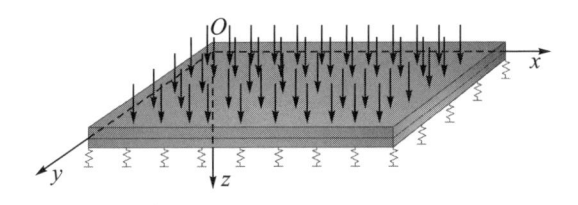

图 4.4　弹性地基薄板力学模型[148]

4.1.2　基于虚功原理的系统失稳控制方程

虚功原理是力学中最基本且应用最普遍的原理之一，它能应用于处在平衡状态中的任何系统，针对一个平衡系统，所有的力在虚位移上所做的虚功之和等于零，其可以提供求解刚体、弹性体、塑性体等结构平衡问题最一般的方法[153]。其中，虚位移是一种假想的、满足约束几何方程和位移边界条件的、任意的、微小的位移，外力在虚位移上所做的功即虚功。对于弹性体，如果其在外力作用下处于平衡状态，则当弹性体发生满足约束几何方程和位移边界条件的、任意的、微小的虚位移时，外力所做的虚功就等于弹性体的虚应变能。本小节基于虚功原理，针对基本顶所受到内力和外力的情况，推导煤柱群－顶板系统链式失稳的控制方程。

基本顶内所有内力在相应虚应变上做功产生的弹性虚应变能为：

$$\delta U_1 = \iiint_V \vec{\sigma} \delta \vec{\varepsilon} \, dV \tag{4.12}$$

式中，$\vec{\sigma}$ 为基本顶的内力，MPa；δ 为基本顶的虚应变，%。

遗留房柱群支撑力整体对基本顶做功产生的弹性势能为：

$$\delta U_2 = \sum_{i=1}^{n'_p} k_{pi} \omega_{(x_i, y_i)} \delta \omega_{(x_i, y_i)} \tag{4.13}$$

式中，n'_p 表示煤柱的总数量；k_{pi} 表示任意位置单一煤柱的弹性地基系数；$\omega_{(x_i, y_i)}$ 表示任意位置单一煤柱处顶板的挠度，m。

对于任意位置单一煤柱的弹性地基系数，为方便求解，此处暂时认为煤柱整体初始尺寸均能对顶板进行有效支撑，即煤柱的初始横截面尺寸为其有效承载尺寸。对于煤柱真实有效承载尺寸的具体确定，将在第 5 章进行详细研究。各单一煤柱除承担上方覆岩荷载外，还需承担周围顶板的荷载，根据从属面积法可求得任意位置单一煤柱的弹性地基系数为：

$$k_{pi} = \frac{E_{pi} S_{pi}}{h_{pi} \left(l_{pi} + \dfrac{l_{fi}}{2} \right)^2} \quad (4.14)$$

式中，E_{pi} 表示任意位置单一煤柱的弹性模量，GPa；S_{pi} 表示任意位置单一煤柱的横截面积，m²；h_{pi} 表示任意位置单一煤柱的高度，m；l_{pi} 表示任意位置单一煤柱的宽度，m，此处假定煤柱为正方形；l_{fi} 表示任意位置单一煤柱处煤房的宽度，m，此处假定各煤柱间距和排距处处相等。

基本顶受边界煤柱约束产生的弹性势能为：

$$\delta U_3 = \int_\Gamma k_\gamma \frac{\partial \omega}{\partial n} \delta \frac{\partial \omega}{\partial n} \mathrm{d}\Gamma \quad (4.15)$$

式中，k_γ 表示基本顶四周的旋转刚度，N·m/rad，当 k_γ 取 0 时，表示基本顶四周处于简支约束状态；当 k_γ 取无穷大时，表示基本顶处于四边固定约束状态。

上覆岩层荷载对基本顶做的功为：

$$\delta W = \iint_A q \delta \omega \mathrm{d}x \mathrm{d}y \quad (4.16)$$

由弹性体虚功原理的平衡条件可知：

$$\delta W = \delta U_1 + \delta U_2 + \delta U_3 \quad (4.17)$$

即：

$$\iint_A q \delta \omega \mathrm{d}x \mathrm{d}y = \iiint_V \vec{\sigma} \delta \vec{\varepsilon} \mathrm{d}V + \sum_{i=1}^{n_p'} k_{pi} \omega_{(x_i,y_i)} \delta \omega_{(x_i,y_i)} + \int_\Gamma k_\gamma \frac{\partial \omega}{\partial n} \delta \frac{\partial \omega}{\partial n} \mathrm{d}\Gamma \quad (4.18)$$

将式（4.8）代入式（4.18），可得：

$$\iint_A q (\delta \omega)^\mathrm{T} \mathrm{d}x \mathrm{d}y = \iint_A \left[\int_{-\frac{h_r}{2}}^{\frac{h_r}{2}} (\delta \vec{\varepsilon})^\mathrm{T} D_0 \vec{\varepsilon} \mathrm{d}z \right] \mathrm{d}x \mathrm{d}y + \sum_{i=1}^{n_p'} \delta \omega_{(x_i,y_i)}^\mathrm{T} k_{pi} \omega_{(x_i,y_i)} + \int_\Gamma \left(\delta \frac{\partial \omega}{\partial n} \right)^\mathrm{T} k_\gamma \frac{\partial \omega}{\partial n} \mathrm{d}\Gamma \quad (4.19)$$

其中：

$$D_0 = \frac{E_r}{1-\mu^2}\begin{bmatrix} 1 & \mu_r & 0 \\ \mu_r & 1 & 0 \\ 0 & 0 & \frac{1-\mu_r}{2} \end{bmatrix} = \begin{bmatrix} \frac{E_r}{1-\mu_r^2} & \frac{\mu_r E_r}{1-\mu_r^2} & 0 \\ \frac{\mu E_r}{1-\mu_r^2} & \frac{E_r}{1-\mu_r^2} & 0 \\ 0 & 0 & \frac{E_r}{2(1+\mu_r)} \end{bmatrix}$$

(4.20)

式中，h_r 表示基本顶的厚度，m；E_r 表示基本顶的弹性模量，GPa；μ_r 表示基本顶的泊松比。

对基本顶上的节点进行位移差值，通过插值函数与插值节点位移的乘积可描述整个基本顶的挠度变化，具体方程如下：

$$\omega = N_{i(x_i,y_i)}\vec{d}_e \tag{4.21}$$

式中，$N_{i(xi,yi)}$ 表示对基本顶上节点进行插值的形函数，即插值函数；$\vec{d}_e$ 表示基本顶插值节点上的位移。

将式（4.21）代入式（4.19），可得：

$$\iint_A q N_i^T (\delta\vec{d}_e)^T \mathrm{d}x\mathrm{d}y = \iint_A \left\{ \int_{-\frac{h_r}{2}}^{\frac{h_r}{2}} (\delta\vec{d}_e)^T \begin{bmatrix} N_{i,xx} \\ N_{i,yy} \\ 2N_{i,xy} \end{bmatrix}^T z^2 D_0 \begin{bmatrix} N_{i,xx} \\ N_{i,yy} \\ 2N_{i,xy} \end{bmatrix} \vec{d}_e \mathrm{d}z \right\} \mathrm{d}x\mathrm{d}y +$$

$$\sum_{i=1}^{n'_p} (\delta\vec{d}_e)^T N_{i(x_i,y_i)}^T k_{pi} N_{i(x_i,y_i)} \vec{d}_e +$$

$$\int_\Gamma (\delta\vec{d}_e)^T \frac{\partial N_{i(x_i,y_i)}^T}{\partial n} k_\gamma \frac{\partial N_{i(x_i,y_i)}^T}{\partial n} \vec{d}_e \mathrm{d}\Gamma \tag{4.22}$$

式中，$N_{i,xx}$ 表示位移插值函数对 x 求两次偏导；$N_{i,yy}$ 表示位移插值函数对 y 求两次偏导；$N_{i,xy}$ 表示位移插值函数分布对 x 和 y 求一次偏导。

由于 $\delta\vec{d}_e$ 具有任意性，因此可将式（4.22）中的 $\delta\vec{d}_e$ 消除，并进一步化简，可以得到：

$$\iint_A q N_i^T \mathrm{d}x\mathrm{d}y = \iint_A \frac{h_r^3}{12} \begin{bmatrix} N_{i,xx} \\ N_{i,yy} \\ 2N_{i,xy} \end{bmatrix}^T D_0 \begin{bmatrix} N_{i,xx} \\ N_{i,yy} \\ 2N_{i,xy} \end{bmatrix} \mathrm{d}x\mathrm{d}y \vec{d}_e +$$

$$\sum_{i=1}^{n'_p} N_{i(x_i,y_i)}^T k_{pi} N_{i(x_i,y_i)} \vec{d}_e + \int_\Gamma \frac{\partial N_{i(x_i,y_i)}^T}{\partial n} k_\gamma \frac{\partial N_{i(x_i,y_i)}^T}{\partial n} \mathrm{d}\Gamma \vec{d}_e$$

(4.23)

整理式（4.23）可得基本顶插值节点上的位移：

$$\vec{d}_e = \frac{\iint_A q N_i^{\mathrm{T}} \mathrm{d}x \mathrm{d}y}{\iint_A \frac{h_r^3}{12} \begin{bmatrix} N_{i,xx} \\ N_{i,yy} \\ 2N_{i,xy} \end{bmatrix}^{\mathrm{T}} D_0 \begin{bmatrix} N_{i,xx} \\ N_{i,yy} \\ 2N_{i,xy} \end{bmatrix} \mathrm{d}x \mathrm{d}y + \sum_{i=1}^{n_p'} N_{i(x_i,y_i)}^{\mathrm{T}} k_{pi} N_{i(x_i,y_i)}^{\mathrm{T}} + \int_{\Gamma} \frac{\partial N_{i(x_i,y_i)}^{\mathrm{T}}}{\partial n} k_{\gamma} \frac{\partial N_{i(x_i,y_i)}^{\mathrm{T}}}{\partial n} \mathrm{d}\Gamma}$$

(4.24)

4.1.3 基于位移插值函数的求解

前述内容给出了基本顶挠度的求解方法，但计算过程还需写出基本顶的位移插值函数。假定基本顶的挠度的形式为多项式，根据二维拉格朗日插值理论，基本顶的挠度可表示为：

$$\omega = N_{1(x_1,y_1)}\omega_1 + N_{2(x_2,y_2)}\omega_2 + \cdots + N_{i(x_i,y_i)}\omega_i + \cdots + N_{n(x_n,y_n)}\omega_n$$

(4.25)

即：

$$\omega = [N_{1(x_1,y_1)} + N_{2(x_2,y_2)} + \cdots + N_{i(x_i,y_i)} + \cdots + N_{n(x_n,y_n)}](\omega_1,\omega_2,\cdots,\omega_i,\cdots,\omega_n)^{\mathrm{T}}$$

(4.26)

式中，$N_{i(x,y)}$ 是二维拉格朗日插值函数，本书利用拉格朗日积的方法，将一维拉格朗日插值函数扩展为二维插值函数。

如图 4.5 所示，为减小计算误差，在基本顶上设置若干非均匀分布的节点，这些节点分别沿着 x 轴和 y 轴方向分布，它们都符合扩展 Kirchhoff 多项式零点分布。此外，将基本顶上节点的位置与煤柱的位置设置为相互独立，即两者不重叠。假定基本顶内的节点 i 在 x 轴上投影对应第 s 个节点，在 y 轴上投影对应第 t 个节点，那么节点 i 的二维拉格朗日插值函数为：

$$N_{i(x,y)} = N_{s(x)} \cdot N_{t(y)}$$

(4.27)

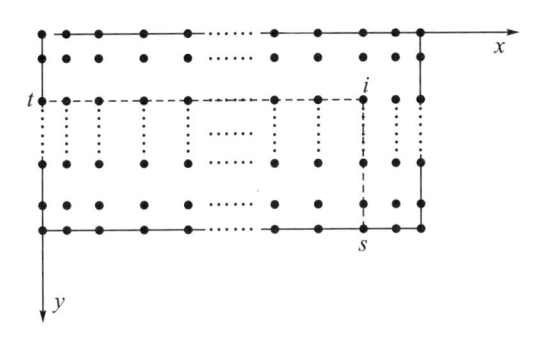

图 4.5　基本顶节点示意图

假设基本顶沿 x 轴方向和 y 轴方向均有 n_{GP} 个节点，$N_{s(x)}$ 表示关于 x_1，x_2，$\cdots$，$x_{n_{GP}}$ 的一维拉格朗日插值函数第 s 个节点的插值函数，$N_{t(y)}$ 表示关于 y_1，y_2，$\cdots$，$y_{n_{GP}}$ 的一维拉格朗日插值函数第 t 个节点的插值函数，$N_{s(x)}$ 和 $N_{t(y)}$ 分别表示为：

$$N_{s(x)} = \frac{(x-x_1)(x-x_2)\cdots(x-x_{s-1})(x-x_{s+1})\cdots(x-x_{n_{GP}})}{(x_s-x_1)(x_s-x_2)\cdots(x_s-x_{s-1})(x_s-x_{s+1})\cdots(x_s-x_{n_{GP}})}$$
$$= \prod_{\substack{s_1=1 \\ s_1 \neq s}}^{n_{GP}} \frac{x-x_{s_1}}{x_s-x_{s_1}} \tag{4.28}$$

$$N_{t(y)} = \frac{(y-y_1)(y-y_2)\cdots(y-y_{t-1})(y-y_{t+1})\cdots(y-y_{n_{GP}})}{(y_t-y_1)(y_t-y_2)\cdots(y_t-y_{t-1})(y_t-y_{t+1})\cdots(y_t-y_{n_{GP}})}$$
$$= \prod_{\substack{t_1=1 \\ t_1 \neq t}}^{n_{GP}} \frac{x-x_{t_1}}{x_t-x_{t_1}} \tag{4.29}$$

那么，二维拉格朗日插值函数可以写成：

$$N_{i\ (x,y)} = \prod_{\substack{s_1=1 \\ s_1 \neq s}}^{n_{GP}} \frac{x-x_{s_1}}{x_s-x_{s_1}} \prod_{\substack{t_1=1 \\ t_1 \neq t}}^{n_{GP}} \frac{x-x_{t_1}}{x_t-x_{t_1}} \tag{4.30}$$

将式（4.30）和式（4.24）代入式（4.21），可得顶板挠度的最终求解表达式如下：

$$\omega_i = \frac{\prod\limits_{\substack{s_1=1\\s_1\neq s}}^{nGP}\frac{x-x_{s_1}}{x_s-x_{s_1}}\prod\limits_{\substack{t_1=1\\t_1\neq t}}^{nGP}\frac{x-x_{t_1}}{x_t-x_{t_1}}\iint_A N_i^T q\,\mathrm{d}x\mathrm{d}y}{\iint_A \frac{h_r^3}{12}\begin{bmatrix}N_{i,xx}\\N_{i,yy}\\2N_{i,xy}\end{bmatrix}^T D_0 \begin{bmatrix}N_{i,xx}\\N_{i,yy}\\2N_{i,xy}\end{bmatrix}\mathrm{d}x\mathrm{d}y + \sum\limits_{i=1}^{n_p'} N_{i(x_i,y_i)}^T k_{pi} N_{i(x_i,y_i)} + \int_\Gamma \frac{\partial N_{i(x_i,y_i)}^T}{\partial n} k_\gamma \frac{\partial N_{i(x_i,y_i)}}{\partial n}\mathrm{d}\Gamma}$$

(4.31)

同时，可得出任意位置单一煤柱承受的平均应力为：

$$\sigma_p = \frac{\int_{x_{i1}}^{x_{i2}}\int_{y_{i1}}^{y_{i2}} k_{pi}\omega_i\,\mathrm{d}x\mathrm{d}y}{S_{pi}}$$

(4.32)

式中，x_{i1} 和 x_{i2} 表示任意单一煤柱的横坐标范围；y_{i1} 和 y_{i2} 表示任意位置单一煤柱的纵坐标范围。

在此说明，由于上述涉及的顶板挠度和任意单一煤柱承载的求解过程计算量庞大且复杂，尤其涉及顶板插值节点位移的求解，因此，本书后续研究通过MATLAB软件求解。

4.2 煤柱群－顶板系统链式失稳空间力学分析算例

4.2.1 算例模型建立

为了直观展示房式采空区内煤柱群－顶板系统的链式失稳空间机制，建立如图4.6所示算例模型进行分析。假定模型中薄板为尺寸 50m×50m 的方形板，其上方作用有均匀荷载 q，内部有9个均匀分布的房柱支撑薄板，各房柱的几何参数及力学参数相同。为方便研究，对各煤柱进行编号，定义5号煤柱为中央煤柱，1号、3号、7号和9号煤柱为边角煤柱，煤柱之间的位置关系有紧邻（如5号煤柱与6号煤柱的位置关系）、对角相邻（如5号煤柱与7号煤柱的位置关系）、间隔（如2号煤柱与8号煤柱的位置关系）。对模型设计如下初始参数：上覆岩层均布荷载为 1.0MPa、基本顶厚度为 3m、弹性模量为 30GPa、泊松比为 0.22，煤柱横截面尺寸为 8m×8m、高度为 4m、弹性模量为 3.0GPa，煤房尺寸为 6m×6m。本次主要研究基本顶四边固支和四边简支两种边界条件下的煤柱群－顶板系统链式失稳机制，通过删除煤柱的方式模拟煤柱失稳。此外，因为此处为算例计算，不涉及实际工程背景，且此算例仅为规律性研究，故在此算例中将各单一煤柱整体均视为有效承载体。

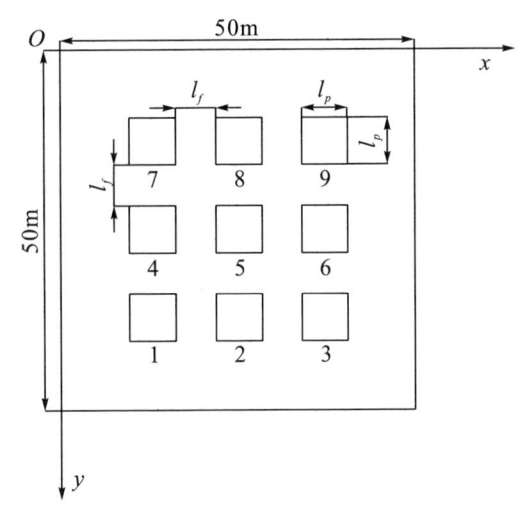

图 4.6 算例模型

4.2.2 四边固支顶板变形及煤柱承载特征

4.2.2.1 顶板变形特征

通过 MATLAB 软件计算得到顶板四边固支条件下，不同煤柱失稳时顶板挠度的三维曲面图和二维等高线图如图 4.7 所示。鉴于计算模型的中心对称特性，2 号、4 号、6 号或 8 号某单一煤柱失稳后，顶板挠度的响应仅存在位置上的不同，其余各规律特征均一致，因此，仅以 2 号煤柱失稳为例进行分析。同样地，对于 1 号、3 号、7 号或 9 号煤柱，仅以 9 号煤柱失稳为例进行研究。分析图 4.7 可知，因顶板四边固支，靠近边界处的顶板变形极其微小。模型内部的煤柱支撑对限制顶板变形具有关键作用，各不失稳煤柱上方顶板变形微小，而煤房上方顶板却变形明显，顶板挠度整体呈现以不失稳煤柱横截面中心点为原点向四周呈抛物面增加的形式。无煤柱失稳时，顶板整体挠度变形较小，但受弯矩影响，顶板中部挠度大于其他位置。尽管任意位置煤柱失稳后，失稳位置的上方顶板挠度显著增加，但不同位置煤柱失稳后顶板挠度变形的响应规律不同，中央煤柱失稳后其上方顶板挠度最大，与中央煤柱紧邻的煤柱失稳后其上方顶板挠度次之，与中央煤柱对角相邻的煤柱失稳后其上方顶板挠度最小。

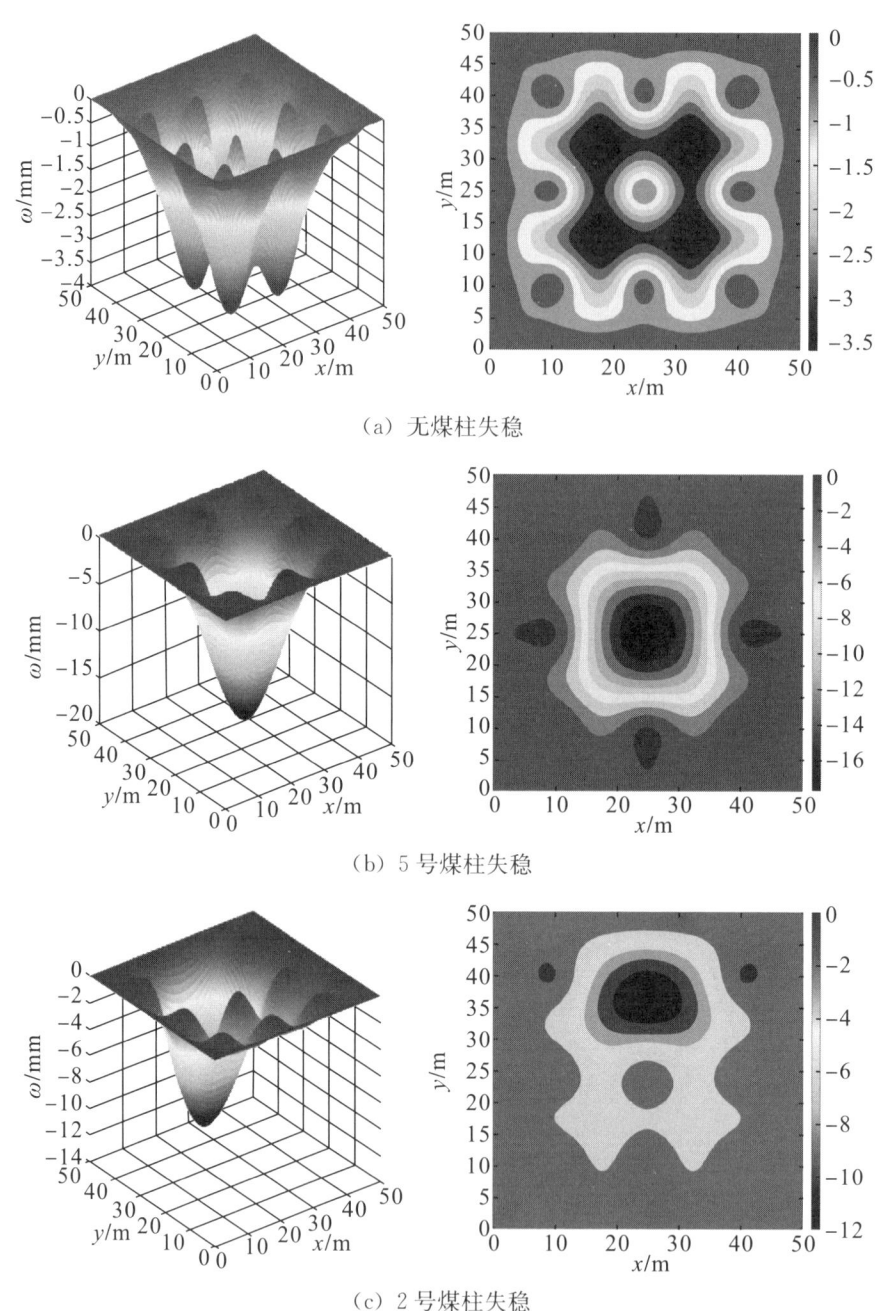

（a）无煤柱失稳

（b）5 号煤柱失稳

（c）2 号煤柱失稳

(d) 9号煤柱失稳

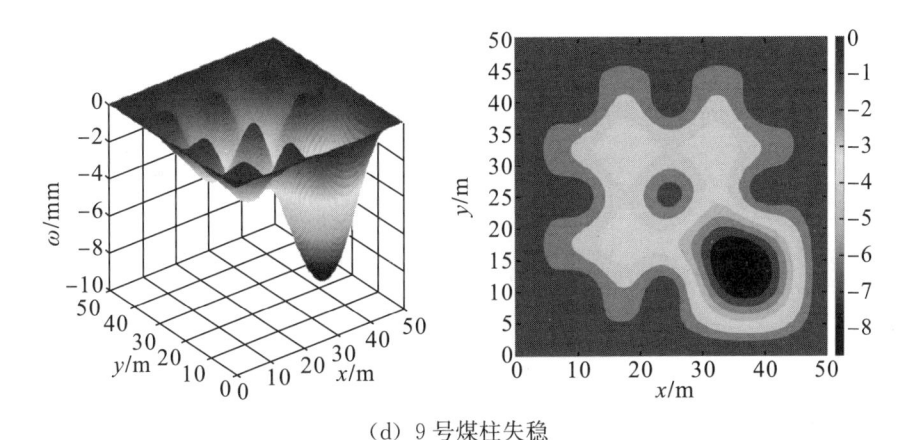

图4.7 四边固支顶板挠度变形

4.2.2.2 煤柱承载特征

顶板四边固支条件下各煤柱的承载特征如图4.8所示，柱状图为煤柱荷载，折线图为某煤柱失稳后剩余煤柱较无煤柱失稳时的荷载增长值。无煤柱失稳时，中央5号煤柱承担的荷载最大，边角煤柱承担的荷载最小。同时，各中心对称位置的煤柱承担的荷载相同。当某一煤柱失稳后，其失稳前承担的荷载转移至剩余煤柱，但各煤柱荷载增长响应规律不同，这与本书第3章的研究结论一致，在此从三维空间角度进一步分析论证。中央5号煤柱失稳后，各中心对称位置的煤柱荷载增长值相同，但与5号煤柱紧邻的各煤柱荷载增长值远大于其他煤柱。2号煤柱失稳后，与其紧邻的1号、3号、5号煤柱承担的荷载明显，但5号煤柱承担的荷载增幅最大，说明在距离相同时，失稳煤柱承担的荷载优先向不利位置转移，而与2号煤柱距离较远的7号、8号、9号煤柱则增幅较小。9号煤柱失稳后，同样是距离其越近的煤柱承担的荷载增幅越大。

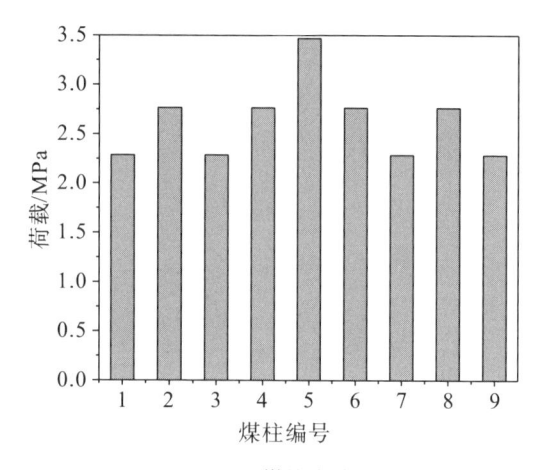

(a) 无煤柱失稳

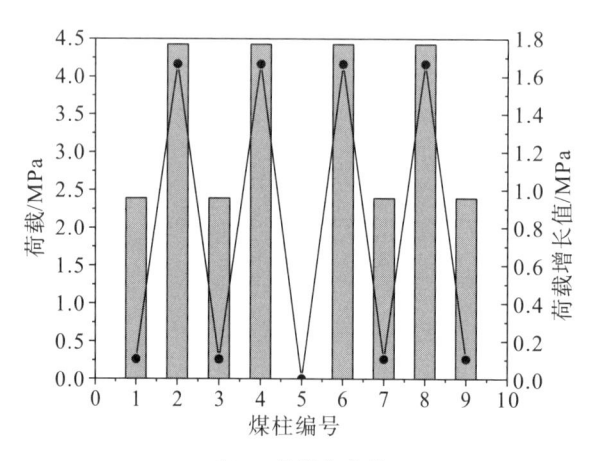

(b) 5号煤柱失稳

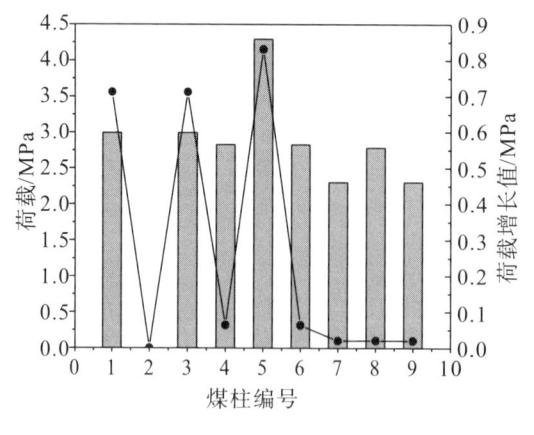

(c) 2号煤柱失稳

(d) 9号煤柱失稳

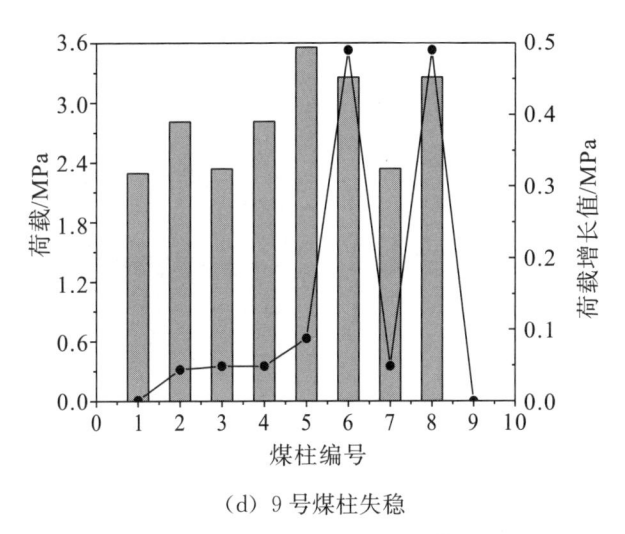

图 4.8 四边固支顶板煤柱承载特征

4.2.3 四边简支顶板变形及煤柱承载特征

4.2.3.1 顶板变形特征

模型顶板四边简支条件下顶板挠度的三维曲面图和二维等高线图如图 4.9 所示，对于非中央煤柱的失稳研究仍仅以 2 号煤柱及 9 号煤柱为例。顶板边界由四边固支变为四边简支后，靠近边界位置的顶板发生变形。各煤柱的支撑仍能有效限制顶板变形，无煤柱失稳时顶板整体挠度仍较小。某一位置煤柱失稳后，其上方顶板显著变形，中央煤柱失稳后的顶板挠度仍然最大，边角煤柱失稳后顶板挠度仍然最小。但不同于顶板四边固支，顶板四边简支时某一煤柱失稳后引起的顶板挠度普遍大于顶板四边固支，且顶板四边简支时的最大挠度更靠近失稳煤柱的横截面中心，以顶板挠度最大值所在点为起点向四周呈抛物面扩散的区域面积也更广。

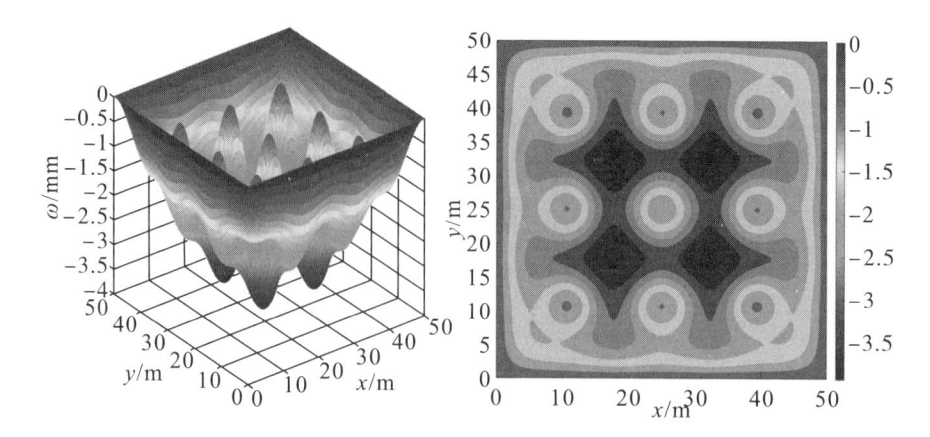

(a) 无煤柱失稳

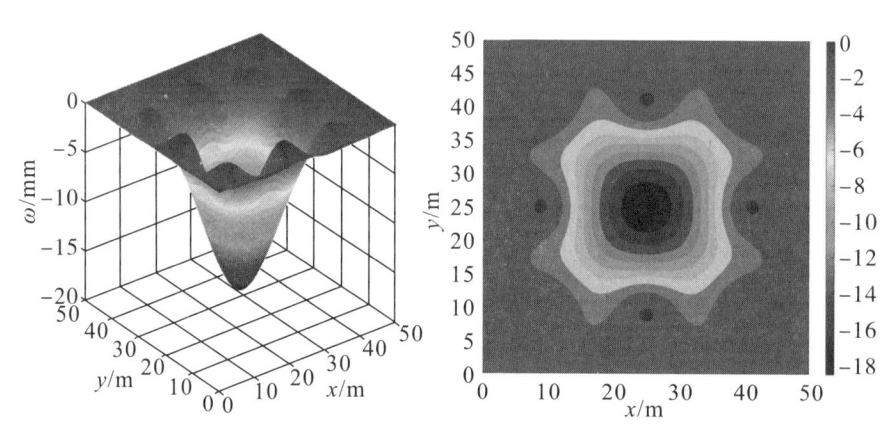

(b) 5号煤柱失稳

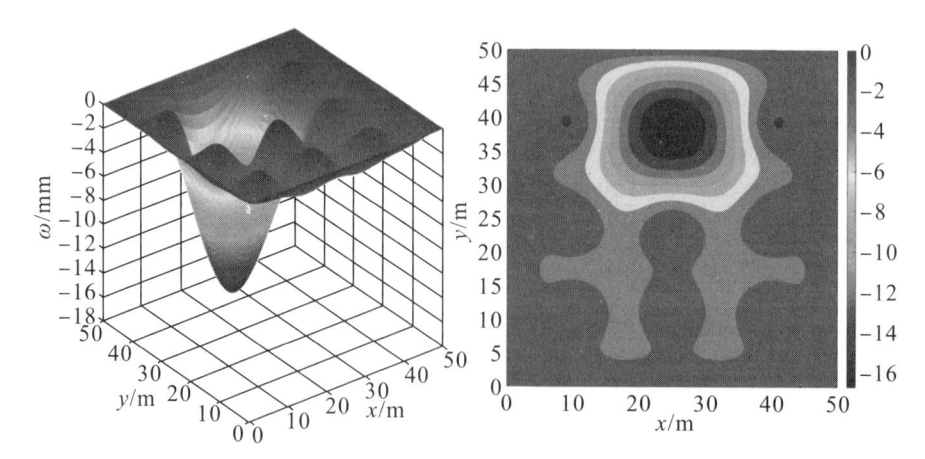

(c) 2号煤柱失稳

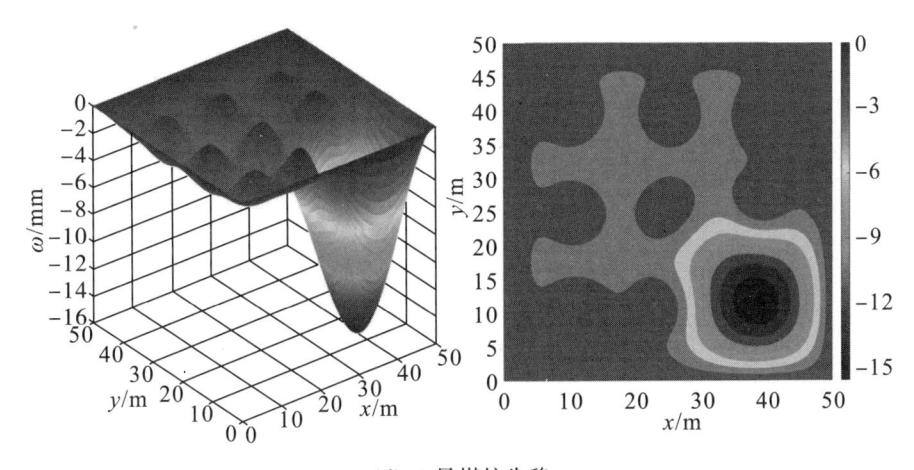

(d) 9号煤柱失稳

图 4.9　四边简支顶板挠度变形

4.2.3.2　煤柱承载特征

模型顶板四边简支时，无煤柱失稳及不同位置单一煤柱失稳后其余各煤柱的承载特征如图 4.10 所示。顶板四边简支条件下，无煤柱失稳时各中心对称位置的煤柱承担的荷载相同，越靠近顶板中心位置，煤柱承担的荷载越大，这与顶板四边固支时相同，但中央 5 号煤柱承担的荷载减小，其余煤柱承担的荷载增大，各煤柱承担的荷载差值变小。中央 5 号煤柱失稳后，与其紧邻的四个煤柱承担的荷载增加明显，但四个边角煤柱荷载增长值仅为 0.006MPa。2 号煤柱失稳后，尽管还是中央 5 号煤柱承担的荷载最大，但其荷载增长值却小于 1 号和 3 号煤柱，其余煤柱则表现出越远离失稳煤柱，煤柱承担的荷载及煤柱荷载增长值均越小的特征。9 号煤柱失稳后，与其邻近 6 号和 8 号煤柱承担的荷载及荷载增长值均最大，中央 5 号煤柱次之，剩余煤柱的荷载增长值则随距离变大而减小。

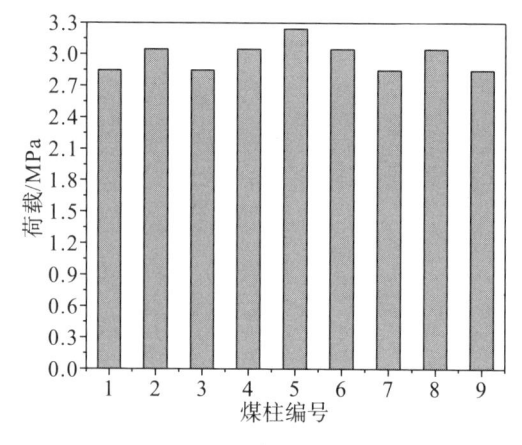

(a) 无煤柱失稳

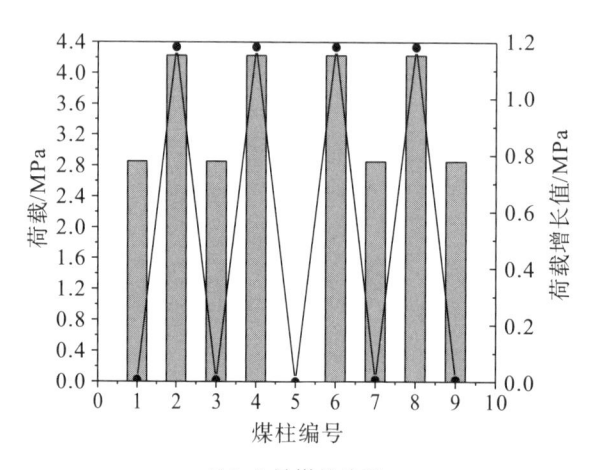

(b) 5号煤柱失稳

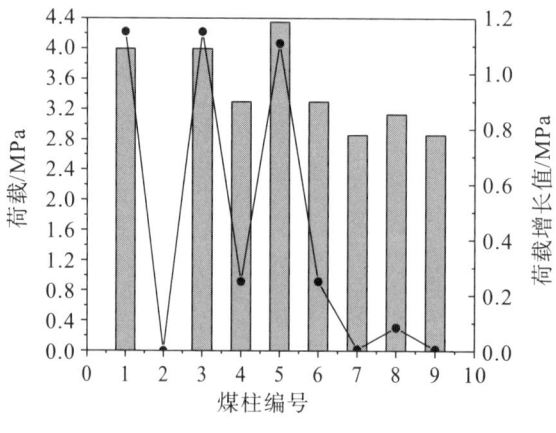

(c) 2号煤柱失稳

(d) 9号煤柱失稳

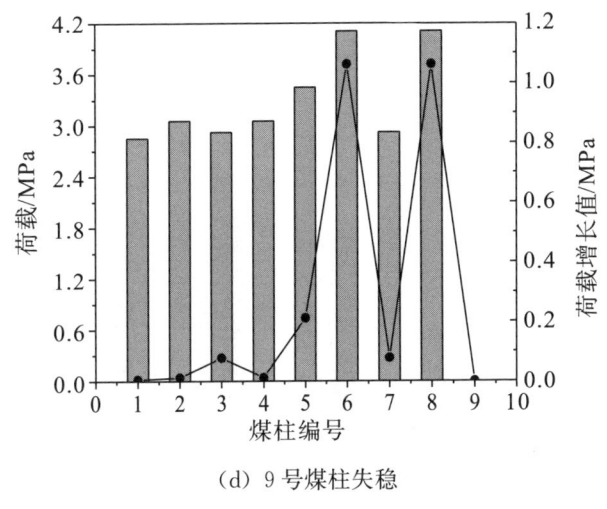

图 4.10 四边简支顶板煤柱承载特征

4.2.4 煤柱群－顶板系统链式失稳空间力学特性

上述分析发现，不同边界条件下煤柱群－顶板系统的链式失稳不同，提取前文各情况下顶板挠度最大值及煤柱最大荷载和最大荷载增长值绘制图 4.11，并得出以下结论：

（1）不同边界条件下顶板挠度及煤柱承担的荷载不同，四边固支时顶板挠度普遍小于同等煤柱条件下四边简支时的顶板挠度；四边固支时越靠近顶板中央的煤柱失稳后引起的剩余煤柱最大荷载增长值越大；四边简支时不同位置单一煤柱失稳后引起的剩余煤柱最大荷载增长值相对均匀。

（2）煤柱位置是影响煤柱自身承担的荷载及其失稳后引发顶板挠度和剩余煤柱荷载增长的关键因素，上述算例中，两种边界条件下顶板中央均为不利位置，越靠近顶板中央，煤柱承担的荷载及煤柱失稳后引起的剩余煤柱荷载增长值越大，顶板中央煤柱失稳后引起的顶板挠度最大。

（3）煤柱距离对煤柱失稳后的荷载转移规律影响明显，某煤柱失稳后，其失稳前承担的荷载优先转移至距离短的邻近未失稳煤柱，但若邻近煤柱的位置条件不同，荷载转移规律又存在不同。

(a) 顶板挠度

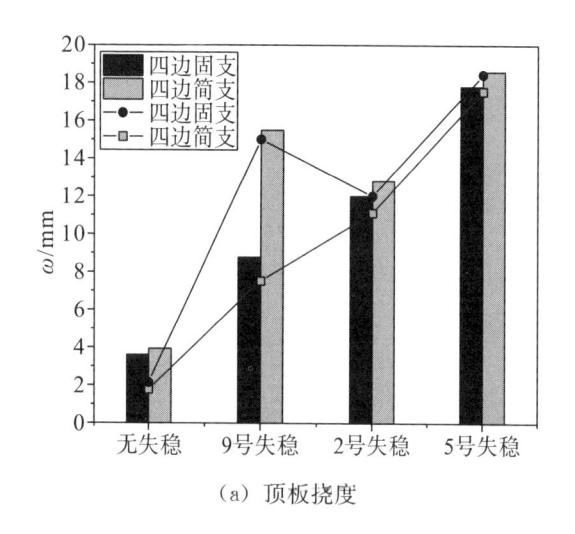

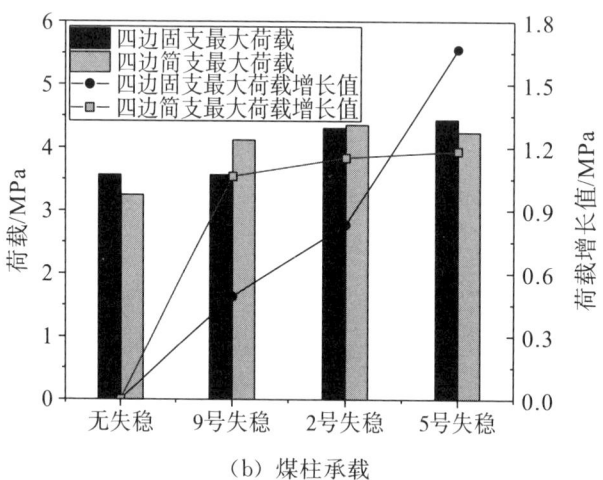

(b) 煤柱承载

图 4.11 不同边界条件时顶板挠度及煤柱承载对比

4.3 煤柱群－顶板系统链式失稳数值模拟研究

本章前述内容理论分析了煤柱群－顶板系统链式失稳的三维空间力学机理，为该系统的失稳研究提供了理论支持，但受制于理论计算过程的冗杂，前述内容仅以相对小尺寸算例模型展现了不同位置单一煤柱失稳后引发的剩余煤柱承载及顶板变形响应机制，对煤柱群－顶板系统链式失稳的全过程空间展示尚不全面。因此，本节通过 FLAC3D 数值模拟软件，结合实际工程背景建立三维数值模型,进一步扩展研究该系统链式失稳的空间特征。

4.3.1 数值模型建立

本次数值模拟选用与第 3 章相似模拟试验相同的工程背景,即以某矿西部 3202 房式采空区为工程背景。根据实际煤岩层条件,建立 FLAC3D 数值模型如图 4.12 所示,模型尺寸为 304m×192m×62m(长×宽×高)。数值模型底部和四周设置为固定边界,顶部设置为自由边界,采用摩尔-库伦本构模型进行计算[154-155]。为与前述研究保持一致,此处模拟模型建至地表,且仍不考虑地表地形的影响。煤岩层力学参数见表 4.1。

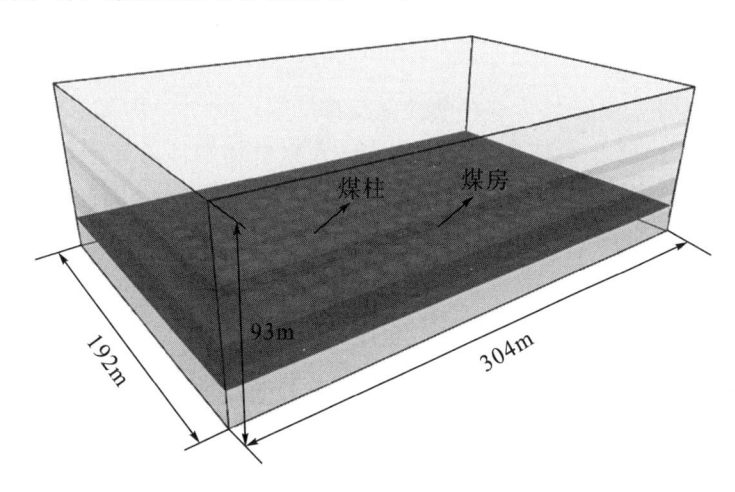

图 4.12 数值模型图

表 4.1 煤岩层力学参数

岩层名称	层高 /m	密度 /(kg·m^{-3})	内聚力 /MPa	剪切模量 /GPa	体积模量 /GPa	抗拉强度 /MPa	内摩擦角 /°
黄土层	13	1180	0.037	0.2	1.06	0.05	19
中砂岩	6	2850	2.1	4.9	5.9	2.6	32
砂质泥岩	4	2360	1.5	2.3	28.4	1.1	28
粉砂岩	9	2970	2.7	6.9	14.7	1.4	33
细砂岩	5	2740	6.2	14.3	16.8	3.4	34
砂质泥岩	8	2360	1.5	2.3	28.4	1.1	28
粉砂岩	11	2970	2.7	6.9	14.7	1.4	33

续表

岩层名称	层高/m	密度/(kg·m^{-3})	内聚力/MPa	剪切模量/GPa	体积模量/GPa	抗拉强度/MPa	内摩擦角/°
细砂岩	12	2740	6.2	14.3	16.8	3.4	34
中砂岩	3	2850	2.1	4.9	5.9	2.6	32
煤层	7	1360	1.7	0.6	2.1	0.7	26
粉砂岩	6	2970	2.7	6.9	14.7	1.4	33
砂质泥岩	9	2360	1.5	2.3	28.4	1.1	28

4.3.2 数值模拟方案

实际工程中，一般认为煤柱塑性区发育贯穿后就完全失稳而不再具备承载能力，但在FLAC3D数值模拟软件中，已发生贯穿塑性破坏的煤柱仍会在模型中存在且具有一定承载能力，对计算结果产生不良影响。因此，本次模拟运算中将手动删除发生塑性贯穿破坏的煤柱以模拟其失稳。煤柱群－顶板系统链式失稳模拟方案具体如下：

（1）模型运行至初始平衡。

（2）运用采6m留8m的房式采煤法回采煤房，形成9列17行遗留房柱，为消除边界效应，模型四周均各自留设30m边界煤柱，将模型运算至平衡。

（3）删除（2）中塑性破坏贯穿的煤柱，将模型运算至平衡。

（4）删除（3）中塑性破坏贯穿的煤柱，将模型重新运算至平衡。以此类推，重复此步骤，直至不再有煤柱发生塑性贯穿破坏。

此外，本次模拟还研究不同因素对煤柱群－顶板系统链式失稳的影响规律，具体方案如下：

（1）煤房尺寸对煤柱群－顶板系统链式失稳的影响。

固定煤柱尺寸为8m和其他条件不变，煤房尺寸分别设置为4m、5m、6m、7m、8m，对比分析不同煤房尺寸对该系统链式失稳的影响规律。

（2）煤柱尺寸对煤柱群－顶板系统链式失稳的影响。

固定煤房尺寸为4m和其他条件不变，煤柱尺寸分别设置为4m、5m、6m、7m、8m，对比分析不同煤柱尺寸对该系统链式失稳的影响规律。

（3）煤房弹性模量对煤柱群－顶板系统链式失稳的影响。

固定煤柱尺寸为8m、煤房尺寸为6m和其他条件不变，煤柱弹性模量分别设置为 1GPa、3GPa、5GPa、7GPa、9GPa，对比分析不同煤柱弹性模量对该系统链式失稳的影响规律。

（4）顶板厚度对煤柱群－顶板系统链式失稳的影响。

固定煤柱尺寸为 8m、煤房尺寸为 6m 和其他条件不变，顶板厚度分别设置为 2m、3m、4m、5m、6m，对比分析不同顶板厚度对该系统链式失稳的影响规律。

4.3.3 煤柱群－顶板系统链式失稳空间全过程

煤柱群－顶板系统的链式失稳是一个三维空间动态过程，结合实际工程背景并延续前述研究，本小节通过研究不同失稳阶段煤柱群的承载及顶板变形特征，全方位再现该系统链式失稳的空间全过程。

4.3.3.1 塑性区演化规律研究

房式采空区煤柱群－顶板系统链式失稳过程中，煤柱群及顶板塑性区动态演化规律如图 4.13 所示，图中蓝色区域为煤岩体的塑性破坏区域。根据煤柱在同一阶段内的失稳个数和整体失稳趋势，可将煤柱群－顶板系统的链式失稳分为五个阶段。

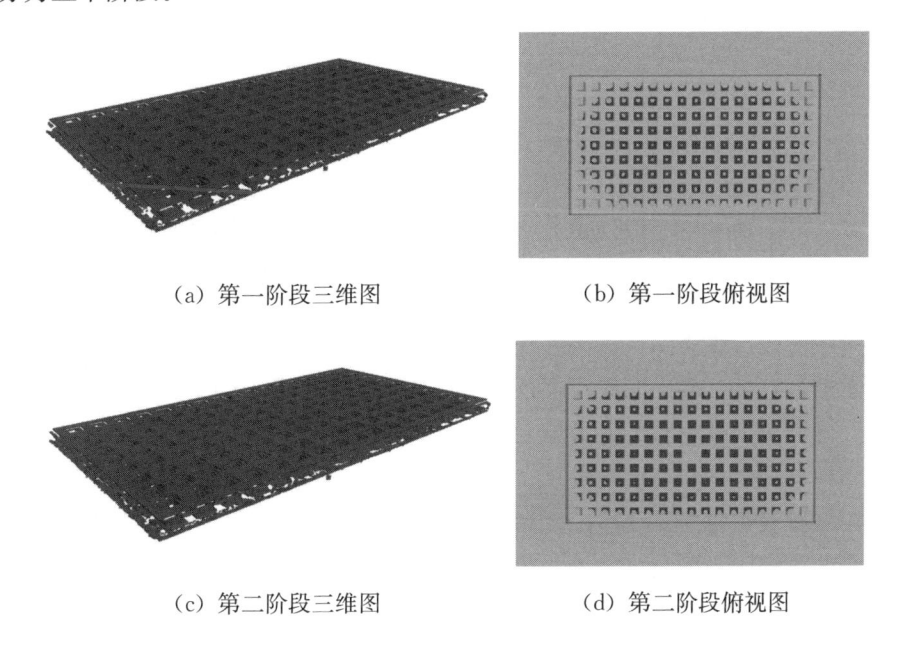

(a) 第一阶段三维图　　　　　　(b) 第一阶段俯视图

(c) 第二阶段三维图　　　　　　(d) 第二阶段俯视图

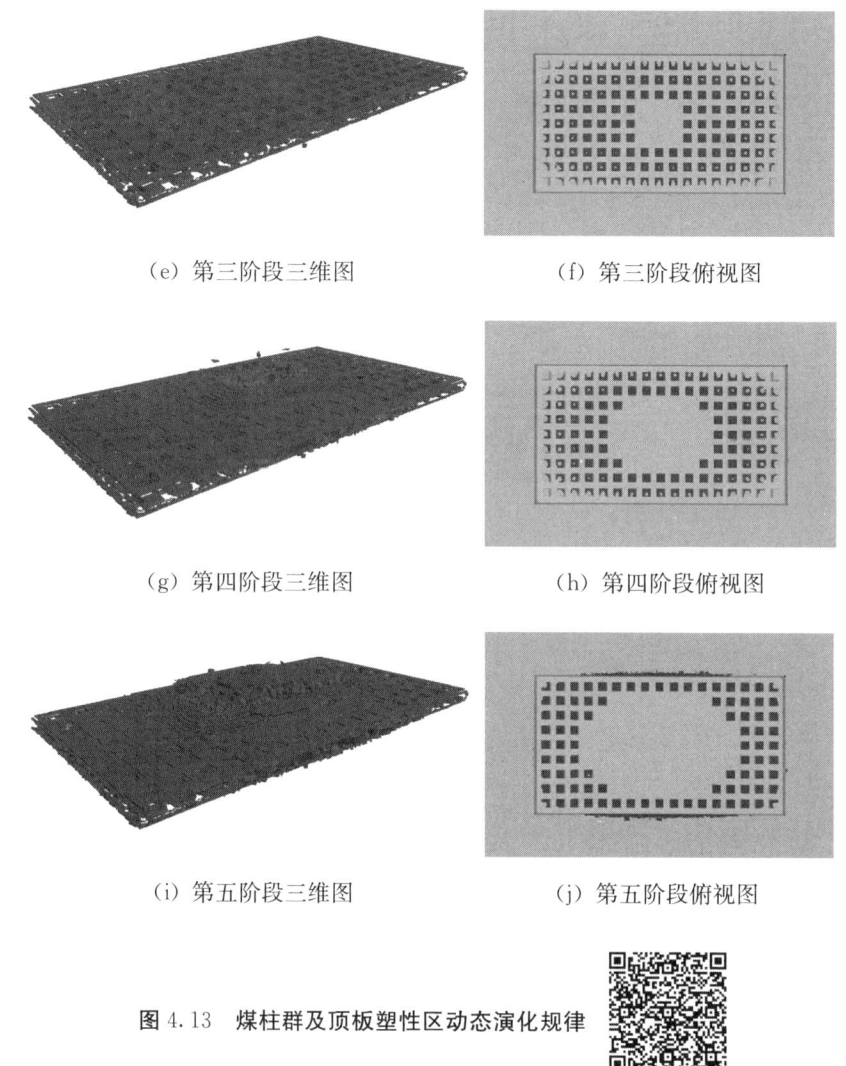

(e) 第三阶段三维图　　　　　　　　(f) 第三阶段俯视图

(g) 第四阶段三维图　　　　　　　　(h) 第四阶段俯视图

(i) 第五阶段三维图　　　　　　　　(j) 第五阶段俯视图

图 4.13　煤柱群及顶板塑性区动态演化规律

第一阶段：煤房回采完成后模型重新运算至平衡的过程中，大部分煤柱都出现了塑性破坏，但不同位置煤柱的塑性破坏情况不同。处于模型不利位置的煤柱，即处于模型中心位置的单一煤柱首先出现塑性破坏贯穿现象。此阶段内顶板塑性破坏范围和高度均较小。

第二阶段：将上一阶段出现塑性破坏贯穿的煤柱删除后，在模型重新运算至平衡的过程中，剩余煤柱进一步发生塑性破坏。距离被删除煤柱越近，未失稳煤柱进一步的塑性破坏越明显。其中，被删除单一煤柱的周边 8 个环绕邻近煤柱塑性破坏最明显，模型重新运算至平衡后，这 8 个煤柱也已出现塑性贯穿破坏。因煤柱的失稳破坏范围增加，顶板的塑性破坏也在水平范围上增加，但在高度方向上保持不变。

第三阶段：删除上一阶段塑性贯穿破坏的煤柱，模型重新运算至平衡后，完全失稳的煤柱个数达到 31 个，失稳煤柱个数占总煤柱个数的 20.26%。此阶段内顶板塑性区的破坏范围在横向和纵向都有较大增加。

第四阶段：随着运算进行，煤柱失稳个数仍然增加。此阶段煤柱失稳个数增幅明显，此阶段结束后，完全失稳煤柱个数已经达到 108 个，占煤柱总个数的 70.59%。进入此阶段后，顶板塑性区破坏也进入陡增期，顶板最大塑性区发育高度为 8.04m，较上一阶段增加了 5.87m。

第五阶段：本阶段运行结束后，基本所有遗留房柱都已发生塑性贯穿破坏，且边界煤柱在靠近采空区侧也出现塑性破坏，尤其以两长边的塑性破坏最为明显，随着所有遗留房柱的失稳，顶板出现大范围破断垮落。

通过煤柱群-顶板系统的动态塑性破坏过程可以看出，处于模型中心不利位置的单一煤柱率先失稳，随后煤柱群以近似椭圆状均匀向四周扩散失稳，沿工作面长边方向的煤柱失稳扩散个数大于沿工作面短边方向煤柱失稳扩散个数。当煤柱的失稳发展到一定阶段时，煤柱继续失稳的个数和速度都大幅提升。顶板的塑性破坏范围与煤柱的失稳个数呈正相关，当失稳煤柱达到一定阶段时，顶板便会因大范围失去支撑而破断失稳。同时，顶板的破断失稳存在明显的分段特征，在一定煤柱失稳个数范围内，顶板塑性破坏发展较缓慢，但当煤柱失稳个数超过一定范围后，顶板塑性破坏进入陡增期。

4.3.3.2 煤柱群应力演化规律研究

提取不同煤柱群-顶板系统失稳阶段的煤柱群应力，绘制煤柱群应力动态演化规律，如图 4.14 所示。随着煤柱群的逐渐失稳，煤柱群内部应力逐渐向四周未失稳煤柱转移。各阶段煤柱群的应力特征如下。

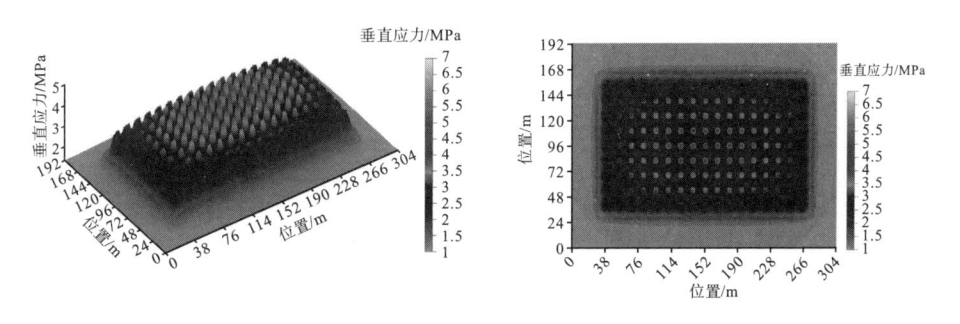

(a) 第一阶段三维图　　　　(b) 第一阶段俯视图

| 煤柱群—顶板系统协同作用机制及其稳定性控制研究

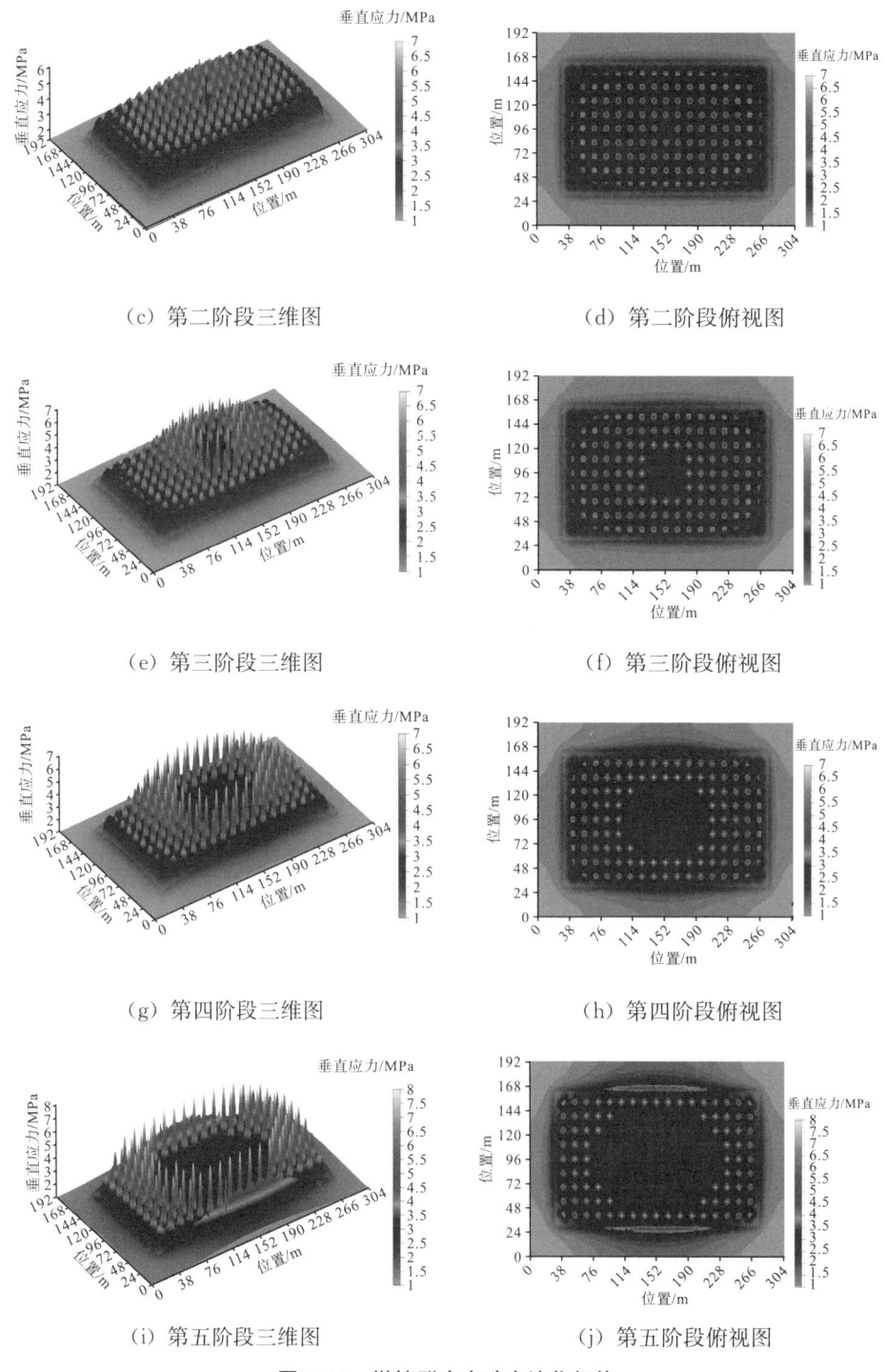

(c) 第二阶段三维图　　　　　　　　(d) 第二阶段俯视图

(e) 第三阶段三维图　　　　　　　　(f) 第三阶段俯视图

(g) 第四阶段三维图　　　　　　　　(h) 第四阶段俯视图

(i) 第五阶段三维图　　　　　　　　(j) 第五阶段俯视图

图 4.14　煤柱群应力动态演化规律

第一阶段：顶板中心位置的单一煤柱在达到临界失稳状态时承载最大，最大垂直应力为 4.80MPa，应力集中系数为 3.66。

第二阶段：当中心位置的单一煤柱失稳后，其失稳前承担的荷载向四周邻近煤柱转移，四周邻近煤柱应力均呈增长趋势。位于中心煤柱十字顶角位置的四个紧邻煤柱承担的荷载相同，且承担的荷载增幅最为明显，其应力由第一阶段结束时的 4.31MPa 增长到 5.82MPa，应力集中系数为 4.44。这一规律与本章前述理论分析算例中的规律一致，验证了前后研究的可靠性。

第三阶段：此阶段煤柱的最大应力出现在第二阶段失稳煤柱的邻近位置，最大应力为 6.26MPa，应力集中系数为 4.77。

第四阶段：此阶段煤柱失稳个数突增，煤柱群的应力集中程度进一步提高，失稳煤柱的承载仍优先转移至邻近煤柱，邻近煤柱最大应力为 7.11MPa。

第五阶段：所有遗留房柱全部失稳前，靠近边界煤柱处的遗留煤柱在处于临界状态时的应力最大，为 6.91MPa，应力集中系数为 5.27。此阶段内的最高应力较上一阶段有所降低，这是因为遗留房柱的失稳已扩展至工作面边界煤柱，房柱失稳前承担的荷载转移至边界煤柱，边界煤柱尺寸大且承载能力强，能分担更多的荷载。同时，因为受到房柱失稳后传递的荷载，边界煤柱也出现应力集中，沿工作面长边的边界煤柱应力集中现象更为明显。

第5章 煤柱群－顶板系统链式失稳评价方法及防控技术研究

第4章先从三维空间角度理论分析了煤柱群－顶板系统链式失稳的动态机制，研究了不同位置煤柱失稳对剩余煤柱承载及顶板变形的影响，再通过FLAC3D数值软件模拟再现了煤柱群－顶板系统链式失稳的空间动态全过程，并研究了不同因素对系统整体失稳的影响规律。本章在第4章研究内容的基础上，进一步结合弹性地基薄板理论展开研究。首先在考虑时间效应的基础上引入煤柱剥落参数，对基于安全系数法的单一煤柱失稳判据进行修正；其次应用能量变分法求解薄板的小挠度弯曲问题，结合最大拉应力理论对顶板的破断判据进行优化；最后融合修正后的煤柱失稳判据和优化后的顶板破断判据，提出"由点及面，以面带全"的煤柱群－顶板系统链式失稳评价方法，定位出煤柱群－顶板系统链式失稳的防控源头和重点，提出以失稳源头为切入点进行"内强外束"的系统链式失稳联合防控技术，并将研究成果代入实际房式采空区进行数值模拟验证和讨论。

5.1 单一煤柱稳定性评价

单一煤柱的稳定性评价是煤柱群－顶板系统整体稳定性评价的基础，针对单一煤柱的稳定性评价，专家学者已进行了大量研究[156−159]。本节在分析单一煤柱破坏过程的基础上，总结分析现有单一煤柱稳定性评价方法的优缺点，并结合第4章建立的弹性地基薄板力学模型提出修正后的单一煤柱失稳判据。

5.1.1 单一煤柱破坏过程

由第2章煤－岩组合体的单轴压缩试验可知，煤柱失稳是一个渐进破坏的过程，其表现出明显时间特性。房式采煤法开采过程中，煤房开挖前煤体处于三向平衡状态，煤房开挖后，煤柱的侧向应力被去除，其受力状态转为单向受力，此时煤柱不仅要承担其自身上方的岩层荷载，还要承担邻近煤房顶板转移的荷载，在上覆岩层荷载的作用下，煤柱开始产生变形直至随时间流逝而失稳。如图 5.1 所示，根据现场实际单一煤柱的破坏形态可知，其破坏并非沿煤柱轴向自顶板至底板均匀破坏，而因煤柱边缘的逐渐剥落呈现沙漏型破坏。单一煤柱典型破坏失稳过程如图 5.2 所示，其主要经历了以下 6 个阶段。

（1）初始稳定状态：煤柱形成初期，其边缘及内部无裂纹及破坏产生，能保持良好稳定。

（2）煤柱边缘开始产生裂缝：因没有了侧向水平应力的约束，煤柱边缘首先开始破坏并产生与煤柱轴向平行的短小裂纹。

（3）煤柱边缘开始剥落：煤柱边缘的破坏进一步发展，短小裂纹扩展贯通形成狭长连续裂纹，煤柱边缘开始片帮剥落。

（4）沙漏型破坏开始：煤柱内部开始产生裂纹，煤柱整体开始发生沿对角线破坏，轴向方向煤柱中部边缘剥落程度大于顶板和底板位置，煤柱的沙漏型破坏开始发生。

（5）沙漏型破坏加剧：煤柱边缘及内部裂纹继续扩展和贯通，形成更多宽长、连续、与煤柱轴向近似平行的裂纹，煤柱边缘片帮剥落加剧，沙漏型破坏更明显。

（6）极限稳定状态：煤柱沙漏型片帮剥落达到极限状态，若再随时间发展或受到外界轻微扰动，煤柱便会完全失稳破坏。

（a）矿柱剥落状态[160] （b）煤柱剥落状态[161]

图 5.1 煤（矿）柱实际破坏形态

(a) 初始稳定状态　　(b) 煤柱边缘开始产生裂缝　　(c) 煤柱边缘开始剥落

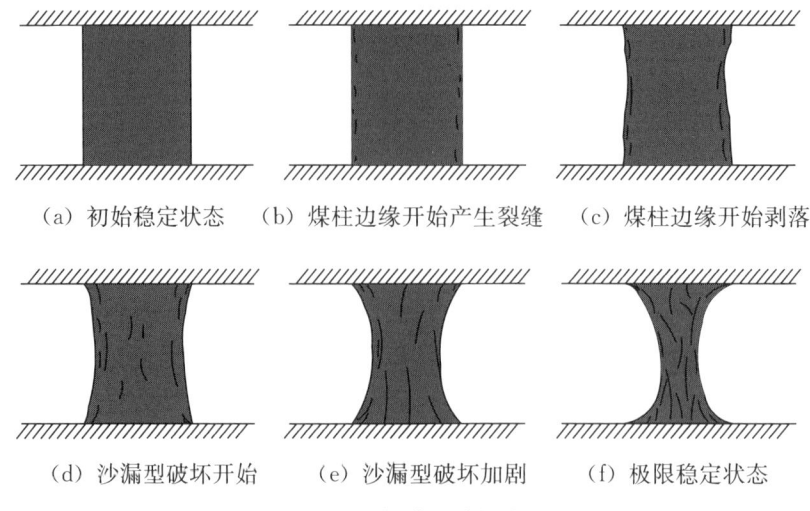

(d) 沙漏型破坏开始　　(e) 沙漏型破坏加剧　　(f) 极限稳定状态

图 5.2　单一煤柱典型破坏失稳过程

5.1.2　单一煤柱承载计算

5.1.2.1　单一煤柱承载计算常用理论

煤房被开挖后，煤柱主要承担来自上覆岩层的荷载，要对煤柱的稳定性进行评价，需要先确定其承担的荷载。单一煤柱所承担的荷载主要与其自身形状和尺寸（包括长度、宽度和高度）、煤房尺寸、上覆岩层力学特征等因素有关，目前确定单一煤柱承载的方法主要有从属面积理论和压力拱理论。

（1）基于从属面积理论的单一煤柱承载计算。

因为基于从属面积理论的单一煤柱承载计算方法的原理简单、计算方便，所以成为应用最广泛的理论之一。该理论认为，单一煤柱承担的荷载包括自身上覆岩层荷载及四周煤房一半尺寸范围内的上覆岩层荷载[162]。如图 5.3 所示，上覆岩层均布荷载作用在单一煤柱上的平均应力为：

$$\sigma_p = \frac{\gamma H (l_{px} + l_{fx})(l_{py} + l_{py})}{l_{px} \cdot l_{py}} \tag{5.1}$$

式中，σ_p 为上覆岩层均布荷载作用在单一煤柱上的平均应力，MPa；γ 为上覆岩层平均容重，kN/m³；H 为煤层开采深度，m；l_{px} 为房柱的长度，m；l_{py} 为房柱的宽度，m；l_{fx} 为煤房的长度，m；l_{fy} 为煤房的宽度，m。

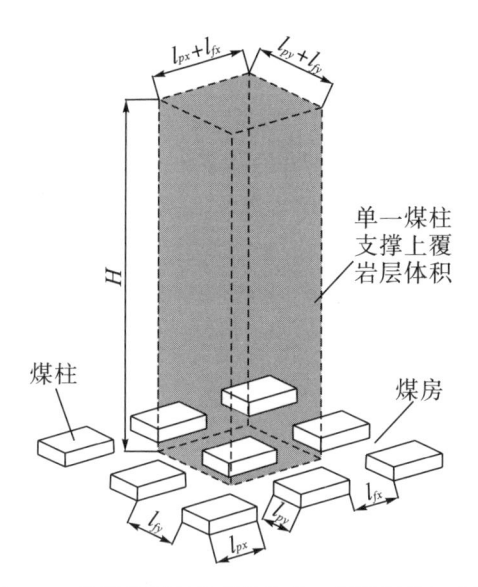

图 5.3 基于从属面积理论的单一煤柱承载示意图

基于从属面积理论的单一煤柱承载计算方法简便实用，但一方面，该理论仅考虑了煤柱从属面积范围内的上覆岩层荷载，忽略了煤柱之间的相互影响；另一方面，如果房式采空区内各煤柱尺寸不一致且相差较大，大尺寸煤柱就会分担小尺寸煤柱的荷载而承载更多，此时用该理论计算便会出现偏差。

(2) 基于压力拱理论的单一煤柱承载计算方法。

基于压力拱理论的单一煤柱承载计算方法在近年来被广泛应用。该理论认为，单个煤房开挖后在其上方形成压力拱承载结构，随着开挖工作的进行，便会形成若干个压力拱，若某单一煤柱失稳后，压力拱就会在水平和垂直方向不断扩大，压力拱外的上覆岩层荷载会转移至拱脚处由大煤柱来承担，压力拱内的覆岩荷载则由拱内的相对较小煤柱承担，且这些煤柱互相影响[163-164]。在此基础上，吴文达给出了基于压力拱理论的单一煤柱承载计算公式[165]：

$$\sigma_P = \frac{\gamma H \pi \left(2LTD + \frac{l_p}{2}\right)^2}{\pi \left(2LTD + \frac{l_p}{2}\right)^2 - A} \tag{5.2}$$

$$LTD = -0.0001H^2 + 0.2701H \tag{5.3}$$

式中，LTD 为荷载水平传递距离与煤层埋深的关系；A 为开挖煤房的面积，m^2。

基于压力拱理论的单一煤柱承载计算方法虽然考虑了煤柱邻近上覆岩层的

压力转移及煤柱之间的相互影响，但荷载水平传递距离与煤层埋深的关系表达式为拟合公式，且拟合样本数据较少，其精确性及广泛适用性有待商榷。

5.1.2.2 基于弹性地基薄板理论的单一煤柱承载计算

房式采空区内的顶板在煤柱的有效支撑下保持稳定，煤柱承受来自顶板的荷载，不同位置、不同形状及尺寸的煤柱承载不同，因此，需要根据煤柱实际存在情况来计算各单一煤柱的承载，基于板理论的单一煤柱承载计算在这方面具有显著优势。第4章基于弹性地基薄板理论计算了房式采空区内煤柱群－顶板系统的承载及变形规律，式（4.32）给出了任意位置单一煤柱承载的计算方法。在第4章对房式采空区内任意位置单一煤柱的承载进行计算时，因没有实际工程背景，且仅为了规律性研究，将全煤柱尺寸作为煤柱有效承载坐标范围，这与上述基于从属面积理论和基于压力拱理论的单一煤柱承载计算时将煤柱整体都作为有效承载体一致。单一煤柱由表及里可分为破裂区、塑性区和弹性核区，弹性核区是上覆岩层荷载的主要承载区域，塑性区也能对上覆顶板提供一定支撑，破裂区则不能对顶板提供支撑作用。由5.1.1可知，在上覆岩层荷载、工程扰动、自然风化、积水浸蚀等因素的影响下，煤柱将随时间产生不同程度的片帮剥落，片帮剥落煤体不再具有承载能力，煤柱对顶板的有效支撑尺寸也相应发生变化。因此，恒定使用全煤柱尺寸来计算单一煤柱承载就存在偏差，在计算煤柱承载能力时应将受时间效应影响的煤柱片帮剥落考虑在内。对于时间效应的考虑，本书第2章也已涉及。

文献［166］最早提出了煤柱的片帮剥落现象，文献［167－170］等也相继在考虑煤柱片帮剥落现象的基础上对煤柱的承载进行了研究。在煤柱片帮剥落后，煤柱的实际承载范围减小，以 x 方向为例，其等效简化图如图5.4所示。

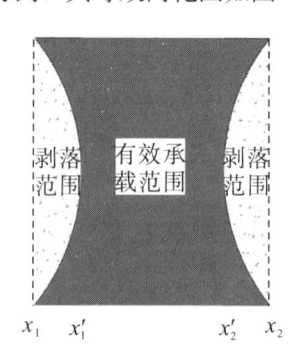

(a) 煤柱初始形态　　(b) 煤柱剥落后形态

图5.4　煤柱有效承载范围示意图[161]

对于单一煤柱剥落宽度的计算，文献［167］和［168］通过大量现场调研和实验室实验，提出了煤柱剥落率的概念，并拟合了相应计算公式：

$$\xi = 0.1624 \left(\frac{h_p}{t}\right) \cdot 0.8135 \tag{5.4}$$

式中，ξ 为煤柱的剥落率，%；h_p 为煤柱高度，m；t 为煤柱形成的时间，年。

进一步得出煤柱的片帮剥落尺寸为[170]：

$$l_{pb} = \xi t = 0.1624 \left(\frac{h_p}{t}\right) \cdot 0.8135 t = 0.1624 h_p \cdot 0.8135 t^{0.1865} \tag{5.5}$$

式中，l_{pb} 为煤柱的片帮剥落尺寸，m。

在第 4 章研究结果的基础上，考虑时间效应煤柱片帮剥落对煤柱稳定性的影响，引入煤柱剥落参数，对式（4.32）进行进一步改写，得到的房式采空区内任意位置单一煤柱承受的平均应力为：

$$\sigma_p = \frac{\int_{x_{i1}+l_{pb}}^{x_{i2}-l_{pb}} \int_{y_{i1}+l_{pb}}^{y_{i2}-l_{pb}} k_{pi}\omega_i \mathrm{d}x\mathrm{d}y}{(l_{pxi}-2l_{pb})(l_{pyi}-2l_{pb})} \tag{5.6}$$

式中，$x_{i1}+l_{pb}$ 和 $x_{i2}-l_{pb}$ 表示任意位置单一煤柱有效承载宽度的横坐标范围；$y_{i1}+l_{pb}$ 和 $y_{i2}-l_{pb}$ 表示任意位置单一煤柱有效承载宽度的纵坐标范围；l_{pxi} 为任意位置单一煤柱的整体长度；l_{pyi} 为任意位置单一煤柱的整体宽度。

其中，对于任意位置单一煤柱支撑区域的弹性地基系数 k_{pi}，考虑时间效应下煤柱片帮剥落的影响，将煤柱剥落参数代入式（4.14）进一步改写得到：

$$\begin{aligned}k_{pi} &= \frac{E_{pi}(l_{Pxi}-2l_{pb})(l_{pyi}-2l_{pb})}{h_{pi}\left(l_{pxi}-2l_{pb}+\dfrac{l_{fxi}}{2}+l_{pb}\right)\left(l_{pxi}-2l_{pb}+\dfrac{l_{fyi}}{2}+l_{pb}\right)}\\ &= \frac{E_{pi}(l_{Pxi}-2l_{pb})(l_{pyi}-2l_{pb})}{h_{pi}\left(l_{pxi}-l_{pb}+\dfrac{l_{fxi}}{2}\right)\left(l_{pxi}-l_{pb}+\dfrac{l_{fyi}}{2}\right)}\end{aligned} \tag{5.7}$$

将式（5.7）代入式（5.6），得到引入煤柱剥落参数后，任意位置单一煤柱承受的平均应力为：

$$\sigma_{pi} = \frac{\int_{x_{i1}+l_{pb}}^{x_{i2}-l_{pb}} \int_{y_{i1}+l_{pb}}^{y_{i2}-l_{pb}} \dfrac{E_{pi}(l_{pxi}-2l_{pb})(l_{pyi}-2l_{pb})}{h_{pi}\left(l_{pxi}-l_{pb}+\dfrac{l_{fxi}}{2}\right)\left(l_{pxi}-l_{pb}+\dfrac{l_{fyi}}{2}\right)}\omega_i \mathrm{d}x\mathrm{d}y}{(l_{pxi}-2l_{pb})(l_{pyi}-2l_{pb})} \tag{5.8}$$

5.1.3 单一煤柱强度计算

煤柱强度是指煤柱单位面积上所能承担的最大荷载，是评价煤柱抵抗外荷载破坏的基本指标，煤柱强度与煤体试件的单轴抗压强度不同，其与煤体自身的力学性质及煤柱的高度和宽度直接相关。煤体自身强度越大，煤柱的强度就越高，煤柱宽高比越大，其强度也越高。为了更准确地得到煤柱强度的实际数值，众多专家学者从不同角度提出了数十种计算方法，主要包括以 Bunting 计算式、Van 计算式、Sorenson 计算式等为代表的线性经验公式和以 Zern 计算式、Steart 计算式、Holland-Gaddy 计算式等为代表的指数经验公式[171]。此外，Logie 和 Matheson、Malecki、Sheorey 等学者也提出了不同形式的煤柱强度计算公式[51]。其中，由大量现场原位测试调查得出的 Bieniawski 煤柱强度计算公式最被接受且应用广泛，具体如下：

$$\sigma_q = \sigma_m \left[0.64 + 0.36 \left(\frac{l_p}{h_p} \right) \right]^\alpha \tag{5.9}$$

式中，σ_q 为煤柱强度，MPa；σ_m 为煤体单轴抗压强度，MPa；l_p 为煤柱宽度，通常指煤柱短边的长度，m；α 为常数，当 $l_p/h_p > 5$ 时，α 取值为 1.4，当 $l_p/h_p < 5$ 时，α 取值为 1.0。

上述煤柱强度计算方法对煤柱强度的确定具有重要指导意义，但这些计算方法均没有考虑时间效应下煤柱片帮剥落的影响，因此，需进一步修正上述计算方法。联立式（5.5）和式（5.9），得到引入煤柱剥落参数后的煤柱强度计算公式为：

$$\sigma_q = \sigma_m \left[0.64 + 0.36 \left(\frac{l_p - 0.3248 h_p \cdot 0.8135 t^{0.1865}}{h_p} \right) \right]^\alpha \tag{5.10}$$

5.1.4 修正的单一煤柱失稳判据

根据极限强度理论可以得出，当煤柱承担的外荷载达到其自身的极限强度后，煤柱就会失稳破坏。安全系数法是当前最常用的单一煤柱稳定性评价方法，其基本思想是在煤柱逐渐被破坏的过程中，当煤柱自身极限强度与煤柱承受的外荷载的比值大于安全系数时，则认为煤柱不能再保持稳定。由安全系数法确定单一煤柱是否稳定的基本计算公式如下：

第5章 煤柱群－顶板系统链式失稳评价方法及防控技术研究

$$f_p = \frac{\sigma_q}{\sigma_p} \tag{5.11}$$

式中，f_p 为煤柱安全系数，一般认为，当煤柱的安全系数大于 1.5 时，煤柱具有良好稳定性；当煤柱的安全系数小于 1.5 时，煤柱稳定性差。

结合上述研究，当使用安全系数法判别煤柱失稳时，应考虑时间效应下煤柱片帮剥落对煤柱有效承载尺寸的影响，进而考虑煤柱片帮剥落对其承担的荷载和自身强度的影响。将式（5.8）和式（5.10）代入式（5.11），得到引入煤柱剥落参数后任意位置单一煤柱的修正失稳判据为：

$$f_{pi} = \frac{\sigma_{mi}\left[0.64 + 0.36\left(\dfrac{l_{pi} - 0.3248 h_{pi} \cdot 0.8135 t_i \cdot 0.1865}{h_{pi}}\right)\right]^a (l_{pxi} - 2l_{pb})(l_{pyi} - 2l_{pb})}{\displaystyle\int_{x_{i1}+l_{pb}}^{x_{i2}-l_{pb}}\int_{y_{i1}+l_{pb}}^{y_{i2}-l_{pb}} \dfrac{E_{pi}(l_{Pxi} - 2l_{pb})(l_{pyi} - 2l_{pb})}{h_{pi}\left(l_{pxi} - l_{pb} + \dfrac{l_{fxi}}{2}\right)\left(l_{pxi} - l_{pb} + \dfrac{l_{fyi}}{2}\right)} \omega_i \,\mathrm{d}x\mathrm{d}y}$$

$$< 1.5 \tag{5.12}$$

5.2 顶板稳定性评价

顶板稳定性是采空区稳定的直接影响因素，房式采空区中，遗留煤柱随时间流逝出现群体性失稳，在失去煤柱的有效支撑后，顶板将呈现悬露状态。当煤柱群的失稳数量达到一定范围，即顶板的悬露面积增加到一定范围后，顶板将发生弯曲、变形、破断、冒落，从而引发采空区灾害。因此，顶板稳定性评价一直是研究的重点和热点，目前被广泛应用的评价方法主要以传递岩梁、砌体梁、压力拱假说等为基础，将顶板简化为弹性岩梁展开分析。这种研究方法极大地简化了分析过程，对顶板的稳定性评价做出了重要规律性研究。但随着研究开展，学者们发现岩梁理论未能充分考虑顶板结构的空间效应，故近年来板理论开始被应用于顶板稳定性的评价中[172-173]。本节在前人的研究基础上，结合第 4 章的研究内容，仍将顶板简化为薄板来研究其稳定性。根据房式采空区悬露顶板的破坏阶段和迁移特征，本节主要对悬露顶板四边固支和四边简支两种边界条件时顶板的稳定性进行评价分析。

5.2.1 薄板弯曲的近似解

求解薄板的小挠度弯曲问题就是求出同时满足薄板边界条件及微分方程的

解，经过复杂的数学求解后也难以得出一个精确解，应用能量变分法能较为精确地求得近似解[174]。

根据最小势能原理，由薄板的应变能减去外荷载对薄板的做工即可得到薄板的总势能：

$$V = V_\varepsilon - V_P \tag{5.13}$$

式中，V 为薄板的总势能，J；V_ε 为薄板的应变能，J；V_P 为荷载对薄板的做工，J。

在薄板的小挠度变形求解中，按照直法线假设条件，不计应变分量 ε_z、γ_{yz} 和 γ_{zx}，由此得到板内应变能的计算式为：

$$V_\varepsilon = \frac{1}{2}\int_V (\sigma_x \varepsilon_x + \sigma_y \varepsilon_y + \tau_{xy}\gamma_{xy})\mathrm{d}V \tag{5.14}$$

将式（4.7）和式（4.9）代入式（5.14），可得：

$$V_\varepsilon = \frac{E}{2(1-\mu^2)}\int_V z^2 \left\{ \left(\frac{\partial^2 \omega}{\partial x^2} + \frac{\partial^2 \omega}{\partial y^2}\right)^2 - 2(1-\mu)\left[\frac{\partial^2 \omega}{\partial x^2} \cdot \frac{\partial^2 \omega}{\partial y^2} - \left(\frac{\partial^2 \omega}{\partial x \partial x}\right)^2\right] \right\}\mathrm{d}V \tag{5.15}$$

用 $\mathrm{d}x\mathrm{d}y\mathrm{d}z$ 代替式（5.15）中 $\mathrm{d}V$，并改用多重积分记号，对 z 从 $-h/2$ 到 $h/2$ 进行积分，可得：

$$V_\varepsilon = \frac{E}{2(1-\mu^2)}\iiint z^2 \left\{ \left(\frac{\partial^2 \omega}{\partial x^2} + \frac{\partial^2 \omega}{\partial y^2}\right)^2 - 2(1-\mu)\left[\frac{\partial^2 \omega}{\partial x^2} \cdot \frac{\partial^2 \omega}{\partial y^2} - \left(\frac{\partial^2 \omega}{\partial x \partial x}\right)^2\right] \right\}\mathrm{d}x\mathrm{d}y\mathrm{d}z \tag{5.16}$$

将式（4.11）代入式（5.16），可得：

$$V_\varepsilon = \frac{D}{2}\iint \left\{ \left(\frac{\partial^2 \omega}{\partial x^2} + \frac{\partial^2 \omega}{\partial y^2}\right)^2 - 2(1-\mu)\left[\frac{\partial^2 \omega}{\partial x^2} \cdot \frac{\partial^2 \omega}{\partial y^2} - \left(\frac{\partial^2 \omega}{\partial x \partial x}\right)^2\right] \right\}\mathrm{d}x\mathrm{d}y \tag{5.17}$$

上覆荷载 q 对薄板的做工为：

$$V_P = \iint q\omega \mathrm{d}x\mathrm{d}y \tag{5.18}$$

联立式（5.17）和式（5.18），得到薄板弯曲变形产生的总势能为：

$$V = \frac{D}{2}\iint \left\{ \left(\frac{\partial^2 \omega}{\partial x^2} + \frac{\partial^2 \omega}{\partial y^2}\right)^2 - 2(1-\mu)\left[\frac{\partial^2 \omega}{\partial x^2} \cdot \frac{\partial^2 \omega}{\partial y^2} - \left(\frac{\partial^2 \omega}{\partial x \partial x}\right)^2\right] \right\}\mathrm{d}x\mathrm{d}y - \iint q\omega \mathrm{d}x\mathrm{d}y \tag{5.19}$$

薄板的一阶挠曲面方程为：

$$\omega = \sum_m C_m \omega_m \tag{5.20}$$

式中，C_m 为待定系数；ω_m 为满足薄板边界条件的设定函数，且每一项都能满足边界条件。

同时，有：

$$\frac{\partial V}{\partial C_m} = 0 \tag{5.21}$$

联立式（5.19）、式（5.20）和式（5.21），便可完成求解。

5.2.2 四边固支悬露顶板稳定性分析

建立四边固支悬露顶板力学模型如图 5.5 所示，顶板长边长度设为 a，短边长度设为 b，顶板厚度设为 h_r，受到上覆均布荷载 q 的作用，以板中心为原点建立坐标系。

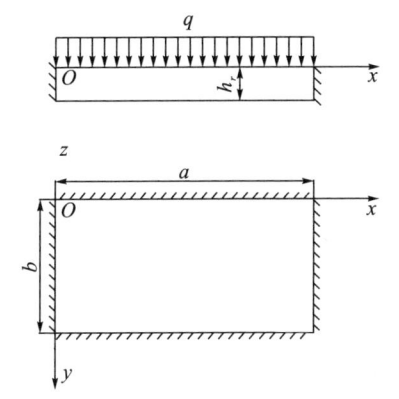

图 5.5　四边固支悬露顶板力学模型

四边固支薄板的边界条件为：

$$\begin{cases} (\omega)_{x=0,a} = 0, \quad \left(\dfrac{\partial \omega}{\partial x}\right)_{x=0,a} = 0 \\ (\omega)_{y=0,b} = 0, \quad \left(\dfrac{\partial \omega}{\partial y}\right)_{y=0,b} = 0 \end{cases} \tag{5.22}$$

构建满足顶板四边固支条件下薄板的一阶挠曲面方程：

$$\omega = C_1 \omega_1 = C_1 \left(1 - \cos\frac{2\pi x}{a}\right)\left(1 - \cos\frac{2\pi y}{b}\right) \tag{5.23}$$

式中，C_1 为待定系数；ω_1 为满足四边固支边界条件下薄板的设定函数。

将式（5.23）代入式（5.19），并联立式（5.21），可得：

$$C_1 = \frac{qa^4b^4}{12D\pi^4\left(a^4 + \frac{2}{3}a^2b^2 + b^4\right)} \tag{5.24}$$

将式（5.24）代入式（5.23），可得：

$$\omega = \frac{qa^4b^4\left(1-\cos\frac{2\pi x}{a}\right)\left(1-\cos\frac{2\pi y}{b}\right)}{12D\pi^4\left(a^4 + \frac{2}{3}a^2b^2 + b^4\right)} \tag{5.25}$$

将式（5.25）代入式（4.10），可得四边固支薄板的弯矩为：

$$\begin{cases} M_x = \dfrac{qa^2b^2\left\{\left[(\mu a^2 + b^2)\cos\dfrac{2\pi y}{b} - b^2\right]\cos\dfrac{2\pi x}{a} - \mu a^2 b^2 \cos\dfrac{2\pi y}{b}\right\}}{\pi^2(3a^4 + 2a^2b^2 + 3b^4)} \\ M_y = \dfrac{qa^2b^2\left\{\left[(a^2 + \mu b^2)\cos\dfrac{2\pi y}{b} - \mu b^2\right]\cos\dfrac{2\pi x}{a} - a^2 \cos\dfrac{2\pi y}{b}\right\}}{\pi^2(3a^4 + 2a^2b^2 + 3b^4)} \end{cases}$$

$$\tag{5.26}$$

5.2.3 四边简支悬露顶板稳定性分析

建立四边简支悬露顶板力学模型如图 5.6 所示，除边界条件不同外，其余条件均与四边固支悬露顶板一致。

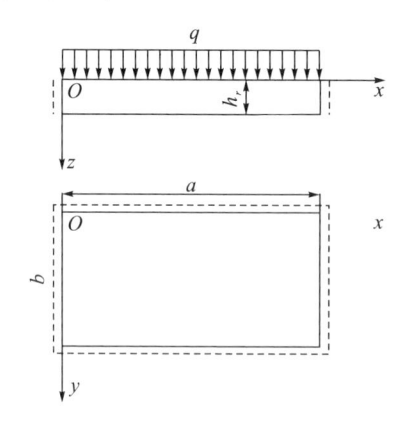

图 5.6 四边简支悬露顶板力学模型

四边简支薄板的边界条件为：

$$\begin{cases} (\omega)_{x=0,a} = 0, & \left(\dfrac{\partial^2 \omega}{\partial x^2}\right)_{x=0,a} = 0 \\ (\omega)_{y=0,b} = 0, & \left(\dfrac{\partial^2 \omega}{\partial y^2}\right)_{y=0,b} = 0 \end{cases} \tag{5.27}$$

构建满足顶板四边简支条件下薄板的一阶挠曲面方程：

$$\omega = C_2 \omega_2 = C_2 \sin\frac{\pi x}{a}\sin\frac{\pi y}{b} \tag{5.28}$$

式中，C_2 为待定系数；ω_2 为满足四边简支边界条件下薄板的设定函数。

将式（5.28）代入式（5.19），并联立式（5.21），可得：

$$C_2 = \frac{16qa^4 b^4}{\pi^6 D(a^2+b^2)^2} \tag{5.29}$$

将式（5.29）代入式（5.28），可得：

$$\omega = \frac{16qa^4 b^4 \sin\dfrac{\pi x}{a}\sin\dfrac{\pi y}{b}}{\pi^6 D(a^2+b^2)^2} \tag{5.30}$$

将式（5.30）代入式（4.10），可得四边简支时薄板的弯矩为：

$$\begin{cases} M_x = \dfrac{16qa^2 b^2 \sin\dfrac{\pi x}{a}\sin\dfrac{\pi y}{b}(\mu a^2+b^2)}{\pi^4(a^2+b^2)^2} \\ M_y = \dfrac{16qa^2 b^2 \sin\dfrac{\pi x}{a}\sin\dfrac{\pi y}{b}(a^2+\mu b^2)}{\pi^4(a^2+b^2)^2} \end{cases} \tag{5.31}$$

5.2.4 顶板稳定性评价方法

顶板岩石为脆性材料，顶板的破坏形式主要表现为受拉破坏，岩石的抗拉强度远小于其抗压强度。最大拉应力理论认为，某点在复杂受力状态下受到的最大拉应力达到材料的许用拉应力时，材料将会发生脆性破断，根据最大拉应力理论给出顶板发生脆性破断的基本判别依据如下[175]：

$$\sigma_T > [\sigma] \tag{5.32}$$

式中，σ_T 为顶板受到的最大拉应力，MPa；$[\sigma]$ 为顶板的许用拉应力，MPa。

其中，

$$\sigma_T = \frac{6M_{\max}}{h_r^2} \tag{5.33}$$

式中，$M_{\max}$ 为顶板最大弯矩，可先根据式（5.26）或式（5.31）求出顶板的弯矩，再利用极限法求得最大弯矩。

联立式（5.32）和式（5.33），得到基于薄板理论并应用能量变分法求解薄板小挠度弯曲近似解后优化的顶板破断判据为：

$$\frac{6M_{\max}}{h_r^2} > [\sigma] \tag{5.34}$$

5.3 煤柱群－顶板系统链式失稳评价方法

5.3.1 煤柱群－顶板系统链式失稳过程

根据第 3 章相似模拟试验及第 4 章数值模拟实验结果得到房式采空区煤柱群－顶板系统的链式失稳过程如图 5.7 所示。工作面煤房回采完成后，大量煤柱被遗留在采空区内，煤柱与煤柱之间、煤柱与顶板之间相互依存、相互影响。随时间推移，某煤柱率先破坏失稳引发一系列"多米诺"式的链式反应，最终引发大面积煤柱的群体性失稳和顶板破断冒落，采空区灾害也伴随发生。由图 5.7 可知，煤柱群－顶板系统的链式失稳是一个"整体稳定—局部失稳—失稳扩散—整体失稳"的动态过程。

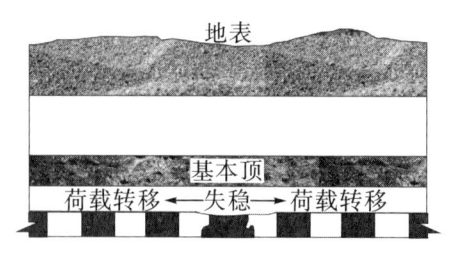

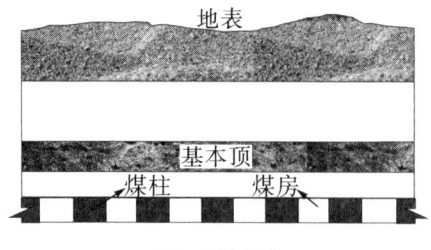

（a）整体稳定　　　　　　　　　（b）局部失稳

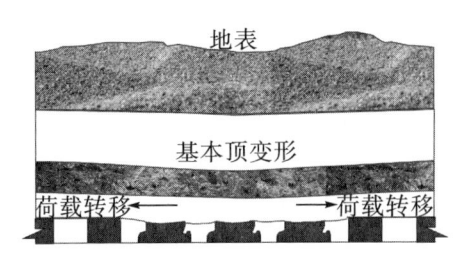

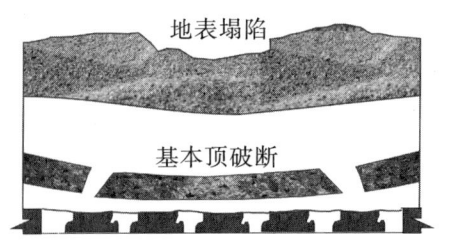

第5章 煤柱群－顶板系统链式失稳评价方法及防控技术研究

（c）失稳扩散　　　　　　　　（d）整体失稳

图 5.7　煤柱群－顶板系统链式失稳过程示意图

（1）整体稳定阶段。

采空区形成初期，各遗留煤柱受自身节理裂隙、结构面及外部环境影响程度较小，而都能稳定存在，遗留群柱和顶板共同承担上覆岩层荷载，煤柱群－顶板系统处于整体稳定的平衡状态。

（2）局部失稳阶段。

随时间推移，采空区内的煤柱均出现不同程度的剥落片帮及塑性发育，煤柱承载能力降低。在内外因素的影响下，某些煤柱首先开始变形破坏直至失稳，失稳煤柱处的煤房顶板连接贯通，失稳煤柱原本承担的上覆荷载转移至相邻煤柱，相邻煤柱的荷载也因此增加。

（3）失稳扩散阶段。

在分摊了失稳煤柱转移来的荷载后，随时间继续推移，相邻煤柱的应力集中程度逐渐增加，当相邻煤柱承担的荷载也达到自身强度极限后，相邻煤柱也将变形失稳，相邻煤柱失稳前承担的荷载又将继续转移传递。在此阶段，因失去煤柱支撑的顶板悬露面积逐渐增大，顶板也逐渐变形离层，且变形离层的水平和垂直范围逐渐增加。因此，煤柱群－顶板系统的失稳呈整体扩散态势。

（4）整体失稳阶段。

因煤柱群的荷载转移持续发生，未失稳煤柱需承担更多的荷载并逐渐失稳。在更多煤柱的失稳过程中，各失稳煤柱两侧的煤房顶板持续贯通连接，顶板的变形、离层也逐渐发生。当失稳煤柱数量达到一定程度时，顶板的悬露面积达到极限，基本顶破断后顶板出现大范围冒落，顶板的破断冒落又将反作用和加剧剩余煤柱失稳，直至煤柱群－顶板系统整体失稳。在失去了煤柱群－顶板系统的有效支撑后，上覆岩层大范围垮落并发育至地表，从而引起地表下沉。

5.3.2 煤柱群－顶板系统链式失稳评价流程

房式采空区煤柱群－顶板系统链式失稳是一个动态过程，对该系统进行失稳评价不能仅以系统中的某一组分为判别对象，而应该将系统作为一个整体来进行动态评价。董法[176]和汪尔乾[177]分别给出了采空区矿柱群链式失稳的动态评价方法，本书在参考上述文献评价方法的基础上，结合前述研究内容，提出房式采空区煤柱群－顶板系统链式失稳评价流程如图 5.8 所示。

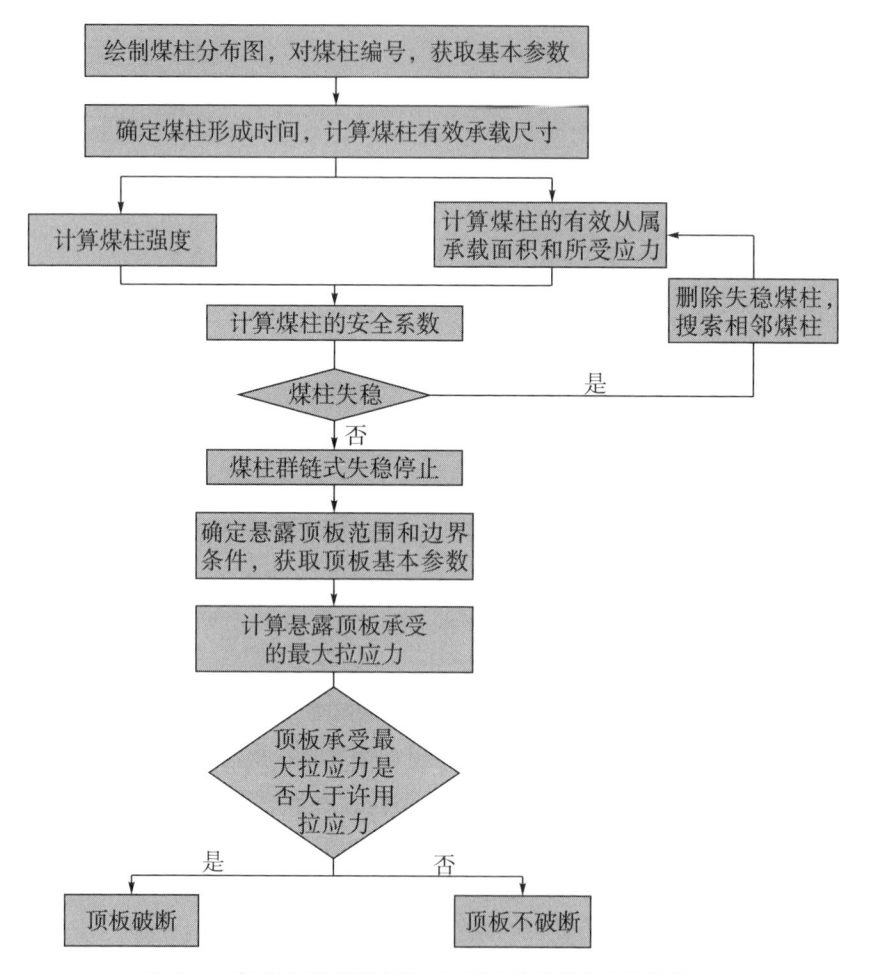

图 5.8 房式采空区煤柱群－顶板系统链式失稳评价流程

第一步：收集矿井房式采空区资料并进行实际勘察调研，获取采空区内所有遗留煤柱的位置和初始留设长度、宽度及高度，详细绘制采空区煤柱分布图，建立采空区直角坐标系，对煤柱进行编号，确定煤柱的初始坐标位置。同时获取煤层单轴抗压强度、弹性模量等基本力学参数。

第二步：确定采空区内所有煤柱形成时间，根据式（5.5）计算得到煤柱的片帮剥落尺寸，进一步用煤柱初始尺寸减去片帮剥落尺寸得到研究时间段内的煤柱有效承载尺寸和有效承载范围坐标。

第三步：根据从属面积理论计算确定单一煤柱的有效从属承载面积，利用式（5.7）计算得到各煤柱有效支撑区域的弹性地基系数，利用式（5.8）计算得到任意位置单一煤柱承受的平均应力，利用式（5.10）计算得到煤柱有效承载尺寸的强度。

第四步：利用式（5.12）计算得到采空区各煤柱的安全系数，判定安全系数小于 1.5 的煤柱失稳，安全系数大于 1.5 的煤柱不失稳。

第五步：删除所有失稳煤柱，对所有失稳煤柱的相邻煤柱返回第三步重新进行计算，直至删除所有安全系数小于 1.5 的煤柱，即删除所有失稳煤柱，此时认为煤柱群的链式失稳停止。

第六步：圈定失去煤柱群支撑的悬露顶板范围，确定悬露顶板的面积和边界条件，获取顶板厚度、弹性模量、许用抗拉强度、上覆岩层荷载等基本参数。

第七步：根据悬露顶板边界条件，利用式（5.26）或式（5.31）计算得到悬露顶板弯矩，并用极限法求得最大弯矩，进一步利用式（5.33）计算悬露顶板承受的最大拉应力。

第八步：利用式（5.34）判断悬露顶板是否会破断，若顶板承受的最大拉应力小于许用拉应力，则顶板稳定；反之，则顶板破断垮落。若判定顶板破断垮落，则房式采空区煤柱群－顶板系统整体失稳。在此说明，根据悬露顶板的范围、块段个数，可以判定采空区是整体失稳还是局部失稳。

这 8 个步骤是进行房式采空区煤柱群－顶板系统链式失稳评价的完整流程，其可用于评价某一房式采空区形成后的稳定状态或预测某一房式采空区形成若干年后的稳定状态。

此外，通过前述研究可以得出，房式采空区内某单一或局部煤柱初始失稳后极有可能引发一系列的链式失稳。因此，后续在提出房式采空区链式失稳防控技术时，应该从引发链式失稳的根源抓起，即需重点和优先防控房式采空区内最先存在失稳可能的煤柱。太原理工大学冯国瑞教授团队将在残采区遗留煤柱群链式反应中起到关键作用的煤柱定义为"关键柱"[51, 112]，本书以这种定义方式为参考，将房式采空区内最先存在失稳可能的某单一或若干煤柱定义为

"触发柱"。具体为，在利用上述房式采空区煤柱群－顶板系统链式失稳评价流程对所有煤柱进行首轮安全系数计算时，将安全系数小于1.5的煤柱定义为"触发柱"，即将煤柱群－顶板系统链式失稳评价流程第四步中计算得到的安全系数小于1.5的煤柱定义为"触发柱"。

5.4 煤柱群－顶板系统链式失稳防控技术

5.4.1 煤柱失稳防控技术

房式采空区内某单一或局部煤柱的初始失稳是煤柱群－顶板系统链式失稳的起始源头和根本原因。因此，对煤柱群－顶板系统链式失稳的防控研究需主要聚焦在煤柱上。前人已对煤（矿）柱失稳的防控技术展开了诸多研究，目前已有的防控技术主要从提高煤（矿）柱强度和降低煤（矿）柱承载两个方面展开，包括以下内容。

(1) 锚固增强。

通过锚杆加固，将煤（矿）柱表面及浅部的破碎部分与内部的稳定煤（岩）体连接组合在一起。一方面，煤（矿）柱的力学性能在锚杆切向力和径向力的作用下得以增强，煤（矿）柱自身的承载能力也因此得到提高；另一方面，锚杆作用下的径向应力相当于对煤（矿）柱施加了侧向约束，使煤（矿）柱在工作面开挖后的单向或二向受力状态转为三向受力状态，从而提高了煤柱的极限抗压强度。这种方法操作简便且成本较低，但对采空区稳定性、通风性等要求较高，可适用于采空区形成初期的煤柱加固。

(2) 高强材料包裹。

通过具有防水、防热、防腐蚀等性能的高强材料对煤（矿）柱表面进行包裹。通过这种方法，一方面能减少水浸、风蚀等外界环境对煤（矿）柱剥落的影响；另一方面，这些高强材料能对煤（矿）柱提供有效侧向约束力。这种方法操作方便、施工简便，但对采空区稳定性和通风性等施工条件要求较高。此外，这种方法对煤柱提供的侧向约束有限，且随时间推移，包裹材料受水浸、风蚀等的影响明显。

(3) 布设人工隔离矿柱。

在采空区内选取合适的位置布设若干人工隔离矿柱，一方面，这些人工隔离矿柱可对采空区起到隔离封闭作用，减少煤（矿）柱受到水蚀、风蚀等外界因素的影响；另一方面，不同位置、不同尺寸的人工隔离矿柱分级分区分担了上覆岩层荷载，减少了遗留煤（矿）柱的承载。这种方法对遗留煤柱的稳定性提升明显，且能起到隔离采空区的作用，但对工作人员的施工环境要求较高，要求采空区无冒落风险，且通风良好。

（4）柱旁顶板预裂。

通过地上远程致裂或井下邻近工区域定向致裂技术，将煤柱附近区域的顶板割裂。一方面，这种方法能有效阻止邻近顶板的荷载传递转移至煤柱，从而减小煤柱承载；另一方面，通过顶板预裂可有效释放顶板积聚的能量，能有效减少顶板动力灾害发生的可能性，防止动力灾害对煤柱的冲击破坏[178-179]。这种方法能有效减小煤柱承载，但施工工艺复杂、成本较高。

（5）解放层开采卸压。

若煤层回采的布置方式为近距离煤层群开采，对于煤柱失稳潜在危险性大的采空区，可选取邻近具有软弱煤层及岩层的工作面进行回采，从而降低遗留煤柱的应力集中程度[180-181]。这种方法对具有上下邻近煤层的采空区煤柱应力集中程度的降低具有良好效果，但其对邻近煤层的力学特性及冲击倾向性等具有较高要求。

5.4.2 基于柱内注浆的"内强"防控技术

前述各种防控方法均能对采空区煤柱的稳定提供保障，除此之外，对煤柱内部进行注浆以提升煤柱自身强度的柱内注浆"内强"防控技术近年来开始被研究和应用。柱内注浆是通过压力泵把由水泥、粉煤灰、煤矸石粉末等组成的浆液混合物注入煤柱内，通过增强煤柱内部结构连续性和完整性使煤柱整体强度提高的一种加固手段。其核心作用机制主要包括形成桥接网络骨架、阻止裂隙扩展贯通、修复及强化损伤区。

（1）形成桥接网状骨架。

注浆加固过程中，在注浆压力作用下，浆液扩充渗透到煤柱内部诸多随机分布、任意交错连接的裂隙中，裂隙内的浆液凝固后就形成了一个具有黏结特性的网状骨架，这个骨架能有效将损伤破碎的煤体桥接在一起，增加煤柱的整体性和连续性，从而大大提高煤柱的强度。

（2）阻止裂隙扩展贯通。

煤柱内的裂隙广布，裂隙尖端往往是煤柱的最大应力集中处，煤柱不断破坏的实质就是由裂隙在高应力集中处不断扩展延伸导致。注浆材料充满裂隙后产生相应的膨胀应力和对裂隙表面的黏结力，两者共同作用产生与裂隙扩展方向相反的应力场，大大降低裂隙尖端的应力集中程度，从而能达到阻止裂隙扩展贯通的作用。此外，裂隙扩展贯通的减少能有效封堵水和气体在煤柱内部的渗透，减小水和气体对煤柱内部的损伤。

(3) 修复及强化损伤区。

注浆材料被高压注入煤柱后，能对煤柱内部的裂隙弱面提供高强挤压力和黏结力，从而达到对已损伤破碎区域修复的作用，同时也能显著减小荷载扰动对已有损伤弱面的进一步破坏。经注浆材料加固后，煤柱的各项力学性能都得到大幅度提高，原来破碎离散的块体将转化为完整的组合体，从而使煤柱抵抗变形的能力大大提高。

5.4.3　基于柱旁充填的"外束"防控技术

如图 5.9 所示，在煤柱周侧布设一定强度和尺寸的充填体墙，使煤柱稳定性得以提高的柱旁充填"外束"防控技术也在近几年被提出[107,128]。图 5.9 中的充填体墙仅在煤柱两侧布置，这种布置方式常用于长宽比很大的煤柱，而对于房式煤柱，在煤柱前、后、左、右均布设充填体墙能更好地提高其稳定性。煤柱与充填体墙形成新的"煤柱－充填体墙"协作承载系统，"煤柱－充填体墙"协作承载系统的核心作用机制主要有以下三点。

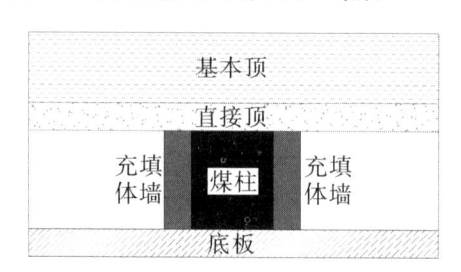

图 5.9　充填体墙加固煤柱示意图

(1) 充填体墙对煤柱提供侧向支撑压力。

房式煤柱四周被采空后，煤体由原来的三向受力状态转化为单向受力状态，因失去了水平应力的有效侧向约束，煤柱表面及外缘会产生水平向外的膨胀变形，同时煤柱的极限抗压强度也会降低。在紧贴煤柱四周布设合理的充填体墙后，充填体墙对煤柱提供侧向支撑压力，煤柱又恢复了三向受力状态，煤柱的极限承载强度得到提高，同时煤柱的水平膨胀变形被限制。

(2) 充填体墙分担煤柱从属支撑范围内的上覆荷载。

四周煤房被采空后,煤柱主要承担其上覆岩层荷载及周围岩层传递转移过来的荷载。在紧贴煤柱四周布设合理的充填体墙后,充填体墙能分担煤柱从属范围内的上覆荷载,从而减小煤柱的自身承载,降低煤柱被压坏的可能。

(3) 充填体墙阻断外界物理环境对煤柱的影响。

房式采空区内的煤柱易受到积水浸蚀、风力侵蚀等物理因素的影响,使煤柱边缘片帮剥落严重,导致煤柱的有效承载尺寸变小。在紧贴煤柱四周布设充填体墙后,能有效阻断积水、风力等对煤柱的物理削弱,减少煤柱的片帮剥落,使煤柱能长期保持尺寸较大的有效承载宽度。

5.4.3.1 充填体墙强度确定

合理的充填体墙强度的确定是进行充填体墙加固的基础,陈绍杰教授[107]和余伟健教授[182]等将煤柱与充填体视为一个协同作用的整体系统,求解了保证这一系统稳定的充填体强度,本节主要在这些研究成果的基础上展开。

根据 Mohr-Coulomb 准则可得,煤柱在三向受力状态下的极限抗压强度为[97]:

$$\sigma_{pl} = \left(\frac{1+\sin\varphi}{1-\sin\varphi}\right)\sigma_3 + \frac{2c\cos\varphi}{1-\sin\varphi} \tag{5.35}$$

式中,σ_{pl} 为煤柱在三向受力状态下的极限抗压强度,MPa;φ 为煤柱的内摩擦角,°;c 为煤柱的内聚力,MPa;σ_3 为煤柱在三向受力时受到的充填体墙的侧向约束力,MPa。

由式(5.35)可以看出,充填体墙对煤柱的侧向约束力越小,煤柱在三向受力状态下的极限抗压强度也越小。假设充填体墙对煤柱的侧向约束力为 0 时,煤柱处于极限平衡状态,则煤柱在三向受力状态下的极限抗压强度即为煤柱在仅受上覆岩层作用时承担的荷载,即:

$$\sigma_{pl} = \sigma_p \tag{5.36}$$

因此,为保证煤柱稳定,充填体墙对煤柱提供的侧向约束力需满足:

$$\sigma_3 \geqslant \left(\sigma_p - \frac{2c\cos\varphi}{1-\sin\varphi}\right)\frac{1-\sin\varphi}{1+\sin\varphi} \tag{5.37}$$

充填体墙对煤柱提供侧向约束力的同时,煤柱也对充填体提供一个反向约束力,假设煤柱与充填体墙的纵向剖面相同,则由牛顿第三定律可知:

$$\sigma_3 = \sigma_{3c} \tag{5.38}$$

式中，σ_{3c} 为煤柱对充填体墙提供的侧向约束力，MPa。

由金尼克假说可以得到：

$$\sigma_{3c} = \left(\frac{\mu_c}{1-\mu_c}\right)\sigma'_{pc} \tag{5.39}$$

式中，μ_c 为充填体墙的泊松比；σ'_{pc} 为充填体墙对顶板的支承压力，MPa。

为保证充填体墙稳定，充填体墙在三向受力状态下的极限抗压强度，即单轴抗压强度应大于充填体墙对顶板的支承压力，此时：

$$\sigma_{pc} \geqslant \sigma'_{pc} = \left(\sigma_p - \frac{2c\cos\varphi}{1-\sin\varphi}\right)\left(\frac{1-\sin\varphi}{1+\sin\varphi}\right)\left(\frac{1-\mu_c}{\mu_c}\right) \tag{5.40}$$

将式（5.8）代入式（5.40），可得为保证任意位置单一煤柱稳定的充填体墙强度应满足：

$$\sigma_{pc} \geqslant \left\{\frac{\int_{x_{i1}+l_{pb}}^{x_{i2}-l_{pb}}\int_{y_{i1}+l_{pb}}^{y_{i2}-l_{pb}} \dfrac{E_{pi}(l_{pxi}-2l_{pb})(l_{pyi}-2l_{pb})}{h_{pi}\left(l_{pxi}-l_{pb}+\dfrac{l_{fxi}}{2}\right)\left(l_{pxi}-l_{pb}+\dfrac{l_{fyi}}{2}\right)}\omega_i \mathrm{d}x\mathrm{d}y}{(l_{pxi}-2l_{pb})(l_{pyi}-2l_{pb})} - \frac{2c\cos\varphi}{1-\sin\varphi}\right\} \cdot$$

$$\left(\frac{1-\sin\varphi}{1+\sin\varphi}\right)\left(\frac{1-\mu_c}{\mu_c}\right) \tag{5.41}$$

5.4.3.2 充填体墙宽度确定

除合理的充填体墙强度外，合理的充填体墙宽度也是保证煤柱稳定的关键。若充填体墙宽度过小，则达不到稳定煤柱的效果；若充填体墙宽度过大，则会造成资源浪费，会使施工不便。对于充填体墙宽度的计算，参考文献[183]中煤柱宽度的计算方法。

为最大限度地保证安全，假定煤柱不对充填体墙产生侧向约束，即充填体墙的侧向约束为0，此时充填体墙的屈服区宽度为：

$$x_{yc} = \frac{h_p d}{2\tan\varphi_{pc}}\left[\ln\left(\frac{c_{pc}+\sigma_{pc}\tan\varphi_{pc}}{c_{pc}}\right)^\beta + \tan^2\varphi_{pc}\right] \tag{5.42}$$

式中，x_{yc} 为充填体墙的屈服区宽度，m；φ_{pc} 为充填体墙的内摩擦角，°；d 为开采扰动因子，一般取 1.5~3.0；c_{pc} 为充填体墙的内聚力，MPa；β 为充填体墙屈服区与弹性核区交界面处的侧压系数。

假定充填体墙完全接顶,即充填体墙的高度与煤柱的高度相等,根据极限平衡理论,为保证充填体墙的稳定,充填体墙的最小宽度应该满足:

$$x_c \geqslant 2x_{yc} + 2h_p \tag{5.43}$$

式中,x_c 为充填体墙的宽度,m。

联立式(5.42)和式(5.43),最终得到充填体墙的最小宽度应该满足下列条件:

$$x_c \geqslant \frac{h_p d}{\tan\varphi_{pc}} \left[\ln \left(\frac{c_{pc} + \sigma_{pc}\tan\varphi_{pc}}{c_{pc}} \right)^\beta + \tan^2\varphi_{pc} \right] + 2h_p \tag{5.44}$$

5.4.4 基于柱内注浆及柱旁充填的"内强外束"联合防控技术

前述两种煤柱加固方法对采空区条件要求低,不需要工人实际进入采空区就可完成施工,且能对煤柱强度的增强起到显著效果。考虑到房式采空区长期存在,一方面,其易受到邻近煤层开采的影响;另一方面,煤柱群内的荷载转移特征及煤柱群与顶板的相互作用极大地加剧了煤柱的破坏,只采用一种加固方法可能不会达到长久保证煤柱稳定的效果。因此,提出将这两种方法联合使用的煤柱加固方法。

由煤柱群-顶板系统链式失稳评价方法可知,房式采空区链式失稳的防控重点应优先放在"触发柱"上,即需优先防控最先可能失稳的某单一或若干煤柱。因此,提出针对"触发柱"进行基于柱内注浆及柱旁充填的"内强外束"联合防控技术,具体应用流程如下。

第一步:根据煤柱群-顶板系统链式失稳评价方法确定"触发柱",并精准定位"触发柱"的尺寸和位置。

第二步:在地面选择合适的注浆及充填位置,钻取合理尺寸的钻孔,布置注浆材料和充填材料的输送管路。

第三步:配置合适的注浆材料,利用注浆泵对"触发柱"内部进行高压柱内注浆,提高煤柱的自身强度。

第四步:配置合适的柱旁充填材料,利用充填泵在"触发柱"四周筑建合理强度和宽度的充填体墙,形成对煤柱的有效侧向约束。

在对"触发柱"完成"内强外束"联合加固后,应继续关注采空区的稳定情况,若遗留煤柱仍然发生失稳,应进一步定位新的"触发柱"并对其进行加固。

5.5 工程验证

5.5.1 工程背景

本次工程验证以第 2 章所述某矿为工程背景，该矿西部及南部两区域共形成房式采空面积约 0.7368km²。位于井田南部的 3606 房式采空区长 392m、宽 232m，地表地形多为凹凸不平的谷壑，高低起伏大，总体呈现北高南低的走势，工作面煤层最大埋深 119m，最小埋深 86m。工作面运用采 8m 留 8m 的"井字形"房式开采，煤柱高度 5.5m。以下以 3606 房式采空区为工程背景对前述煤柱群－顶板系统链式失稳评价方法和防控技术进行应用验证。

5.5.2 房式采空区稳定性实测

3606 房式采空区形成后，为掌握采空区的稳定情况，矿方对该采空区的导水裂隙带发育情况进行了探测。房式采空区内的煤柱群失稳前能对顶板提供有效支撑，使顶板稳定而少有裂隙。但是，如图 5.10 所示，煤柱群大量失稳后，顶板覆岩出现变形破断，顶板岩层内生成大量裂隙而出现导水裂隙带。因此，可以通过顶板导水裂隙带的发育情况反推房式采空区内的煤柱群－顶板系统稳定情况。

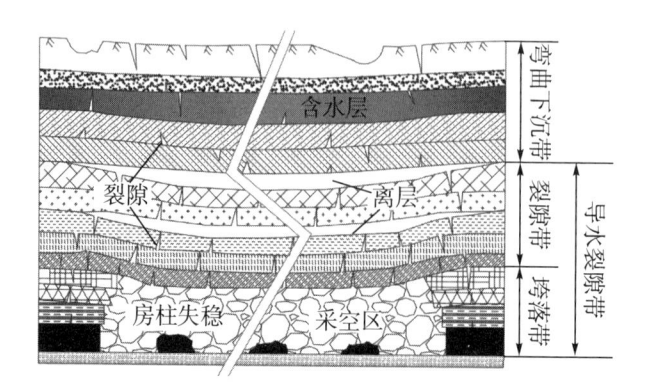

图 5.10 煤柱群失稳后导水裂隙带发育示意图

如图 5.11 所示，井下双端堵水器观测法是探测导水裂隙带发育高度的常用方法。此法使用的主要设备是孔内封堵注水探管,两个连通的胶囊被设置在探管两端,胶囊在非工作状态下稳定收缩,可根据观测需要利用钻杆将胶囊推移到钻孔的任意深度。工作状态时,气体注入胶囊膨胀形成堵塞器,此时钻孔内便形成了双端堵塞的孔段。实际观测时,自探测孔孔口向顶板深部观测,将探测孔划分为若干1~2m的分段,依次对各分段进行封堵和注水。顶板岩层裂隙发育程度不同,探头的注水漏失量也将呈现明显差异。顶板导水裂隙带内部的裂隙发育程度明显高于外部,探头在裂隙带内部的注水漏失量明显大于外部,因此,可根据探测孔内不同分段注水漏失量来确定导水裂隙带的高度[186]。

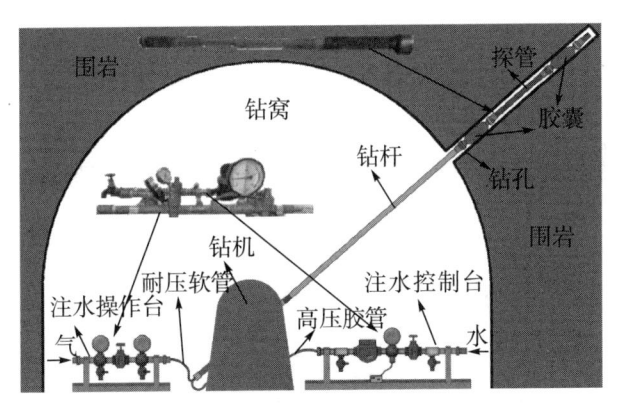

图 5.11 井下双端堵水器观测法示意图

与 3606 房式采空区相邻的 3503 工作面在探测时尚处于正常回采阶段,故探测钻窝布置在 3503 工作面下方的运输顺槽内,两者之间布置 20m 煤柱。本次探测在同一钻窝顶板钻取 2 个不同方位的探测孔,根据矿方已测得的邻近工作面导水裂隙带发育高度,将钻孔垂高设置为 70m,各钻孔设计施工参数见表 5.1。

表 5.1 探测钻孔设计施工参数

钻孔编号	K1	K2
钻孔方向	90°	30°
钻孔仰角	40°	40°
钻孔深度	109m	109m
钻孔垂高	70m	70m
钻孔直径	85mm	85mm

两个探测孔的注水漏失量如图 5.12 所示,由图可以看出,钻孔注水漏失量的变化主要分为 3 个阶段,以 K1 钻孔为例分析如下。

第一阶段：钻孔在区段煤柱上方稳定顶板岩层内，因受工作面回采影响较小，此段岩层内可供注水漏失的裂隙较少，注水漏失量均在 3L/min 以下。

第二阶段：钻孔注水漏失量较第一阶段明显增加，钻孔深度达到 26.8m（垂直高度 25.5m）后，钻孔注水漏失量突增，钻孔继续往孔底方向深入，注水漏失量仍维持在较大数值，直至孔深 77.3m（垂直高度 49.7m），注水漏失量普遍维持在 4.4～9.3L/min，说明第二阶段整段均处于导水裂隙带。

第三阶段：孔深大于 77.3m 后，漏失量普遍下降至 2L/min 以下，说明此阶段岩层已基本不导水，钻孔已穿出导水裂隙带。

综上所述，K1 钻孔的注水漏失量分别在垂直高度为 26.8m 和 49.7m 处出现显著变化，且 26.8m 至 49.7m 垂直高度范围内注水漏失量较大，由此推断 K1 钻孔测得的覆岩导水裂隙带发育高度约为 49.7m。

相似的，如图 5.12（b）所示，K2 钻孔在钻孔深度为 61.1m 处出现显著注水漏失量拐点，钻孔深度为大于 61.1m 后，注水漏失量与煤柱上方未受采动影响岩层中的值基本相同，表明该段钻孔已穿出导水裂隙带，由此推断 K2 钻孔测得的覆岩导水裂隙带发育高度约为 46.8m。

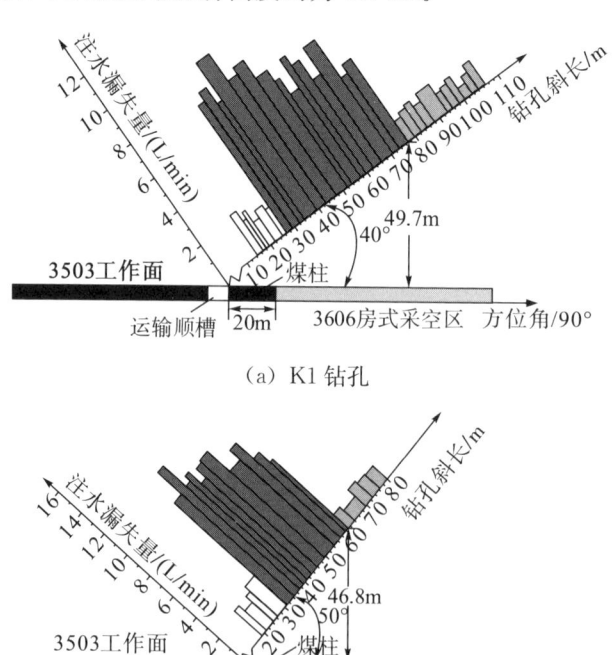

(a) K1 钻孔

(b) K2 钻孔

图 5.12 **钻孔注水漏失量**

综上可知，3606房式采空区自形成至探测时间，覆岩导水裂隙带发育明显。同时，经现场实测发现，截至2020年，3606房式采空区顶板导水裂隙带已完全发育至地表，地表出现大量宏观裂缝和不同程度的地表下沉，对当地生态环境和构筑物稳定造成了极大的不良影响。上述现场实测结果表明，3606房式采空区内顶板破碎严重，遗留煤柱已大量失稳。

5.5.3 煤柱群－顶板系统失稳评价理论分析

3606房式采空区内遗留煤柱分布如图5.13所示，为方便计算，对所有煤柱按照行和列的顺序进行编号。结合前述煤柱片帮剥落对煤柱稳定性的影响，计算得到当3606采空区内煤柱的片帮剥落尺寸小于0.84m时，各煤柱的安全系数均在1.5以上，说明无煤柱失稳，煤柱群－顶板系统整体稳定。3606采空区内煤柱的片帮剥落尺寸大于0.84m后开始有煤柱失稳发生，利用本章提出的评价方法对煤柱群－顶板系统的稳定性进行评价，评价结果见表5.2。

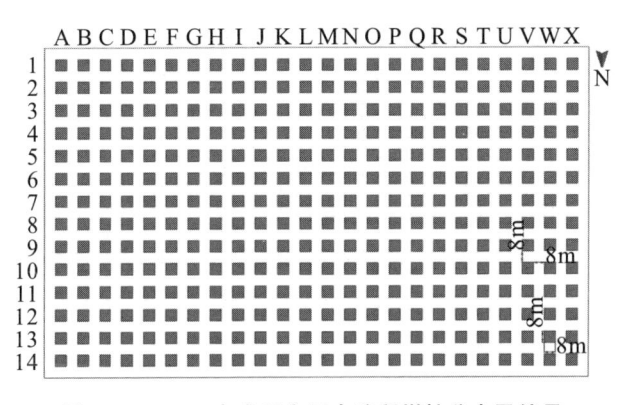

图5.13 3606房式采空区内遗留煤柱分布及编号

表5.2 煤柱群稳定性计算结果

计算轮数	失稳煤柱编号	顶板稳定情况
1	J11、J12、J13、K11、K12、K13、L11、L12、L13、M11、M12、M13	稳定
2	G11、G12、G13、G14、H11、H12、H13、H14、I10、I11、I12、I13、I14、J10、J14、K10、K14、L10、L14、M10、M14、N10、N11、N12、N13、N14、O12、O13、O14	稳定

续表

计算轮数	失稳煤柱编号	顶板稳定情况
3	F12、F13、F14、H10、I7、I8、I9、J6、J7、J8、J9、K5、K6、K7、K8、K9、L5、L6、L7、L8、L9、M5、M6、M7、M8、M9、N5、N6、N7、N8、N9、O5、O6、O7、O8、O9、O11、P5、P6、P7、P8、P9、P10、P11、P12、P13、P14、Q6、Q7、Q8、Q9、Q10、Q11	失稳
4	D9、D10、D11、D12、D13、D14、E8、E9、E10、E11、E12、E13、E14、F7、F8、F9、F10、F11、G6、G7、G8、G9、G10、H5、H6、H7、H8、H9、I4、I5、I6、J2、J3、J4、J5、K2、K3、K4、L2、L3、L4、M2、M3、M4、N2、N3、N4、O2、O3、O4、P2、P3、P4、Q2、Q3、Q4、Q5、Q12、Q13、Q14、R3、R4、R5、R6、R7、R8、R9、R10、R11、R12、R13、R14、S3、S4、S5、S6、S7、S8、S9、S10、S11、S12、S13、S14、T4、T5、T6、T7、T8、T11、T12、T13、T14	失稳
5	无	—

经第1轮计算发现，处于不利位置，即处于地表地势最高位置的12个煤柱率先破坏失稳，此时顶板悬露面积较小，稳定性较好。同时，根据前述定义，将第1轮计算得到的率先失稳的12个煤柱视为3606房式采空区发生链式失稳的"触发柱"。删除第1轮计算得到的失稳煤柱并对剩余煤柱进行第2轮计算，得到失稳煤柱个数增加，但顶板仍能保持稳定。第3轮计算时，煤柱失稳个数增加幅度开始变大，顶板也因悬露面积过大而破断。第4轮计算时，煤柱失稳个数突增，失稳发展至采空区南部边界煤柱附近，顶板失稳。第5轮计算时，不再有新的煤柱失稳出现，表明煤柱群－系统链式失稳停止。总体来看，3606房式采空区内煤柱群－顶板系统链式失稳发生，系统最终整体失稳。

5.5.4 煤柱群－顶板系统失稳评价及防控模拟验证

5.5.4.1 数值模型建立

根据某矿3606房式采空区最初形成时的实际情况，考虑地表地形的影响，建立数值模型如图5.14所示，模型长度为432m，宽度为272m，最大高度为124m，最小高度为91m。工作面尺寸为392m×232m，在工作面四周分别留设20m边界煤柱，房柱尺寸为8m×8m，高度为5.5m。模型顶部建至地表，底部和四周设置为固定边界。

(a) 模型透明图

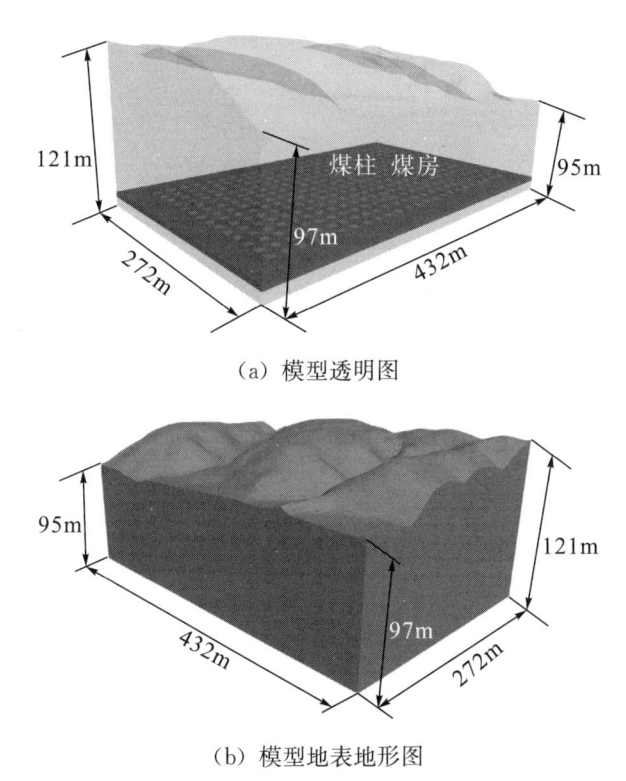

(b) 模型地表地形图

图 5.14 3606 房式采空区数值模型

5.5.4.2 失稳评价验证

3606 房式采空区内的煤柱群失稳情况如图 5.15 所示，煤柱群应力及顶板位移动态演化过程分别如图 5.16 和图 5.17 所示。3606 房式采空区内煤柱群－顶板系统链式失稳分为四个阶段，地表地形对该系统的链式失稳存在明显影响。第一阶段处于采空区不利位置，即处于地表最高地势下方的 10 个煤柱最先失稳，此时煤柱群应力集中程度和顶板位移都还较小。随着荷载转移持续发生，更多煤柱出现塑性贯穿破坏失稳，直至延伸至采空区南部的边界煤柱附近停止。煤柱群－顶板系统整体失稳达到一个新的平衡状态后，煤柱群内的最大应力为 12.16MPa，顶板最大位移为 204.47cm。

| 煤柱群—顶板系统协同作用机制及其稳定性控制研究

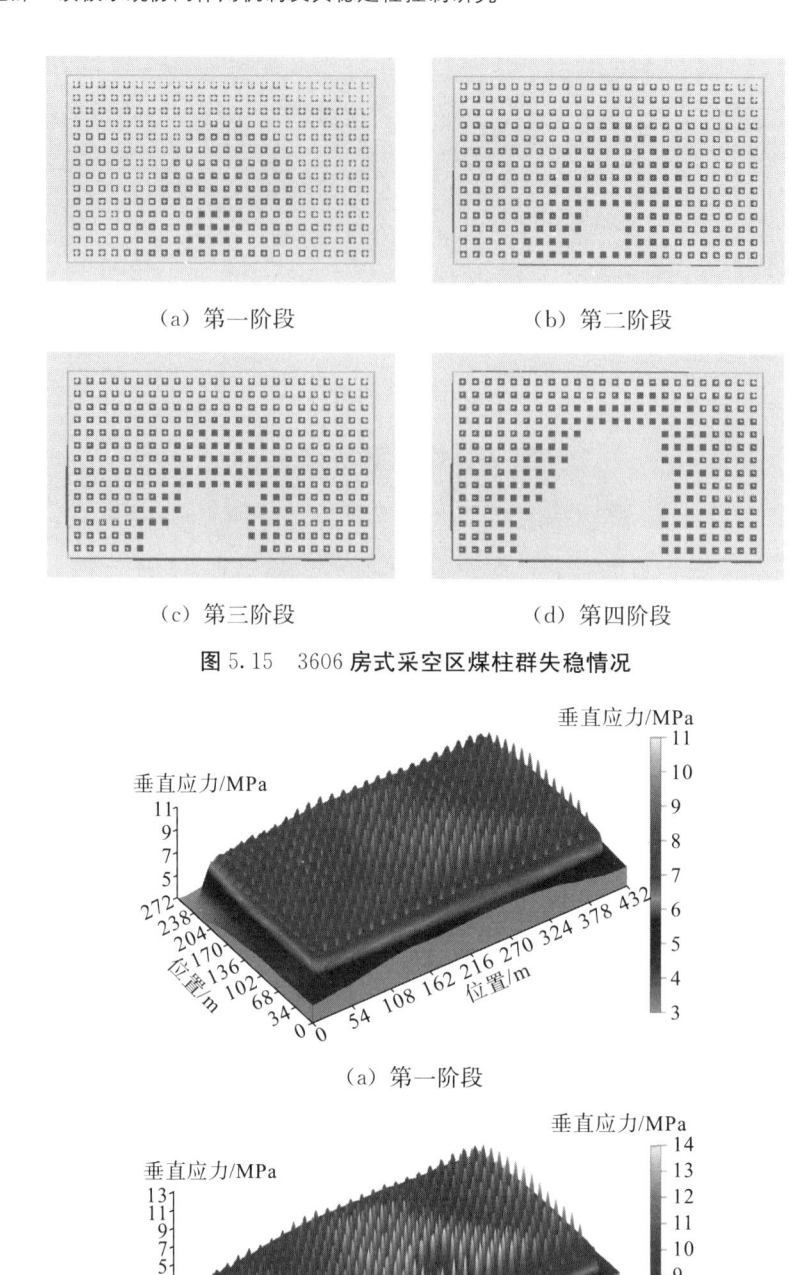

(a) 第一阶段

(b) 第二阶段

(c) 第三阶段

(d) 第四阶段

图 5.15　3606 房式采空区煤柱群失稳情况

(a) 第一阶段

(b) 第二阶段

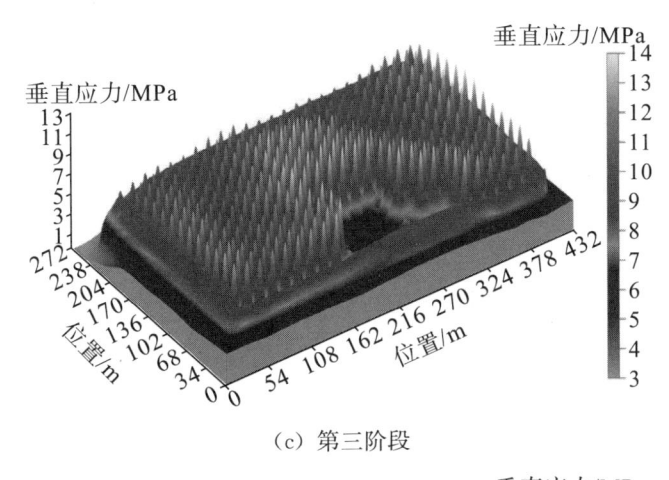

第 5 章 煤柱群-顶板系统链式失稳评价方法及防控技术研究

(c) 第三阶段

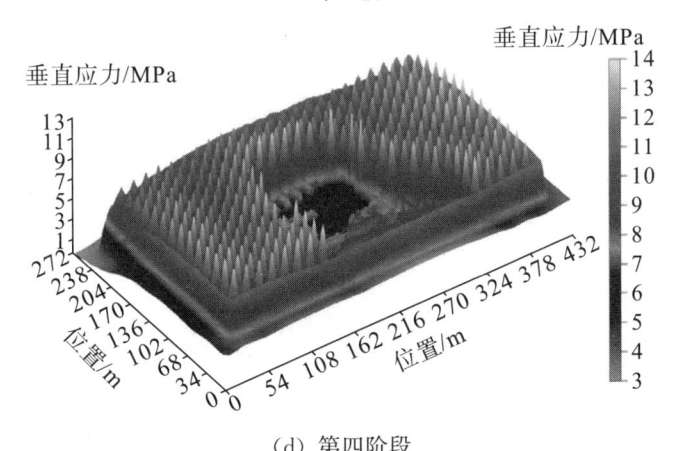

(d) 第四阶段

图 5.16 3606 房式采空区煤柱群应力动态演化过程

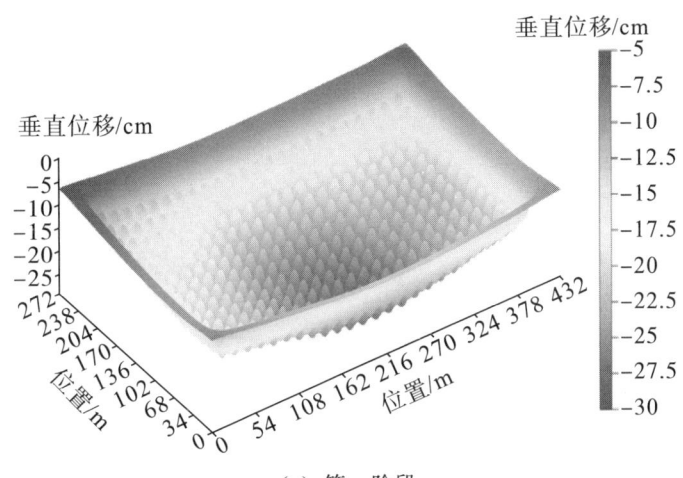

(a) 第一阶段

(b) 第二阶段

(c) 第三阶段

(d) 第四阶段

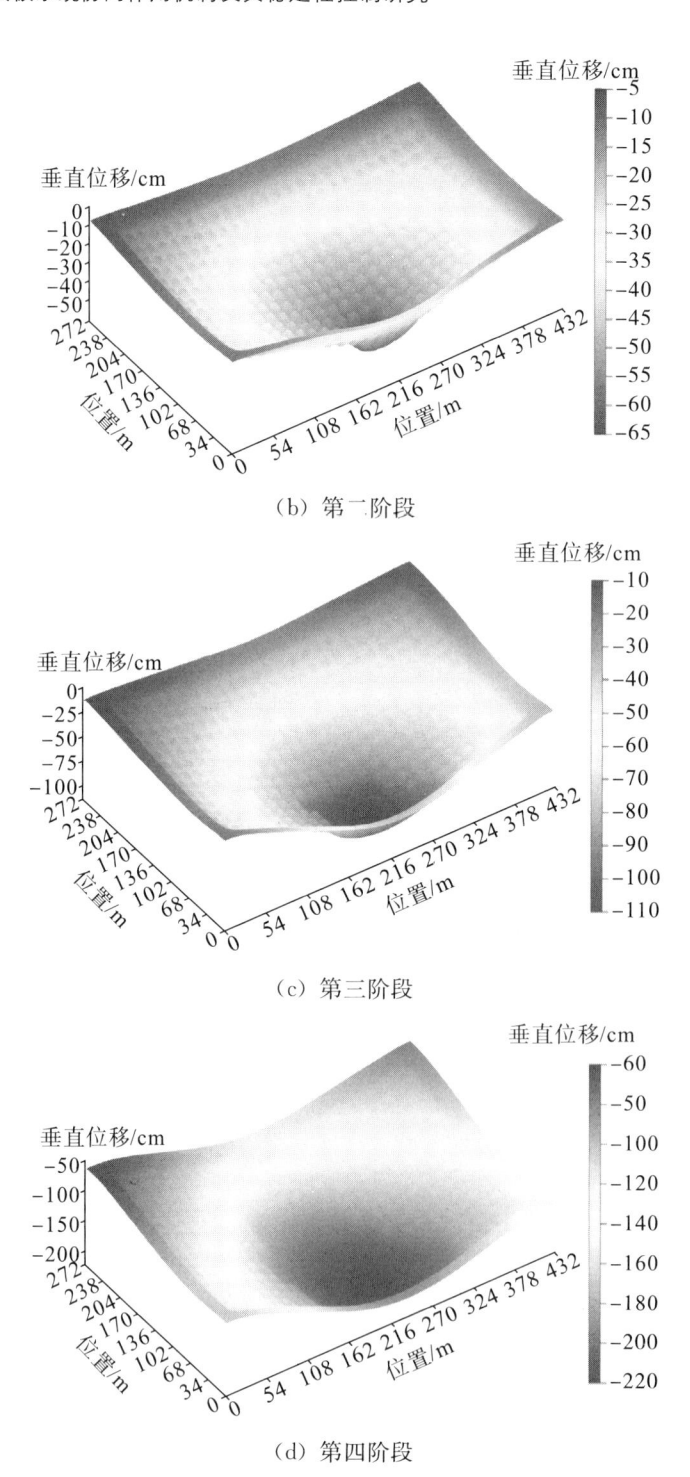

图 5.17 3606 房式采空区顶板位移动态演化过程

综上所述，虽然 3606 房式采空区煤柱群－顶板系统链式失稳每一阶段的失稳煤柱个数及位置的数值模拟结果与失稳评价方法的理论计算结果存在细微差别，但总体结果相符度较高，验证了本书提出的煤柱群－顶板系统链式失稳评价方法的可靠性。

5.5.4.3 防控技术验证

对于 3606 房式采空区内"触发柱"的确定，理论分析结果与数值模拟结果虽稍有偏差，但差别不大。未充分保证安全，以得到"触发柱"个数稍多的理论分析结果为准，即对房式采空区内中央的 12 个"触发柱"进行基于柱内注浆和柱旁充填的"内强外束"联合防控技术。对煤柱注浆后可使煤体内部裂隙黏合，提高煤体内的内聚力和内摩擦角，故通过提高煤体力内聚力和内摩擦角的方式模拟注浆对煤柱强度的提升作用。充填体墙与顶底板接触，根据前述研究理论计算得到充填体墙的最小宽度应为 2.4m，最小强度应为 19.96MPa。针对"触发柱"进行基于柱内注浆及柱旁充填的"内强外束"联合防控技术的数值模型如图 5.18 所示。注浆前后"触发柱"及充填体墙的力学参数见表 5.4。

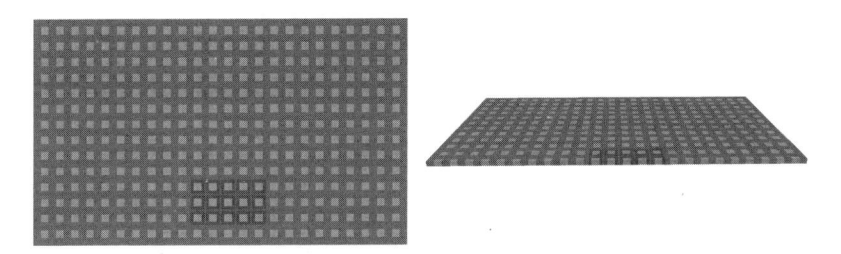

(a) 俯视图　　(b) 主视图

图 5.18　针对"触发柱"进行基于柱内注浆及柱旁充填的"内强外束"联合防控技术的数值模型

表 5.3　注浆前后"触发柱"及充填体墙的力学参数

名称	密度/(kg·m^{-3})	体积模量/GPa	剪切模量/GPa	内摩擦角/°	抗拉强度/MPa	内聚力/MPa
注浆前的"触发柱"	1360	2.1	0.6	26	0.7	1.7
注浆后的"触发柱"	1360	2.1	0.6	32	0.7	2.2
充填体墙	1990	2.4	0.75	30	2.8	2.7

对 12 个"触发柱"进行柱内注浆及柱旁充填的"内强外束"联合防控后，煤柱群－顶板系统的破坏情况如图 5.19 所示。由图可知，数值模型运算结束后，采空区内的所有煤柱均未出现贯穿的塑性破坏，煤柱群内最大应力为10.17MPa，较不对"触发柱"进行加固时减小 1.99MPa；顶板最大位移为26.86cm，较不对"触发柱"进行加固时减小 177.61cm。结果表明，针对"触发柱"的基于柱内注浆及柱旁充填的"内强外束"联合防控技术效果显著，应用该技术后，煤柱群－顶板系统整体稳定。

研究表明，若在 3606 房式采空区形成初期采用本书提出的煤柱群－顶板系统链式失稳评价方法定位出"触发柱"，并采用基于柱内注浆及柱旁充填的"内强外束"联合防控技术对"触发柱"进行加固，可有效阻止该房式采空区链式失稳的发生。

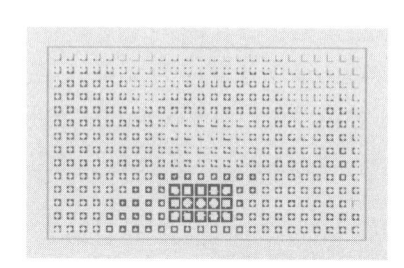

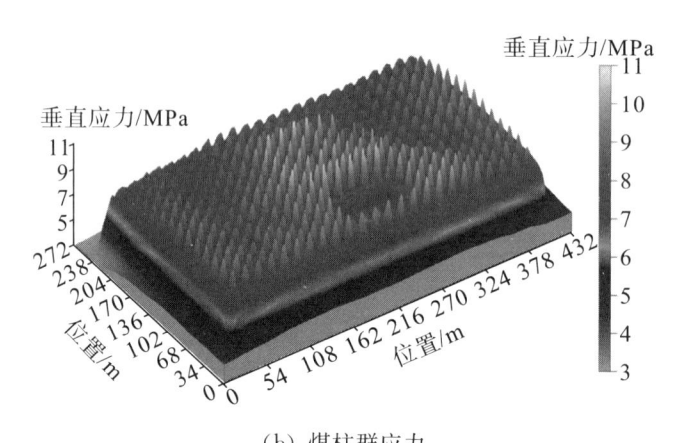

(a) 煤柱群塑性破坏

(b) 煤柱群应力

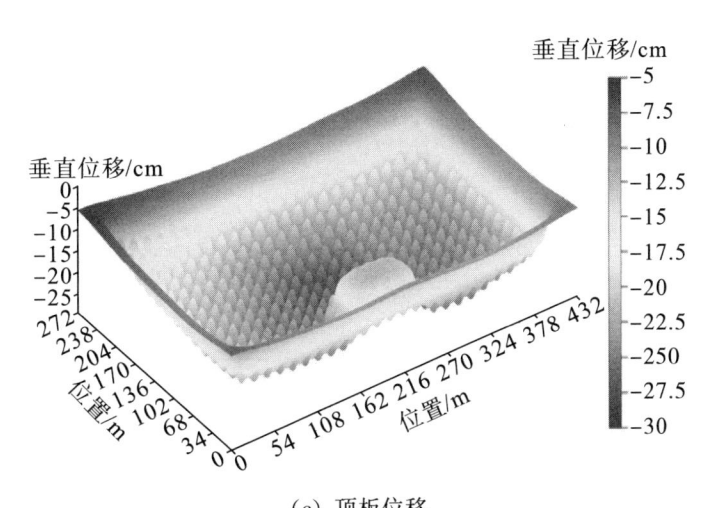

(c) 顶板位移

图 5.19 "触发柱"加固防控效果

参考文献

[1] 宋振骐. 我国采矿工程学科发展现状及其深层次发展问题的探讨[J]. 隧道与地下工程灾害防治, 2019, 1(2): 7-12.

[2] 何满潮, 王琦, 吴群英, 等. 采矿未来——智能化5G N00矿井建设思考[J]. 中国煤炭, 2020, 46(11): 1-9.

[3] 袁亮. 煤炭工业碳中和发展战略构想[J]. 工程科学, 2023, 25(5): 103-110.

[4] 王东昊, 李文, 张彬. 煤矿采空区失稳灾害防控技术研究现状及展望[J]. 煤矿安全, 2020, 51(3): 188-193.

[5] 唐孝辉. 山西采煤沉陷区现状、危害及治理[J]. 生态经济, 2016, 32(2): 6-9.

[6] 彭苏萍, 毕银丽. 钱鸣高院士指导西部干旱半干旱煤矿区生态修复研究[J]. 采矿与安全工程学报, 2023, 40(5): 857-860.

[7] 杨俊哲, 陈苏社, 王义, 等. 神东矿区绿色开采技术[J]. 煤炭科学技术, 2013, 41(9): 34-39.

[8] 高帅帅. 采空区塌陷及沉陷区治理方式探析[J]. 陕西煤炭, 2022, 41(3): 179-181, 189.

[9] 刘辉, 朱晓峻, 程桦, 等. 高潜水位采煤沉陷区人居环境与生态重构关键技术：以安徽淮北绿金湖为例[J]. 煤炭学报, 2021, 46(12): 4021-4032.

[10] 孙光, 李树志, 董庆欢, 等. 济宁市任城区采煤沉陷区综合治理实践与思考[J]. 矿业安全与环保, 2020, 47(6): 113-117, 121.

[11] 徐友宁, 李玉武, 张江华, 等. 宁夏石嘴山采煤塌陷区地质环境治理模式研究[J]. 西北地质, 2015, 48(4): 183-189.

[12] 兰春. 安徽省采煤沉陷区生态修复治理存在问题及对策[J]. 绿色矿冶, 2023, 39(4): 6-9.

[13] 付兴玉, 李宏艳, 李凤明, 等. 房式采空区集中煤柱诱发动载矿压机理及

防治［J］. 煤炭学报，2016，41（6）：1375-1383.

［14］霍丙杰，荆雪冬，范张磊，等. 浅埋房式采空区下长壁采场动载矿压发生机制［J］. 岩土工程学报，2019，41（6）：1116-1123.

［15］Wei L，Qi Q，Li H，et al. A case study of damage energy analysis and an early warning by microseismic monitoring for large area roof caving in shallow depth seams［J］. Shock and Vibration，2015：709459.

［16］范立民，马雄德，李永红，等. 西部高强度采煤区矿山地质灾害现状与防控技术［J］. 煤炭学报，2017，42（2）：276-285.

［17］Wang F，Tu S，Yuan Y，et al. Deep-hole pre-split blasting mechanism and its application for controlled roof caving in shallow depth seams［J］. International Journal of Rock Mechanics and Mining Sciences，2013（64）：112-121.

［18］陕西地震信息网. 震情信息［EB/OL］.（2016-02-18）［2024-04-21］. http://www.eqsn.gov.cn/.

［19］薛岚. 陕西榆林今年因采矿现18次地震 村民称难忘恐惧［EB/OL］.（2012-11-22）［2024-04-21］. http://news.jxnews.com.cn/system/2012/11/22/012186163.shtml.

［20］安百富，齐文跃，兰立信，等. 西部矿区覆岩-煤柱群失稳临界时间节点研究［J］. 煤炭学报，2017，42（2）：397-403.

［21］王东昊. 动静载影响下房柱式采空区链式失稳控制技术研究［D］. 北京：煤炭科学研究总院，2020.

［22］史沛丽. 采煤沉陷对西部风沙区土壤理化特性和细菌群落的影响［D］. 北京：中国矿业大学（北京），2018.

［23］Das A J，Mandal P K，Paul P S，et al. Generalised analytical models for the strength of the inclined as well as the flat coal pillars using rock mass failure criterion［J］. Rock Mechanics and Rock Engineering，2019，52（10）：3921-3946.

［24］Bertuzzi R，Douglas K，Mostyn G. An Approach to model the strength of coal pillars［J］. International Journal of Rock Mechanics and Mining Sciences，2016（89）：165-175.

［25］李竹，樊建宇，冯国瑞，等. 隔水煤柱采动渗流耦合失效特征及其合理宽度［J］. 煤炭学报，2023，48（11）：4011-4023.

［26］Prassetyo S H，Irnawan M A，Simangunsong G M，et al. New coal pillar strength formulae considering the effect of interface friction [J]. International Journal of Rock Mechanics and Mining Sciences,2019 (123):104102.

[27] 谷拴成,杨超凡,王盼,等.条带开采煤柱支承压力与塑性区分布规律研究 [J].矿业安全与环保,2021,48(2):1-6.

[28] 沙猛猛,朱卫兵,徐敬民,等.常乐堡煤矿刀柱式开采煤柱稳定性研究 [J].煤炭工程,2017,49(3):71-74,78.

[29] Liu Y, Gu T, Wang Y, et al. Deformation characteristics of overlying strata in room and pillar mined-out areas under coal pillar instability [J]. Scientific Reports,2024,14(1):1006.

[30] Lind G H. Coal pillar extraction experiences in New South Wales [J]. Journal of the Southern African Institute of Mining and Metallurgy,2002,102(4):207-215.

[31] Zhou N, Du E, Li M, et al. Determination of the stability of residual pillars in a room-and-pillar mining goaf under eccentric load [J]. Energy Reports,2021(7):9122-9132.

[32] 刘欣欣,齐学元,耿俊俊.浅埋房柱式采空区煤柱稳定性及控制研究 [EB/OL].[2024-01-30]. https://doi.org/10.13532/j.jmsce.cn10-1638/td.20240025.001.

[33] 高超,霍军鹏,邓伟男,等.房柱采空区影响的近距离煤层群开采技术研究 [J].煤炭工程,2023,55(12):39-45.

[34] 黄庆享,王林涛,杜君武,等.浅埋极近距采空区下相向开采房柱采空区煤柱稳定性分析 [J].采矿与安全工程学报,2022,39(1):118-125.

[35] 何志伟.胶结充填防治柱式采空区顶板灾害机理研究 [D].徐州:中国矿业大学,2023.

[36] 吴文达,柏建彪,王襄禹,等.煤柱群下回采工作面强矿压显现机理研究 [J].采矿与安全工程学报,2023,40(3):563-571,577.

[37] 许猛堂,徐佑林,金志远.房式采空区下近距离煤层开采支架工作阻力研究 [J].煤炭科学技术,2020,48(8):63-69.

[38] 关瑞斌.房柱式残采区蹬空开采可行性研究 [J].煤炭工程,2019,51(11):6-9.

[39] Zhang M, Cao C, Huo B. Ground stress distribution and dynamic pressure development of shallow buried coal seam underlying adjacent

room gobs [J]. Shock and Vibration, 2021: 8812933.

[40] Yu D, Yi X, Liang Z, et al. Research on Strong Ground Pressure of Multiple-Seam Caused by Remnant Room Pillars Undermining in Shallow Seams [J]. Energies, 2021, 14 (17): 5221.

[41] Liu H, Zuo J, Zhang C, et al. Asymmetric deformation mechanism and control technology of roadway under room-pillar group in Huasheng coal mine [J]. Journal of Central South University, 2023, 30 (7): 2284-2301.

[42] Li Z, Feng G, Cui J. Research on the influence of slurry filling on the stability of floor coal pillars during mining above the room-and-pillar goaf: A case study [J]. Geofluids, 2020: 8861348.

[43] 朱卫兵, 许家林, 陈璐, 等. 浅埋近距离煤层开采房式煤柱群动态失稳致灾机制 [J]. 煤炭学报, 2019, 44 (2): 358-366.

[44] 刘亚明, 谷天峰, 王闯超, 等. 基于物理模拟试验的房柱式采空区变形特征研究 [EB/OL]. [2024-02-16]. https://doi.org/10.13199/j.cnki.cst.2023-0554.

[45] 田文辉, 张帝, 曹安业, 等. 山寨煤矿锯齿状遗留煤柱群应力分布特征 [J]. 采矿与岩层控制工程学报, 2023, 5 (5): 54-62.

[46] 冯国瑞, 朱卫兵, 白锦文, 等. 浅埋近距离煤层开采超前煤柱群冲击失稳机制 [J]. 煤炭学报, 2023, 48 (1): 114-125.

[47] 李海清, 向龙, 贾宏宇. 品字形房柱式采空区开采地表移动规律 [J]. 地下空间与工程学报, 2011, 7 (3): 541-546.

[48] Dong H, Zhu W, Hou C, et al. Load transfer behavior during cascading pillar failure: An experimental study [J]. Rock Mechanics and Rock Engineering, 2022, 55 (3): 1445-1460.

[49] 周子龙, 陈璐, 赵源, 等. 双矿柱体系变形破坏及承载特性的试验研究 [J]. 岩石力学与工程学报, 2017, 36 (2): 420-428.

[50] Zhou Z, Wang H, Cai X, et al. Bearing characteristics and fatigue damage mechanism of multi-pillar system subjected to different cyclic loads [J]. Journal of Central South University, 2020, 27 (2): 542-553.

[51] 白锦文. 复合残采区遗留群柱失稳致灾机理与防控研究 [D]. 太原: 太原理工大学, 2021.

[52] 朱万成, 董航宇, 刘溪鸽, 等. 金属矿山多矿柱承载与失稳破坏研究 [J]. 采矿与岩层控制工程学报, 2022, 4 (4): 5-31.

[53] Wang S Y, Sloan S W, Huang M L, et al. Numerical study of failure mechanism of serial and parallel rock pillars [J]. Rock Mechanics and Rock Engineering, 2011, 44 (2): 179-198.

[54] Poulsen B A, Shen B. Subsidence risk assessment of decommissioned bord-and-pillar collieries [J]. International Journal of Rock Mechanics and Mining Sciences, 2013 (60): 312-320.

[55] 李谭, 张尚波, 陈光波, 等. 循环载荷下煤-岩结构体能量耗散与损伤特征研究 [J]. 太原理工大学学报, 2022, 53 (4): 649-659.

[56] 茹文凯, 胡善超, 李地元, 等. 煤岩组合体卸围压能量演化规律及耗散能损伤本构模型研究 [J]. 岩土力学, 2023, 44 (12): 3448-3458.

[57] Ma Q, Tan Y, Liu X, et al. Experimental and numerical simulation of loading rate effects on failure and strain energy characteristics of coal-rock composite samples [J]. Journal of Central South University, 2021, 28 (10): 3207-3222.

[58] 左建平, 陈岩, 张俊文, 等. 不同围压作用下煤-岩组合体破坏行为及强度特征 [J]. 煤炭学报, 2016, 41 (11): 2706-2713.

[59] 左建平, 陈岩. 卸载条件下煤岩组合体的裂纹张开效应研究 [J]. 煤炭学报, 2017, 42 (12): 3142-3148.

[60] 左建平, 谢和平, 孟冰冰, 等. 煤岩组合体分级加卸载特性的试验研究 [J]. 岩土力学, 2011, 32 (5): 1287-1296.

[61] 左建平, 陈岩, 孙运江, 等. 深部煤岩组合体整体破坏的非线性模型研究 [J]. 矿业科学学报, 2017, 2 (1): 17-24.

[62] 左建平, 陈岩, 宋洪强, 等. 煤岩组合体峰前轴向裂纹演化与非线性模型 [J]. 岩土工程学报, 2017, 39 (9): 1609-1615.

[63] 左建平, 裴建良, 刘建锋, 等. 煤岩体破裂过程中声发射行为及时空演化机制 [J]. 岩石力学与工程学报, 2011, 30 (8): 1564-1570.

[64] 陈岩, 左建平, 魏旭, 等. 煤岩组合体破坏行为的能量非线性演化特征 [J]. 地下空间与工程学报, 2017, 13 (1): 124-132.

[65] 赵毅鑫, 姜耀东, 祝捷, 等. 煤岩组合体变形破坏前兆信息的试验研究 [J]. 岩石力学与工程学报, 2008 (2): 339-346.

[66] 陈绍杰, 李法鑫, 尹大伟, 等. 不同高比灰岩-煤组合体变形破坏特征实验研究 [J]. 中南大学学报（自然科学版）, 2023, 54 (6): 2459-2472.

[67] 陈绍杰, 尹大伟, 张保良, 等. 顶板-煤柱结构体力学特性及其渐进破坏

机制研究[J]. 岩石力学与工程学报, 2017, 36 (7): 1588-1598.

[68] 尹大伟, 陈绍杰, 陈兵, 等. 煤样贯穿节理对岩-煤组合体强度及破坏特征影响模拟研究[J]. 采矿与安全工程学报, 2018, 35 (5): 1054-1062.

[69] 尹大伟, 陈绍杰, 邢文彬, 等. 不同加载速率下顶板-煤柱结构体力学行为试验研究[J]. 煤炭学报, 2018, 43 (5): 1249-1257.

[70] 陈见行, 王世纪, 张汉, 等. 水化学条件下煤岩组合体腐蚀特征及动力特性[J]. 中国矿业大学学报, 2023, 52 (5): 952-962.

[71] 陈光波, 李谭, 杨磊, 等. 水岩作用下煤岩组合体力学特性与损伤特征[J]. 煤炭科学技术, 2023, 51 (4): 37-46.

[72] 陈光波, 张俊文, 贺永亮, 等. 煤岩组合体峰前能量分布公式推导及试验[J]. 岩土力学, 2022, 43 (S2): 130-143, 154.

[73] 李春元, 雷国荣, 何团, 等. 深部开采原生煤岩组合体围压卸荷致裂特征及破裂模式[J]. 煤炭学报, 2023, 48 (2): 678-692.

[74] 杨科, 刘文杰, 马衍坤, 等. 煤岩组合体冲击动力学特征试验研究[J]. 煤炭学报, 2022, 47 (7): 2569-2581.

[75] 贺广零, 洪芳, 王艳苹. 采空区煤柱-顶板系统失稳的力学分析[J]. 河北工程大学学报 (自然科学版), 2007, 24 (1): 12-16, 31.

[76] 贺广零, 黎都春, 翟志文, 等. 采空区煤柱-顶板系统失稳的力学分析[J]. 煤炭学报, 2007, 32 (9): 897-901.

[77] 贺广零, 洪芳, 李倩妹. 非均布荷载作用下煤柱-顶板系统的失稳分析[J]. 建筑科学与工程学报, 2008, 25 (3): 37-41.

[78] 贺广零, 洪芳, 王艳苹. 采空区煤柱-顶板系统失稳的力学分析[J]. 建筑科学与工程学报, 2007, 24 (1): 31-36.

[79] 秦四清, 王思敬. 煤柱-顶板系统协同作用的脆性失稳与非线性演化机制[J]. 工程地质学报, 2005, 13 (4): 437-446.

[80] 张彦宾, 邹友峰, 李德海, 等. 动力扰动作用下条带开采系统失稳特性研究[J]. 中国矿业大学学报, 2013, 42 (4): 567-572.

[81] 王金安, 李大钟, 尚新春. 采空区坚硬顶板流变破断力学分析[J]. 北京科技大学学报, 2011, 33 (2): 142-148.

[82] 王金安, 李大钟, 马海涛. 采空区矿柱-顶板体系流变力学模型研究[J]. 岩石力学与工程学报, 2010, 29 (3): 577-582.

[83] 楼晓明, 黄慎, 韩雪靖, 等. 采空区矿柱-顶板体系灾变的流变力学分析[J]. 金属矿山, 2018 (11): 44-48.

[84] 于跟波,杨鹏,陈赞成. 缓倾斜薄矿体矿柱回采采场围岩稳定性研究[J]. 煤炭学报,2013,38(S2):294-298.

[85] 蓝航,韩科明,韩震. 深部条带煤柱蠕变影响下地表残余沉降及煤柱稳定性分析[J]. 煤炭学报,2022,47(S1):1-12.

[86] 孙琦,张淑坤,卫星,等. 考虑煤柱黏弹塑性流变的煤柱-顶板力学模型[J]. 安全与环境学报,2015,15(2):88-91.

[87] 郭文兵,邓喀中,邹友峰. 走向条带煤柱破坏失稳的尖点突变模型[J]. 岩石力学与工程学报,2004(12):1996-2000.

[88] 高明仕,窦林名,张农,等. 煤(矿)柱失稳冲击破坏的突变模型及其应用[J]. 中国矿业大学学报,2005(4):433-437.

[89] 李新泉. 大采深条带开采煤柱稳定性研究[D]. 焦作:河南理工大学,2012.

[90] 曹胜根,曹洋,姜海军. 块段式开采区段煤柱突变失稳机理研究[J]. 采矿与安全工程学报,2014,31(6):907-913.

[91] 黄昌富,田书广,吴顺川,等. 基于突变理论和广义H-B强度准则的采空区顶板稳定性分析[J]. 煤炭学报,2016,41(S2):330-337.

[92] 徐恒,王贻明,吴爱祥,等. 基于综合指数法的深部开采隔离矿柱失稳危险性评价[J]. 有色金属工程,2018,8(1):98-104.

[93] 王玉涛. 浅埋煤层开采采空区覆岩稳定性分析与评价[D]. 西安:西安科技大学,2014.

[94] 武鹏飞,梁冰,杨逾,等. 矸石充填开采协同承载机制及充填效果评价研究[J]. 采矿与安全工程学报,2022,39(2):239-247.

[95] 许国胜,张彦宾,李德海,等. 考虑支承压力条件下基本顶移动变形力学模型及应用[J]. 采矿与安全工程学报,2018,35(2):339-346.

[96] 潘岳,顾士坦,李文帅. 煤层弹性、硬化和软化区对顶板弯矩特性影响分析[J]. 岩石力学与工程学报,2016,35(S2):3846-3857.

[97] 谢宗保,范志忠. 条带煤柱稳定性及支护设计研究[J]. 煤炭科学技术,2008(7):19-22.

[98] 白二虎. 条带式Wongawilli采煤法覆岩与地表沉陷特征研究[D]. 焦作:河南理工大学,2016.

[99] 任建华,康建荣,何万龙. 锚杆加固条带煤柱的离散元模拟分析[J]. 山西矿业学院学报,1997(2):25-29.

[100] 张彦禄,王步康,张小峰,等. 我国连续采煤机短壁机械化开采技术发

展 40 a 与展望［J］．煤炭学报，2021，46（1）：86－99.

［101］王双明，刘浪，朱梦博，等．"双碳"目标下煤炭绿色低碳发展新思路［EB/OL］．[2024－02－16]．https://doi.org/10.13225/j.cnki.jccs.YH23.1690.

［102］付中华．煤体裂隙非均质分布对注浆渗透扩散规律的影响分析［J］．煤炭工程，2023，55（1）：65－70.

［103］周贤，常雁，魏全德，等．孤岛工作面非等宽区段煤柱锚注加固技术应用［J］．煤炭工程，2022，54（12）：44－49.

［104］吴秉臻．破碎软煤注浆加固体力学性能强化机理［D］．徐州：中国矿业大学，2023.

［105］赵兵朝，王京滨，张晴，等．侧限条件下充填体－煤柱耦合承载协同作用机理［J］．煤炭学报，2023，48（12）：4380－4392.

［106］赵兵朝，翟迪，杨啸，等．充填体－煤柱承载效应及合理开采参数研究［J］．矿业研究与开发，2020，40（10）：15－21.

［107］陈绍杰，张俊文，尹大伟，等．充填墙提升煤柱性能机理与数值模拟研究［J］．采矿与安全工程学报，2017，34（2）：268－275.

［108］冯国瑞，白锦文，戚庭野，等．一种柱旁双侧部分充填复采残采区遗留煤柱的方法［P］．山西：CN105545309A，2016－05－04.

［109］王洛锋，姜福兴，于正兴．深部强冲击厚煤层开采上、下解放层卸压效果相似模拟试验研究［J］．岩土工程学报，2009，31（3）：442－446.

［110］程详，赵光明，李英明，等．软岩保护层开采卸压增透效应及瓦斯抽采技术研究［J］．采矿与安全工程学报，2018，35（5）：1045－1053.

［111］褚渊，张永强，王襄禹，等．遗留煤柱下回撤通道高低位顶板联合失稳机理及控制技术［J］．采矿与岩层控制工程学报，2023，5（6）：17－27.

［112］冯国瑞，白锦文，史旭东，等．遗留煤柱群链式失稳的关键柱理论及其应用展望［J］．煤炭学报，2021，46（1）：164－179.

［113］白锦文，史旭东，冯国瑞，等．遗留煤柱群链式失稳评价新方法及其在上行开采中的应用［J］．采矿与安全工程学报，2022，39（4）：643－652，662.

［114］白锦文，宋诚，王红伟，等．遗留群柱中关键柱判别方法与软件［J］．煤炭学报，2022，47（2）：651－661.

［115］朱德福，屠世浩，王方田，等．浅埋房式采空区煤柱群稳定性评价［J］．煤炭学报，2018，43（2）：390－397.

［116］张淑坤，张向东，孙琦，等．基于重整化群理论的采空区煤柱群临界失稳

概率研究［J］. 中国安全生产科学技术, 2016, 12（5）：104-108.

［117］宋凯. 郭家湾煤矿采空区煤柱顶板结构稳定性研究［D］. 阜新：辽宁工程技术大学, 2019.

［118］Cui X, Gao Y, Yuan D. Sudden surface collapse disasters caused by shallow partial mining in Datong coalfield, China［J］. Natural Hazards, 2014, 74（2）：911-929.

［119］彭小沾, 崔希民, 王家臣, 等. 基于Voronoi图的不规则煤柱稳定性分析［J］. 煤炭学报, 2008（9）：966-970.

［120］崔希民, 逯颖, 张兵. 基于载荷转移距离和有效宽度的煤柱稳定性评价方法［J］. 煤炭学报, 2017, 42（11）：2792-2798.

［121］王同旭, 马磊, 马文强. 煤柱群稳定性综合指数法与模糊评价法综合分析［J］. 山东科技大学学报（自然科学版）, 2015, 34（4）：72-78.

［122］陈炳乾, 刘辉, 李振洪, 等. 关闭矿井次生沉陷监测、预测与稳定性评价研究进展和展望［J］. 煤炭学报, 2023, 48（2）：943-958.

［123］于洋. 柱式开采煤柱长期稳定性评价方法研究［D］. 徐州：中国矿业大学, 2019.

［124］Yu Y, Deng K, Luo Y, et al. An improved method for long-term stability evaluation of strip mining and pillar design［J］. International Journal of Rock Mechanics and Mining Sciences, 2018（107）：25-30.

［125］Yu Y, Chen S, Deng K, et al. Long-term stability evaluation and pillar design criterion for room-and-pillar mines［J］. Energies, 2017, 10（10）：1644.

［126］李昊城, 宋选民, 朱德福. 基于元胞自动机的房式煤柱稳定性研究［J］. 煤炭科学技术, 2021, 49（8）：60-66.

［127］刘彩平, 王金安, 侯志鹰. 房柱式开采煤柱系统失效的模糊理论研究［J］. 矿业研究与开发, 2008（1）：8-9, 12.

［128］冯国瑞, 马俊彪, 白锦文, 等. 关键柱柱旁双侧充填遗留煤柱链式失稳防控效果研究［J］. 采矿与安全工程学报, 2023, 40（5）：945-956.

［129］崔博强, 白锦文, 冯国瑞, 等. 柱旁单侧充填煤充结构体的破坏响应特征与失稳机制［J］. 中南大学学报（自然科学版）, 2023, 54（6）：2431-2446.

［130］白锦文, 杨欣宇, 史旭东, 等. FRP包裹对煤充结构体劈裂破坏特征的影响［J］. 岩石力学与工程学报, 2023, 42（S1）：3541-3557.

[131] Li T, Chen G, Li Q, et al. The effect of crack characteristics on the mechanical properties and energy characteristics of coal-rock composite structure original paper [J]. Acta Geodynamica Et Geomaterialia, 2022, 19 (2): 127-142.

[132] Li F, Yin D, Wang F, et al. Effects of combination mode on mechanical properties of bi-material samples consisting of rock and coal [J]. Journal of Materials Research and Technology, 2022 (19): 2156-2170.

[133] Liu X, Tan Y, Ning J, et al. Mechanical properties and damage constitutive model of coal in coal-rock combined body [J]. International Journal of Rock Mechanics and Mining Sciences, 2018 (110): 140-150.

[134] Yang E, Li S, Lin H, et al. Influence mechanism of coal thickness effect on strength and failure mode of coal-rock combination under uniaxial compression [J]. Environmental Earth Sciences, 2022, 81 (17): 429.

[135] Santiago V, Zabala F G, Sanchez-Barra A J, et al. Experimental investigation of the flow properties of layered coal-rock analogues [J]. Chemical Engineering Research & Design, 2022 (186): 685-700.

[136] Xu S, Liu J, Xu S, et al. Experimental studies on pillar failure characteristics based on acoustic emission location technique [J]. Transactions of Nonferrous Metals Society of China, 2012, 22 (11): 2792-2798.

[137] 解北京, 栾铮, 刘天乐, 等. 静水压下原生组合煤岩动力学破坏特征 [J]. 煤炭学报, 2023, 48 (5): 2153-2167.

[138] Ulusay R. The ISRM suggested methods for rock characterization, Testing and monitoring: 2007—2014 [M]. Cham: Springer International Publishing, 2015.

[139] Zhang J, Zhang Y, Song Z, et al. Study on the mechanism of coal pillar instability in coal seam sections containing gangue [J]. 2023 (132): 103502.

[140] Ma Q, Tan Y, Liu X, et al. Mechanical and energy characteristics of coal-rock composite sample with different height ratios: a numerical study based on particle flow code [J]. Environmental Earth Sciences,

2021，80（8）：309.

［141］Lin B，Liu T，Zou Q，et al. Crack propagation patterns and energy evolution rules of coal within slotting disturbed zone under various lateral pressure coefficients［J］. Arabian Journal of Geosciences，2015，8（9）：6643-6654.

［142］郭伟耀，周恒，徐宁辉，等. 煤岩组合体力学特性模拟研究［J］. 煤矿安全，2016，47（2）：33-35，39.

［143］姚文杰，刘学伟，刘滨，等. 煤-过渡层-岩组合体物理力学特征试验及数值模拟研究［J］. 岩石力学与工程学报，2024，43（1）：184-205.

［144］伍永平，汤业鹏，解盘石，等. 含煤线夹矸岩体力学特性及变形破坏特征的数值实验［J］. 采矿与安全工程学报，2022，39（6）：1198-1209.

［145］高文根，段会强，杨永新. 周期荷载作用下煤岩声发射特征的颗粒流模拟［J］. 应用力学学报，2021，38（1）：262-268.

［146］张淑坤，王来贵，张向东，等. 长壁留煤柱采空区系统荷载传递效应研究［J］. 安全与环境学报，2016，16（3）：116-119.

［147］杨科，刘帅，唐春安，等. 多关键层跨煤组远程被保护层煤壁片帮机理及防治［J］. 煤炭学报，2019，44（9）：2611-2621.

［148］李猛，张吉雄，姜海强，等. 固体密实充填采煤覆岩移动弹性地基薄板模型［J］. 煤炭学报，2014，39（12）：2369-2373.

［149］黄义，何芳. 弹性地基上的梁、板、壳［M］. 北京：北京科学出版社，2005.

［150］徐芝纶. 弹性力学［M］. 北京：高等教育出版社，2006.

［151］陈冬冬，武毅艺，谢生荣，等. 弹-塑性基础边界一侧采空基本顶板结构初次破断研究［J］. 煤炭学报，2021，46（10）：3090-3105.

［152］Wang S，Wang Z. Analytical solution to the roof bending deflection with mixed boundary conditions under uniform load［J］. Applied Mathematics & Information Sciences，2013，7（2）：579-585.

［153］顾伟，张立亚，谭志祥，等. 基于弹性薄板模型的开放式充填顶板稳定性研究［J］. 采矿与安全工程学报，2013，30（6）：886-891.

［154］李学华，鞠明和，贾尚昆，等. 沿空掘巷窄煤柱稳定性影响因素及工程应用研究［J］. 采矿与安全工程学报，2016，33（5）：761-769.

［155］余学义，张冬冬. 近距离房采煤柱下回采巷道失稳机理数值模拟研究［J］. 煤炭工程，2017，49（8）：103-106.

[156] 姜聚宇，路烨，曹兰柱，等. 动-静载作用下端帮开采支撑煤柱参数设计方法［J］. 煤炭科学技术，2023，51（5）：53-62.

[157] 王志强，田野，王树帅，等. 基于基本顶断裂位置分析剩余煤柱稳定性［J］. 中国安全生产科学技术，2022，18（8）：51-58.

[158] 刘洋，陆菜平，王华，等. 不规则煤柱变形破坏机理矩张量反演研究［J］. 采矿与安全工程学报，2023，40（6）：1201-1209.

[159] 柴敬，王佳琪，杨健锋，等. 区段煤柱变形光纤光栅监测应用研究［J］. 煤炭科学技术，2024，52（1）：126-137.

[160] 卞浩然. 非重叠矿柱支撑延伸开采空区承载结构优化研究［D］. 广州：华南理工大学，2022.

[161] 安百富. 固体密实充填回收房式煤柱围岩稳定性控制研究［D］. 徐州：中国矿业大学，2017.

[162] Brady H G, Brown E T. 地下采矿岩石力学［M］. 3版. 佘诗刚，朱万成，赵文，等译. 北京：科学出版社，2011.

[163] Poulsen B A. Coal pillar load calculation by pressure arch theory and near field extraction ratio［J］. International Journal of Rock Mechanics and Mining Sciences，2010，47（7）：1158-1165.

[164] Zhou Z, Zhao Y, Cao W, et al. Dynamic response of pillar workings induced by sudden pillar recovery［J］. Rock Mechanics and Rock Engineering，2018，51（10）：3075-3090.

[165] 吴文达. 浅埋煤层群上部遗留煤柱联动失稳压架机理与控制研究［D］. 徐州：中国矿业大学，2021.

[166] Salamon B J, Madden M. Life and design of bord-and-pillar workings affected by pillar scaling［J］. Journal-South African Institute of Mining and Metallurgy，1998，98（3）：135-145.

[167] Merwe J. Predicting coal pillar life in South Africa［J］. Journal of the South African Institute of Mining and Metallurgy，2003（6）：293-301.

[168] Merwe J. Review of coal pillar lifespan prediction for the Witbank and Highveld coal seams［J］. Journal of the Southern African Institute of Mining and Metallurgy，2016，116（11）：1083-1090.

[169] Yu Y, Ma J, Chen S, et al. Modified Tributary Area and Pressure Arch Theories for Mine Pillar Stress Estimation in Mountainous Areas［J］. Minerals，2023，13（1）：117.

[170] Tan Y, Ma Q, Liu X, et al. Study on the disaster caused by the linkage failure of the residual coal pillar and rock stratum during multiple coal seam mining: mechanism of progressive and dynamic failure [J]. International Journal of Coal Science and Technology, 2023 (10): 45.

[171] 张绍周. 大红山铁矿 1♯铜矿带房柱法采空区顶板－矿柱稳定性分析 [D]. 昆明：昆明理工大学, 2015.

[172] 霍健, 张泉, 陶治臣, 等. 单向应力作用下地下采空区顶板破坏规律特征 [J]. 有色金属工程, 2024, 14 (1): 130－137.

[173] 李启月, 黄海仙, 魏新傲, 等. 混合边界护顶层力学模型及应用 [EB/OL]. [2024－02－18]. http://kns.cnki.net/kcms/detail/43.1238.TG.20231101.1558.010.html.

[174] 张自政, 柏建彪, 王卫军, 等. 沿空留巷充填区域直接顶受力状态探讨与应用 [J]. 煤炭学报, 2017, 42 (8): 1960－1970.

[175] 武拴军, 李宏业, 龙卫国. 下向进路胶结充填法采场分层道稳定性研究 [EB/OL]. [2024－03－18]. http://kns.cnki.net/kcms/detail/34.1055.td.20231219.1356.003.html.

[176] 董法. 朱家坝铜矿采空区稳定性分析及治理研究 [D]. 昆明：昆明理工大学, 2021.

[177] 汪尔乾. 石膏矿大型采空区突变失稳机理及稳定性研究 [D]. 徐州：中国矿业大学, 2018.

[178] 赵善坤. 深孔顶板预裂爆破与定向水压致裂防冲适用性对比分析 [J]. 采矿与安全工程学报, 2021, 38 (4): 706－719.

[179] 范华霄. 大采高综放窄煤柱回采巷道围岩控制技术及效果分析 [J]. 矿业安全与环保, 2018, 45 (3): 94－97, 101.

[180] 吴向前, 窦林名, 吕长国, 等. 上解放层开采对下煤层卸压作用研究 [J]. 煤炭科学技术, 2012, 40 (3): 28－31, 61.

[181] 雷绍云. 解放层煤柱突出及其预防 [J]. 煤矿安全, 1982 (4): 36－39.

[182] 余伟健, 冯涛, 王卫军, 等. 充填开采的协作支撑系统及其力学特征 [J]. 岩石力学与工程学报, 2012, 31 (S1): 2803－2813.

[183] 吴立新, 王金庄. 煤柱屈服区宽度计算及其影响因素分析 [J]. 煤炭学报, 1995 (6): 625－631.

[184] 黄万朋, 高延法, 王波, 等. 覆岩组合结构下导水裂隙带演化规律与发育高度分析 [J]. 采矿与安全工程学报, 2017, 34 (2): 330－335.